水力发电论文集

（2023）

贵州省水力发电工程学会
贵州乌江水电开发有限责任公司 ◎编

西南交通大学出版社
·成都·

图书在版编目（CIP）数据

贵州水力发电论文集. 2023 / 贵州省水力发电工程学会，贵州乌江水电开发有限责任公司编. -- 成都 : 西南交通大学出版社，2024. 10. -- ISBN 978-7-5774-0187-4

Ⅰ. TV752.73-53

中国国家版本馆 CIP 数据核字第 2024TC1917 号

Guizhou Shuili Fadian Lunwenji（2023）

贵州水力发电论文集（2023）

贵州省水力发电工程学会
贵州乌江水电开发有限责任公司　编

策划编辑	李晓辉　张少华
责任编辑	李晓辉
封面设计	何东琳设计工作室
出版发行	西南交通大学出版社 （四川省成都市金牛区二环路北一段 111 号 西南交通大学创新大厦 21 楼）
营销部电话	028-87600564　028-87600533
邮政编码	610031
网　　址	http://www.xnjdcbs.com
印　　刷	四川煤田地质制图印务有限责任公司
成品尺寸	210 mm × 297 mm
印　　张	15
字　　数	504 千
版　　次	2024 年 10 月第 1 版
印　　次	2024 年 10 月第 1 次
书　　号	ISBN 978-7-5774-0187-4
定　　价	70.00 元

编委会

前　言

贵州省水力发电工程学会是贵州省水力发电科技工作者自发组成的学术团体。学会的重要任务之一是构筑贵州水电领域理论研讨和技术交流的学术平台——《贵州水力发电》杂志。

《贵州水力发电》杂志于1986年7月创刊，当时为内刊，每季度发行1期。1996年第1期以后为公开发行的水电科技刊物，仍为季刊。2003年后，改为双月刊出版发行。2012年10月因故停刊。2014年11月3日，学会第六次会员代表大会决定恢复。2015年第1期后，便改为内部资料性水力发电技术刊物，为学会会刊，每季度发行1期。

《贵州水力发电》自创刊以来，大力宣传国家的水电方针、政策，反映水力发电建设成就，交流水电建设与管理经验，传播水力发电科技成果，推广与水电有关的新技术、新工艺、新材料，促进了贵州的水力资源开发与建设，助力了水电科技水平提高与进步，推动了水电学术交流与人才成长，深得贵州水电工作者的喜爱。本书是2023年贵州省水电工作理论联系实践的优秀成果，在编印过程中也得到了各会员单位的大力支持与配合，谨表谢忱，并希望继续得到你们的理解、重视、支持。

贵州省水力发电工程学会

2023年12月

目 录

·试验与研究·

·设计与施工·

·运行与管理·

·工程与勘测·

·试验与研究·

遵义市观音水库工程数字孪生平台凸优化调度算法研究

邱春华[1,2]，葛少云[1]，朱海梅[3]，李晓岚[4]

（1. 天津大学 电气与自动化工程学院，天津，300072；2. 贵州省水利水电勘测设计研究院有限公司，贵州贵阳，550002；3. 湖北省华网电力工程有限公司贵州分公司，贵州贵阳，550002；4. 国家电投集团贵州金元股份有限公司，贵州贵阳，550081）

摘要： 为保障水利水电工程运行安全，实现供水调度、大坝安全、库区管理、发电运行等业务功能，文章基于数理统计和数据挖掘等技术方法构建水文水资源预测预报、安全监测数据异常识别、工程安全预测预警、输水管线分析等数学模型，重点对观音水库工程信息化数字孪生平台凸优化调度算法进行了研究，形成水库数字孪生系统架构凸优化调度决策方案。对于建成具有预报、预警、预案、预演功能的工程信息化系统，水库运行安全，充分发挥工程综合效益提供重要支撑。

关键词： 数字孪生；凸优化；调度算法

引言

观音水库工程位于仁怀市与遵义市汇川区交界的长江流域赤水河一级支流桐梓河的支流观音寺河上，坝址与仁怀市直线距离约 10 km，距遵义市约 30 km。工程受水区包括遵义市主城区、仁怀市中心城区、茅台空港园开发区及水库灌区。受水区地处长江经济带及成渝—黔中经济区走廊的核心区和主廊道，是黔渝合作的桥头堡、主阵地和先行区[1]。

观音水库作为一座大型水库，建设期存在建设规模大，管理任务重，涉及行业、专业、交叉作业繁多等特点；当水库建设完成进入运行期后，又需进行工程运行安全、管理效率、运行效益的考虑。因此，仅仅依靠传统管理方式很难实现预期的工程目标。按照水利部关于数字孪生流域、数字孪生工程以及数据融合共享等方面的标准规范要求，观音水库将构建一个以全要素数据底板为基础，模型库、知识库为支撑，多项业务应用赋能的数字孪生平台。观音水库工程信息化建设主要考虑服务于水库本身的运行管理和日常办公等业务需求，项目建设紧紧围绕以城乡生活和工业供水为主，结合灌溉，兼顾发电等综合利用，从保障水库安全运行、提升管理效率和提高水库运行效益的三个核心基本点出发，通过建设物联感知设施设备、数据资源中心、业务应用平台、基础设施环境、安全保障体系，集成各业务系统应用，实现供水调度、大坝安全、库区管理、发电运行等重点业务“四预”功能；保障水库安全稳定运行与发挥最大综合效益，提升精准决策管理能力。

1 数字孪生平台

观音水库工程信息化总体设计[2]按照“需求牵引、应用至上、数字赋能、提升能力”的要求，本着先进实用、安全可靠的原则，以数字化、网络化、智能化为主线，以数字化场景、智慧化模拟、精准化决策为路径，提升算据、算法、算力建设，建设具有预报、预警、预案、预演功能[3]和机电设备集中远控功能的数字孪生观音水库工程。系统总体架构如图 1 所示。

1.1 实体工程

该工程按公司—部门—组设置 3 级管理，第一级为观音水库工程分公司，第二级为管理部门，第三级为组。分公司设于遵义市汇川区；水库管理部和输水管理部设于坝址业主营地内；水库组设于坝址业主营地内，遵义供水组设于遵义供水二级泵站内、仁怀供水组设于仁怀供水二级泵站内，灌溉组设于坝址业主营地内。数字孪生水利工程是实体工程在数字空间的映射，通过数字孪生平台和信息化基础设施实现与实体工程同步仿真运行、虚实交互、迭代优化。实体工程包括观音水库大坝枢纽、库区、灌溉工程、供水工程等。

1.2 信息化基础设施

观音水库数字孪生信息化基础设施建设包括监测感知、工程自动化控制、通信网络、信息基础环境四部分。监测感知包括水情监测、墒情监测、工程安全监测、视频监视、水力量测、水质水温监测

收稿日期： 2022-10-14

作者简介： 邱春华，贵州榕江人，工程技术应用研究员，主要从事水利水电工程设计、咨询及科研工作.

及生态流量放水监测等各种信息感知手段，是实时数据获取的主要来源；工程自动化控制包括观音水库和整个输水区的闸阀泵自动化远程控制、集运鱼系统远程控制等；通信网络涉及工控网和业务网，自动化控制、视频监控、语音调度等在工控网，数字孪生平台和智能业务应用在业务网；信息基础环境包括机房环境、计算存储、会商调度中心等，为数字孪生水利工程提供算法基础。

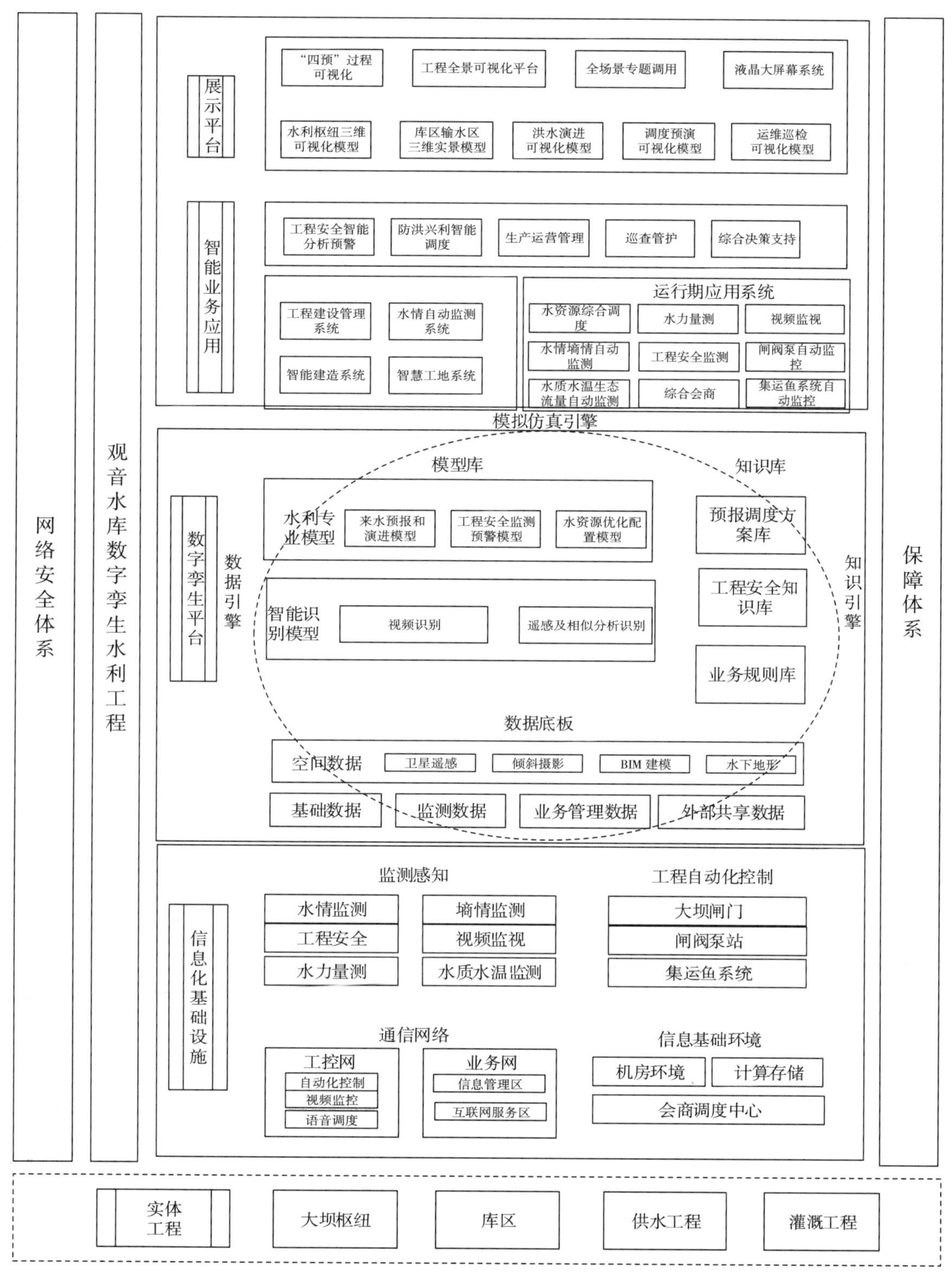

图 1　系统总体架构图

1.3　数字孪生平台

观音水库数字孪生平台包括数据底板、模型库、知识库和孪生引擎[4]。

1.3.1　数据底板

数据底板包括地理空间数据、基础数据、监测数据、业务管理数据和外部共享数据，如表 1 所示。

表 1　数据底板分类和更新频次表

数据底板	数据类别及说明	数据更新	数据来源
地理空间数据	遥感影像(DOM、DEM、DLG)	共享水利部 L1 级空间数据底板	共享
	倾斜摄影	工程坝区：每年更新一次 库区及输水区：每三年更新一次	自建
	BIM 模型	初次创建后根据需要更新	自建
基础数据	各类水利对象的特征属性，包括水利工程类对象、监测站(点)类对象、管理区域类对象、工程管理类对象	根据业务需要定期更新	自建
监测数据	主要包括水文监测数据、工程安全监测数据、视频监控等	实时获取并更新	自建
业务管理数据	预报调度、工程安全分析、工程运行维护、会商决策等业务数据	根据业务需要同步更新	自建
外部共享数据	从地方政府及其他机构共享的数据，主要包括流域水雨情、建设部门下达的调度指令、库区和下游影响区社会经济等数据，以及有关部门共享生态环境、渔业、气象、航运及突发事件等数据	根据业务需要同步更新	外部共享

1.3.2　模型库

模型库包括水利工程专业模型、智能识别和可视化模型，为工程安全、防洪兴利、水资源优化配置等智能应用提供模型支撑。

1.3.2.1　水利工程专业模型

基于水循环自然规律等机理规律，构建变形分析、渗流渗压分析、应力应变分析、不同尺度来水预报、水库蓄水淹没分析、库区及影响区洪水演进分析、工程综合调度等机理分析模型。

基于数理统计和数据挖掘等技术，构建数据驱动的水文水资源预测预报、安全监测数据异常识别、工程安全监测预警、工程安全状态评估、下泄流量泄洪通道监测分析、输水管线分析、机电设备故障诊断分析等数理统计模型。

1.3.2.2　智能识别和可视化模型

(1) 视频、图像分析算法模型：包括水质辅助、全景拼接、人脸识别、人数统计、穿越警戒线、进入/离开警戒区、在警戒区内、穿越围栏、徘徊检测、遗留检测、搬移检测、物品保护、库区漂浮物、闸门启闭、水体颜色等分析；可基于机器学习方法构建遥测影像、音频识别等智能识别模型。这是工程信息化领域今后发展的方向。

(2) 遥感影像智能分析模型：基于深度学习自动识别库区塌岸、“四乱”、水面违法养殖等信息，辅助库区水政监察与水面管理。

(3) 相似分析模型：利用大数据、机器学习等技术，实现水库来水、大坝安全、枢纽发电等特征值预报。

1.3.3　知识库

在共享水利部、流域管理机构等部门相关知识库的基础上，构建水库预报调度方案库、工程安全知识库、业务规则库等知识库，并不断积累更新。

1.3.3.1　水库预报调度方案库

该库构建包括工程防汛预案、入库预报方案、供水及灌区输水预案、防汛抗旱应急预案、超标准洪水防御预案等在内的预报调度方案库，其中供水及灌区输水分析模型包括需水预测模型、水量分配模型、水量调度模型、泵站水库调度模型、闸泵工程模拟等。知识库随着工程数据底板的不断完善与更新，宜每年开展方案/预案关键参数率定修正，对方案库同步更新。

1.3.3.2　工程安全知识库

工程安全监测数据分析模型主要基于枢纽区建筑物监测信息的处理，在此基础上构建包括工程风险隐患、隐患事故案例、事件处置案例、工程安全会商、工程安全鉴定、专项安全检查、专家经验、相关标准规范、技术文件等在内的工程安全知识库，涵盖常识类知识、累积知识、策略知识、其他类知识。工程安全知识库应及时更新。

1.3.3.3　业务规则库

构建包括工程调度运用规程、机电设备运行操作规程、工程安全监测资料整编规程、工程安全现场检查规程、工程安全应急预案等在内的业务规则库。业务规则库应结合实际情况进行更新。

通过大数据分析技术的应用，把工程施工期和运行期信息采集中感知的各类数据，通过大数据分析，结合业主单位、管理单位、设计单位、监理单位、施工单位的业务需求，可实现相应的分析、预测结论，为管理人员提供分析、决策所需要的数据支撑服务。

1.3.4　模拟仿真引擎

基于来水预报模型、工程安全监测预警模型、输水管线分析模型和综合调度机理分析模型等各种水利工程专业模型为模拟仿真提供其运行所需遵循的基本规律，可视化模型为模拟仿真提供实时渲染和可视化呈现，最终通过数学模型仿真引擎让水利虚拟对象系统化地运转，实现数字孪生平台与物理水库工程实时同步仿真运行。

(1) 实现基于深度学习对象算法的数学模型模拟仿真，为工程水资源调度、供水、灌溉及发电运行等提供辅助决策支撑。

(2) 提供数据底板数据加载、场景管理、空间分析、三维渲染、特效处理等服务能力，实现物理工程的同步直观表达、工程运行全过程高保真模拟。

1.4 智能业务应用

基于工程全生命周期管理要求，发挥数字孪生的数字映射、智能模拟、前瞻预演作用，建设贯穿工程全生命周期的水利信息化智慧管理系统。业务应用体系的建设在工程建设、运营维护的全生命周期过程中提供信息化管理手段，分别建立水利信息化建设期应用系统和水利信息化运行期应用系统。

水利信息化建设期应用系统包括工程建设管理系统、智慧工地系统、水情自动监测系统、应用系统集成等专项应用系统。

水利信息化运行期应用系统包括运行水资源综合调度、水力量测、视频监视、水情墒情自动监测、工程安全监测、闸阀泵自动监控、水质水温生态流量自动监测、集运鱼自动监控、办公自动化及应用系统集成等专项应用系统。

1.5 展示平台

展示平台包括可视化模型、“四预”过程可视化、工程全景可视化平台、全场景专题调用和液晶大屏幕系统等功能，统筹工程安全、兴利除害、运行维护，实现工程相关实时在线业务数据、数字孪生场景、工程预演成果展示。其中，可视化模型依托数据底板地理空间数据、监测数据和水利工程专业模型、智能识别模型，构建工程自然背景演变、工程上下游流场动态、水利机电设备操控运行等可视化模型，充分集成 BIM 模型，满足仿真模拟和综合展示等需要。

2 凸优化调度算法研究

基于遵义市观音水库数字孪生平台模型库构建需求，为提升水资源高效利用能力，围绕综合优化调度问题，深入研究工程供水、灌溉及发电多元物理耦合化系统的调度优化问题，研究凸优化理论与算法[5]，优化大型水利工程水资源综合利用调度决策。

2.1 研究目标

针对遵义市观音水库工程供水、灌溉及发电水资源综合调度的不确定性，结合水资源综合利用多元化现状，研究多目标用水户协同输水的物理耦合机制，提出多元化水资源高效利用的调度优化策略；同时，针对优化算法展开研究，采用凸松弛技术，提出可靠收敛的求解算法；并将部分理论成果在实际工程中进行验证，为网络化系统的优化与工程应用做出贡献。

本算法拟解决的关键问题是不确定性下的水资源高效利用机理。随着不确定性因素的增加，大型综合利用水利工程水资源优化运行调度难度增大，水资源供需问题日益凸显。因此，研究不确定性因素的建模方式，结合工程供水、灌溉及发电物理耦合化网络中的非线性特性以及多主体耦合网络系统的发展趋势，提出不确定性下的面向多资源、多主体的优化调度策略，揭示不确定性下的提升水资源高效利用能力的机理是水利工程数字孪生平台调度优化中的关键问题。

2.2 多目标用水主体协同优化调度策略

新时代水利工程高质量发展，多目标用水主体使水资源综合调度成为一个更加复杂的协调优化问题，即满足水库工程供水、灌溉及发电等多目标输配水需求，使其达到城市供水量最大、灌溉耗水量最低、年发电量最高、总弃水量最小的目标。同一水库存在向多个取水点共同输水并将用水量、发电量、耗电量等数据传输到调度中心。传统多目标用水主体输配水系统是单个用水户与水库调度中心间实现交互，如图 2 所示。随着水资源供需的日益紧张，以及用水企业的增多，需实现不同目标主体间的信息交互，如图 3 所示。这有利于将丰富的水资源输送到用水供需紧张的受端区域，可在提高水资源高效利用的同时缓解受端输配水压力。但是由于不同用水企业与常规水利企业分属不同的管理体系，且多主体系统并不是单个用水主体的简单叠加，传统意义上的集中控制和调度优化方法只能获得技术层面的优化解，并不能协调体现多主体间的经济收益问题。

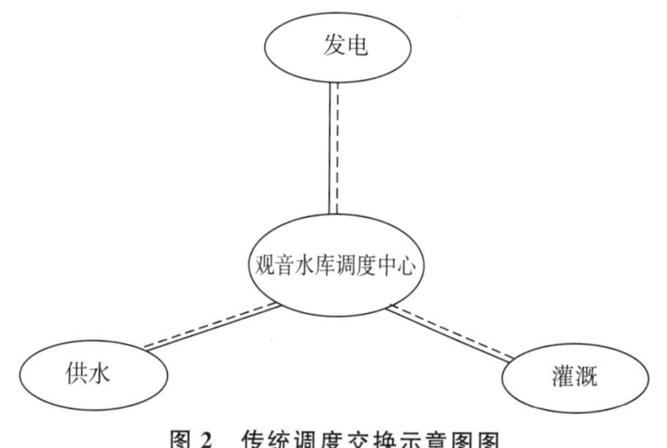

图 2 传统调度交换示意图图

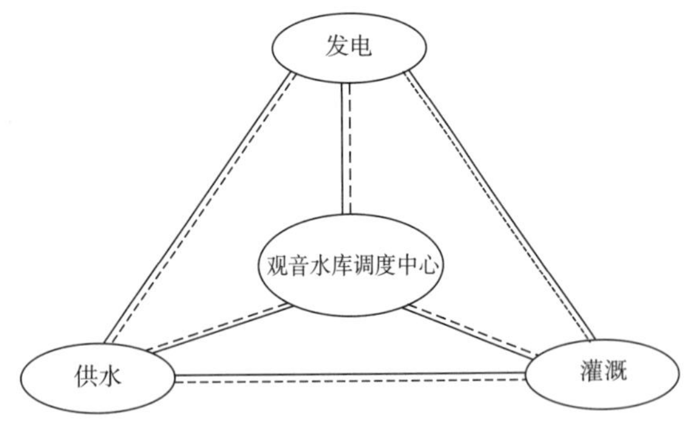

图 3　改进后的调度交换示意图

图 4 展示了两个用水主体之间的分解机制。该图描述了当灌溉用水主体 2 需要发电用水主体 1 尾水或发电用水主体 1 需要经过灌溉用水主体 2 将尾水输送至配水区的分解机制。在这种情况下，主体 1 将主体 2 视为不确定的用水主体，主体 2 将主体 1 视为可调的发电机组，即输水区在边界处允许的水量变化区间等于主体 2 所需的可调输水范围。因此，在迭代过程中，仅需交换此输水变量。

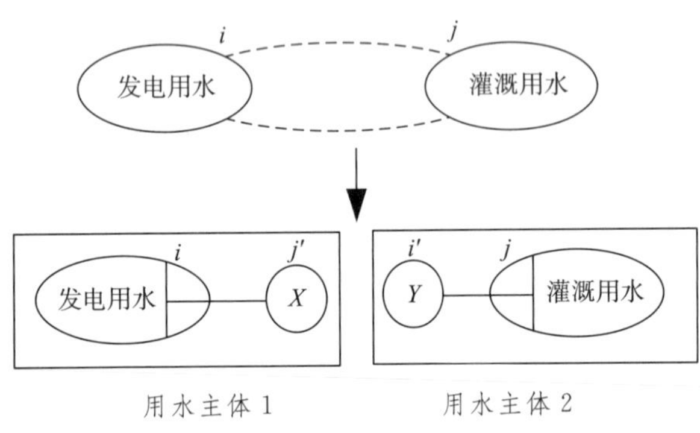

图 4　多目标主体耦合系统分解机制

同一空间不同时期的降水量、径流量并不一样，不同时段的需水量也不一样，水利系统具有非线性与非凸特性，其多目标物理耦合可采用凸松弛技术与线性化手段将非凸函数转换为凸函数。对于二次优化约束，拟采用改进半正定松弛方法，可以表示为

$$\mathrm{tr}(X \cdot Y) = P \tag{1}$$

其中，

$$X=\vec{V}\times\vec{V}^{*}=\begin{bmatrix} v_1 v_1^{*} \cdots v_1 v_n^{*} \\ \vdots \quad\quad \vdots \\ v_n v_1^{*} \cdots v_n v_n^{*} \end{bmatrix} \tag{2}$$

将原问题转化为半正定优化问题，加入秩约束 $\mathrm{rank}(X)=1$。依据耦合矩阵 Y 的特点，将分解成多个子系统，每个子系统内有 $\mathrm{rank}(X_i)=1$ 的约束。将此约束松弛为

$$X_{i1}\times X_{i2}\geqslant |X_{i12}|^{2} \tag{3}$$

转化为

$$\left\| \begin{matrix} X_{i12} \\ X_{i1}-X_{i2} \end{matrix} \right\| \leqslant X_{i1}+X_{i2} \tag{4}$$

子系统之间的共有变量，$X_{ic}=X_{jc}$，相邻节点之间交互共有变量，修改节点自身目标函数为

$$\min f_i\ (X_i)\ +\lambda \parallel X_{ic}\text{-}X_{jc}^{k} \parallel \tag{5}$$

针对转化后的半正定优化问题，进行单个子系统算法的设计和求解。设定目标函数和耦合关系的 Lipschitz 常数，结合收敛性分析方法，分析权重因子 λ 收敛性的影响，给出收敛速度的估计式。

将凸函数不等式约束和二阶等式约束中的变量进行节点顺序的重构，形成对角块结构的半正定变量 X。利用 X 的非对角块元素的任意设置性，分析集中式秩约束与单个子系统秩约束的等价性。对非等价的情形，引入非负变量 S_i，求解衍生问题：

$$\min\ s_i\begin{bmatrix} s_i+X_i & X_{ij} \\ X_{ij}^{T} & s_j+X_j \end{bmatrix}>0 \tag{6}$$

将 S_i 代入方块矩阵 $A_k(x)$，然后进行泰勒展开，略去 S_i 的高阶无穷小项，通过不等式的缩放，给出非等价情形下单个子系统优化解与最优解的间隙估计式。该项目将进一步研究减小求解模型的规模、去中心化的单个子系统求解方法，为多目标用水主体协同优化调度提供数据支撑和策略，并通过工程实践验证方法的求解效率与准确性。

3　结语

随着水利工程建设的高质量发展，数字孪生平台为防汛抗旱、防灾减灾、水资源保护等工作提供了全面、及时、准确、科学的技术手段和方法，更大限度地保护了人民群众的生命财产安全，并有利于社会环境的安定，为国家经济发展和现代化建设提供基础保障。

多目标主体水资源综合调度应协调多主体资源以提升水资源高效利用能力。出于利益分配问题以及互联系统所需调度的设备数目庞大的现实，采用凸松弛方法解决水利工程多目标主体物理耦合系统下的非凸性；基于一致性理论，揭示具有普适性的分散协同机制，可为多主体水资源优化调度提供更加合理的优化策略。

参考文献

[1] 邱春华，张慧媛，王兵，等. 贵州省遵义市观音水库工程专题设计报告[R]. 贵阳：贵州省水利水电勘测设计研究院有限公司，2022.

[2] SL/T619-2021. 水利水电工程初步设计报告编制规程[S].

[3] 中华人民共和国水利部. 智慧水利建设顶层设计[Z]. 北京：中华人民共和国水利部，2021.

[4] 中华人民共和国水利部. 数字孪生水利工程建设技术导则（试行）[Z]. 北京：中华人民共和国水利部，2022.

[5] 张海斌，张凯丽. 凸优化理论与算法[M]. 北京：科学出版社，2020.

万家沟水库坝体自身防渗堆石混凝土重力坝渗流监测与分析

何涛洪，曾旭，张全意，张文胜

（遵义水利水电勘测设计研究院，贵州遵义.563000）

摘要：为了掌握万家沟水库坝体自身防渗堆石混凝土重力坝渗流情况，文章通过对坝基、坝体及浇筑层间的渗流监测设计和监测成果分析，并经大坝质量检测及蓄水运行检验，得出坝体自身防渗堆石混凝土重力坝坝基防渗满足要求，坝体渗流在允许范围，坝体堆石混凝土浇筑层间胶结良好，未见集中渗漏的结论，对凸显堆石混凝土优异的自身防渗性能和简化堆石混凝土重力坝坝体结构设计有重要借鉴参考意义。

关键词：混凝土重力坝；坝基；渗流；监测；分析

1 工程概况

万家沟水库位于习水县仙源镇小獐村路通组境内，地处仙源镇西北面的两叉河上游，距仙源镇 4.0 km，距习水县城 68.0 km，距遵义市中心城区 110.0 km。工程主要任务为向仙源集镇供水，结合现有供水水源，保障仙源集镇区 2.5 万人口共计 103 万 m^3/a 的用水需求。

坝址区主要出露泥岩、砂质及钙质泥岩等，岩层倾下游偏右岸，倾角 26°～30°，坝址区无断裂构造切割，裂隙较发育。料场地层为志留系下统石牛栏组（S_1sh）中及厚层瘤状灰岩夹泥灰岩，岩石为中硬岩，饱和抗压强度大于 40 MPa，密度为 2.67 g/cm^3。水库所在流域属中亚热带季风湿润气候区，多年平均降水 1 094.9 mm，多年平均气温 13.5 °C，实测最高气温 37.8 ℃、最低气温－4.9 ℃；多年平均相对湿度 82.4%，多年平均日照 1 035 h，多年平均无霜期 281 d。水库正常蓄水位 1 049.00 m，总库容 44.5 万 m^3，属小(2)型水库。

万家沟水库工程由大坝枢纽和输水工程组成。大坝枢纽主要建筑物包括大坝、泄水建筑物、取放水建筑物等；输水工程主要建筑物为输水隧洞和输水管道。大坝为堆石混凝土重力坝，坝顶高程 1 492.00 m，最大坝高 35.0 m，坝顶宽度 6.0 m，坝轴线长 101.0 m；上游坝坡 1∶0.2，起坡点高程 1 473.00 m，下游坝坡 1∶0.8，坝底最大宽度 31.4 m。泄水建筑物布置在河床中部，为开敞式不设闸泄洪方式，共 1 孔，孔宽 8.0 m，堰顶高程 1 490.00 m。泄洪表孔顶部设工作桥连接大坝两端。溢流堰型采用 WES 实用堰，堰面曲线方程 $y=0.4138x^{1.85}$。溢洪表孔出口采用底流消能，消力池底板高程 158.00 m，消力池护坦长 17.0 m。出口采用坡比为 1∶5 的海漫（块石厚 0.5 m）连接下游河段。取、放水建筑物布置在右坝段，紧靠溢洪道右侧墙，采用坝内穿管，主要由闸门井、启闭排架、启闭机室、坝内穿管、闸阀及闸室等组成。进口中心高程 1 473.00 m，进口上缘采用四分之一椭圆渐变，喇叭进口处设 1.2 m×1.6 m 的拦污栅，喇叭段后设 1.2 m×1.2 m 的平面检修闸门，其后通过方变圆接 DN800 mm 的坝内穿管，坝内穿管出口分别接 1 根 DN800 mm 的放空管、1 根 DN200 mm 的放水管、1 根 DN100 mm 的生态放水管（旁通于 DN800 mm 的放空管上），并设置相应尺寸闸阀控制放水，且将所有闸阀布置在同一闸室内。DN200 mm 的放水管末端与输水管连接，DN800 mm 的放空管出口接入溢洪道消力池内。

大坝主要采用 C9015 堆石混凝土（抗渗等级 W6，抗冻等级 F100）浇筑，河床段坝基设置厚 1.0 m 的二级配 C15 混凝土（抗渗等级 W6，抗冻等级 F50）垫层，两坝肩垫层采用厚 0.5 m 的 C15 自密混凝土，与坝体同步浇筑上升。坝内设置一道基础灌浆排水廊道，断面尺寸 2.5 m×3.0 m（$b\times h$），底部高程 1 465.00 m，采用 0.3 m 厚的二级配 C25 钢筋混凝土浇筑[1]。

堆石混凝土是将粒径大于 300 mm 的块石直接入仓，形成有自然空隙的堆石体，利用无需振捣的高自密实性能混凝土（High Self－Compacting Concrete，HSCC），依靠其自重充填堆石体空隙，

收稿日期：2021-11-25

作者简介：何涛洪，男，贵州习水人，高级工程师，研究方向为水利水电工程二、三维设计及水利信息化．

形成完整、密实的混凝土。堆石混凝土具有低碳环保、水化热低、密实度高、稳定性好、层间抗剪能力强、施工速度快等特点。根据相关规程规范要求，结合堆石混凝土自身良好的防渗性能，本工程大坝上游面未设置防渗层，采用坝体自身防渗[2-3]。

2 大坝渗流监测设计

坝基扬压力采用渗压计监测，在桩号坝 0+045.00 处设置 1 个监测断面，断面上布置 3 个测点，其中，P_1 布置于帷幕线前，P_2、P_3 布置于帷幕线后。坝体未设置竖向排水孔，坝基排水孔布设于大坝基础灌浆廊道(底部高程 1 465.00 m)下游排水沟内，共 1 排，孔径 110 mm，孔距 3.0 m，渗水通过廊道排水沟排往下游。河床段坝基、坝体渗流量采用量水堰监测，布置于大坝基础灌浆廊道出口排水沟内；坝体浇筑层间渗流采用钻孔埋设渗压计监测，分别在桩号坝 0+032.00 和坝 0+055.00 处各设置 1 个监测断面 SL1 和 SL2，SL1 监测断面分别在 1 461.00 m、1 467.00 m、1 473 m、1 479.00 m 高程布置 4 个测点，SL2 监测断面分别在 1 464.00 m、1 470.00 m、1 476 m、1 482.00 m 高程布置 4 个测点[4-5]，大坝渗流监测布置示意图如图 1 所示。

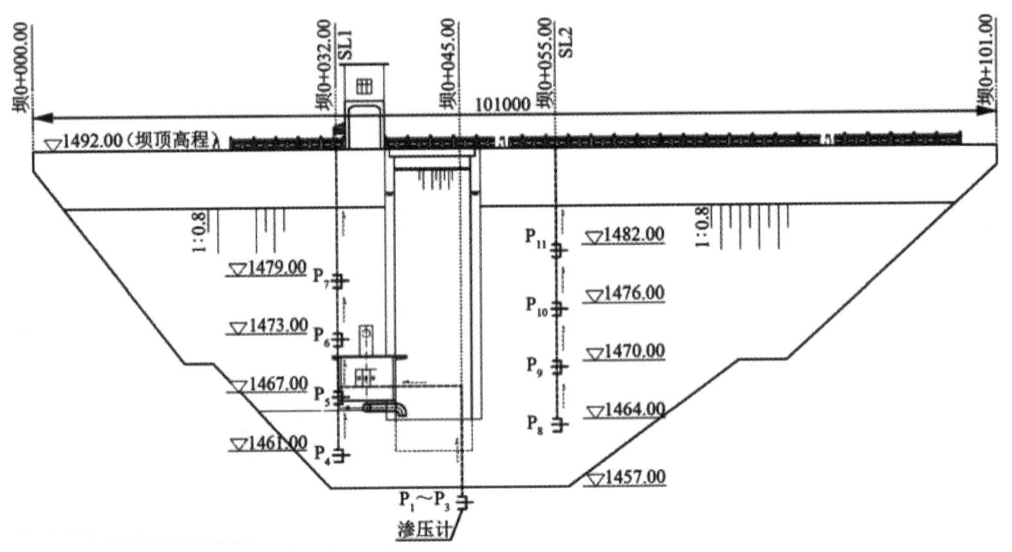

图 1 大坝渗流监测布置示意图

渗压计安装前将渗压计透水石(滤头)取下，渗压计和透水石同置于饱和清水中浸泡 2 h 以上；透水石(滤头)的安装应在饱和水中进行，并将渗压计留置饱和水中待用。浇筑层间渗压计埋设后填入中粗砂至距离上一层渗压计埋设高程 1.5 m 处，然后向孔内注入适量的清水，再向孔内缓慢注入水泥砂浆回填至上一层渗压计埋设高程以下 30 cm 处，如此按上述步骤埋设安装渗压计；1 479.00 m 和 1 482.00 m 高程渗压计埋设安装后，向孔内填入中粗砂至 1 491.70 m 高程，再向孔内注入适量的清水，利用坝顶路面混凝土进行封孔[6]。

3 渗流监测成果分析

3.1 坝基渗流监测成果

水库于 2018 年 5 月 17 日下闸蓄水，2018 年 10 月 9 日，蓄水至正常蓄水位 1 490.00 m。2017 年 4 月 4 日至 2018 年 10 月 9 日期间，渗压计 P_1 最大测值 13.667 m，最小测值 0.953 m；渗压计 P_2 最大测值 6.362 m，最小测值 0.487 m；渗压计 P_3 最大测值 8.827 m，最小测值 0.224 m。从总体上看，布设在帷幕线前的渗压计 P_1 测值受库水位变化的影响较明显；帷幕线后渗压计 P_2、P_3 测值相对稳定，变化不大。大坝基础渗压计水位高程与库水位变化过程线如图 2 所示。

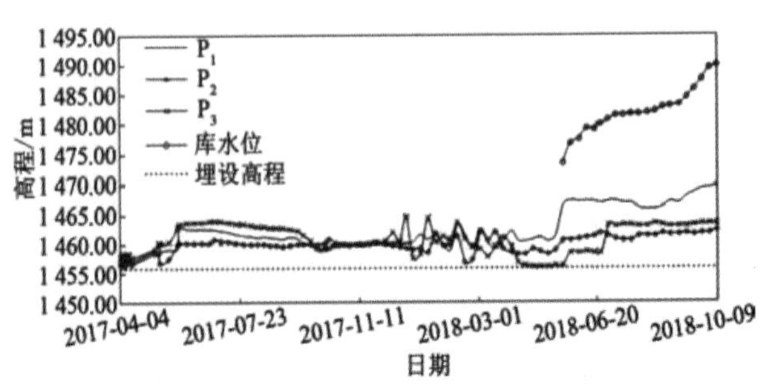

图 2 大坝基础渗压计 P_1、P_2、P_3 水位高程与库水位变化过程线

3.2 坝体渗流监测成果

水库蓄水至正常蓄水位期间，量水堰最大渗流量为 0.039 L/s，最小渗流量为 0.001 L/s，平均渗流量 0.011 L/s。量水堰渗流量数值较小，在允许范围内。量水堰渗流量及库水位变化过程线如图 3 所示。

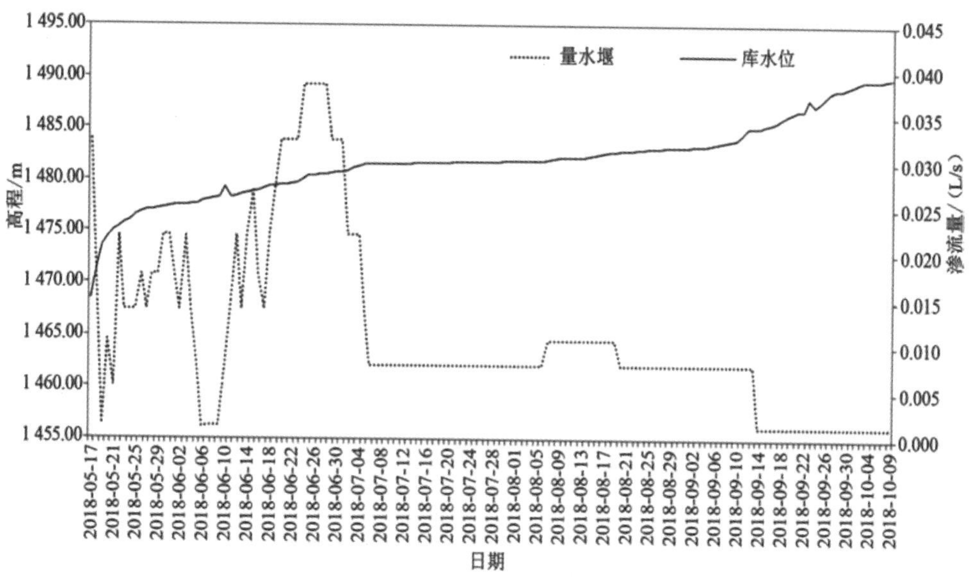

图 3　量水堰渗流量与库水位变化过程线

3.3 堆石混凝土浇筑层间渗流监测成果

水库蓄水至正常蓄水位期间，渗压计 P_4 监测的最高水位为 1 471.68 m，最低水位为 1 465.80 m；渗压计 P_5 监测的最高水位为 1 474.38 m，最低水位为 1 468.39 m；渗压计 P_6 监测的最高水位为1 480.00 m，最低水位为 1 473.17 m；渗压计 P_7 监测的最高水位为 1 482.54 m，最低水位为 1 479.32 m。随着水库下闸蓄水，在库水位不断上升过程中，坝体堆石混凝土浇筑层间 SL1 监测断面各渗压计水位高程与库水位变化过程线如图 4 所示。

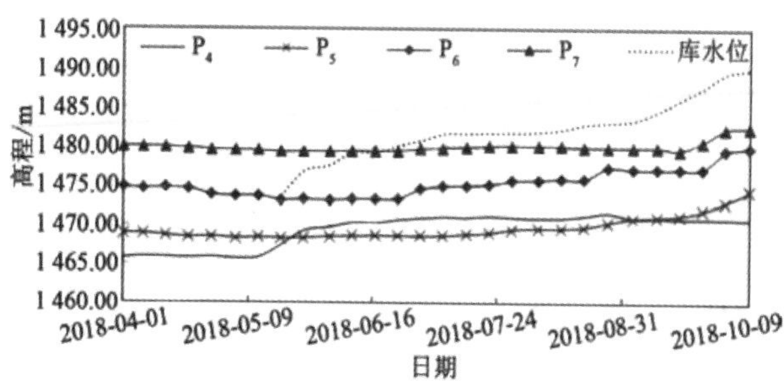

图 4　坝体浇筑层间 SL1 监测断面渗压计 P_4、P_5、P_6、P_7 水位高程与库水位变化过程线

渗压计 P_8 监测的最高水位为 1 473.36 m，最低水位为 1 465.16 m；渗压计 P_9 监测的最高水位为 1 473.83 m，最低水位为 1 471.08 m；渗压计 P_{10} 监测的最高水位 1 480.07 m，最低水位为 1 476.08 m；渗压计 P_{11} 监测的最高水位为 1 486.49 m，最低水位为 1 482.32 m。随着水库下闸蓄水，在库水位不断上升过程中，坝体堆石混凝土浇筑层间 SL2 监测断面各渗压计水位高程与库水位变化过程线如图 5 所示。

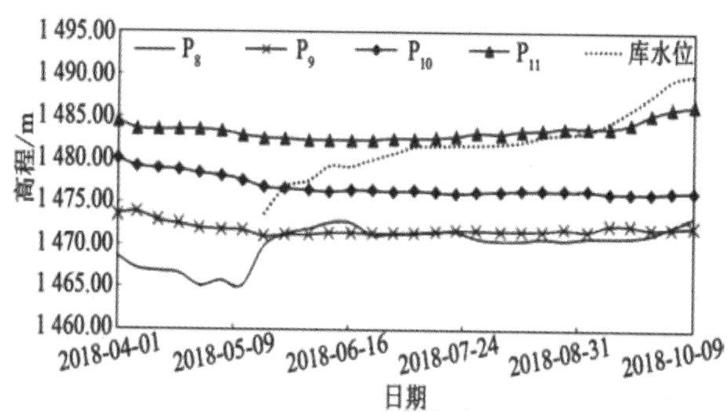

图 5　坝体浇筑层间 SL2 监测断面渗压计 P_8、P_9、P_{10}、P_{11} 水位高程与库水位变化过程线

3.4 渗流监测成果分析

为了更好地分析渗流监测成果，本文定义了渗压折减系数，计算公式为

$$\alpha=(H-H_i)/(H_0-H_i) \tag{1}$$

式中 H，H_i，H_0 分别代表渗压计测量水位、渗压计埋设高程、库水位。

根据水库蓄水过程中库水位变化过程线，分别选择观测时间 2018 年 5 月 26 日(库水位 1 476.80 m)、2018 年 6 月 24 日(库水位 1 480.10 m)、2018 年 9 月 11 日(库水位 1 484.50 m)和 2018 年 10 月 9 日(正常蓄水位 1 490.00 m)的水位来计算渗压折减系数，计算结果如表 1 所示。

表 1　万家沟水库渗流渗压折减系数计算统计表

渗压计编号	2018-05-26		2018-06-24		2018-09-11		2018-10-09	
	测量水位/m	折减系数 α_1	测量水位/m	折减系数 α_2	测量水位/m	折减系数 α_3	测量水位/m	折减系数 α_4
P_1	1 467.33	0.54	1 466.92	0.45	1 468.01	0.42	1 469.67	0.40
P_2	1 460.85	0.23	1 462.03	0.25	1 461.84	0.20	1 462.46	0.19
P_3	1 458.71	0.13	1 458.59	0.11	1 463.22	0.25	1 463.59	0.22
P_4	1 469.36	0.53	1 470.71	0.51	1 471.06	0.43	1 470.85	0.34
P_5	1 468.43	0.15	1 468.72	0.13	1 471.18	0.24	1 474.38	0.32
P_6	1 473.00	0.07	1 473.34	0.05	1 477.09	0.36	1 479.99	0.41
P_7	1 479.36	0.00	1 479.46	0.42	1 479.95	0.17	1 482.53	0.32
P_8	1 471.34	0.57	1 471.28	0.45	1 470.91	0.34	1 473.36	0.36
P_9	1 471.24	0.18	1 471.39	0.14	1 472.47	0.17	1 472.22	0.11
P_{10}	1 476.61	0.76	1 476.37	0.09	1 476.10	0.01	1 476.34	0.02
P_{11}	1 482.50	0.00	1 482.36	0.00	1 483.82	0.73	1 486.49	0.56

（表头：观测时间）

3.4.1　坝基渗流监测成果分析

坝基渗流监测渗压计 P_1 埋设在帷幕前，其测值受库水位变化的影响较明显；其余渗压计 P_2、P_3 测值稳定，变化不大。平均渗压折减系数从帷幕前的 0.46 折减到 0.22、0.18，说明帷幕的效果良好。河床段坝基设有防渗帷幕和排水孔，坝踵处的扬压力作用水头为水库上游水头 H_1，坝趾处为水库下游水头 H_2，排水孔线上为 $H_2+\alpha(H_1-H_2)$，其间各段以直线连接，设计扬压力折减系数取为 0.25。当水库蓄水至正常蓄水位 1 490.00 m 时，渗压计 P_1 测量水位为1 469.67 m，渗压计 P_2 测量水位为 1 462.46 m，渗压计 P_3 测量水位为 1 463.59 m。在正常蓄水位 1 490.00 m 时，河床段坝基设计扬压力和实际扬压力分布如图 6 所示。

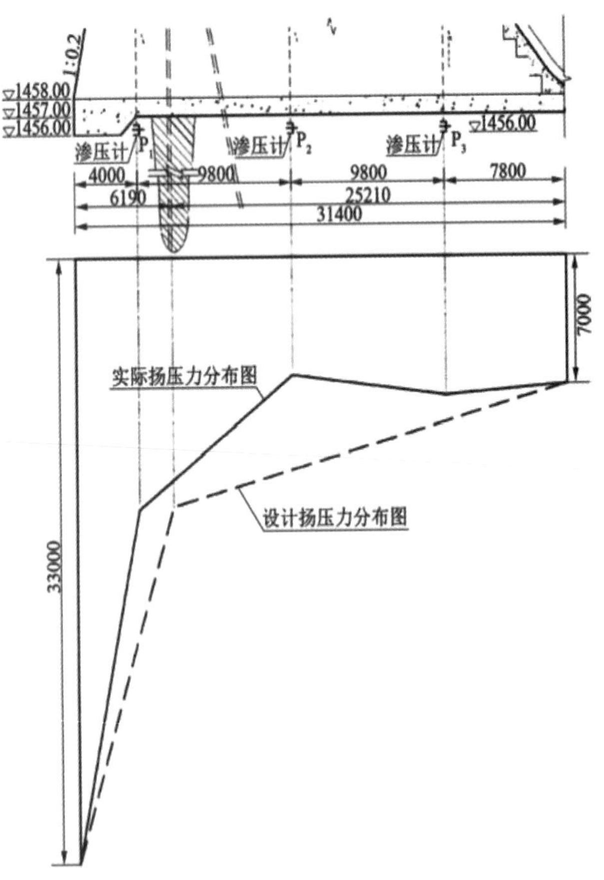

图 6　河床段坝基设计扬压力和实际扬压力分布图（正常蓄水位 1 490.00 m 时）

由图 6 可知，在正常蓄水位 1 490.00 m 时，河床段坝基设计扬压力分布图面积为 402.33 m^2，实际扬压力分布图面积为 317.72 m^2，降低了 21%，有利于坝基抗滑稳定。由此可见，大坝坝基抗滑稳定和防渗均满足要求。

3.4.2　坝体渗流监测成果分析

坝体未设置竖向排水孔，布置在大坝基础灌浆廊道出口的量水堰监测的渗流量全为大坝基础渗流，自 2018 年 5 月 17 日下闸蓄水，至 2018 年 10 月 9 日蓄水至正常蓄水位 1 490.00 m，量水堰最大渗流量为 0.039 L/s，最小渗流量 0.001 L/s，平均渗流量 0.011 L/s。蓄水初期的渗流量随库水位上升起伏较大，在后期渗流过程中可能由于渗流通道被钙化封堵，渗流量逐渐减少；在蓄水至正常蓄水位 1 490.00 m 时，渗流量为 0.001 L/s，渗流量在允许范围内。

3.4.3　堆石混凝土浇筑层间渗流监测成果分析

坝体堆石混凝土浇筑层间渗流监测断面 SL1、SL2 的渗压计距离上游坝面最小距离为 1.5 m，渗压计 P_5、P_8、P_{11} 的平均渗压折减系数为 0.21、0.43、0.64，渗压随库水位上升成正相关，说明渗压计所在位置与库水连通，产生渗流；渗压计 P_4、P_6、P_7 的平均渗压折减系数为 0.45、0.22、0.30，渗压随库水位上升至一定数值后不再上升，说明渗压计所在位置与库水局部连通，渗流通道不完全贯通；渗压计 P_9、P_{10} 的平均渗压折减系数为 0.15、0.22，渗压变化和库水位变化不相关，说明渗压计所在位置与库水不连通，未产生渗流。综上所述，坝体堆石混凝土浇筑层间在上游挡水厚度为 1.5 m 时，防渗效果较好，仅局部存在少量渗流。

4 大坝质量检测及蓄水运行检验

4.1 大坝质量检测

为了解大坝堆石混凝土浇筑质量，在大坝坝顶 1 492.0 m 高程布置了 5 个钻孔，其中，2 个取芯孔(1 号孔、2 号孔)；3 个压水孔(YS1 孔、YS2 孔、YS3 孔)；1 号孔及 YS1 孔布置在右坝段，2 号孔及 YS2 孔，YS3 孔布置在左坝段。

钻孔取芯累计进尺 50.2 m，其中，不足龄期堆石混凝土进尺 12.12 m，足龄期堆石混凝土进尺 38.08 m(1 号孔为 22.05 m，2 号孔为 16.03 m)。所取的足龄期堆石混凝土柱状芯样长 36.01 m，其中外观光滑，且胶结优良部分长 32.46 m，外观优良率为 90.14%。堆石混凝土芯样外观质量合格。

压水试验完成钻孔 82 m(其中，YS1 孔深 22.7 m、YS2 孔深 36.7 m、YS3 孔深 22.6 m)，压水 15 段/次(其中，YS1 孔有 4 段/次、YS2 孔有 7 段/次、YS3 孔有 4 段/次)，压水试验结果：YS1 孔的透水率为 1.187～2.900 Lu；YS2 孔的透水率为 0.461～2.873 Lu；YS3 孔的透水率为 1.125～2.033 Lu。水试验结果均满足堆石混凝土坝体透水率不大于 3 Lu 的设计要求。

声波测试结果：YS1 孔的波速为 3 320～5 380 m/s，平均值为 4 670 m/s，YS2 孔的波速为 4 010～5 360 m/s，平均值为 4 500 m/s；YS3 孔的波速为 3 910～5 340 m/s，平均值为 4 550 m/s。钻孔电视成像结果表明：YS1、YS2 及 YS3 孔的局部孔壁有明显层面或裂隙；其余段孔壁完整。

所取混凝土芯样轴心抗压强度 12.1～16.9 MPa，平均值 14.3 MPa，容重为 2 320～2 460 kg/m^3，平均值为 2 390 kg/m^3，满足设计要求[7]。

4.2 蓄水运行检验

水库于 2018 年 5 月下闸蓄水，2018 年 10 月蓄满运行。下游坝面未见集中渗漏，水库运行正常。水库蓄水运行大坝下游坝面情况如图 7 所示。

图 7 蓄水运行下游坝面情况

5 结语

本文结合坝体自身防渗堆石混凝土重力坝渗流监测设计、渗流监测成果分析、大坝质量检测及蓄水运行效果，得出的主要结论如下：1)坝基渗流监测平均渗压折减系数从帷幕前 0.46 折减到 0.22、0.18，帷幕的效果良好。在正常蓄水位 1 490.00 m 时，河床段坝基设计扬压力分布图面积为 402.33 m^2，实际扬压力分布图面积为 317.72 m^2，降低了 21%，有利于坝基抗滑稳定。大坝坝基抗滑稳定和防渗均满足要求。2)蓄水过程中，坝体渗流监测量最大值 0.038 L/s，最小值 0.001 L/s，平均值为 0.011 L/s，渗流量随库水位升高逐渐减小，最后趋于稳定，且在允许范围内。3)坝体堆石混凝土浇筑层间在上游挡水厚度为 1.5 m 时，防渗效果较好，仅局部存在少量渗流；大坝质量检测及蓄水运行检验表明，坝体堆石混凝土浇筑层间胶结良好，下游坝面未见集中渗漏，水库运行正常。

参考文献

[1] 遵义水利水电勘测设计研究院. 习水县万家沟水库工程初步设计报告[R]. 遵义：遵义水利水电勘测设计研究院，2016.

[2] SL678－2014，胶结颗粒料筑坝技术导则[S].

[3] NB/T10077－2018，堆石混凝土筑坝技术导则[S].

[4] SL725－2016，水利水电工程安全监测设计规范[S].

[5] SL601－2013，混凝土坝安全监测技术规范[S].

[6] SL531－2012，大坝安全监测仪器安装标准[S].

[7] 遵义黔通达检测试验有限责任公司. 习水县万家沟水库工程大坝钻孔取芯及现场压水试验工程质量检测报告[R]. 遵义：遵义黔通达检测试验有限责任公司，2018.

含节理岩体深埋引水隧洞围岩稳定性分析及优化设计研究

王志鹏[1]，张野[2]，张高[1]，刘曜[1]

（1. 中国电建集团贵阳勘测设计研究院有限公司，贵州贵阳，550081；

2. 四川京华畅工程管理有限公司，四川成都，610031）

摘要：文章针对某水电站引水隧洞实际地质情况，采用离散单元法，深入研究了含节理岩体深埋引水隧洞初始应力、开挖锚喷支护及运行期工况下围岩应力分布情况及变形特点。研究成果表明：洞室开挖后顶拱及边墙部位顺节理方向变形突出，受围岩拱效应的影响底板出现较大位移，且局部存在应力集中现象；塑性区及锚杆拉应力呈明显不对称分布状态，节理对岩体整体稳定性影响效果明显。基于研究成果，结合施工过程中实时反馈的地质信息，提出了节理岩体中深埋引水隧洞围岩稳定动态反馈分析和支护优化设计方法，在应用于该工程实践的同时，对类似水电站引水隧洞衬砌结构优化为挂网锚喷支护设计具有一定的指导和参考作用。

关键词：引水隧洞；离散单元法；围岩稳定性；优化设计；节理岩体

引言

某水电站采用引水式开发，引水隧洞布置于右岸山体中，长度约为 11 km，为平底马蹄形断面。引水隧洞沿线为由玄武岩、砂板岩等形成的中高山区，轴线地表高程为 2 400～2 895 m，绝大部分洞段埋深大于 100 m，最大埋深约 595 m。隧洞沿线穿越地层岩性涉及玄武岩、辉绿岩、变余砂岩与板岩夹少量薄层灰岩。其中，Ⅲ类围岩占隧洞总长的 56%；Ⅳ类围岩占隧洞总长的 40%；Ⅴ类围岩占隧洞总长的 4%。

水工隧洞的投资和工期是控制整个工程投资和工期的重要因素之一。因此，对引水隧洞围岩稳定性及衬砌结构设计进行分析研究是有必要的，可产生一定的经济效益和社会效益。该水电站引水隧洞Ⅲ类围岩洞段所占比例较大，原设计采用钢混衬砌结构，投资较大、工期较长。通过对引水隧洞在不同工况下的围岩稳定性行进行数值模拟计算，基于分析研究结果，结合施工期围岩实时揭露情况，及时对衬砌结构进行动态设计反馈，为隧洞结构设计优化提供依据。

目前，国内外对节理岩体中深埋隧洞围岩稳定性分析及施工期隧洞衬砌结构优化设计研究还处于探索阶段。国内学者任旭华等[1]针对地处高山峡谷地区的锦屏二级水电站引水隧洞，研究了在不同渗控方案所形成的外部水环境条件下围岩及衬砌的工作性态，进行了系统的比较研究和评价，得出对高地下水位条件深埋引水隧洞的支护设计有普遍意义的结论。陈国庆等[2]针对深埋引水隧洞高地应力、强渗透压的复杂赋存环境及硬脆性岩体的特点，对围岩及结构体在复杂赋存环境中的长期稳定性状态进行了评价，研究结论为指导工程设计和施工起到重要的作用。原先凡等[3]以玉瓦水电站引水隧洞围岩的变形失稳为研究对象，系统总结分析了陡立薄层岩体中顺向开挖隧洞围岩的失稳模式，结合围岩工程地质特征和目前隧洞锚杆支护设计施工的实际情况，提出了“系统锚杆＋横向连接筋”的新型锚杆支护系统，具有较高的实用和推广价值。

本文在前人的研究经验及基础上，针对某水电站引水隧洞实际地质情况，深入研究了含节理岩体深埋引水隧洞初始应力、开挖锚喷支护及运行期工况下围岩应力分布情况及变形特点。基于研究成果，结合施工过程中实时反馈的地质信息，提出了节理岩体中深埋引水隧洞围岩稳定动态反馈分析和支护优化设计方法。

1　离散单元法仿真计算简介

离散单元法区别于将介质视为连续体的有限元等，其将岩体介质视为由结构面切割而成的块体集合体，单元即为集合体中的块体。在计算过程中，允许块体转动或平移，甚至相互分离。离散单元法从本质上讲是一种力法，通过虚拟力来调整块体间的滑动并阻止块体间的重叠。对于集合体中的任意

收稿日期：2021-10-29

作者简介：王志鹏，山东德州人，高级工程师，主要从事地下洞室稳定性分析方面的研究工作．

块体单元，根据块体单元受力，包括周边块体间作用力，根据牛顿第二运动定律建立单元的运动方程，采用动态松弛中心差分法进行显示迭代求解[4]。

本文应用离散元软件，深入研究了该水电站引水隧洞初始应力、开挖锚喷支护及运行期工况下围岩应力分布情况及变形特点，获得有益结论。

2 工程应用

2.1 计算模型

引水隧洞地处祖鲁山东麓，山脉走向由北向南，从 S60°E 偏 S45°E 折向 S，至白水河附近又转为 S45°E。分水岭高程由峰顶 4 311 m 降至白水河口 2 526 m，大部分峡谷深 1 000～1 800 m。隧洞区出露的地层有：三叠系上统曲嘎寺组(T_3q)砂岩、板岩、玄武岩夹灰岩；中统(T_2)砂岩、长石石英砂岩夹板岩与玄武岩；下统领麦沟组(T_1l)玄武岩、砂岩夹板岩。

选取隧洞典型计算断面，该断面开挖揭露一组倾角为 50°、间距约为 3.0 m 的节理。依据边界距离开挖边界不小于开挖洞径 5 倍的要求，模型边界条件取为 100 m×100 m，其中洞室受节理影响区选定为 40 m×40 m。计算模型如图 1 所示。

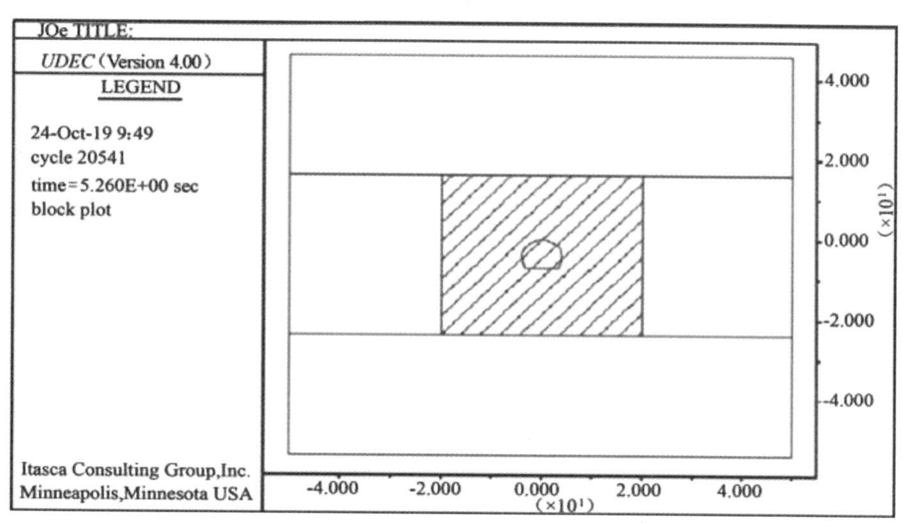

图 1 计算模型

2.2 本构模型

岩体的本构模型采用弹塑性模型，屈服准则采用 Mohr－Coulomb 准则。在此对应的是剪切破坏的线性破坏面：

$$f_s = \sigma_1 - \sigma_3 N_\phi + 2c\sqrt{N_\phi} \quad (1)$$

$$N_\phi = (1+\sin\phi)/(1-\sin\phi) \quad (2)$$

式中：σ_1 为最大主应力；σ_3 为最小主应力；ϕ 为内摩擦角；c 为黏聚力。

2.3 计算参数

在典型计算断面数值模拟计算中，相关计算参数如表 1、表 2 所示，隧洞埋深 520 m，Ⅲ类围岩，内水水头 23 m。

表 1 岩石材料力学参数

参数	数值
容重/(kg/m³)	2 700
变形模量/GPa	10
泊松比	0.25
黏聚力/MPa	1.0
内摩擦角/ °C	40

表 2 节理参数

参数	数值
黏聚力/MPa	0.15
内摩擦角/ °C	25
抗拉强度/MPa	0
节理倾角/ °C	50
节理间距/m	3.0

3 引水隧洞结构稳定计算分析

3.1 初始应力场计算结果

初始地应力场是围岩稳定与支护结构设计的重要影响因素之一。因此，在计算中采取的初始应力场是否正确合适，将直接影响工程设计与施工的可靠性和安全性。本节中数值模拟计算，采用边界荷载调整法拟合初始地应力场。边界荷载调整法是在模型边界上施加不同荷载和约束组合，通过数值计算，达到计算值与实测值基本吻合。初始地应力云图如图 2 所示，可知，隧洞位置初始竖直压应力约为 14 MPa，与以岩体自重场作为初始地应力场相比，通过边界荷载调整法拟合反演初始地应力场能更好地反映出构造应力的作用，同时也与现场实际勘测初始地应力场基本一致。

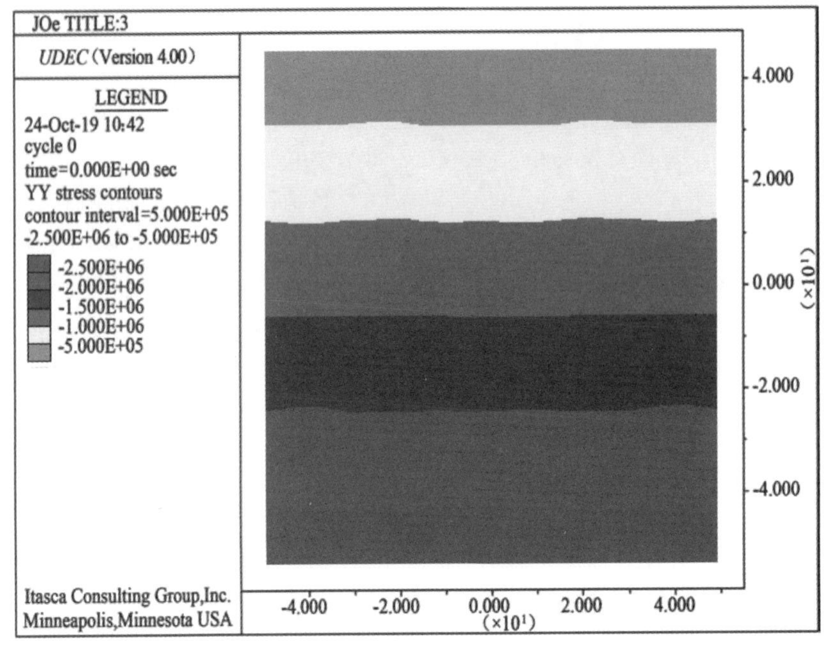

图 2　初始地应力云图

3.2　开挖后未支护计算结果

开挖后未支护计算结果如表 3、表 4 所示。由表 3、表 4 可知，隧洞开挖后未支护前的塑性区最大深度为 3.2 m，分析原因为受节理裂隙及围岩开挖后拱效应的影响，塑性区范围主要集中分布于洞室左顶拱及右拱脚部位。

表 3　开挖后未支护计算结果统计表

计算结果		占岩石饱和抗压强度（60～100 MPa）百分比
最大主应力/ MPa	－18	18%～30%
最小主应力/ MPa	－7	7%～11.7%
塑性区最大深度/m	3.2	塑性区开展深度小于锚杆伸入围岩长度 4.5 m

表 4　开挖后及时支护计算结果统计表

计算结果			最大允许位移值/mm
X 方向位移/mm	洞室左侧	12.0	94.8
	洞室右侧	－9.0	94.8
Y 方向位移/mm	洞室顶拱	－11.2	94.8
	洞室底板	41.0	94.8

根据开挖后位移结果可知，受节理裂隙存在影响，隧洞开挖后在水平方向位移呈不对称状态。进一步分析研究隧洞开挖后竖直方向位移可知，在顶拱及底板位置的位移明显，底板位置的位移最大，考虑原因为受围岩应力释放及围岩拱效应的影响，同时洞室在竖直方向的位移趋势呈不对称形状，进一步解释验证了洞室开挖后的位移受节理裂隙存在的影响。

对于埋深在 300 m 以上的隧洞，Ⅲ类围岩洞室允许位移相对值可取 0.4%～1.2%，近似按照洞径大小推算，得出围岩的允许变形为 3.16～9.48 cm。由计算结果可知，围岩最大变形小于允许变形值，因此，根据规范规定的洞室允许位移相对值判别围岩稳定性，围岩是稳定的。

洞室的开挖引起了围岩应力重新分布，应力重新分布与岩体内节理面的方向密切相关：在与节理面垂直的方向应力得到了释放，岩体松弛明显，甚至出现了局部拉应力，处于两节理面之间的岩体（如顶部、底部、边墙）应力松弛也很明显；而在与节理面平行的方向应力增加明显，特别是左、右拱腰部位应力集中比较严重，并且岩体大多处于单向应力状态。通过分析研究隧洞开挖后最大主应力（见图 3）可知，洞室开挖后，由于受节理裂隙存在的影响，洞周局部存在应力集中现象，在洞室底板、拱脚部位存在局部拉应力，约为 0.02 MPa。

3.3　开挖后及时支护计算结果

隧洞开挖后，应及时进行锚喷支护，以防止含节理岩体受围岩应力释放影响，发生掉块变形现象。结合开挖后未支护前计算结果，在洞室顶拱及边墙布置长度为 4.5 m、直径为 25 mm 的砂浆锚杆，同时喷 C20 混凝土、厚度为 10 cm。开挖后及时支护计算结果如表 5、表 6 所示，可知，其基本趋势同开挖后未支护计算结果。对比洞室开挖后锚喷支护前图形分析可知，最大主应力及最小主应力数值未发生明显变化，但是应力场范围已发生重新分布，开挖后及时支护塑性区分布如图 4 所示。锚杆拉应力大小为 12～49 MPa，呈不对称分布，考虑为受节理裂隙影响，其中最大拉应力为 49 MPa，锚喷支护后洞室处于稳定状态。

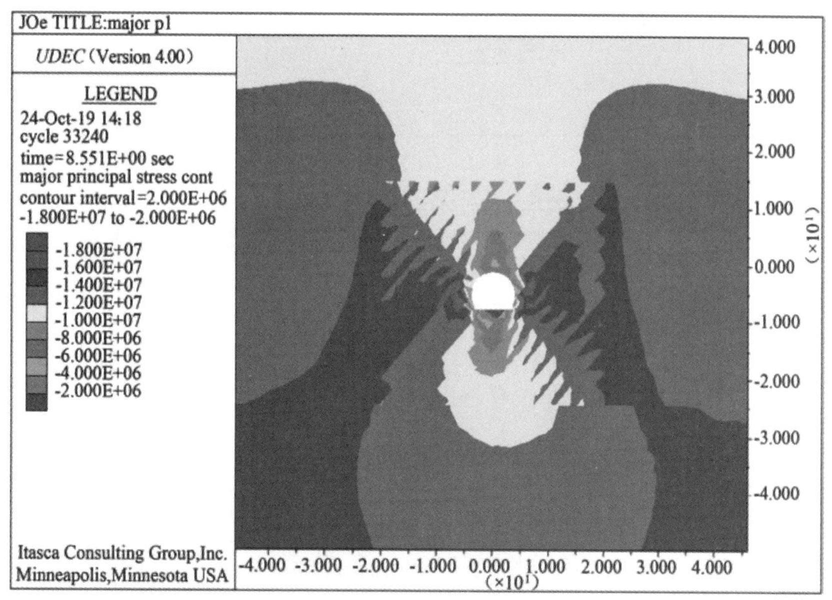

图 3 最大主应力分布图

表 5 开挖后及时支护应力计算结果统计表

计算结果		占岩石饱和抗压强度（60～100 MPa）百分比
最大主应力/ MPa	−18	18%～30%
最小主应力/ MPa	−7	7%～11.7%
塑性区最大深度/m	3.0	塑性区开展深度小于锚杆伸入围岩长度 4.5 m

表 6 开挖后及时支护位移计算结果统计表

计算结果			最大允许位移值/mm
X 方向位移/mm	洞室左侧	9.0	94.8
	洞室右侧	−8.0	94.8
Y 方向位移/mm	洞室顶拱	−10.9	94.8
	洞室底板	10.0	94.8

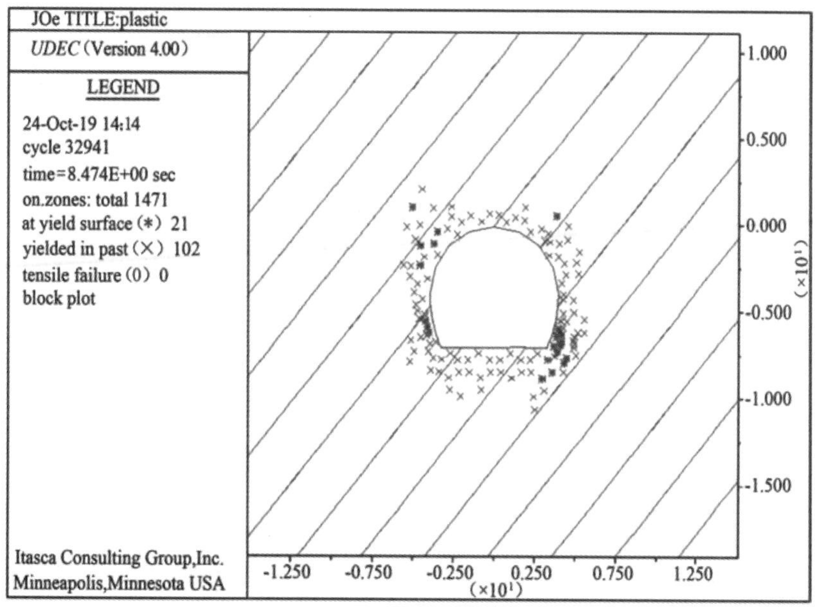

图 4 开挖后及时支护塑性区分布图

3.4 运行期计算结果

运行期计算结果统计如表 7、表 8 所示，分析结果可知，在低水头内水压力下塑性区分布较分散，主要集中于洞室底板部位。在内水水头作用下，整体位移较小，最大位移均发生在洞室左、右拱脚处，位移最大值为 0.2 mm。对比洞室开挖后锚喷支护后图形分析可知，其应力数值未发生明显变化，但是应力场范围已发生重新分布。运行期竖直方向位移云图如图5所示。

表7 运行期应力计算结果统计表

计算结果		占岩石饱和抗压强度（60～100 MPa）百分比
最大主应力/MPa	−18	18%～30%
最小主应力/MPa	−7	7%～11.7%

表8 运行期位移计算结果统计表

计算结果			最大允许位移值/mm
X方向位移/mm	洞室左侧	−0.2	94.8
	洞室右侧	0.2	94.8
Y方向位移/mm	洞室顶拱	0.2	94.8
	洞室底板	−0.2	94.8

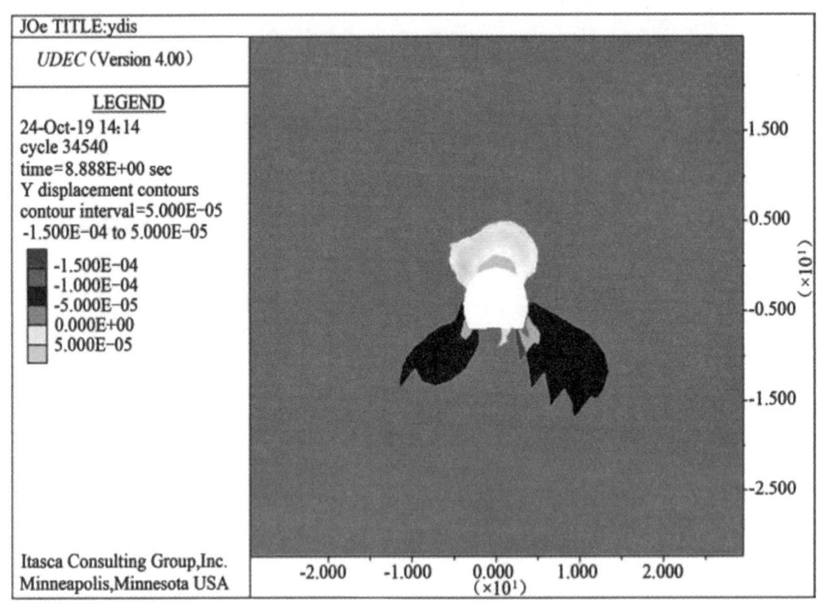

图5 运行期竖直方向位移云图

3.5 隧洞稳定性分析及结论

（1）引水隧洞开挖后边墙及顶拱部位顺节理方向变形较为突出，底板受围岩拱效应的影响出现较大位移，且局部存在应力集中现象。

（2）各阶段塑性区及锚杆拉应力呈不对称分布状态，节理对岩体整体稳定性影响明显。

（3）隧洞顺节理洞顶部位，位移较为明显，施工中极易产生掉块，应及时支护，布置系统锚杆的同时，增设随机锚杆，效果更为明显。

（4）施工中应加强现场质量管控，保证施工质量及各种支护结构相互共同作用的整体性。在条件允许的情况下，应在该地段进行一些围岩位移状态的监测工作，对该段隧洞稳定性做进一步验证。

4 施工期隧洞支护动态反馈分析和优化设计实践

4.1 隧洞围岩稳定动态反馈分析方法

对于深埋长引水隧洞而言，所穿越的地层地质条件复杂多变，在施工之前把引水隧洞所穿过的地层地质情况调查清楚几乎无法科学、合理地实现。因此，在施工过程中需要根据实际的围岩条件及时调整施工工艺、支护措施和结构参数。

本文基于以上研究结果，以及施工期优化设计实践，提出了节理岩体中深埋引水隧洞围岩稳定动态反馈分析和支护优化设计方法：首先，按照前期地勘资料进行预先设计和施工；然后，在施工过程中调查地质情况和监测数据信息，同时选取典型位置进行固结灌浆试验并提取试验结果数据信息，对这些信息系统地分析后提出对策和措施；再调整设计和施工，如此循环的过程，如图6所示。引水隧洞动态设计使深埋长引水隧洞水电站工程的设计、施工能够及时适应地质情况的变化，使安全施工和工程投资得到有效控制[5-8]。

4.2 基于隧洞动态反馈方法的设计实践

（1）施工期间，及时完成引水隧洞开挖揭露情况以及围岩类别的实时统计分析。

（2）根据实时统计的围岩类别，选取典型位置开展固结灌浆试验，结合固结灌浆试验结果，明确更新相关地质参数，使得应用于全过程数值仿真建模计算的地质参数精确化。

（3）基于数值模拟结果，优化调整设计和施工，同时结合监测结果进一步论证动态反馈设计的合理性。该水电站基于研究结果，采用隧洞动态反馈方法，进行优化设计后，缩短工期3个月，节约工程投资 9 675 万元。

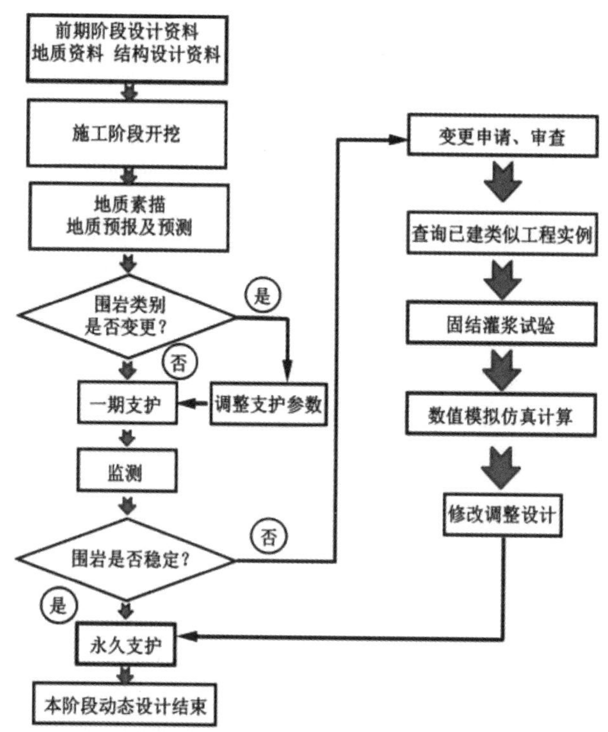

图 6 引水隧洞动态优化设计流程示意图

5 结语

针对该水电站引水隧洞实际地质情况，本文在前人的研究经验及基础上，深入研究了含节理岩体深埋引水隧洞初始应力、开挖锚喷支护及运行期围岩应力分布情况及变形特点。基于研究结果，提出了节理岩体中深埋引水隧洞围岩稳定动态反馈分析和支护优化设计方法，应用在本工程实践的同时，对类似水电站引水隧洞衬砌结构优化为挂网锚喷支护设计具有一定的指导和参考作用。

参考文献

[1] 任旭华，李同春，陈祥荣. 锦屏二级水电站深埋引水隧洞衬砌及围岩结构分析[J]. 岩石力学与工程学报，2001(1)：16-19.

[2] 陈国庆，冯夏庭，周辉，等. 锦屏二级水电站引水隧洞长期稳定性数值分析[J]. 岩土力学，2007，28(增刊 1)：417-422.

[3] 原先凡，刘兆勇，郑志龙. 陡立薄层岩体隧洞围岩失稳机理及支护研究[J]. 地下空间与工程学报，2017(增刊 2)：828-832.

[4] 王泳嘉，邢纪波. 离散元法及其在岩土力学中的应用[M]. 沈阳：东北工学院出版社，1991.

[5] 梁自强，邓稀肥，陈寿根. 偏桥水电站引水隧洞施工全过程离散单元法仿真模拟研究[J]. 隧道建设，2009，29(1)：45-49.

[6] 王志鹏，贺双喜，张高，等. 固滴水电站引水隧洞Ⅳ类偏好围岩衬砌优化设计研究及应用[J]. 四川水利，2017(5)：109-112.

[7] 张振杰. 波波娜水电站引水隧洞断面优化研[J]. 人民黄河，2012，34(11)：124-125.

[8] DL//T5195—2004，水工隧洞设计规范[S].

乌江流域径流式电站负荷分配研究

周金江[1]，鞠宏明[1]，吕俞锡[2]，闻昕[1,2]

（1. 贵州乌江水电开发有限责任公司水电站远程集控中心，贵州贵阳，550002；
2. 河海大学水利水电学院，江苏南京，201198）

摘要：为满足水电站调峰调频任务需求，减少上下游径流式电站水位和流量波动加剧等风险，精准匹配站间负荷，笔者提出一种径流式电站负荷匹配方法。以乌江流域梯级电站为例，率定不同断面间流量传播时间，建立梯级电站的负荷联动调整模型，对梯级电站调度运行进行精细化模拟，根据上下游电站负荷自动匹配对应径流式电站发电负荷。实例研究表明，模型优化的汛期和枯期径流式电站水位过程方差分别减少 42.3% 和 13.7%，极大地缓解了流域调峰调频任务下径流式电站水位波动频繁的问题。

关键词：乌江流域；负荷匹配；水库调度；径流式电站

引言

乌江干流全长 1 037 km，流域面积 8.79 万 km^2，天然落差 2 123.5 m，多年平均水量 534 亿 m^3，是我国十三大水电基地之一，也是“西电东送”主要电源点之一[1]。贵州乌江水电开发有限责任公司下辖乌江干流贵州段内 9 座水电站，总装机容量 869.5 万 kW[2]。近年来，随着新能源大规模建设和并网，以及流域综合利用要求越来越高，乌江流域梯级水电站承担着越来越多的调峰调频任务，发电和水力工况变化频繁，导致径流式电站水位波动加剧，甚至存在水位越限等风险。如何根据流域大型电站负荷变化，精准匹配上下游径流式电站应承担的负荷，实现水库水位的平稳运行及水资源的合理利用，是流域梯级电站调度决策的关键。

近年来，国内外学者围绕梯级电站的站间负荷分配问题展开了一系列研究：程春田等[3]针对电网调峰任务日益突出问题，提出结合电网系统负荷特性、水电站调节性能及所处空间位置的水电站分类负荷分配模型和方法，并验证了所提方法有效合理；李雪梅等[4]建立区域电站 EDC 系统，实现了电站间负荷实时智能分配，开创了国内大型流域梯级电站实时负荷动态调控新模式；李基栋等[5]在前人研究的基础上提出了日总负荷分配模型与嵌套优化计算方法，简化了求解步骤；罗玮等[6]针对大渡河流域高强度调峰调频需求，在实时尺度下提出一种厂网协调模式下的梯级水电站群负荷智能调控技术，实现了梯级总负荷的站间实时智能分配。然而，上述研究大多以经济效益、发电效益最大为研究目标，忽视了负荷分配后对水位过程造成的影响。实际调度运行中调节能力较差的电站原本就面临水位变幅较大的问题[7]，若以经济效益优先在站间进行负荷分配，则加重了下游电站，尤其是调节能力较差电站的水位波动问题。目前，面向该方面的研究尚不充分。

为此，本文以乌江流域梯级电站为例，率定不同断面间流量传播时间，提出梯级电站调度运行精细化模拟方法，研究梯级电站的负荷联动调整策略，根据上下游电站负荷自动匹配日调节电站的参考负荷，以保证日调节电站水位平稳运行。

1　流域概况

乌江是长江上游右岸最大的支流，也是贵州省第一大河，位于东经 104°10′～109°12′，北纬 25°56′～30°22′之间。乌江流域水资源丰富但降水分布不均匀，大部分降水集中在 5～8 月份，约占全年总降水量的 58%，在 4～10 月份期间降水量则占全年总降水量的 85%[8]。流域现已建成投运 11 座水电站，包括洪家渡、东风、索风营、乌江渡、构皮滩、思林、沙沱等水电站。其中，洪家渡水库具有多年调节性能，东风、乌江渡水库具有不完全年调节性能，索风营水库具有日调节性能。

2　研究方法

2.1　模型思路

本研究提出站间负荷匹配策略，针对乌江流域日调节电站，旨在通过负荷灵活调整维持库水位平稳。通过将电站与上游调节性能较好的电站联动运行，根据上游电站负荷自动匹配下游电站的参考负

收稿日期：2022-08-05

作者简介：周金江，贵州贵阳人，工程师，从事水电站远程控制和流域水库调度工作．

荷，保证日调节电站水位平稳运行。基于来水预报信息以及当前各电站状态，根据水位过程智能匹配龙头电站负荷过程；根据发电、泄洪流量精确模拟，耦合河道流量模拟推演各断面流量传播滞时以及流量传播滞时时段内上游电站出库过程，得到下游电站的入库流量序列，并根据其当前状态，匹配其负荷过程；依次类推，直至最下游电站；随着水库调度实际情况动态变化以及水情预测等信息的更新，模型也滚动更新。

2.2 上级水库出库模拟

水库的出库流量包括通过机组的发电流量和通过闸门的泄洪流量，研究将基于率定更新的电站综合出力系数和泄流曲线，建立上游调节性水电站的“以电定水”的精细化出库流量模拟模型。

其中，发电流量模拟采用具有经验耗水率的电站通过经验电站综合出力系数将电站发电计划转换为发电流量的方式；泄洪流量则在获取泄洪设施的闸门开度指令后，泄洪流量可以依据率定后的泄流曲线，确定每个泄洪设施的泄洪流量，对每个泄洪设施的泄洪流量相加可得电站泄洪流量。

2.3 河道流量演进模拟

2.3.1 流量滞时分析

灰色关联分析法是根据因素之间发展趋势的相似或相异程度，作为衡量因素间关联程度的一种方法。该方法为一个系统发展变化态势提供了量化的度量，非常适合动态历程分析，常被用于河渠流量滞时的计算。本文中亦采用灰色关联法计算流量滞时。

首先确定上下游两个断面的流量过程为参考数列与比较数列，由于参考数列与比较数列均为流量过程，故无须进行无量纲化处理，并将结果代入式(1)、式(2)求得灰色速率关联度。

关联函数：

$$\xi_i(t)=\frac{1}{1+\left|\dfrac{\Delta X(t)}{X(t)\Delta t}-\dfrac{\Delta Y(t+i)}{Y(t+i)\Delta t}\right|} \tag{1}$$

灰色速率关联度：

$$\tau_i=\frac{1}{n-i}\sum_{t=1}^{n-i}\xi_i(t) \tag{2}$$

式中：$X(t)$、$Y(t+i)$为时间序列 $X=[X(1), X(2)\cdots X(n)]$与 $Y=[Y(1), Y(2)\cdots Y(n)]$(此处表示两个断面的流量过程)中时刻 t 对应的元素；$\Delta X(t)=X(t+1)-X(t)$，$\Delta Y(t+i)=Y(t+i+1)-Y(t+i)$。

关联函数表示两条时间序列间隔 i 个时段的单位时间变幅的关联性，灰色速率关联度则为两个时间序列全过程关联函数的平均值。灰色速率关联度表征两个时间序列在一定时间间隔下变化趋势的匹配度，取值范围为(0，1)，取值越大，表明匹配度越高。

由于乌江部分河段距离较长、汇流特性复杂，流量传播滞时受流量量级影响较大，若忽略不同流量量级的流量传播时间的差异，可能导致对控制断面洪水大小和峰现时间的错误估计，带来防洪风险，因此必须根据流量量级的不同划分流量过程进行分析。峰(谷)值分析是根据上下游峰(谷)值出现时刻率定各站间流量传播时间，可以很好地反映流量量级与传播滞时的关系。

本项目除了率定流域各站点间的流量传播时间，将结果绘制成流量平均传播时间表，对于防洪形势紧张的防洪河段，研究分析在不同量级洪水传播规律的基础上，得到考虑径流等级的流量传播时间图。

2.3.2 下游入库模拟

将乌江流域河道进行分段，对于某一段河道，其下游水库入库流量等于上游水库出库流量与区间径流之和，因此，可得水量平衡公式：

$$Q_{\mathrm{down,in}}=Q_{\mathrm{up,out}}+Q_{\mathrm{section}} \tag{3}$$

式中：$Q_{\mathrm{down,in}}$为河道下游水库的入库流量，$Q_{\mathrm{up,out}}$为河道上游水库的出库流量，Q_{section}为河道上游水库至下游水库的区间径流。

由式(3)，建立流域内河道单元的模拟模型。

当水库单元模拟计算时段小于相邻两库间水流传播时间时，区间河道单元模拟需考虑水流滞时，即

$$Q_{\mathrm{down},t}=Q_{\mathrm{up},t-\tau}+Q_{\mathrm{section},t} \tag{4}$$

式中：$Q_{\mathrm{down},t}$为 t 时段下游水库的入库流量，τ 为水流滞时，$Q_{\mathrm{up},t-\tau}$为上游水库第 $t-\tau$ 时段的出库流量，$Q_{\mathrm{section},t}$为第 t 时段的区间流量。

2.4 下级水库负荷匹配模型

基于上级水库出库流量模拟和河道流量模拟，可以得到下级电站联动调整时的入库流量，再根据预先设定的平稳水位目标可以确定下级电站的预计下泄流量，最后通过水量与耗水率或综合出力系数计算站间需要分配的负荷，再依次类推计算下游日调节电站的分配负荷。

$$N_{\mathrm{down},t}=Q_{\mathrm{down},t}\times\frac{\Delta t}{\alpha_{\mathrm{down},t}} \tag{5}$$

式中：$N_{\mathrm{down},t}$为电站需要分配的负荷，$Q_{\mathrm{down},t}$为下级电站的预计下泄流量，$\alpha_{\mathrm{down},t}$为下级电站的电站综合出力系数。

2.5 约束条件

（1）水量平衡约束：

$$V_{i,t+1}=V_{i,t}+(I_{i,t}-Q_{i,t})\Delta t \tag{6}$$

式中：$V_{i,t}$、$V_{i,t+1}$ 分别为第 i 水电站第 t、$t+1$ 时段水库蓄水量，m^3；$I_{i,t}$ 为第 i 水电站第 t 时段的平均入库流量，m^3/s；$Q_{i,t}$ 为第 i 水电站第 t 时段的平均出库流量，m^3/s；Δt 为时段时长，h。

（2）电量平衡约束：

$$E=\sum_{t=1}^{T}\sum_{i=1}^{N}(N_{i,t}\times\Delta t) \tag{7}$$

式中：$N_{i,t}$ 为第 i 水电站第 t 时段出力，MW。

（3）电站出力约束：

$$P_{i,t}^{\min}\leqslant P_{i,t}\leqslant P_{i,t}^{\max} \tag{8}$$

式中：$P_{i,t}^{\min}$、$P_{i,t}^{\max}$ 分别为第 i 水电站第 t 时段全站机组总出力的上限、下限，MW。

（4）流量平衡约束：

$$Q_{i,t}=Q_{i,t}^{e}+q_{i,t} \tag{9}$$

式中：$Q_{i,t}$、$Q_{i,t}^{e}$、$q_{i,t}$ 分别为第 i 水电站第 t 时段出库流量、发电及弃水流量，m^3/s。

（5）发电流量约束：

$$Q_{i,t}^{e,\min}\leqslant Q_{i,t}^{e}\leqslant Q_{i,t}^{e,\max} \tag{10}$$

式中：$Q_{i,t}^{e,\min}$、$Q_{i,t}^{e,\max}$ 为第 i 水电站第 t 时段发电流量上限、下限，m^3/s。

（6）下泄流量约束：

$$Q_{i,t}^{\min}\leqslant Q_{i,t}\leqslant Q_{i,t}^{\max} \tag{11}$$

式中：$Q_{i,t}^{\min}$、$Q_{i,t}^{\max}$ 为第 i 水电站第 t 时段下泄流量上限、下限，m^3/s。

（7）水位约束：

$$Z_{i,t}^{\min}\leqslant Z_{i,t}\leqslant Z_{i,t}^{\max} \tag{12}$$

式中：$Z_{i,t}^{\min}$、$Z_{i,t}^{\max}$ 为第 i 水电站第 t 时段水位上限、下限，m。

3 结果分析

本文分别选择 2017 年典型汛期、枯期典型来水过程进行实例研究。

3.1 汛期站间负荷分配结果

本文设置 2 种不同工况进行实例研究。其中，工况 1 维持各电站初始水位不变，以实际来水过程和区间径流作为输入，耦合不同断面间的流量传播滞时，智能匹配各电站负荷量；工况 2 则根据电站实际初、末水位，以插值的方式得到各时刻水位，使得水位平稳地达到日末控制目标，并匹配各电站负荷。乌江流域梯级电站汛期站间负荷匹配结果如表 1 所示。

表 1 乌江流域梯级电站汛期站间负荷匹配结果

电站	实际水位过程方差	水位过程方差		实际发电量/万 kW·h	发电量/万 kW·h	
		工况 1	工况 2		工况 1	工况 2
洪家渡	0.27	0.00	0.26	1 263	1 341	1 259
东风	0.29	0.00	0.29	988	1 648	1 061
索风营	0.93	0.00	0.86	1 429	1 386	1 458
乌江渡	0.12	0.00	0.00	2 973	3 200	3 200
构皮滩	0.11	0.00	0.12	6 989	7 200	7 200
思林	0.26	0.00	0.15	2 085	2 091	2 135
沙坨	1.60	0.00	1.47	1 841	1 889	2 159
大花水	0.40	0.00	0.03	455	480	480
格里桥	0.67	0.00	0.25	366	383	385

与实际过程相比，工况 1 和工况 2 的水位过程方差减少 3%～100%，即优化后水位过程更为平稳。其中工况 1 在来水过程已知的情况下对负荷过程进行优化，因此，水位过程方差为 0.00；实际模型运行时，由于来水预报存在误差，因此，水位可能会出现小范围内的波动。由于洪家渡、东风等水电站库容较大，水位波动相对较小，因此，本文主要对比下游及支流调节能力较差的思林、沙沱、大花水、格里桥 4 座电站的运行过程。汛期期间，4 座电站的水位、发电过程如图 1 所示。

与实际过程对比，工况 2 下 4 座电站水位过程方差分别减少 42.3%、8.1%、92.5%、62.7%，极大地缓解了乌江流域下游电站水位波动频繁的问题。其中思林、大花水、格里桥 3 座电站的发电量相差不大，而沙沱电站的发电量增加 17.3%。这是由于实际调度过程中沙沱电站负荷受限产生弃水，而模型在进行站间负荷分配时则综合考虑了各电站实际情况，增加了沙沱电站所承担的负荷从而减少了弃水，使得水资源得以充分利用并提高了电站发电效益。

在实际调度过程中，流域整体水位上涨，而工况 1 计算中水位维持初始状态，这使得优化计算的下泄流量增加，因此，整体发电量增大。其中索风营电站实际调度中水位下降，而工况 1 优化计算中水位维持初始水位，这使得该电站发电流量相较于实际调度过程的有所减少，因此，优化计算发电量小于实际调度发电量。

3.2 枯期站间负荷分配结果

乌江流域梯级电站枯期站间负荷匹配结果如表 2 所示。

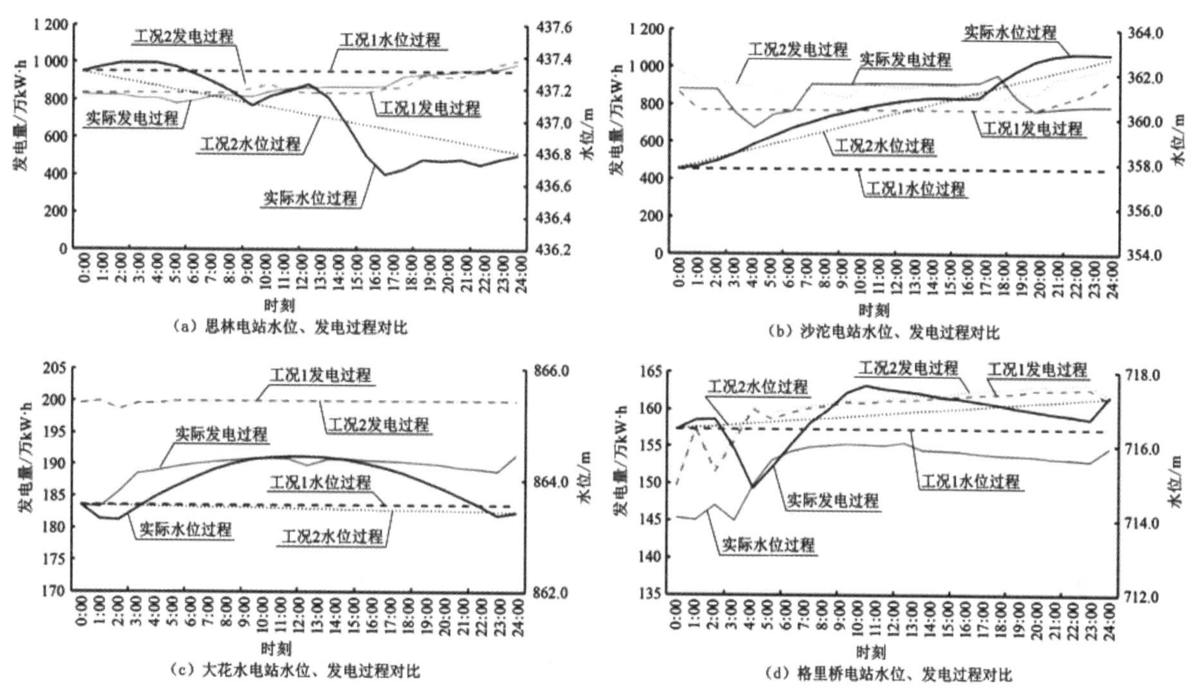

图 1　汛期思林、沙沱、大花水、格里桥 4 座电站的运行过程

表 2　乌江流域梯级电站枯期站间负荷匹配结果

电站	实际水位过程方差	水位过程方差		实际发电量/万 kW·h	发电量/万 kW·h	
		工况 1	工况 2		工况 1	工况 2
洪家渡	0.025	0.000	0.017	394	325	588
东风	0.081	0.000	0.092	790	882	744
索风营	0.217	0.000	0.092	558	564	666
乌江渡	0.034	0.000	0.040	753	922	720
构皮滩	0.024	0.000	0.000	1 490	2 435	2 359
思林	0.057	0.000	0.009	699	1 124	1 096
沙坨	0.117	0.000	0.101	531	1 076	1 000
大花水	0.085	0.000	0.023	121	107	107
格里桥	0.047	0.000	0.014	94	85	83

与实际过程相比，优化后电站水位过程方差下降 13.6%～100.0%；与汛期相比水位也更加平稳，这是由于枯期来水较少，水位一般较为稳定；而与实际过程相比，工况 1、工况 2 的更为稳定。同时，由于枯期整体来水较少，因此整体发电量相较于汛期的下降较多。

由于洪家渡、东风等水电站库容较大，水位波动相对较小，因此本文主要对比下游及支流调节能力较差的思林、沙沱、大花水、格里桥 4 座电站的运行过程。枯期期间，其水位、发电过程如图 2 所示。

与实际过程对比，工况 2 下 4 座电站水位过程方差分别减少 82.4%、13.7%、72.9%、70.2%，减少幅度明显大于汛期结果，这是由于枯期来水较少且更为稳定，可以通过负荷的调整使得水位更为稳定。较之于汛期，思林、沙沱 2 座电站发电量增加较为明显，一方面，由于模型考虑到发电受限；另一方面，由于水位过程更为平稳，发电水头更为稳定，因此，发电效率较高。

同时，与汛期过程相比，枯期优化后的负荷过程波动明显较大。这是由于整体来水较少且不存在弃水问题，在水位保持平稳的前提下，来水过程的波动将完全反应在负荷上，因此枯期工况 1、工况 2 的负荷波动情况明显大于汛期的。

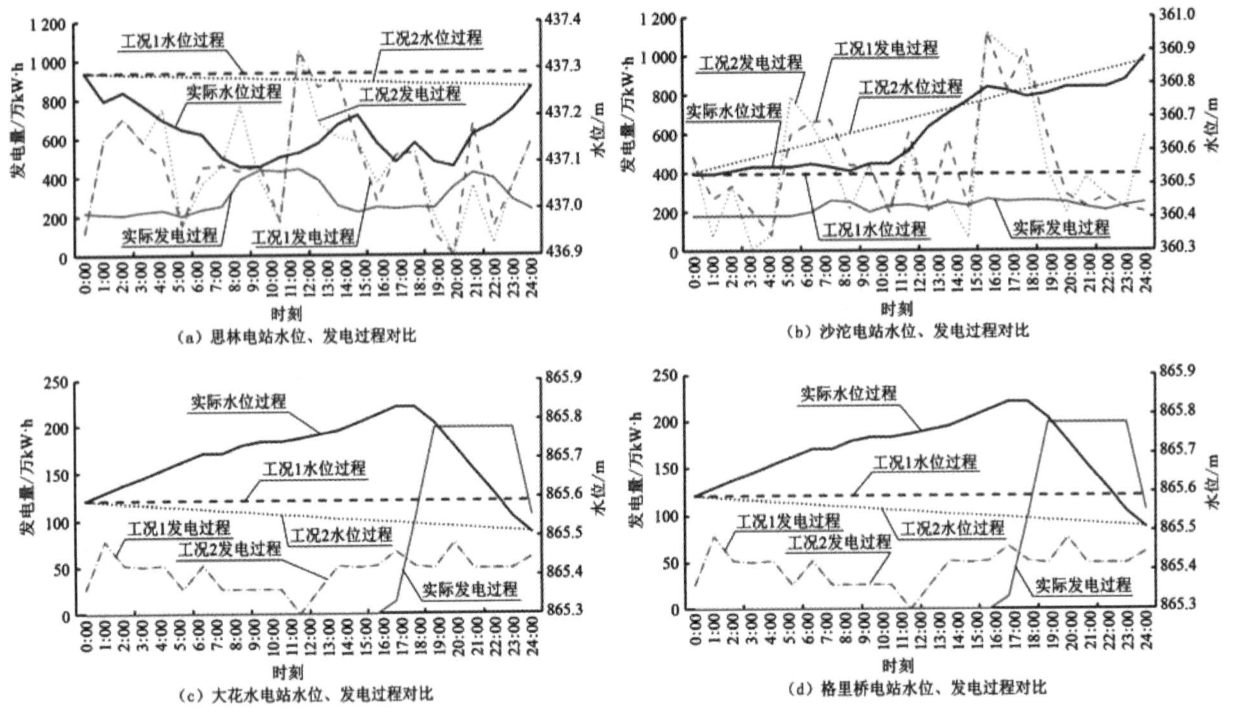

图2 枯期思林、沙沱、大花水、格里桥4座电站的运行过程

4 结语

本文研究了梯级电站的负荷联动调整策略，根据上下游电站负荷自动匹配日调节电站的参考负荷，保证了日调节电站水位平稳运行。在汛期典型来水过程下，采取优化模型计算结果水位过程方差与实际水位过程方差对比，减少3%～100%，思林、沙沱等小型电站的水位过程方差减少42.3%以上；枯期典型来水过程下，较之汛期本身水位波动较小，而优化模型计算结果与实际过程相比，下游电站水位过程方差也减少13.7%以上，极大地缓解了日调节水库水位波动频繁的现象。

参考文献

[1] 吴文惠，张双虎，张忠波，等.梯级水库集中调度发电效益考核评价研究：以乌江梯级水库为例[J].水力发电学报，2015，34(10)：60－69.

[2] 周金江，高英.乌江干流保障生态流量方式研究及应用[J].红水河，2021，40(1)：26-28.

[3] 程春田，李建兵，李刚.水电站分段调峰负荷分配方法研究与应用[J].水力发电学报，2011，30(2)：38-43.

[4] 李雪梅，钟青祥.流域梯级水电站负荷智能调控模式研究[J].四川水力发电，2020，39(6)：130-135.

[5] 李基栋，黄炜斌，湛洋，等.基于嵌套优化的梯级水电站日总负荷分配研究[J].工程科学与技术，2017，49(增刊1)：59-65.

[6] 罗玮，钟青祥，顾发英.大渡河梯级电站群实时负荷智能调控技术研究[J].中国电机工程学报，2019，39(9)：2553-2560.

[7] 方淑秀，黄守信，王孟华，等.跨流域引水工程多水库联合供水优化调度[J].水利学报，1990(12)：1-8.

[8] 顾文钰，李晓英.乌江流域水风互补项目开发形势分析[J].江苏科技信息，2018，35(33)：71-74.

乌江梯级水电站群实时优化调度三步决策分析法的研究与应用

杨桢

（贵州乌江水电开发有限责任公司水电站远程集控中心，贵州贵阳，550002）

摘要：乌江集控注重水电优化调度方法研究，采取“日前掌握意图＋实时主动协调＋日后分析偏差”的管理思路，并在应用中取得巨大的成效。本文就水电站群实时优化调度三步决策分析法的背景、内容、流程等进行了介绍。

关键词：乌江集控；水电；优化调度；水位控制；偏差分析

0　引言

乌江是长江上游南岸支流，发源于贵州省境威宁县，横贯贵州中部及东北部，至重庆市涪陵区汇入长江，全长 1 050 km，天然落差 2 124 m，流域面积 87 920 km^2，多年平均水量约 5.14 $\times 10^{10}$ m^3。乌江公司梯级水电站包括洪家渡、东风、索风营、乌江渡、构皮滩、思林、沙沱、大花水、格里桥 9 座电站，总装机容量 866.5 万 kW，其中洪家渡和构皮滩为多年调节水库，东风、乌江渡、大花水为不完全年调节水库，索风营、思林、沙沱、格里桥为日调节水库。为了梯级水能资源优化利用，乌江公司成立水电站远程集控中心（简称“集控中心”），下设调度部、运行部等部门，调度部主要负责中长期水电运行方式优化协调和洪水调度工作，运行部主要负责电力调度、梯级水电实时优化协调以及远控操作工作。

1　应用背景

为做好短期水电优化工作，乌江集控不断对日实时执行情况应用管理进行改进，逐渐形成了乌江梯级水电站群实时优化调度三步决策分析法。

乌江集控成立时间比较早，缺少其他梯级流域先进管理经验借鉴，水电优化工作在摸索中前行，在后期索风营、构皮滩、思林和沙沱电站的陆续投产后，优化工作兼顾的电站变更多，加上各电站不同的水库特征和电站处在不同电网片区，实际来水情况以及实发电量会因为不同因素造成偏差，因此做好日前的调度意图，实时的优化调度，和日后的偏差分析就十分重要。乌江梯级水电站群实时优化调度三步决策分析法由此应运而生，供运行值班人员参照开展实时优化协调工作，随着此管理方法实施，梯级电站运行更接近梯级水电优化目标，整体效益得到提升，优化成效得到进步。

2　乌江梯级水电站群实时优化调度三步决策分析法介绍

乌江梯级水电站群实时优化调度的三步决策分析法，即以预测的梯级来水情况及电网发电量为参考，做好日前的调度意图，然后根据调度意图和电网实际情况，在满足梯级各电站安全、生态流量、生活用水等要求的基础上，做好实时优化协调，最后将实发电量与来水同预测发电及来水相比较，做好日后的偏差分析，从而对梯级水电实时运行方式进行科学优化和合理调节。

2.1　特点

乌江梯级水电站群实时优化调度三步决策分析法采取“日前掌握意图＋实时主动协调＋日后分析偏差”的管理思路，具有可靠性高、实用性强、信息量大等特点。

2.2　控制策略

在安全基础上，按照“枯期保耗水率，汛期在兼顾不弃水或少弃水条件下再保耗水率”的原则优化梯级各电站出力，利用上一级水电站出库水量和下一级水电站出力相配合来控制水位。洪家渡作为“龙头”电站，有计划的汛期拦洪蓄水和汛后对下游电站补水调节，其下游电站不一定汛前腾空水库，具体可根据来水情况确定，如来水量不大时，洪家渡下游东风和乌江渡、构皮滩不宜降水位太

收稿日期：2023-06-02
作者简介：杨桢，贵州贵阳人，助理工程师，从事梯级水电站运行、远程集控工作.

低，索风营属于日调节水库应保持高水位运行，构皮滩库容虽大，但为了留置库容为下游思林和沙沱错峰拦蓄作准备，且构皮滩、思林、沙沱下游同时承担配合长江防洪任务有限汛水位要求，汛前构皮滩应适当腾水库，思林、沙沱可以到汛期再降水位，大花水和格里桥水电站库容比较小，汛期来水时容易发生弃水，汛期大花水应尽量腾空水库，格里桥匹配大花水运行，尽量保持高水位运行，汛后各个电站均抬升高水位运行，蓄水次序先蓄下游后上游、汛末蓄满梯级水库。其中构皮滩和洪家渡对下游梯级电站的补水作用非常关键，由此两库被动蓄水，为减少下游弃水风险，只有当两库充分发挥调蓄作用使得下游水库蓄至足够高水位时，才开始抬升自身水位，其余电站的水库主动蓄水，应首先保证日调节水库高水位运行。

2.3 主要包含内容

水电站群日方式执行情况表内容主要包含调度意图、实时协调、偏差分析等信息。

2.3.1 调度意图

调度意图控制单内容主要包含目标水位、梯级设备运行情况、各电站计划电量、生态流量及其他要求、调度意图、加减负荷顺序等信息，根据梯级来水及电网电量需求，制定目标水位，合理分配各电站的电量，保证生态流量并做好防洪要求，使梯级整体水库水位控制在最优位置，充分利用洪水资源。

2.3.2 实时协调

根据调度意图及电网实际情况，实时优化调度过程中全力配合电力调峰调频，面临能源保供、生态流量保障、构思沙实时通航调度等多重压力，时分析梯级电站发电情况，对梯级水电实时运行方式进行科学优化和合理调节，最大限度地通过实时协调站间电力电量平衡，保障日调节水库水位持续高水位运行，提高水能利用率。

2.3.3 偏差分析

偏差分析主要包含预测来水及实际来水、计划电量和实发电量、目标水位和实际水位，总述昨日调度意图的执行情况，了解并分析造成调度意图偏差的原因，及时修正并制定当日的控制方向，合理提出改进措施，从而使今日的实时协调更加清晰明确。

3 应用流程

3.1 信息收集

运行人员收集当前梯级设备运行信息，包括各电站机组检修情况及出力受限、当前水头下机组振动区范围、有无功调节范围、AGC是否可投等；调度方式人员收集天气信息，根据月、周运行方式预测电网电量需求，各电站生态流量要求，统计梯级配合过船情况、影响梯级各电站出力的电网设备检修等。

3.2 编制

调度人员通过上游来水和梯级设备运行情况，结合电网近期电量需求，经过水库调度自动化系统或领导专家讨论分析后确定目标水位，比较日末水位折算当日各电站发电量，以此为参考，调度方式人员向电网调度建议和协调梯级各电站次日发电量和96点发电计划，并积极和电网调度进行沟通，根据电网实际运行情况，在电网约束条件和梯级优化之间寻求平衡点，并编制调度意图控制单；运行人员通过实际来水及发电情况与预测情况的偏差进行分析，提出改进措施，并编制偏差分析单。

3.3 执行

调度意图及偏差分析编写后，发布至运行调度工作群，值班人员参阅熟知后按改进措施执行，运行部值班人员根据改进措施，和电网值班调度员积极沟通，实时协调梯级各电站运行方式，控制水位在最佳位置，调度部值班人员监督执行情况并提供指导。

4 紧急状态及处置措施

调度优化工作的紧急状态主要指汛期天气突然来洪水或者因电站、电网事故等原因可能造成梯级电站泄水的情况，此状态下当前水电站群日方式执行情况表已经不再符合当前实际情况，需要及时调整。

紧急情况，应实时调整协调方案，向电网调度说明当前梯级实际情况和意图方向，调整梯级运行方式，利用梯级电站相互配合联合调度，需要时寻求跨流域、跨地区、跨水电等多边协调。比如开展水火互济联合优化，协调减火电机组负荷为水电发电腾空间；增加外送电量；确保洪水调度和防洪安全前提下，协调长江防汛抗旱总指挥部和贵州省防洪办，动态运用构皮滩、思林、沙沱以上库容，通过发电消纳超限汛水位的水量；开展北盘江和乌江的联合调度、平寨普定红枫与乌江干流联合调度等，利用错峰调度手段实现不弃水或少弃水；协调中调、遵义地调、毕节地调，倒110 kV线路地区负荷，增加乌江渡110 kV系统总负荷，解决乌江渡＃1机有功负荷受限问题。

5 其他注意事项

5.1 安全为先

以"安全第一"为原则，乌江梯级水电站群实时优化调度三步决策分析法必须确保安全，满足电站安全、符合电网需求才能够协调实施并得到采纳。

5.2 人才技能

人员水调技能是优化调度工作的关键一环，应加强乌江集控调度人员和运行人员的水调知识培训，在经验的基础上提高水电调度处置能力。

5.3 设备及系统

基础数据是编制调度意图的依据。水调自动化系统作用在于实现科学分析调度意图方案及做出偏差分析的工具，加强乌江流域的雨量计、水位计和水调自动化系统维护，保证采集数据准确。另外，流域上分布有许多小水电站，应对各区间小水电建立联系机制，将影响洪水调度的数据接入水调自动化系统，降低风险。

5.4 实际情况

调度意图及偏差分析师结合各方面因素制定的改进方案，是实施实时协调工作的依据，但因调度工作复杂性和受外因影响较大，在实际工作中不一定再是最优方案，水电优化人员任何时候应根据实际情况做出优化调度。

6 应用效果

乌江梯级水电站群实时优化调度三步决策分析法应用以来，在梯级水库调度工作中坚持安全第一、科学调度，编制合理偏差分析及改进措施，发挥梯级联合调度削峰错峰的优势，实现公司安全防汛与经济效益双赢，另外，乌江梯级各电站生态流量日均保证率达 98%以上，满足水利部、贵州省生态管理要求。

6.1 防洪效益

防洪效益方面，乌江梯级水电站群实时优化调度三步决策分析法应用以来，未造成因乌江集控调度原因影响大坝和下游人民生命和财产安全的事件，并利用梯级汛前腾出的库容，采用分级、错时拦蓄等方式开展联合调度配合乌江下游及长江防洪工作。比如 2014 年 7 月 14 日起，乌江流域多站出现大暴雨和特大暴雨，乌江集控勇于承担社会责任，全力配合抢险处置，为保证沙沱上游、思林下游之间思南县城安全，提前安排沙沱开启全部闸门泄流，控制思林水电站泄流，2019 年 6 月 22 日，乌江下游武隆县城出现超警戒水位的险情，乌江公司、大唐重庆公司开展"构思沙彭"跨省联合调度，积极协调全停构皮滩、思林配合抢险，确保武隆县城"零伤亡"、"零转移"渡过险情；2020 年长江流域先后发生 5 次编号洪水，乌江集控充分发挥构皮滩、思林、沙沱水库的防洪作用，采用分级、错时拦蓄等方式开展联合调度，配合三峡水库拦洪削峰，动用构皮滩、思林、沙沱防洪库容累计拦蓄洪水约 8 亿立方米，有效减轻了重庆市和长江中下游防洪压力。鉴于乌江集控在防洪工作做出突出贡献，多次先后获水利部和水利部长江水利委员会书面表扬。

6.2 经济效益

经济效益方面以最近几年为例，2016 年梯级综合水能利用提高率 4.56%，节水增发电量 11.39 亿 kW·h；2017 年梯级综合水能利用提高率 5.14%，节水增发电量 11.7 亿 kW·h；2018 年梯级综合水能利用提高率 5.05%，节水增发电量 1.162×10^9 kW·h；2019 年梯级综合水能利用提高率 4.06%，节水增发电量 1.125×10^9 kW·h；2020 年梯级水电综合耗水率 3.78 m^3/kW·h，梯级综合水能利用提高率 6.70%，节水增发电量 2.126×10^9 kW·h。

7 结语

梯级水电站优化调度目标是在安全基础上减少水量损失，降低耗水率。为创造最佳经济效益、生态效益和社会效益，乌江集控按照"精益化调度"要求，加强梯级水电短期优化调度深化管理，提出了乌江梯级水电站群实时优化调度三步决策分析法并应用，在经济效益、防洪效益及生态流量控制等方面都取得良好的效果。

参考文献

[1] 周金江. 乌江梯级远程集控深化运行管理实践[J]. 红水河 2020 年 02 期:100－102.

[2] 徐伟. 乌江流域水电运行专业管理一体化[J]. 红水河，2020,39(05):97-100.

长距离供水管道快速水压试验施工技术研究及应用

叶东生

（中国水利水电第八工程局有限公司，湖南长沙，410004）

摘要：黔东南州鸡鸠水库供水干管总长 38.8 km，采取全管贯通注水、分段试压的快速试验技术，使得管道在混凝土施工完成后的 3 个月内完成全部水压试验。快速水压试验施工方法抛开传统管道打压方案混凝土靠背设计，管道整体安装，在管道伸缩节、检修阀等管件位置设计一种试验装置，该试验装置具备过水及截水功能，管道具备全线贯通快速充水，全线排查，且能够对管道分段进行初步稳压，检查管道整体安装质量。通过稳压数据分析，对稳压效果好的管段优先安排实验，对稳压效果差的管段进行加强全线巡查，整体能够快速完成管道水压试验，加快工程投产。

关键词：供水管道；水压试验；技术研究

引言

在庞大的供水管网中，球墨铸铁管因其安装便利、高强度、耐腐蚀、寿命长等特点，具有安全稳定性较好、节约成本的优点，在城镇供水工程中应用非常广泛。学者和工程师们相继对球墨铸铁管开展了研究：李华成等[1]研究了球墨铸铁管在水利工程的应用；赵军等[2]研究了球墨铸铁管在高压水头供水工程中的应用；卢绍华等[3]探索了 8.3 km 供水管道全部完成后的试验方法；冯士龙等[4]对长距离大口径输水管道水压试验方法的探讨；张向勇等[5]研究了水库长距离供水管水压试验的优化设计。

本文以鸡鸠水库供水管道的水压试验为例，研究了全管道铺设统一组织试验的设计及施工技术，为其他长距离管道工程或已完成的老旧管网校核试验提供技术支撑。

1 工程概述

1.1 概况

鸡鸠水库工程任务主要是供水、灌溉。供水区域为贵州省凯里市、雷山县城及县城周边地区，供水人口 15.14 万人；灌区分布在坝址下游莲花、中寨、党高一带，灌区总体规模 2 630 亩。输水干管为凯里供水管，总长为 38.814 km：从水库取水后沿右岸经鸡鸠、平寨，至雷山县消防队，该段管线长 7.64 km，采用球墨铸铁管，管径 DN800～DN 1 000；从雷山县消防队至凯里三棵树段管线经屯堡、固鲁、郎德、季刀、高坡、平乐、寨瓦等村镇，最后到达三棵树，该段管线长 31.174 km，球墨铸铁管，管径为 DN700 mm～DN800 mm。

1.2 施工重难点

鸡鸠水库供水管道工程受供水节点影响，需先将管道整体铺设完成再进行水压试验，主要存在以下施工重难点：

(1) 供水干管线路长，高低起伏大，2.5 km 内起伏高度为 50～80 m，部分管段取水困难；

(2) 供水管道干管已全部施工完成；

(3) 水库已下闸蓄水，且能够向管道灌水。

1.3 试验方法研究及试验分段

(1) 试验方法。

按黔东南州委州政府要求，管道施工需早日完成“引雷山鸡鸠水库优质水入凯目标”，采用传统试验方法无法满足进度要求。通过查阅资料及往期研究成果，管道安装完成后的水压试验多数采用拆除管道阀门或伸缩节后采用已安装管道进行靠背支撑的试验方法，但本工程管线长，高低起伏大，管道注水及试验用水供给难度大，逐段充水时间需 2 个月，管道逐段安装千斤顶、试验管道及设备等按 1 天计算，在管道质量一次性试验合格情况下需要时间约 4 个月，不能满足州委州政府早日供水要求。经过研究，决定设计一个试验装置取代阀门、伸缩节、该试验装置具备管道联通、管道切断及试验排气、注水的功能，解决了管道快速充水及快速分段试验的难题。

该方法在管道整体安装完成的情况下，能够全线充水，使管道达到一定静水压，能够快速找出缺陷，排除漏点；能够在工作压力下对管道各段进行稳压，记录压力变化，分析各段管道安装质量。此

收稿日期： 2023-08-15

作者简介： 叶东生，工程师，中国水利水电第八工程局有限公司项目总工程师．

外，各段注水可从相邻段取水，解决了注水取水问题。

(2) 试验分段。

根据试验方法，需在管道阀门或伸缩节位置替换成试验装置，试验段划分参照阀门、伸缩节位置、管道高低起伏及长度等进行划分，鸡鸠水库供水管道试验共分 11 段。

2 试验准备

2.1 装置设计及制造

根据试验分段，记录分段节点处阀门或伸缩节尺寸及压力等级，根据尺寸定制试验装置，装置为钢制构件，采用满足试验压力要求的钢管、钢板、钢法兰、球阀、蝶阀。空气阀、伸缩节制作而成，如图 1 所示。

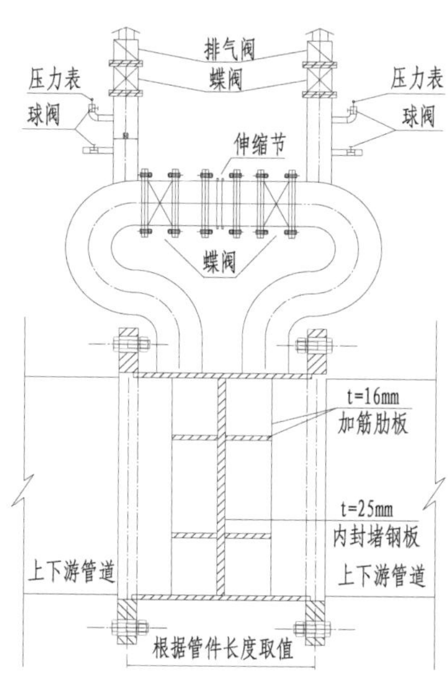

图 1 试验装置构造图

2.2 通水准备

管道充水采用水库供水，通过取水口闸门及取水阀门联动控制充水流量及流速，由于管道较长，充水总量大，采用前 1－2 段试验段做试通水，对通水流速、流量及效果进行验证。通水前需按方案对管道进行仔细巡查。

(1) 根据试压方案，将分段节点阀门或伸缩节进行标记编号，同时将对应试验装置标记编号；

(2) 拆除节点阀门或伸缩节，安装对应的试验装置，将试验装置上旁通阀全部打开；

(3) 根据管线全线阀门等管件安装表，逐个核对阀门工况，将排泥阀关闭，空气阀检修阀门开启，水锤泄放阀及支管阀门拆出采用盲板封闭，中间阀、减压阀全部打开；

(4) 检查全段管道管顶覆土情况，除接头外管身区域覆土厚度应不小于 50 cm，覆土厚度不满足则增加覆土处理。

2.3 管道通水排气与前后段试压安排

(1) 管道通水由专人控制，统一指挥。

(2) 打开取水阀门，开度约为 1 格，流量约为 1 000 m^3/h，缓慢往管道充水。

(3) 观察每一个试验装置上压力表数据并开始记录压力表上升的时间及压力过程，当高程最低一段的压力表由 0 上升至该段另一端的压力表刚开始上升时为一个计算节点，可以计算出闸阀开启的过闸流量，此数据也可以准确判断充水满管的时间，决定充水中可控的安全充水流量。

(4) 充水时应对满水管段沿线进行来回巡查，若发现有漏水点及时报水压试验总指挥，报告时拍视频告知以便及时作出判断和处理。

(5) 若发生某段有漏水现象应做好标记，有漏水现象应及时关闭该段旁通阀。

(6) 待全段暴露漏点处理完成后打开旁通阀继续充水，利用全线管道高低起伏自由落差水头进行缓慢加压查漏，此充水阶段进行第一阶段查漏消缺。

2.4 稳压查漏

全管满管后，继续采用水库供水水头稳压，稳压持续 24 h 后关闭起点取水阀、试验装置旁通阀，对各试验段进行稳压观察，每小时记录实验装置上下游压力表数值，根据记录检查各段安装质量，选取稳压效果好段优先进行试验，对稳压效果不好段继续稳压进行查漏处理。同时试验段优先选取试验压力大段，试验用水可从相邻管道取水，解决取水困难段管道取水问题。

试验全过程采用水库水头对管道联通部分（非试验段）进行稳压，达到管道工作压力试运行效果，利于管道试验完成后快速转入试运行状态。

3 注水实验

3.1 升压及预实验

(1) 管道注水完成、管内外水温达到平衡后，开始用试压泵对管线进行升压。

(2) 升压前关闭相关的排气阀。

(3) 升压时，压力应缓慢上升。在管线压力达到 75%以前，升压速率不大于 0.1 MPa/min，在管线压力达到 95%以后，升压速率应小于 0.01 MPa/min。

(4) 分级升压，当压力升至试验压力的 1/3、2/3 时，分别稳压 15 分钟，观察管线有无泄漏，压力有无明显下降；当压力无明显下降时，继续进行升压。

(5) 在升压的过程中，要对注入管线中水的体积、时间、水温度、环境温度和相应的压力进行全过程记录。

(6) 根据上述记录数据绘制出压力—时间、压力—容积的曲线。当管中压力达到试验压力的75%时，若升压曲线基本成一条直线，则说明管线当中的空气含量很少，满足要求；若升压曲线成一条曲率较大的曲线，则说明管线当中的空气含量较高，要计算其中的空气含量. 空气含量最好不超过管线总容量的0.2%。

(7) 在管线升压过程中，当管线中的空气含量超过0.2%，采用的应急措施是：打开加压泵的降压阀进行降压，然后再打开排气阀门，排放空气；反复多次，并观察排气口的情况，当排气口的出水形成连续性水柱时，管线内的空气基本已经排空。

(8) 若管线中的空气含量满足要求，则继续升压至管线的试验压力。

(9) 水压升至试验压力后，保持恒压 30 min，期间如有压力下降可注水补压，但不得高于试验压力；检查管道接口、配件等处有无漏水、损坏现象；有漏水、损坏现象时应及时停止试压，查明原因并采取相应措施后重新试压。

3.2 主试验稳压

停止注水补压，稳定 15 min，当 15 min 后压力下降不超过 0.03 MPa 时，将试验压力降至工作压力并保持恒压 30 min，进行外观检查若无漏水现象，则水压试验合格。稳压过程中，管线的压力变化情况要用压力记录仪、压力显示器进行记录，管道闭水试验必须经由现场监理工程师检查并验收，签认后方可进行下一步工序施工。

3.3 卸压及排水

试压完成后，卸压缓慢进行；卸压速率不大于 0.1 MPa/min，待压力降至 0.5 MPa 以下，打开河床附件泄水阀，将管道内试压用水排至河道。

3.4 管道恢复

水压试验合格后将所有打压点试验装置取出，安装原设计管件，使管道恢复正常，同时对整个管线螺栓进行紧固，确保工程安全。

3.5 试验注意事项

(1) 试压时管内不应有空气，否则在试压管道发生漏水时，不易从压力表上反映出来。若管道水密性能尚好，气密性能较差时，如未排净空气，试压过程中容易导致压力浮动。

(2) 在试压管段上游端应设排气孔排气，灌水排气时，要使排出的水流中不带气泡，水流连续，速度不变，作为排气较彻底的标志。

(3) 管端敞口，应事先堵严并加临时支撑，不得用闸阀代替。

(4) 管道中的固定支撑，试压时应达到设计强度。

4 质量保证

(1) 加压前检查临时管线是否固定完成，保证管线在升压过程中不出现扰动。

(2) 升压过程中应停压检查管道的变形是否造成标高和坐标的偏移，如出现超过规范允许范围的偏移，应泄压，采取相应措施后才能重新升压。

(3) 水压试验完成后的泄压工作必须缓慢进行，以防产生较大的负压，保证管线泄压口附近的管子不因泄压而产生标高和坐标的偏移。

(4) 升压过程中，若发现临时试压管线的漏点，不可带压紧固或焊接，应及时停压检查修复，在确认合格后方可再次升压。

(5) 此管道试压方法解决了供水管道施工周期长，已施工管道质量重复检验问题，为管道顺利通水打下坚实基础。

5 结束语

鸡鸠水库供水管道采用全管道安装统一注水试验后，在管道安装完成，镇墩等混凝土等强后 3 个月内采用单作业面完成全管道水压试验，在试验过程中未出现安全问题，为管道通水创造有利条件。

本快速充水、查漏、试验方法能够减少混凝土设计及施工，加快管道施工连贯性，缩短工期，同时管道试验装置为自制构件，可以进行回收循环利用，节约资源。技术先进，集中一次性解决水压试验，避免了循环工序施工且周期长所带来的时间、人力等资源浪费。为以后管道工程快速水压试验在类似情况下的处理提供了可靠的决策依据和技术指标，同时为其他已完成管网复验提供探讨，具有重要的推广意义和价值。

参考文献

[1] 李华成.球墨铸铁管在水利工程的应用科研管理，2016，(01)：64-68.

[2] 赵军. 球墨铸铁管在高压水头供水工程中的应用. 建筑科学与工程，2015，(07)：82-85.

[3] 卢绍华.探索 8.3 km DN600 球墨铸铁管全线完成后的水压试验方法. 建筑科学与工程，2010，(04)：90-92.

[4] 冯士龙.长距离大口径输水管道水压试验方法的探讨. 水利水电工程，2016，(09)：200.

[5] 张向勇. 水库长距离供水管水压试验的优化设计. 水利水电工程，2022，(08)：76-77.

善泥坡发电厂1号机组全液控蝴蝶阀接力器油渗漏原因分析及处理

王国兵

（贵州西源发电有限责任公司，贵州贵阳，550002）

摘要：为了提高蝴蝶阀接力器动作可靠性，保证机组安全稳定运行，文章对蝴蝶阀接力器各部件进行拆解，分析接力器腔体液压油渗漏原因，通过采购优质高性能密封元件进行更换，对不合理设计和油渗漏情况进行技术改造处理。该结论应用后，从根本上有效遏制了油渗漏情况，保证了蝴蝶阀接力器运行可靠性，确保了机组安全稳定运行。

关键词：蝴蝶阀；接力器；油渗漏；防范措施及处理

1　概述

善泥坡发电厂两台机组进水蝴蝶阀接力器属于全液控操作结构，蝴蝶阀型号为DT－HD7QS41X－16C，公称直径为DN4 200。蝴蝶阀工作介质为水，安装在大坝进水口通道引水系统调压井后端压力钢管与水轮机蜗壳进口段间，只有全开和全关两种工作状态。接力器是蝴蝶阀的重要操作机构，每台蝴蝶阀左右各布置一台接力器，接力器腔体中注入高液压透平油，作为动力源推动接力器活塞和轴运动，在转臂的带动下使蝴蝶阀正常开启与关闭，因此，对接力器运行中腔体及各部件油渗漏点进行分析，找出油渗漏根源之所在，通过优化检修方案，优选高性能密封元件，提升检修工艺技术进行升级改造和处理，提高接力器工作可靠性，使蝴蝶阀安全可靠动作，保证水轮发电机组安全稳定运行具有重要意义。

2　蝴蝶阀接力器

2.1　蝴蝶阀全液控系统结构

蝴蝶阀是保证机组检修和事故紧急停机中防止飞逸的一道重要阀门，而接力器是确保蝴蝶阀正常开启、关闭的重要操作机构，蝴蝶阀全开、全关操作动力源采用L－TSA46高液压油，属于液压型操作机构。善泥坡发电厂蝴蝶阀全液控系统生产厂家是铁岭特种阀门股份有限公司，液压站控制系统额定操作油压为16 MPa，蝴蝶阀系统主要由双泵蓄能器组液压站控制系统、进水蝴蝶阀成套设备和电气控制柜等组成，其中液压站系统包括两组蓄能器（1组蓄能器由5个蓄能罐组成，内部充有8.5 MPa氮气）、YV1-YV6电磁阀、SP1-SP6压力继电器、液压油箱和管路及阀门；进水蝴蝶阀成套设备由两个接力器、平板阀门、旁通平压阀及两侧检修手阀、顶部排气阀和底部检修排水阀等部件组成[1]。

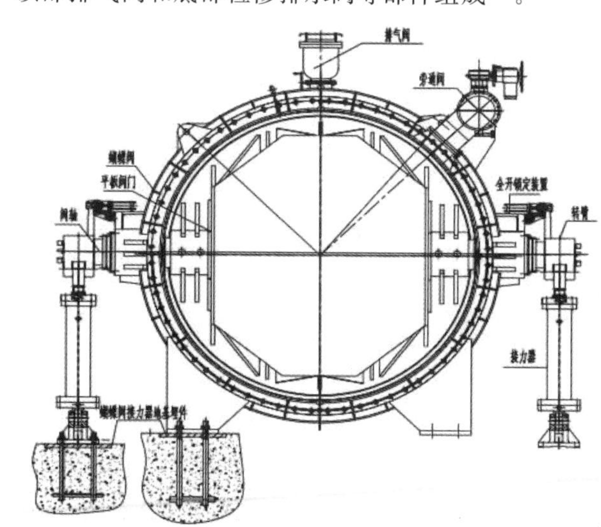

图1　水轮机进水蝴蝶阀接力器总装配图

2.2　水轮机进水蝴蝶阀接力器总装配图（图1）

2.3　蝴蝶阀接力器规格及结构

蝴蝶阀接力器规格为Φ280×1 000，额定油压为16 MPa，其结构主要由接力器活塞杆、活塞、缸体、缸体轴套、卡环、压环、卡环套、限位套、上缸盖、下缸盖、手动锁定装置、液压锁定装置等部件组成。密封元件由Y x型密封圈、O型密封圈、防尘圈、组合垫和其他辅助密封圈等密封材料组成。蝴蝶阀接力器结构如图2所示。

收稿日期：2023-05-29

作者简介：王国兵，贵州省兴义市人，电气工程师、技师，从事水电厂运行维护检修工作.

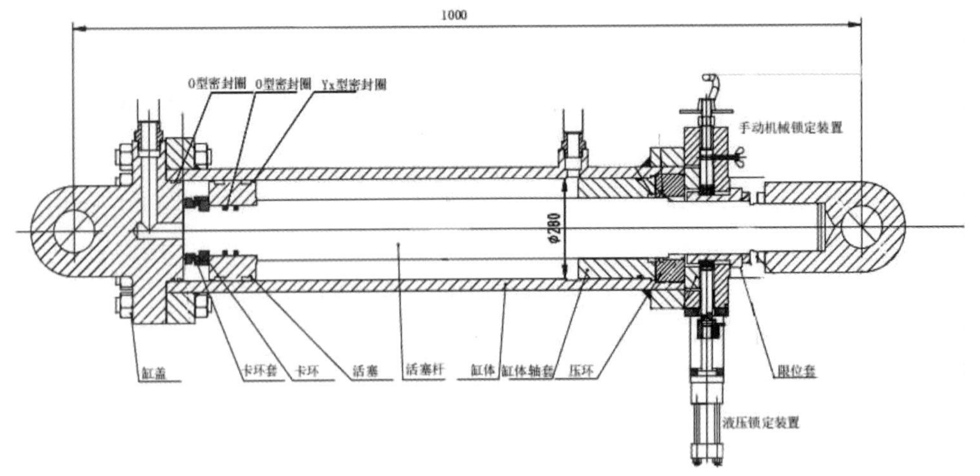

图 2　蝴蝶阀接力器结构图

2.4　水轮机进水蝴蝶阀接力器作用及特点

水轮机进水蝴蝶阀正常情况下，主要用于机组检修、例行检查和逢停必检中进入机组内部工作时，作为截断动水水流，保证工作人员安全的重要技术措施；在机组甩负荷或者导叶机构失灵等事故情况下，主要用于事故停机和紧急停机，能在动水中紧急关闭，以防止运行机组发生飞逸现象，造成机组设备损害和非计划停机；另外，当机组长期处于停机状态时，关闭进水蝴蝶阀可防止或减少导叶漏水量，以及防止水中泥沙损害导叶机构，还可避免放空引水管道，缩短机组的启停时间。对于蝴蝶阀接力器具有使用可靠、操作灵活，整体密封性能较好，检修和维护保养也很方便等特点。

2.5　蝴蝶阀接力器系统开启工作原理

蝴蝶阀接力器正常开启是在 PLC 自动控制接收到开阀信号，先将进水旁通阀打开进行蝴蝶阀上下游管路平压，当蝴蝶阀前后压差一致时，液压站锁定电磁阀 YV4、YV6 动作，锁定装置在液压油的作用下将锁定销拔出，然后蝴蝶阀开阀电磁阀 YV1 和蓄能器接通电磁阀 YV3 动作，蓄能器高压油接入接力器油缸下腔，在蓄能器高压油下降至压力继电器 SP1 动作值 14 MPa 时，液压站油泵电机动作继续提供高压油，蝴蝶阀接力器缸体内的活塞杆在高压油的推动下向上伸出，带动蝴蝶阀阀轴及蝶板门做 90°旋转，实现蝴蝶阀缓慢开启至全开位置，锁定装置锁定销复位，关闭进水旁通阀，在压力继电器 SP2 达到动作值 16 MPa 时，油泵电机停止动作，蓄能器完成补压。另外在进水蝴蝶阀接力器全开运行中，当接力器油缸开阀腔压力降低至压力继电器 SP3 动作值 3 MPa 时，蝴蝶阀接力器开阀电磁阀 YV1 和蓄能器接通电磁阀 YV3 动作进行补压至额定值。全液控蝴蝶阀接力器系统原理图如图 3 所示。

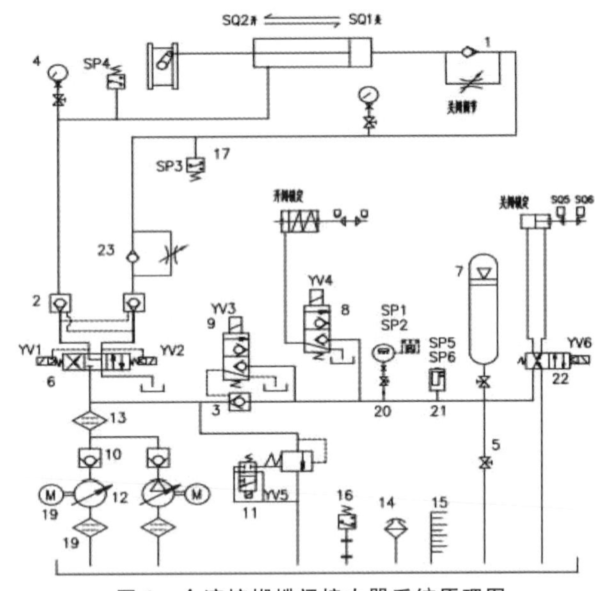

图 3　全液控蝴蝶阀接力器系统原理图

3　蝴蝶阀接力器存在的主要问题

3.1　蝴蝶阀接力器检修技改中发现的问题

2022 年善泥坡电厂进行了＃1 机组 A 级检修工作，而蝴蝶阀接力器是这次检修、技改的重点内容之一。蝴蝶阀接力器各连接结构拆卸后进行了详细检查，发现接力器活塞上的两道 Y x 密封圈、缸体腔盖内的 O 型密封元件、防尘圈等密封元件有不同程度的受损，已完全失去其密封特性，出现硬化变成块状固态物质，如图 4 所示；接力器全开锁定装置底座受损，出现断裂现象。接力器腔体下端面出现多处锈蚀痕迹，锈蚀斑点状连接成块状分布，如图 5 所示。

3.2　接力器缸体内上下油腔窜油并溢出

接力器上下腔体间密封元件失效，特别是活塞上两道 Y x 型密封元件，其开口工作唇在高液压油负载力作用下，弹性及伸缩功能逐渐失效，不能

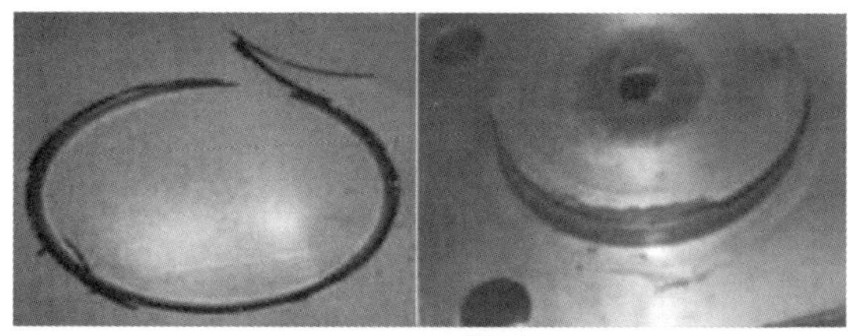

图 4　接力器密封元件受损和锁定装置底座断裂图

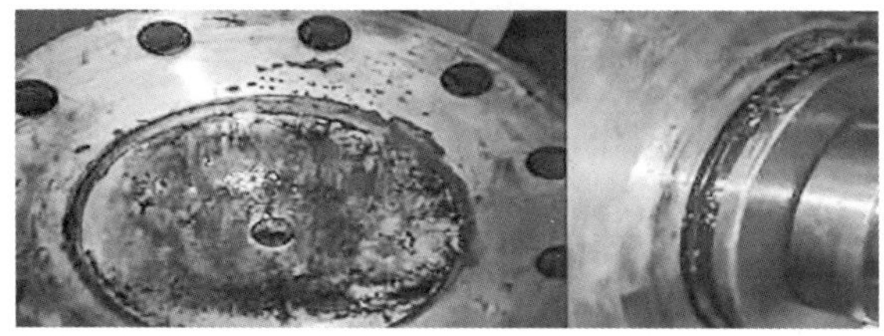

图 5　接力器腔体下端面锈蚀图

紧贴于油缸内壁接触面，所承受的最大接触应力小于工作油压时，使油缸腔体内启闭腔间保压性能逐渐下降，造成腔体间发生窜油压现象，液压油通过油缸上腔盖渗漏溢出。此时，高液压油为了保持蝴蝶阀的正常工作状态，全开、全关锁定装置就会动作，液压站蓄能器补油压电磁阀接通，接入蓄能器组储存的高液压油；接力器腔体窜油和渗漏，会使液压站蓄能器组储存压力不足，继续降低其液压值，油泵频繁启动补压。当补压效果不明显时，就会进一步扩大为水轮机进水蝴蝶阀动作，逐渐向全关方向运动，造成发电机由正常并网发电运行状态转为电动机运行，吸收电网系统有功功率，破坏电网有功功率平衡，最终酿成事故。

3.3　接力器密封元件老化严重

蝴蝶阀接力器已投入运行 6 年之久，保持了良好的运行状态。密封件在实际运用中，应根据工作压力、温度和使用中动作次数，对密封件寿命和更换周期进行预测，一般在 3～6 年内应进行密封元件的检查及更换工作[2]。通过对接力器各部件拆卸后发现，各密封元件材质脆化老化严重，弹性及高压性能已完全失效，多处出现不同程度的损坏，硬化成固体状并分裂断开。

3.4　接力器锁定装置易误动

♯1 机组为配合电网负荷需求，会降低负荷在低负荷临界值范围运行，此时机组振动较大，长时间运行，极易引起接力器锁定装置位移传感器接触不良，另外，蝴蝶阀接力器液压站两组蓄能器共用一根油管路，采用高压软管接入锁定装置等的不合理设计，使锁定装置锁定销出现投入或者退出动作，导致位置接点状态不到位，造成接力器活塞及轴的来回运动。

4　蝴蝶阀接力器油渗漏原因分析

4.1　密封元件受损

蝴蝶阀接力器密封元件受损是导致接力器窜油、跑油、渗油和保压不严的直接原因之一。在接力器缸体上下腔盖、活塞等部位分别安装有防尘圈、O 型密封圈、Y x 密封圈等密封元件，密封元件损坏主要是由于接力器在高液压油的作用下，接力器在负载运动方向上与活塞及轴的行进线路发生偏移，密封元件不断剐蹭接力器缸体内壁和轴表面所致，缸体内壁粗糙度越大，磨擦越强，损坏越大[3]。

4.2　密封元件密封特性功能失效

在接力器中安装有不同类型的密封元件，这些密封元件均采用 PU 聚氨脂材质制作。对密封元件密封特性功能造成失效的影响因素很多，设计不合理，制作工艺质量差，使用周期较短，安装不到位，使用不当，缸体内壁表面毛刺间隙剐蹭，都会对密封件抗耐磨损、耐腐蚀及密封弹性等特性造成失效，加快密封件的老化和损坏。另外，在 16 MPa 高液压油的工作条件下，长期工作于接力器活塞及轴的往复运动中，由于轴线偏移或者负载受力不均，也会使密封件压缩率和拉伸量增大，密封应力下降失去密封特性，产生老化和永久变形损坏，发生渗漏油[4]。

4.3　接力器腔体严重锈蚀

通过对接力器拆卸后发现，接力器上下腔体、缸体内壁和活塞及轴表面等部位有不同程度的锈蚀现象，锈蚀斑纹连接成块状。发生锈蚀主要是液压油中混有颗粒物和其他杂质，使液压油氧化、乳化和酸化，油运动黏度下降，油膜破坏，造成接力器镀硬铬保护膜破坏，增加缸体内壁毛刺粗糙度，使接力器腔体、缸体内壁和活塞及轴发生锈蚀，加剧密封元件失效和损坏，产生泄漏。

4.4　蝴蝶阀液压站控制系统设计不合理

蝴蝶阀接力器的启闭两腔压力未接入监控系统，未设置压力降低报警信号，腔体发生窜跑压泄漏油现象时，不能对其腔中液压油压力变化情况进行监视，不能及时发现采取措施处理；液压站两组蓄能器进出油管共用一根 Φ28×4 钢管，当接力器腔体中压力降低过快时，将无法及时对储能器进行补油提压，另外，采用高压软管接入接力器及锁定装置，固定不牢固，液压站高液压油通过会在软管端部引起抖动，机组振动较大时，就会引起锁定装置位移传感器接触不良，锁定装置位置接点不到位就会频繁动作，造成接力器活塞及轴来回运动，增加油泵动作频次和故障几率，进一步破坏接力器密封圈，使接力器腔体中液压油往缸体腔盖外渗漏。

5 防范及改进措施

5.1 选型采购优质密封件

按照密封元件标准要求，结合接力器在高液压油工作条件下，对密封件制作工艺和使用材质进行了解，对比选型抗腐蚀、耐磨损、耐高压高温等密封特性的密封件[5]。盘点库存，及时采购优质密封元件，每台机组两个接力器，每个接力器应至少备足同型号类型两套密封件，加强对密封件备品备件的管控，建立密封件使用台账。

5.2 加强蝴蝶阀接力器运行分析工作

按照运行巡回检查“六到一不漏”巡检规定，加强对接力器腔体及蓄能器压力的监视和运行分析力度。将接力器腔体压力接入监控系统，方便运行监视和安全管控，做到油泵经济运行效率分析，及时掌握接力器的运行状态。加强对蝴蝶阀接力器的技术培训工作，强化反事故应急演练，制定现场应急处置措施，提升现场运维人员维修操作技能和事故处理应急能力，对危及蝴蝶阀接力器安全运行情况时，及时分析处置，确保蝴蝶阀接力器安全运行。

5.3 做好蝴蝶阀接力器的检修改造工作

结合接力器运行工况和密封件使用周期行标规范，优化蝴蝶阀接力器的检修改造工作，发现接力器运行隐患要早安排、早计划和早部署，对存在的不合理设计和风险隐患，要结合机组检修开展技术改造工作。做好与生产厂家的技术协调工作，熟悉蝴蝶阀液压控制系统内部结构，为接力器检修改造做好技术支撑，修后及时做好记录和完善技术台账，方便今后的检修维护和学习提升。

6 蝴蝶阀接力器油渗漏检修处理及技术改造

蝴蝶阀接力器各部件拆卸清洗后，对接力器缸体内壁拉伤和毛刺处进行了打磨，活塞及轴运动中心线偏移情况进行了校正，轴表面保护膜检查和重新镀上硬铬保护膜，锁定装置底座损坏修复，接力器液压系统高压软管改造为无缝钢管并固定牢固，选购优质密封件进行更换，特别是在接力器开腔侧活塞上增加一道 Y x 型密封件D280，两道 Y x 型密封件互备，活塞两侧启闭腔标记密封件开口方向，方便正确安装使用，这些处理措施和技术改造，提高了接力器防锈 、防腐蚀、耐温耐压耐磨性能。蝴蝶阀接力器回装后，向腔体内注入化验合格的液压透平油，根据设计试验要求，按设计油压的 1.5 倍 24 MPa 油压进行耐油压试验，保压 30 min 无渗漏，并做好保压记录，然后再进行 2～3 次蝴蝶阀接力器动水开关阀试验，确保接力器运行正常。

7 蝴蝶阀接力器 A 修后的运行效果

蝴蝶阀接力器 A 修后投入运行以来，接力器腔体液压油压力稳定，保持在腔体额定值 16 MPa，修前的滴跑窜漏油现象从根本上得以消除，液压油泵启动补油打压运行由原来的间隔两小时变为每月一次，提高了油泵运行效率，接力器液压锁定装置易误动现象已消除，现地或者远方启闭接力器正确动作率为 100％ ，接力器动作可靠性进一步提高。另外，在今年北盘江流域年天然来水较往年同比减少 22.42％的情况下，通过对接力器等主辅设备油渗漏隐患的处理，提高机组运行等效可用系数，保证机组高利用小时运行，实现单机年运行高达 4 400 h，创造发电效益 7.5 亿千瓦时，超额完成年度发电目标的 112％。

8 结语

蝴蝶阀接力器通过油渗漏原因分析，找出油渗漏原因，采取有效防范措施和技术改进，对蝴蝶阀接力器重要部件进行检修处理和技术改造，优选装配高性能密封元件，消除了油渗漏隐患。维修后投入运行，使接力器腔体中的油量油压满足蝴蝶阀操作机构要求，提高了运行效率，避免了机组非计划停机。按接力器处理前平均 50 mL/h 的渗油量计算，该台蝴蝶阀接力器月内可有效节约 0.036 t 透平油，提高了蝴蝶阀接力器运行的可靠性，确保了机组安全稳定运行。

参考文献：

[1] 贵州西源发电有限责任公司. Q/XY－1－01－2021 善泥坡发电厂企业技术标准：运行规程[S].

[2] 张玲. 液压密封件使用寿命分析[J]. 山东省科协学术年会论文集，2010：124-127.

[3] 赵秀栩，夏亚歌，魏俊华，付钰. 液压往复密封件磨损失效概率研究[J]. 润滑与密封，2020(2)：105-109 140.

[4] 王国兵. 引子渡发电厂 3 号机组蝴蝶阀接力器油渗漏原因分析及处理[J]. 红水河，2018，37(2)：95-98.

[5] 刘浪. O 型橡胶密封圈在水力发电机组的应用探讨[J]. 红水河，2020，39(5)：123-126.

图解法与水力仿真软件方法在水锤计算中的应用研究

何义文

（贵州省水利水电勘测设计研究院有限公司，贵州贵阳，550000）

摘要： 文章针对提水泵站设计中常用的图解法与水力仿真软件计算法进行优缺点分析，讨论工程在不同设计阶段水锤计算方法的选择。通过相关工程实例，采用图解法、水力仿真软件建模计算法进行计算分析，通过对此两种方法计算过程及计算成果进行对比分析，并结合工程所处设计阶段设计要求，探讨图解法及水力仿真软件建模计算法的适用情况。通过分析，在项建、可研阶段，主要是探讨工程的可行性，可采用图解法进行简易计算；在初设、施工图阶段推荐采用水力仿真软件进行精确的建模计算，合理布置水锤防护设备。

关键词： 水利水电工程；泵站；水锤计算

在有压力管路中，由于某种外界原因（如阀门突然关闭、水泵机组突然停车）使水的流速突然发生变化，从而引起水击，这种水力现象称为水击或水锤。水锤效应有极大的破坏性，会造成压力管道压强过高，引起管子破裂，进而危及水泵安全。反之，当管道上压强过低，产生真空时，会引发断流弥合水锤，真空会导致管子的瘪塌，水击波回弹又会造成更大的水击压力，对管道、阀门和固管件造成破坏[1]。为了消除水锤效应的严重后果，需要对泵站进行水锤计算，在管路中适当位置设置一系列缓冲措施和设备，以降低泵站在不利工况下的水锤破坏，确保泵站水泵及压力管道、阀门管件的安全。

在工程设计过程中，选择合适的方法是合理布置泵站水锤防护措施的关键。在不同设计阶段对水锤计算的精度要求往往不同，常用计算方法有图解法、水力仿真软件建模计算等方法。

图解法现多用于项目建议书及可行性研究阶段，用于项目投资控制。其优点是：计算方法简单容易出成果，能够初步拟出压力管道最高、最低压力包络线，判断产生水锤时的正压和负压情况，可根据压力包络线凭设计经验拟出相关水锤防护方案；缺点是：图解法计算精度相对较低，对拟出的水锤防护方案是否满足要求无法做出准确判断，对工程实际水锤防护设计指导意义不大。

水力仿真软件建模计算方法多用于初步设计和施工图阶段。水力仿真软件建模计算法优点是：可精确地对泵站水泵进行各种工况计算，针对性调节多功能水力控制阀的关闭曲线，并根据情况补充水锤泄放阀、水锤预防阀、防水锤空气阀等相关水锤防护措施直至管道最大压力、水泵反转、管道上负压情况满足规范要求，确保提水工程在各种情况下均能安全运行。缺点是：需对提水管道进行等比例建模，建模工作量较大。在计算过程中需要根据水锤情况针对性地调整水锤防护方案进行试算，计算量较大，对设计人员设计经验要求相对较高，不易上手。

通过两个工程实例对图解法、水力仿真软件建模计算法进行对比分析，探讨在不同设计阶段水锤计算方法如何选择。

1 规范要求

根据《泵站设计规范》GB50265－2010 和本泵站的实际情况，泵站发生事故停泵时，应满足以下要求：

（1）泵的最高反转速≤1.20 倍额定转速，超过额定转速的持续时间不超过 2min；

（2）最高压力不超过水泵出口压力的 1.30～1.50 倍；

（3）管道不出现水柱断裂。[2]

2 图解法在提水泵站中的应用

在水锤计算中，图解法常用有富泽清治停泵水锤计算法、帕马金停泵水锤计算法，本文采用富泽清治停泵水锤计算法对实际工程案例进行水锤计算分析。富泽清治停泵水锤计算曲线是日本富泽清治以实际的输水管道为研究对象，根据电子计算机对数百个工程进行计算的结果绘制的。该法对于简易计算水锤具有一定代表性。

2.1 提水工程原始数据：

水泵运行工况点扬程为 237.94 m，设计总流

收稿日期： 2023-06-09

作者简介： 何义文，贵州毕节人，助理工程师，主要从事水利水电工程机电设计工作.

量 0.1 441 m^3/s，泵站提水管为 Φ 406 mm 螺旋钢管，壁厚为 8 mm，管长 2 768 m，管道内流速为 1.2 m/s，水头损失 13.44 m。所选水泵型号为 D280－65×4（2 用 1 备）。

2.2　水锤计算

（1）水锤波传播速度

$$a=\frac{1435}{\sqrt{1+\frac{DK}{E\delta}}}\quad (m/s)$$

式中：K 为水的体积弹性模量；D 为钢管的内径；E 为钢管的弹性模量；δ 为管壁厚度。

计算得水锤波传播速度 a =1 434.65 m/s。

（2）管道相对损失 hpl

$$hpl=\frac{H_f}{H_0}100\%$$

式中：H_f 为管道水头损失(m)；H_0 为泵站设计扬程(m)。

（3）管道特性常数 2ρ，水锤相时 μ，机组惯性系数 K 的计算

$$2\rho=\frac{av_0}{2gH_0}；\ \mu=\frac{2L}{a}；\ K=\frac{182.5P_0}{GD^2n_0^2}；$$

式中：GD^2 为机组转轮转动惯量，大小为 36 $kg\cdot m^2$；n_0 为机组额定转速，n_0 = 1 480 r/min；P_0 为水泵的额定轴功率，P_0 = 286.09 kW；a 为水锤波传播速度。

根据上式计算，2ρ=0.74，μ=3.86 s，K=0.66，Kμ=2.55，hpl=5%查富泽清治停泵水锤计算曲线图得出水泵出口、1/2 L 处及 3/4 L 处的最低压力值及泵内开始倒流时间为 1.1%×μ=0.0396；水泵出口、管道 1/2 L 处及 3/4 L 处的最低压力值见表 1。

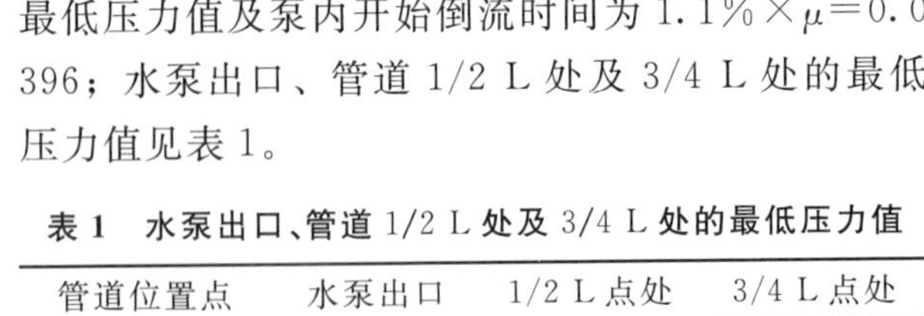

表 1　水泵出口、管道 1/2 L 处及 3/4 L 处的最低压力值

管道位置点	水泵出口	1/2 L 点处	3/4 L 点处
hpl=0%	15.5%	27.2%	48.3%
hpl=5%	17.2%	27.5%	45.2%
hpl=20%	21.4%	28.1%	37.2%

根据表 1 中提水管各处最低压力值绘制泵站提水管水锤压力包络线图，如图 1 所示。

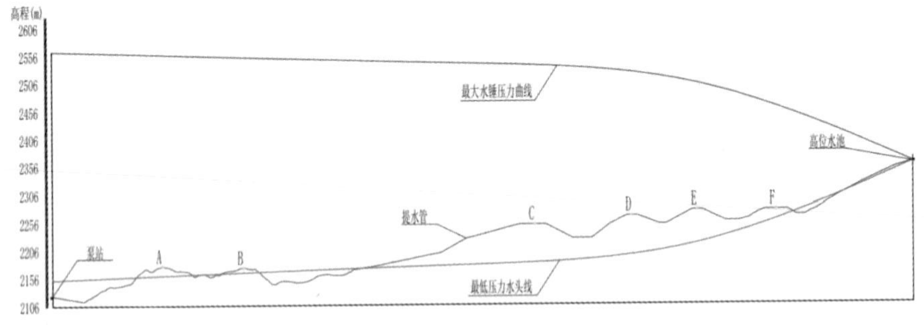

图 1　泵站水锤压力包络线图

如图 1 所示，根据以上水锤计算结果可知，水泵出口在安装有普通止回阀时，水泵出口处的最大水锤压力值为 1.828 Hr，大小为 434.95 m。为保证泵站的停机时的安全性，需要进行水击防护措施[3]。为降低停泵水击压力，在水泵出口装设多功能水泵控制阀，在停机时实现 2 s 快闭 95%＋10 秒缓闭 5%。同时，在水泵提水干管始端设置水锤泄放阀与水锤预防阀各一套。在提水管 A、B、C、D、E、F 点均可能出现水柱拉断进而形成断流弥合水锤，考虑水锤相邻效应，本阶段考虑在 A、C、E 三点设置防水锤空气阀进行断流弥合水锤防护。泵站水锤防护设备工程量见表 2。

表 2　水锤防护设备

序号	设备名称	规格型号和技术参数	数量
1	水击预防阀	口径：DN150 压力等级 PN=4.0 MPa	1
2	水击泄放阀	口径：DN150 压力等级 PN=4.0 MPa	1
3	防水锤型空气阀	口径：DN50 压力等级 PN=4.0 MPa	3

2.3　图解法在提水泵站中的应用讨论：

由上文计算中可知，利用图解法计算出 2ρ、μ、K、$K\mu$、hpl 值查富泽清治停泵水锤计算曲线图，可得到泵站上水管在事故停泵时最低压力曲线，通过该曲线推测出最高压力曲线。对水锤压力包络线进行分析，配备相应的水锤阀、空气阀以对泵站水锤起到防护作用。图解法对于提水工程水锤计算较为简单，可以初步确定泵站水锤情况，并布置相关水锤防护设备，但由于该法是基于各类泵站设计、运行经验列表统计取值而来，在选择水锤防护设施时往往偏于保守，不利于工程投资的经济性。同时，在泵站增加相关防水锤措施后工程实际

事故停泵水锤情况如何，往往不得而知，对于工程的实际实施没有指导性，该法对泵站水锤计算较为局限，所以该法往往仅用于项目建议书、可行性研阶等确定项目可行性、控制项目投资阶段使用，主要用于前期工程投资的控制。

3 水力仿真软件建模计算在提水泵站中的应用

在水锤计算中，水力仿真软件常用的有 Bentley Hammer 软件、KYPIPE 软件，计算方法类似，本文采用 Bentley Hammer V8i 对实际工程案例进行水锤计算分析[4]，Bentley Hammer 是能够运行 MicroStation，AutoCAD 和 ArcGIS 应用程序的最佳水管分析和建模软件之一。世界各地的公用事业，市政和工程公司都信任该软件，并使用它来管理和减轻风险。

3.1 工程概况：

贵州某水库坝址以上集雨面积为 11.8 km^2，水库正常蓄水位为 803.0 m，相应库容 2.72×10^6 m^3，死水位 779.0 m，死库容 7.34×10^6 m^3，兴利库容 2.6×10^6 m^3，为小(1)型水库。水库的工程任务为村镇人畜和灌溉用水的一项综合性水利工程。

水库设有一座坝后式泵站，泵站供水对象主要为集镇供水和部分灌溉用水。泵站工作泵推荐为两台，一台备用泵，单机容量为 220 kW。

泵站装机容量为 3×220 kW，工作方式为两台工作泵，一台备用泵；所选水泵型号为 D280-43×4，水泵运行工况点扬程为 150.18 m，提水管为 DN500 mm 钢管，管长 2 994 m，总提水流量 0.1664 m^3/s。

3.2 水锤计算分析：

(1) 稳态分析

根据上游专业对提水管道的布置剖面图进行数据提取，编制成水锤建模表，见表 3 和表 4，通过软件建模器生成提水管道模型。

表 3 水锤建模节点表

桩号	高程	管长	X	Y
J1	777.6	0	0	50
J2	765.55	19.902	15.84	50
J3	765.55	10.338	26.178	50
J4	780.65	20.495	40.034	50
J5	790.48	16.569	53.374	50
J6	792.50	29.908	83.214	50
J7	805.63	43.074	124.24	50
J8	804.05	31.628	155.829	50
J9	804.05	23.021	178.851	50
J10	805.85	2.801	180.997	50
J11	806.36	105.077	286.073	50
J12	806.88	105.074	391.146	50
J13	807.40	107.579	498.723	50
J14	807.93	107.555	606.301	50
J15	809.26	321.971	928.269	50
J16	811.50	24.203	952.368	50
J17	810.50	21.687	974.032	50
J18	815.24	49.048	1022.85	50
J19	831.56	59.160	1079.715	50
J20	831.50	22.584	1102.299	50
J21	826.80	28.414	1130.321	50
J22	808.50	28.963	1152.77	50
J23	812.56	119.55	1272.2	50
J24	824.38	86.751	1358.143	50
J25	834.59	109.674	1467.34	50
J26	852.44	45.575	1509.273	50
J27	853.65	33.933	1543.185	50
J28	852.18	76.339	1619.51	50
J29	843.05	45.897	1664.49	50
J30	843.29	118.113	1782.602	50
J31	848.50	8.671	1789.533	50
J32	848.91	128.658	1918.19	50
J33	852.35	59.818	1977.909	50
J34	850.15	18.493	1996.27	50
J35	857.76	36.187	2031.648	50
J36	860.50	35.716	2067.258	50
J37	849.89	72.578	2139.056	50
J38	847.13	122.136	2261.16	50
J39	843.25	25.747	2286.61	50
J40	841.98	92.240	2378.842	50
J41	838.75	8.801	2387.028	50
J42	837.56	118.057	2505.079	50
J43	827.56	49.804	2553.867	50
J44	819.55	233.883	2787.613	50
J45	818.52	64.284	2851.889	50
J46	824.16	93.074	2944.792	50
J47	823.80	29.169	2973.959	50
J48	836.469	335.870	3309.589	50
J49	830.79	91.541	3400.953	50
J50	864.8	99.477	3494.435	50
J51	866.5	55.131	3549.539	50
J52	862.5	42.914	3592.267	50
J53	864.5	80.118	3672.359	50
J54	854.5	58.382	3729.878	50
J55	854.54	57.712	3787.59	50
J56	840.48	44.667	3830	50
J57	836.69	51.600	3881.463	50
J58	850.46	26.093	3903.627	50
J59	860.98	37.251	3939.36	50
J60	876.50	83.091	4020.99	50

续表

桩号	高程	管长	X	Y
J61	878.33	64.836	4085.8	50
J62	886.77	51.823	4136.93	50
J63	887.79	34.735	4171.65	50
J64	880.504	41.386	4212.389	50
J65	871.77	112.690	4324.74	50
J66	866.27	29.556	4353.779	50
J67	864.5	65.172	4418.927	50
J68	872.04	93.487	4512.11	50
J69	878.53	27.658	4538.999	50
J70	892.48	44.112	4580.841	50
J71	902.49	70.341	4650.467	50
J72	916.50	37.195	4684.919	50
J73	917.00	35.100	4720.016	50

表 4 水锤建模管段表

编号	起点	终点	管径
P—1	J1	J2	500
P—2	J2	J3	500
P—3	J3	J4	500
P—4	J4	J5	500
P—5	J5	J6	500
P—6	J6	J7	500
P—7	J7	J8	500
P—8	J8	J9	500
P—9	J9	J10	500
P—10	J10	J11	500
P—11	J11	J12	500
P—12	J12	J13	500
P—13	J13	J14	500
P—14	J14	J15	500
P—15	J15	J16	500
P—16	J16	J17	500
P—17	J17	J18	500
P—18	J18	J19	500
P—19	J19	J20	500
P—20	J20	J21	500
P—21	J21	J22	500
P—22	J22	J23	500
P—23	J23	J24	500
P—24	J24	J25	500
P—25	J25	J26	500
P—26	J26	J27	500
P—27	J27	J28	500
P—28	J28	J29	500
P—29	J29	J30	500
P—30	J30	J31	500
P—31	J31	J32	500
P—32	J32	J33	500
P—33	J33	J34	500
P—34	J34	J35	500
P—35	J35	J36	500

续表

编号	起点	终点	管径
P—36	J36	J37	500
P—37	J37	J38	500
P—38	J38	J39	500
P—39	J39	J40	500
P—40	J40	J41	500
P—41	J41	J42	500
P—42	J42	J43	500
P—43	J43	J44	500
P—44	J44	J45	450
P—45	J45	J46	450
P—46	J46	J47	450
P—47	J47	J48	450
P—48	J48	J49	450
P—49	J49	J50	450
P—50	J50	J51	450
P—51	J51	J52	450
P—52	J52	J53	450
P—53	J53	J54	450
P—54	J54	J55	450
P—55	J55	J56	450
P—56	J56	J57	450
P—57	J57	J58	450
P—58	J58	J59	450
P—59	J59	J60	450
P—60	J60	J61	450
P—61	J61	J62	450
P—62	J62	J63	450
P—63	J63	J64	450
P—64	J64	J65	450
P—65	J65	J66	450
P—66	J66	J67	450
P—67	J67	J68	450
P—68	J68	J69	450
P—69	J69	J70	450
P—70	J70	J71	450
P—71	J71	J72	450
P—72	J72	J73	450

通过 Bentley Hammer V8i 水力仿真软件对本工程泵站水泵、提水管道进行等比例建模，通过软件模拟分析，在稳态运行时，水泵扬程能满足水力坡降的要求，说明所推荐泵型能满足设计要求。见图 2—泵站稳态运行水力坡降图。

(2) 瞬态分析。

① 未采取水锤防护措施的情况。在没有任何防护措施的情况下，当泵发生事故时有可能产生的最高和最低压力。而最坏的情况就是突然断电，所有的泵都同时停止运行。没有采取水锤防护措施时，水泵事故断电停泵止回阀动作，通过 Bentley Hammer V8i 水力仿真软件模拟计算分

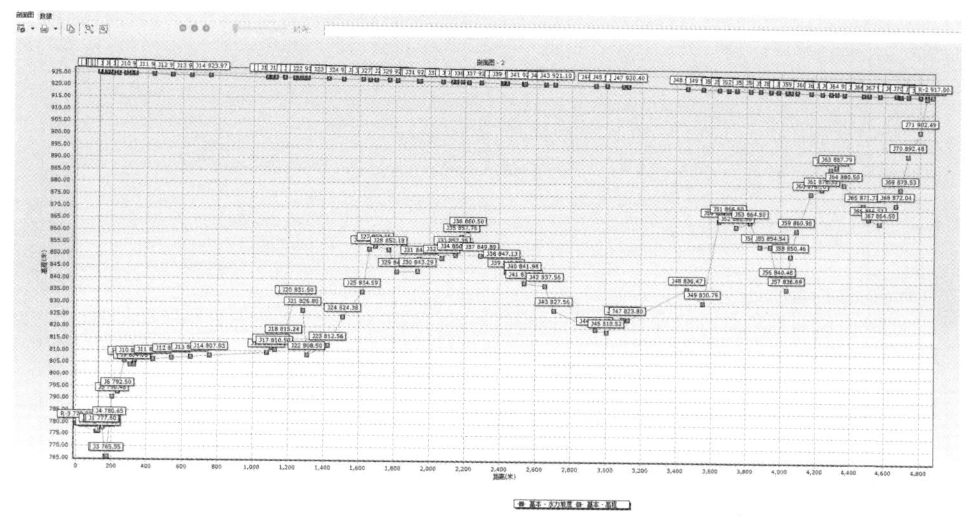

图 2　泵站稳态运行水力坡降图

析，得到水锤压力包络线如图 3 所示事故断电停泵，输水管线水击包络线图。

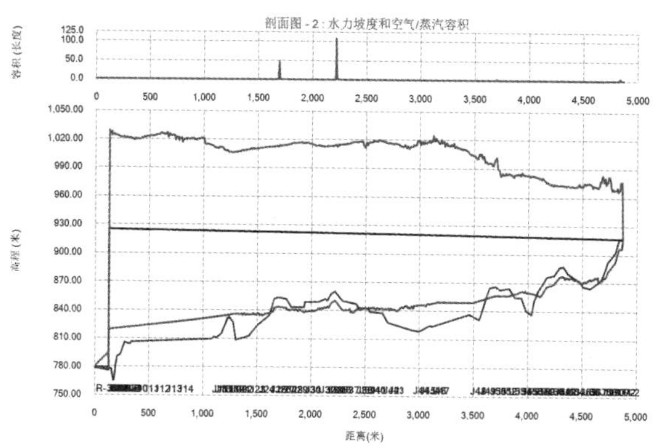

图 3　事故断电停泵，输水管线水击包络线图

从事故断电停泵，输水管线水击包络线图中最大、最小包络线可以看出：水泵出口止回阀处水锤升压 250 m，超过水泵出口压力的 1.50 倍，不满足泵站设计规范的要求，同时管道后半段产生较大的负压产生，最大负压－15.2 m，将会引起严重的断流弥合水锤，对泵站的安全造成较大的影响。水泵事故停泵后，止回阀立即动作，水泵机组无倒流和反转。

水泵出口止回阀处水锤升压严重，提水管道会产生断流弥合水锤，对泵站的安全造成较大的影响，应采取水锤防护措施，有效地消除沿线管道的水锤升压，才能确保输水系统的安全可靠运行。

② 采取水锤防护措施的情况。对未采取水锤防护措施的泵站提水管压力包络线特征进行分析，通过在上水管上设置多功能水力控制阀、水击泄放阀、防水锤空气阀等阀件，采用单独使用、组合使用的方式，逐个通过 Bentley Hammer V8i 水力仿真软件计算分析，得出最优的水锤防护方案——水泵出口多功能水力控制阀（采取 5 s 快闭 95%＋15 s缓闭 5%）＋1 个水击泄放阀＋6 个防水锤空气阀等组合方案，得到水锤压力包络线如图 4 所示。

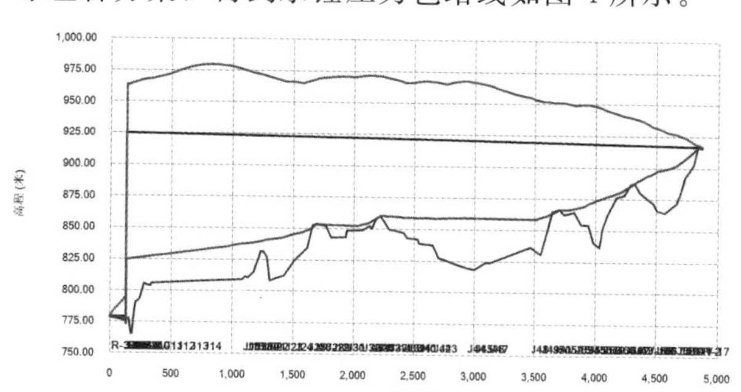

图 4　事故断电停泵，输水管线水击包络线

由图 4 可知，上水管沿线管道没有出现“断流空腔弥合水锤”[5]，基本上没有负压，而且多功能水力控制阀处最大压力为 182 m，水锤升压控制在泵站设计规范要求范围内，输水系统泵站及沿线管道水锤升压被限制在安全压力范围内，计算结果表明，此方案对水锤压力上升及管道负压得到很好的控制，能确保泵站及输水管线的安全可靠运行。由于多功能水力控制阀是采取采 5 秒快闭 95%＋15 秒缓闭 5%的延时关闭的方式，因此水泵有反转的风险，需要对水泵反转情况进行分析。

采用 Bentley Hammer V8i 水力仿真软件对本工程所建模型水泵反转情况进行模拟计算分析，结果如图 5 所示。

由图 5 所示水泵最高反转转速为 325 r/min，持续时间 10 s 左右，泵的最高反转速≤1.20 倍额定转速，且持续时间较短，满足泵站设计规范的要求，说明此水锤防护措施方案可行。

3.3　水锤防护设备清单

通过 Bentley Hammer V8i 水力仿真软件模拟计算分析，本工程水锤防护方案采用水泵出口多功能水力控制阀（采取 5 s 快闭 95%＋15 s 缓闭 5%）

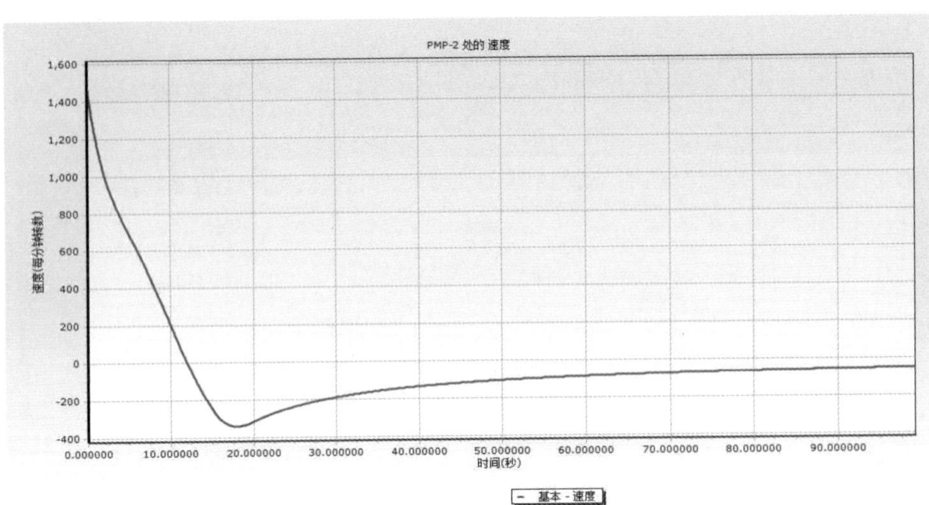

图 5　事故断电停泵，水泵转速变化历时曲线

+1 个水击泄放阀+6 个防水锤空气阀等组合方案，在各指定点布置相关阀门后，通过软件分析计算，水泵出口水锤压力上升小于水泵出口压力 1.3 倍，管道全线未产生负压，无断流弥合水锤发生，水泵电机反转满足规范要求。具体水锤防护设备参数见表 5。

表 5　水锤防护设备清单表

序号	设备名称	型号及规格	单位	数量	安装位置	备注
1	水击泄放阀	Cla-Val 50-01 角型，DN100 2.5 MPa	台	1	上水主管始端	
2	防水锤型空气阀	Cla-Val 100RBX2501，DN100/1.6 2.5 MPa	台	1	上干 0+178.851	
3	防水锤型空气阀	Cla-Val 100RBX2501，DN100/1.6 1.6 MPa	台	1	上干 1+543.185	
4	防水锤型空气阀	Cla-Val 100RBX2501，DN100/1.6 1.6 MPa	台	1	上干 1+977.909	
5	防水锤型空气阀	Cla-Val 100RBX2501，DN100/1.6 1.6 MPa	台	1	上干 2+067.258	
6	防水锤型空气阀	Cla-Val 100RBX2501，DN100/1.6 1.6 MPa	台	1	上干 3+549.539	
7	防水锤型空气阀	Cla-Val 100RBX2501，DN100/1.6 1.0 MPa	台	1	上干 4+212.389	
8	防水锤型空气阀	Cla-Val 100RBX2501，DN100/1.6 0.6 MPa	台	1	上干 4+684.919	

3.4 水力仿真软件建模计算在水锤计算中的应用讨论：

由上文计算中可知，利用水力仿真软件建模计算对泵站水锤进行计算，可对所选水泵进行提水稳态计算，判断所选水泵是否能满足工程要求。在瞬态计算时，可先计算无水锤防护措施时泵站事故停泵时水锤情况，并在此结果的基础上，针对性调节多功能水力控制阀的关闭曲线，并根据情况补充水锤泄放阀、水锤预防阀、防水锤空气阀等相关水锤防护措施，直至水泵事故停泵时水击包络线、水泵电机转速曲线、水泵出口压力曲线等所反映的管道最大压力、水泵反转、管道上负压情况满足规范要求。用水力仿真软件建模计算可精确地对泵站水泵进行各种工况计算，通过以上计算确保提水工程在各种情况下均能正常运行。该方法往往用于工程初步设计阶段及施工图阶段，其计算结果对工程实施具有较好的指导作用。

4　总结

在项目建议书、可行性研究阶段，主要是探讨工程的可行性，对泵站水锤计算精度要求较低，水锤计算主要是初选水锤防护设备，进行投资控制，可采用较为简单的经验公式法、图解法进行计算。在初步设计、施工图阶段往往要精确确定各水锤防护设施型号、数量、参数、安装位置等，需要采用更为精确的水力仿真软件进行建模计算，模拟泵站水泵在最不利工况下运行时水锤变化情况，合理布置水锤防护设备，以保证泵站工程安全运行。通过对几种计算方法进行分析，探讨在不同设计阶段水锤计算方法如何选择。

参考文献

[1] 金锥，姜乃昌．停泵水锤及防护[M]．北京：中国建筑工业出版社，2004.

[2] GB50265－2010，《泵站设计规范》[S].

[3] 刘竹溪，刘光临．泵站水锤及其防护[M]．北京：水利电力出版社，1988.

[4] 王玉林，刘元成．Bentley Hammer 软件在泵站水锤防护中的应用[J]．中国水运(下半月)，2012，(9)．86-87.

[5] 熊水应，关兴旺，金锥．多处水柱分离与断流弥合水锤综合防护问题及设计实例(上)[J]．给排水，2003，29(7)．1-5.

500 kV 开关站一次设备不停电的 LCU 改造方式研究及应用

何宇平，陈志
（贵州乌江水电开发有限责任公司构皮滩发电厂，贵州余庆，564400）

摘要：开关站 LCU 是水电站关键控制设备，其主要作用是控制母线线路隔离刀闸、开关、接地刀闸的分闸、合闸，并将各个位置信号传输给南网，从而实现控制与监视一体化。构皮滩发电厂 500 kV 系统为 3/2 接线，正常改造 LCU 需要将一次设备全部停电后进行，否则一次设备将失去控制导致电压偏移、频率波动，影响电网的安全稳定运行。而全部停电进行改造时水电机组将会暂时停运，经济损失巨大。文章通过分析 500kV 开关站一次设备不停电的 LCU 改造方式，制定出具体可行的工作步骤，为类似工作形成重要借鉴。

关键词：开关站；500 kV；LCU；不停电改造；3/2 接线

0 引言

水电自动化产品作为支撑我国清洁能源安全运行的重要组成部分，在我国的能源结构和电网稳定保障上有着不可替代的作用。构建一套自主可控、本质安全的水电站计算机监控系统势在必行。自主可控是计算机监控系统本质安全的前提，为完成计算机监控系统国产化的最后一块拼图，切实打造本质安全的水电站计算机监控系统品牌。推动计算机监控系统本质安全生态建设，研究一种安全、经济的开关站一次设备不停电的 LCU 改造方式，可为今后电力系统类似的改造提供重要参考。

1 水电厂开关站自主可控改造存在问题

构皮滩发电厂 500 kV 开关站 LCU 实现了 500 kV 母线电压、频率、皮施甲、乙线电压、频率、有、无功信号采集、500 kV 开关操作、500 kV 隔刀操作以及开关所有保护信号和监控信号的采集上送。开关站 LCU 采集到的数据，经过逻辑运算、智能分析后传输至调度中心，调度中心自动发电控制系统接收到相关数据从而对电网的功率、频率、电压的进行控制。而开关站 LCU 停电，将会导致开关站数据传输中断，开关站一次设备失去控制，一次设备停电将会影响电网的调峰填谷、频率调节、电压调节的上限，同时造成巨大经济损失，对电网的安全可靠运行存在影响。不停电改造过程中存在很大的误动风险，一旦改造过程中误动造成数据突变，将会严重影响机组电网的安全。

2 水电厂开关站自主可控改造思路

项目针对水电厂开关站自主可控改造提出了几种思路。

2.1 GIS 一次设备全部停电改造方法

一次设备全部停电改造方式是大多数 LCU 改造使用的方式，它具有工期短、风险较小、改造方便、等优点；缺点也很明显：改造期间，母线全部停运，所有机组均不能并网发电，对电网影响较大，厂用电需从电网进行购买，且为保障生态流量，需开放闸门放水，浪费水力资源。

2.2 单串逐步停电改造方法

不停电改造根据母线的接线方式，采用单串逐步停电改造的方式进行，先在开关站旧 LCU 附近将需要改造的新 PLC 搭设好，新 PLC 接入上位机监控系统作为临时 PLC 使用，以旧 PLC 为主，新 PLC 只具备上送信号功能，不具备同期功能和开出功能。然进行以下步骤的改造：

(1) 先逐串将远程柜进行改造。改造完成后接入新 PLC，当改造完成两串远程柜同时与新 PLC 调试完成后，将与上位机监控系统通信的旧 PLC 切为临时使用新 PLC 切换为主用 PLC。

(2) 将剩下的一串远程柜进行改造，改造完成后接入旧 PLC 进行调试，完成后接入新 PLC 同时将新 PLC 切为备用，旧 PLC 切为主用进行调试。重复本步骤将所有远程柜改造完成，保证两个

收稿日期：2023-12-02
作者简介：何宇平，贵州遵义人，工程师，主要从事水电厂自动化装置检修、维护工作.

PLC 中必有一个能稳定控制一串线路上的开关。

此改造方式保证了改造期间信号的正常上送和控制，但缺点是施工周期较长，系统受影响时间较长，新 PLC 与旧 PLC 之间需要进行多次切换、调试，工期长风险大。开关站主接线原理如图 1 所示，开关站 LCU 结构如图 2 所示。

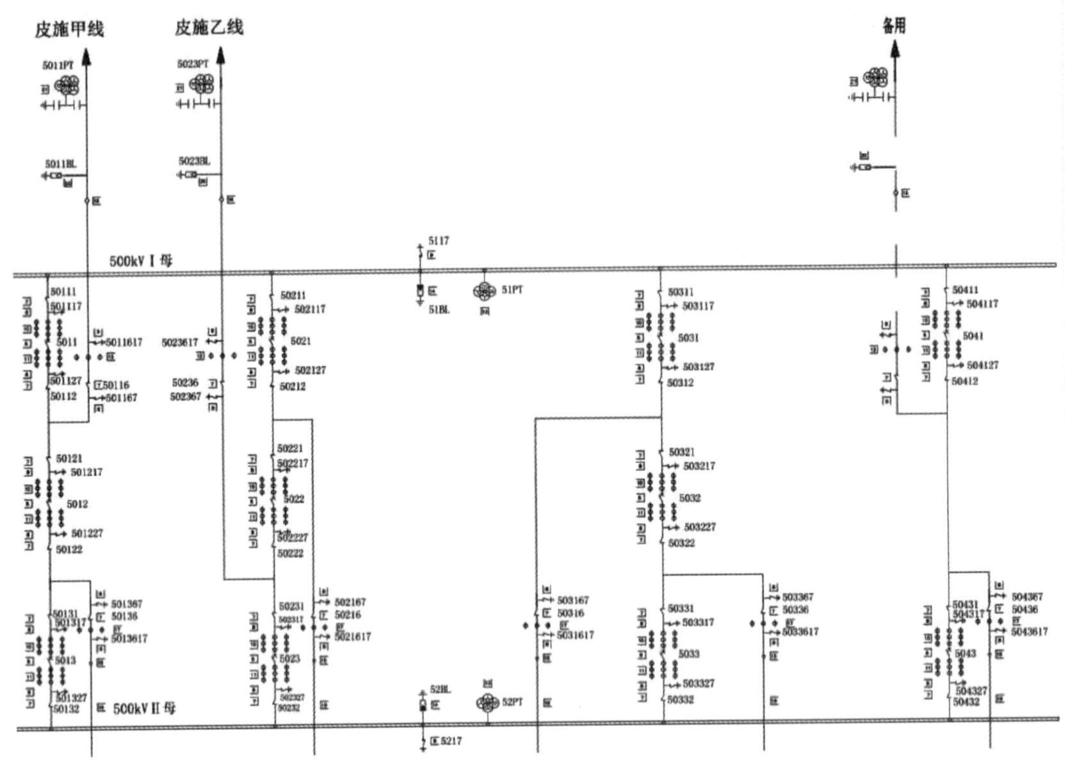

图 1 开关站主接线原理图

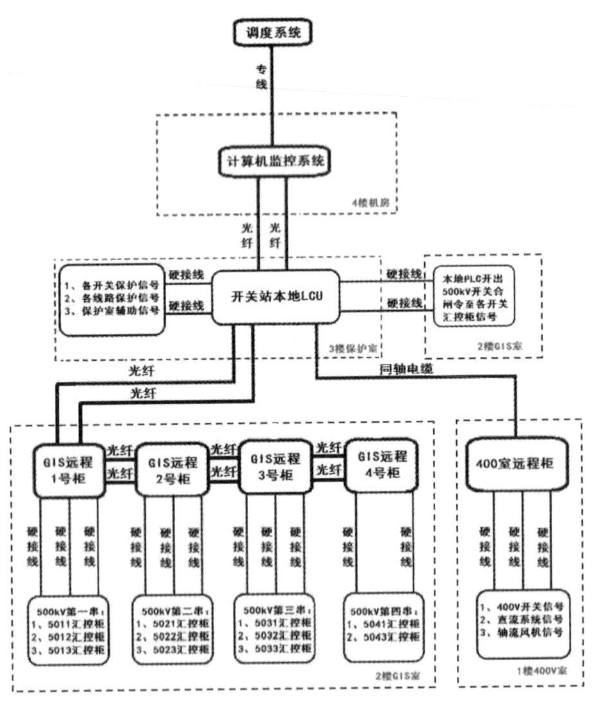

图 2 开关站 LCU 结构图

2.3 两串同时停电改造方法

在开关站搭设一套临时 PLC（采用机组 LCU 拆下的报废 PLC 模块组成），并将临时 PLC 接入上位机监控系统。临时 PLC 只具备上送信号功能，不具备同期功能和开出功能。完成后将其中两串进行改造，改造完成后接入临时 PLC 进行调试，调试完成后接入临时 PLC，同时将临时 PLC 切为主用，原 PLC 切为备用，然后对其余远程柜和本地柜进行改造。改造调试完成后将与上位机监控系统通信的 PLC 由临时 PLC 切换为主 PLC，再将接在临时 PLC 上的两串远程柜接入主 PLC 进行调试。

此改造方法工期比单串逐步停电改造方案用时较短，对系统影响时间少，安全性较高，缺点是改造期间，只能有两串线路能正常运行。

2.4 单串停电改造方法

在开关站旧 PLC 旁搭设一套临时 PLC，并将临时 PLC 接入上位机监控系统。临时 PLC 只具备上送信号功能，不具备同期功能和开出功能。将所有远程柜从原主 PLC 断开，并接入临时主 PLC。将原计量柜中变送器输出上送监控系统的重要信号从原开关站 LCU 中断开，接入临时主 PLC，然后将临时主 PLC 接入监控系统。将两串远程柜改造完成后与新 PLC 调试。调试完成后将新 PLC 转为主用，后对其余远程柜进行改造，改造完成后接入新 PLC 完成改造。

此改造方式适用于本地 LCU 柜及 400V 远程柜改造，一次设备无需停电且逐个改造远程柜时，只需要将所改造的远程柜对应串的一次设备停运即可，无需全停一次设备。时间充足。

3 水电厂开关站自主可控改造过程

3.1 绝缘检查

设备安装完成后，对设备外观、卫生状况、设备型号及接线情况进行检查并对各回路绝缘进行测量，确保各电源回路绝缘满足要求，结果见表1。

表1

序号	电源名称	标准	相间(MΩ)	对地1(MΩ)	对地2(MΩ)	测试结果
一、LCU本地柜						
1	A1柜交流进线电源空开QAC1	>2MΩ	550	550	550	合格☑ 不合格□
2	A1柜直流进线电源空开QDC1	>2Ω	550	550	550	合格☑ 不合格□
3	A1柜加热照明交流进线电源空开QAC	>2MΩ	550	550	550	合格☑ 不合格□
4	A1柜远程柜交流电源空开QACO	>2MΩ	550	550	550	合格☑ 不合格□
5	A1柜远程柜直流电源空开QDCO	>2MΩ	550	550	550	合格☑ 不合格□
6	A2柜交流进线电源空开QAC2	>2MΩ	550	550	550	合格☑ 不合格□
7	A2柜直流进线电源空开QDC2	>2MΩ	550	550	550	合格☑ 不合格□
二、LCU 500 kV GIS 1远程I/O柜						
序号	电源名称	标准	相间(MΩ)	对地1(MΩ)	对地2(MΩ)	测试结果
1	A1柜交流进线电源空开QAC1	>2MΩ	550	550	550	合格☑ 不合格□
2	A1柜直流进线电源空开QDC1	>2MΩ	550	550	550	合格☑ 不合格□
3	A1柜加热照明交流进线电源空开QAC	>2MΩ	550	550	550	合格☑ 不合格□
三、LCU 500 kV GIS 2远程I/O柜						
序号	电源名称	标准	相间(MΩ)	对地1(MΩ)	对地2(MΩ)	测试结果
1	A1柜交流进线电源空开QAC1	>2MΩ	550	550	550	合格☑ 不合格□
2	A1柜直流进线电源空开QDC1	>2MΩ	550	550	550	合格☑ 不合格□
3	A1柜加热照明交流进线电源空开QAC	>2MΩ	550	550	550	合格☑ 不合格□
四、LCU 500 kV GIS 3远程I/O柜						
序号	电源名称	标准	相间(MΩ)	对地1(MΩ)	对地2(MΩ)	测试结果
1	A1柜交流进线电源空开QAC1	>2MΩ	550	550	550	合格☑ 不合格□
2	A1柜直流进线电源空开QDC1	>2MΩ	550	550	550	合格☑ 不合格□
3	A1柜加热照明交流进线电源空开QAC	>2MΩ	550	550	550	合格☑ 不合格□
五、LCU 500 kV GIS 4远程I/O柜						
序号	电源名称	标准	相间(MΩ)	对地1(MΩ)	对地2(MΩ)	测试结果
1	A1柜交流进线电源空开QAC1	>2MΩ	550	550	550	合格☑ 不合格□
2	A1柜直流进线电源空开QDC1	>2MΩ	550	550	550	合格☑ 不合格□
3	A1柜加热照明交流进线电源空开QAC	>2MΩ	550	550	550	合格☑ 不合格□
六、LCU 400 V远程I/O柜						
1	A1柜交流进线电源空开QAC1	>2MΩ	550	550	550	合格☑ 不合格□
2	A1柜直流进线电源空开QDC1	>2MΩ	550	550	550	合格☑ 不合格□
3	A1柜加热照明交流进线电源空开QAC	>2MΩ	550	550	550	合格☑ 不合格□

3.2 电源检查

确认电源回路绝缘正常、交直流电源线和各测点信号线接好无误后，接通盘柜电源，对柜内电源进行检查测量，确保各供电正常，结果见表2。

表2

序号	电源名称	标准值	实测值	测试结果
一、LCU本地柜				
1	A1柜交流进线电源空开QAC1	220V±10%	227V	合格☑ 不合格□
2	A1柜直流进线电源空开QDC1	220V±10%	228V	合格☑ 不合格□
3	A1柜加热照明交流进线电源空开QAC	220V±10%	227V	合格☑ 不合格□
4	A1柜远程柜交流200V电源空开QACO	220V±10%	226V	合格☑ 不合格□

续表

序号	电源名称	标准值	实测值	测试结果
5	A1 柜远程柜直流 200V 电源空开 QDCO	220V±10%	227V	合格☑ 不合格□
6	A1 柜开关电源 G1A 输出电源空开 QF1A	24V±5%	24.7V	合格☑ 不合格□
7	A1 柜开关电源 G1B 输出电源空开 QF1B	24V±5%	24.7V	合格☑ 不合格□
8	A1 柜开关电源 G3A 输出电源空开 QF3A	24V±5%	24.7V	合格☑ 不合格□
9	A1 柜开关电源 G3B 输出电源空开 QF3B	24V±5%	24.7V	合格☑ 不合格□
10	A2 柜交流进线电源空开 QAC2	24V±5%	24.1V	合格☑ 不合格□
11	A2 柜直流进线电源空开 QDC2	24V±5%	24.1V	合格☑ 不合格□
12	A2 柜开关电源 G2A 输出电源空开 QF2A	220V±10%	227V	合格☑ 不合格□
13	A2 柜开关电源 G2B 输出电源空开 QF2B	220V±10%	226V	合格☑ 不合格□
14	A2 柜开关电源 G4A 输出电源空开 QF4A	24V±5%	24.5V	合格☑ 不合格□
15	A2 柜开关电源 G4B 输出电源空开 QF4B	24V±5%	24.7V	合格☑ 不合格□

3.3 设备功能检测

设备上电后对 PLC、触摸屏、通讯管理机等各系统功能进行检测，测试结果见表 3。

表 3

序号	试验项目名称	试验内容及要求	试验结果
1	PLC 模件检测	1. 开关量检查。根据测点定义，依次在每一开入点电缆对侧设备实际动作以检测信号的准确性；无法模拟的，以短接/开路的方式产生信号变位，观察 LCU 与上位机的显示与登录等应正确。	合格☑ 不合格□
		2. 模拟量检查。对所有模拟量输入点，在相应变送器的输入端加模拟信号，检查 LCU 和上位机的显示与登录等应正确；同时检查所用变送器的输入输出信号范围应与数据库定义一致。	合格☑ 不合格□
		3. TI 量检查。在温度量输入电缆的对象端加入模拟温度信号，检查 LCU 和上位机的显示与登录等应正确。注意三线制电阻的电缆芯次序。	合格☑ 不合格□
		5. DO 量检查 (1)由调试人员负责在对象侧将开出电缆断开或将对象操作电源切除； (2)在调试负责人许可下，逐点动作开关量输出，从对象侧用万用表(或对线灯)检查开出回路，应与测点定义表一致。 (3)在条件许可的情况下，由电厂调试组长主持下在保证安全的前提下，可对现场设备实际控制操作，验证开出回路及信号输入回路、LCU 的状态显示及上位机画面的显示记录是否正确。	合格☑ 不合格□
2	双机切换功能检测	1. 在两个 CPU 运行并且互为主、备的时候，将主用 CPU 断电，备用 CPU 应该可以升级为主用 CPU	合格☑ 不合格 □
		2. 在两个 CPU 运行并且互为主、备的时候，模拟主用 CPU 侧的主站通讯模块 CMM 损坏状态，备用 CPU 侧主站通讯模块 CMM 应该可以升级为主用通讯模块	合格☑ 不合格□
3	交换机检测	通电之后，将 PLC CPU 本体通讯接口和电脑的网口完全接入交换机网口之中，通过电脑 Ping PLC 网络地址，通则说明交换机状态良好，同时检测连续 PING1000 个数据包，记录掉包率。	合格☑ 不合格□
4	触摸屏通讯功能检测	将触摸屏上电之后，通过以太网接口，触摸屏可以采集 PLC 中的数据	合格☑ 不合格□
5	“调试”按钮有效性检查	(1)上电后，检查开关站 LCU 运行正常，按下“调试”按钮，检查开关站 LCU 所有开出全部清除。 (2)强制所有开出，检查开关站 LCU 开出继电器不亮，实际未开出，即可以证明无法开出，则“调试”按钮功能完好，可以投入使用。 (3)确保开关站 LCU 开出继电器开出接线拆除。 (4)核查开关站在检修状态，确认 3 号 机组 LCU 的所有开出控制的开关、刀闸、地刀、主阀控制电源均已掉电。	合格☑ 不合格□

3.4 同期试验

开关站 LCU 最重要的控制为线路开关的同期合闸，在上电后检查同期装置在通电后各参数显示正常，如图 3 所示。检查同期装置参数的设定，应满足调度要求。并对同期装置进行校验，校验合格后实际进行同期合闸正常。

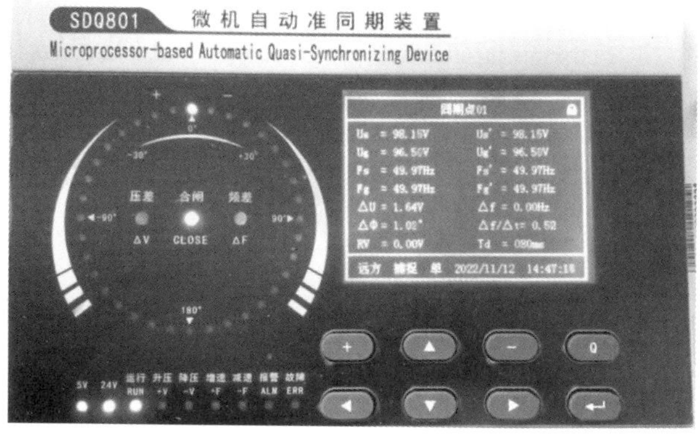

图 3　同期装置合闸成功

LCU 改造过程中严格执行电力建设施工技术规范、水电厂自动化元件(装置)及其系统运行维护与检修试验规程、水电厂自动化元件基本技术条件、二次接线设计技术规程等各项管理标准，严格把控设备调试、定值下发流程、设备校验流程等，在改造过程中未发生一次设备误动、数据突变、通讯中断等事故，在一次设备不停电的情况下较好完成了开关站 LCU 的改造。

4　应用及效果

通过搭建临时 PLC，如图 4 所示，将计量柜交采表、母线上各开关站位置信号接入到临时 PLC 柜内上送监控系统，使 LCU 改造期间保持与中调、总调的重要信号通讯不中断，保证全厂 AGC、AVC 的正常投入运行。临时 PLC 柜的组件为机组改造的报废物资组成，节约了成本。为保障两套 PLC 之间切换正常，搭设了临时 PLC 与监控系统通讯的光纤及各信号输入的电缆同时建立了一套临时 PLC 的切割步骤，保证了主 PLC 与临时 PLC 之间切割的安全性，如图 5 所示。

本次构皮滩发电厂 500 kV 开关站首创了 3/2 接线方式母线一次设备在不停电的情况下对 LCU 进行改造的创举，保证了生态流量和电网安全稳定运行。

图 4　报废部件搭设的临时 PLC

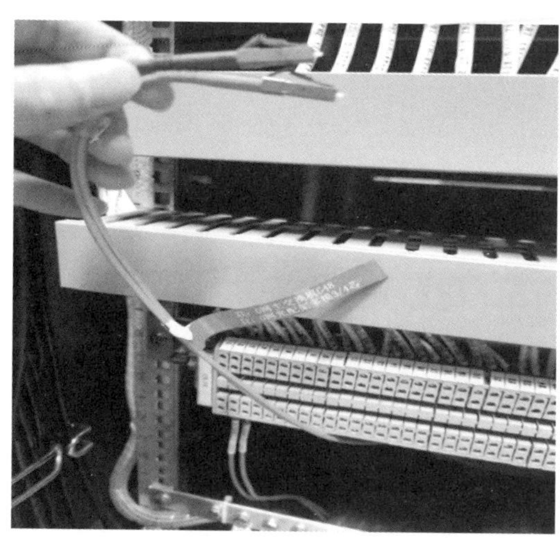

图 5　临时 PLC 与上位机通讯光纤

5　经济分析

因一次设备全停时，厂站无法正常发电，但仍需要给下游下泄生态流量，全停改造需要用时 18 天，预计下泄 6 200 万立方米/秒，损失发电量 6 200万立方米÷2.1 立方米/千瓦时＝2 952.38 万千瓦时，直接产生经济效益 2 952.38 万千瓦时×0.297 元＝876.85 万元。节约的发电量，相当于减少标准煤 9 841 吨，减少 CO2 排放 257.83 万千克，减少 SO2 排放 8.36 万千克，减少氮氧化物排放 7.28 万千克，节能减排效果显著。生产厂用电量为每日 3.5 万 kW·h，18 天需要从电网购买商业用电 63 万 kW·h，按照商业用电每度 1.2 元计算，共计节约经费 75.6 万元。

6 结语

项目研制了一套可靠的面向大型、超大型水电站的开关站 LCU 不停电国产化改造方式，相关理论、模型、算法、标准的研究及成果已成功地应用于构皮滩发电厂。研究成果的应用及实施，为国内其他电站开关站 LCU 国产化改造工作安全稳定进行提供了强有力的安全保障，及技术借鉴的重要意义。对国内其他开关站 LCU 改造起到积极的推动作用。同时为推动和发展国产化进程的研究与应用做出了重大贡献，为推动国家建设生态环保型社会做出巨大努力。

调速器功率模式的研究与实践

叶紫，胡学锋

（贵州乌江水电开发有限责任公司构皮滩发电厂，贵州余庆，564400）

摘要： 构皮滩发电厂♯3机调速器控制系统于2009年投入运行，调速器作为水电厂重要控制设备，是水轮发电机安全、稳定、可靠运行的关键核心。该系统投产使用已超过12年，在使用过程中发现存在稳定性差、死区大、调节灵敏度低等问题，而且大量元器件已老化，部分重要元器件停产，如果调速系统发生异常将严重威胁到机组的稳定运行，对安全生产及电网的安全稳定运行也是极大的隐患。通过对♯3机进行了电气升级改造后，从软、硬件两方面提升调速器系统运行可靠性，将“功率模式”作为机组负荷调节的控制方式，全面提升了调节精度和调节速率，提升AGC和一次调频合格率。

关键词： 调速器；测频；调节速率；性能提升

引言

构皮滩发电厂♯3机原调速器控制系统有功调节方式主要采用“开度模式”，功率闭环在监控系统侧实现，监控系统根据有功设定值和实发值之差，发送增、减有功脉冲指令信号给调速器，从而控制机组有功负荷。由于“开度模式”的控制调节由监控系统完成，有功功率调节受一次调频影响大，调节速度慢，响应慢，为提高全厂AGC响应时间、AGC调节速率，构皮滩发电厂先后对♯1、♯3机进行了电气升级改造，并采用“功率模式”为主，“开度模式”为辅的调节控制方式，“功率模式”下，监控系统将上位机下发的有功设定值以模拟量输出的方式发给调速器，作为调节目标值， 调速器将收到收到有功功率作为反馈，与该目标值进行比较后控制增、减负荷从而实现闭环控制。

1 调节系统数字模型

1.1 微机调节器模型

构皮滩发电厂♯3机组采用武汉三联电工有限公司生产的BPWT－250－6.3型微机调速器，与计算机监控系统相配合，完成水轮发电机组的开机、停机、增减负荷、紧急停机 等任务。调速器采用PID调节规律，并网工况下有频率调节、开度调节、功率调节三种模式，构成闭环调节的各主要环节，如图1所示。在图1中，bt为暂态转差系数，Td为缓冲时间常数，Tn为加速时间常数，bp为永态转差系数，T1V为微分衰减时间常数，YPID为调速器输出。

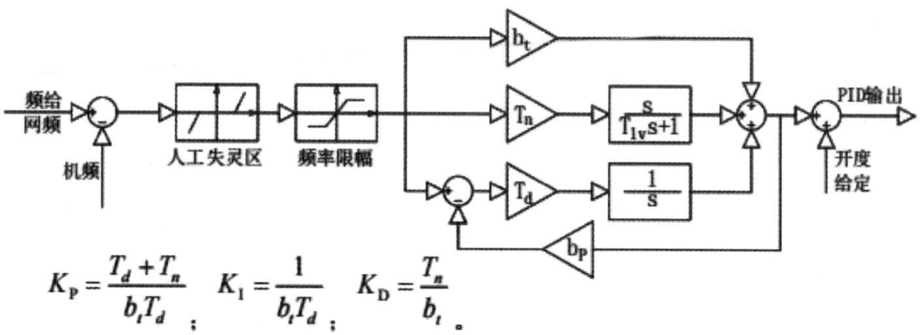

$$K_P=\frac{T_d+T_n}{b_tT_d};\quad K_I=\frac{1}{b_tT_d};\quad K_D=\frac{T_n}{b_t}。$$

图1 调节器模型

1.2 执行机构模型

构皮滩发电厂♯3机组的执行机构为单导叶控制的电液随动系统，其中电液转换环节采用比例伺服阀实现，其模型如图2所示。在图2中，KservB为从调速器输出信号YPID至比例伺服阀环节的比例增益，KdisB为比例伺服阀的增益，Tm为比例伺服阀的时间常数，KmidB为比例伺服阀反馈系数，T1y为主配反应时间常数，Ty为主接力器反应时间常数。

收稿日期： 2023-12-02

作者简介： 叶紫，贵州遵义人，助理工程师，从事自动化装置检修、维护工作.

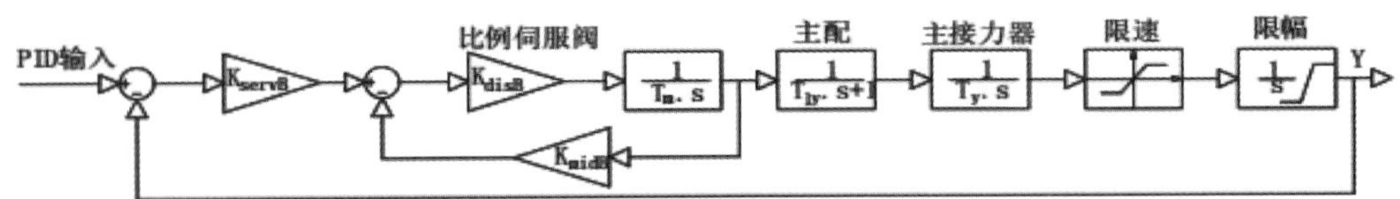

图 2　执行机构模型

2　功率模式调节原理及应用

构皮滩发电厂♯3机并入电网后采用功率闭环调节模式，该模式适用于大电网调节机组输出有功功率的运行工况，并网后调速器调节系统取给定功率与实际功率之差进行PI调节，达到调节实际功率按给定功率输出的目的，功率反馈信号和功率给定给定信号分别通过先导控制特性(功率～开度特性)转换后叠加，其输出又与通过先导控制特性(功率～开度特性)转换、再经微分环节和比例环节处理后的功率给定信号叠加，再与频率信号综合后送至PID调节器的积分I环节，功率给定信号经PI处理后得出接力器开度控制信号；而功率反馈信号直接与频率信号综合后送至PID调节器的积分I环节，功率反馈信号经积分I处理后得出接力器开度控制信号。如图3所示。

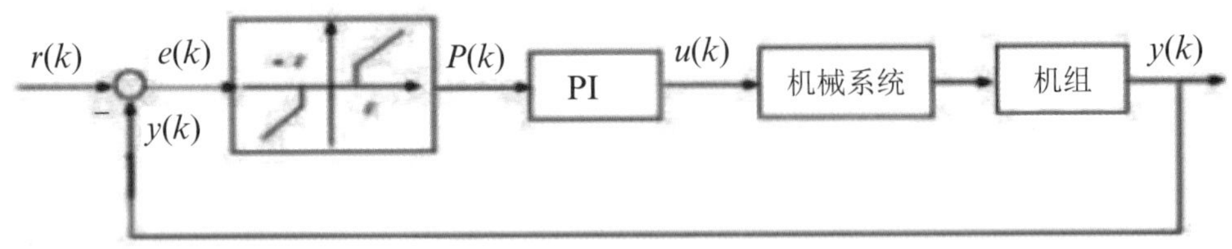

图 3　功率模式调节原理图

3　主要应用与提升

3.1　测频优化

(1) 原PLC测频模块还是使用老旧一代的测频模块，测频精度较低，本次♯3机调速器电气改造对测频性能进行了优化，配有独立于调速器控制器的转速装置，该装置安装在调速器电气柜内，提供转速开关量和模拟量供机组计算机监控系统使用。提供1路PT测频(取自机端电压互感器)，2路齿盘测频(取自测速齿盘)，测频信号范围可达到0.2～99.99 Hz，测频精度高，可达0.01 Hz；提供1路模拟电压或电流信号输出，可以精确地将0～200%额定转速信号线的变换成0～10 V直流电压或4～20 mA直流电流信号输出，供电厂计算机监控系统进行远程采集。

(2) 选用优质的测频传感器，发电机PT信号线电压(0.3～150 V)；测量范围：转速0.2～200%，对应频率0.1～99.99 Hz；测量精度：误差不大于±1%；测频系统优化后，调速器机频测量值与频率输入值的差值不大于±0.003 Hz，满足一次调频测频精度的要求，测试结果见表1。

3.2　调节模式自由切换

调速器启用功率调节模式并保留原开度模式，原开度模式调节的调节方式保持不变。监控系统设置了调节方式选择功能，运行人员可根据需要选择调节模式为“开度模式”或“功率模式”，调速器系统根据监控命令在功率调节模式和开度调节模式间进行切换。调速器在触摸屏界面设置了软按钮命令，可设置并网后优先使用“开度调节”或者“功率调节”，现运行机组为“功率调节”优先。另在监控系统也设置了调节方式选择功能，运行人员可根据需要选择调节模式为“开度模式”运行，如图4所示。

表 1　调速器机频测频回路实测数据表(原方案)

表7-1　调速器机频测频回路实测数据表

发频值(Hz)	机频实测值	
	最小值(Hz)	最大值(Hz)
49.500	49.500	49.501
49.550	49.550	49.551
49.600	49.600	49.601
49.650	49.650	49.651
49.700	49.700	49.701
49.750	49.750	49.751
49.800	49.800	49.801
49.850	49.850	49.851
49.900	49.900	49.901
49.950	49.950	49.951
50.000	50.000	50.001
50.050	50.050	50.051
50.100	50.100	50.101
50.150	50.150	50.151
50.200	50.200	50.201
50.250	50.250	50.251
50.300	50.300	50.301
50.350	50.350	50.351
50.400	50.400	50.401
50.450	50.450	50.451
50.500	50.500	50.501

A 导叶开度%	A 机组频率 Hz	A 机组有功 MW	B 导叶开度%	B 机组频率 Hz	B 机组有功 MW
29.23	50.003	118.8	29.29	50.003	118.8

运行参数一

	PLC A	PLC B		PLC A	PLC B
最大电气开限	90.00 %	90.00 %	功率调节死区	3.0 MW	3.0 MW
最小电气开限	75.00 %	75.00 %	负载频率死区	0.300 Hz	0.300 Hz
最大空载开度	15.00 %	15.00 %	一次调频死区	0.049 Hz	0.049 Hz
最小空载开度	11.00 %	11.00 %	负载开度增量	0.06 %	0.06 %
最高水头	200.0 m	200.0 m	空载开度增量	0.02 %	0.02 %
最低水头	114.0 m	114.0 m	功率调节增量	0.2 MW	0.2 MW
机组额定功率	600.0 MW	600.0 MW	负载开度调节bp	6.0 %	6.0 %
发电机极对数	24	24	负载频率调节bp	4.0 %	4.0 %
齿盘齿数	24	24	负载功率调频Ep	4.0 %	4.0 %
开度调节优先=1	0	0	功率调节优先=1	1	1

运行监视一 操作画面 事件记录 试验及参数 在线录波 屏幕截取 运行参数二 2022-05-15 10:37:36

图 4　调速器模式切换参数设置画面

功率模式运行时，监控系统不再输出调节脉冲信号，由调速器系统根据监控发出的持续的 4～20 mA 有功设定和有功实发信号进行功率闭环调节。在调速器系统功率故障或监控自身有功测量异常的情况下，调速器与监控调节方式均自动切换为开度调节方式，故障信号消失后调节方式不进行自动切换，可由运行人员视情况手动切换。

不论调速器是在开度调节模式还是功率调节模式，监控系统有功设定值和有功实发值信号持续输出到调速器系统。保证调节方式切换时不会造成负荷波动。

3.3　功率模式的调节优化

＃3 机调速器电气升级改造后，一、二次调频配合方式为：二次调频优先，一次调频动作期间，功率给定值与功率实发值超出功率死区，二次调频不动作。一次调频动作时瞬时发信到监控系统，调整结束后返回。功率模式下保留了原以开度进行计算的一次调频算法，并增加以功率进行计算的一次调频算法。开度模式下一次调频和功率模式下的一次调频 PID 参数分别调取各自对应的 PID 参数，互不干扰，如图 5 所示。

图 5　调速器开度模式及功率模式 PID 设置界面

调速器功率模式调整负荷时采用 PID 算法，PID 计算最大偏差取 10％额定功率，以保证调节稳定。

3.4　功率模式调节性能的提升

（1）将＃3 机调速器切至自动状态，设置负载参数，功率调节参数，功率反馈正常，一次调频功能入后，我们在开度模式和功率模式下分别进行了一次调频测试。

开度模式下一次调频（图 6）、功率模式下一次调频（图 7）各项数据满足考核要求。综合以上开度一次调频、功率一次调频波形分析，功率一次调频的响应时间、调节量、反调量、稳定时间都要好于开度一次调频。

(2) 在功率闭环模式下进行负荷调节测试

#3 机改造前后，分别对调节性能进行了测试，负荷调节了量分别为 20～40 MW 和 40～60 MW，以下为 3 号机改造前后调节性能的对比统计情况。

#3 机调速系统的改造，实现功率闭环调节从根本上解决 AGC 调节性能问题，将调节速率从 100～140 MW/min 提升至平均 260～310 MW/min，极大提升了全厂 AGC 及一次调频合格率，实现了功率模式下的大闭环调节。在功率模式下的一次调频极大解决了原开度调节一次调频动作后，功率反调大、调节速率慢、稳定时间长的问题，见表 2、表 3。

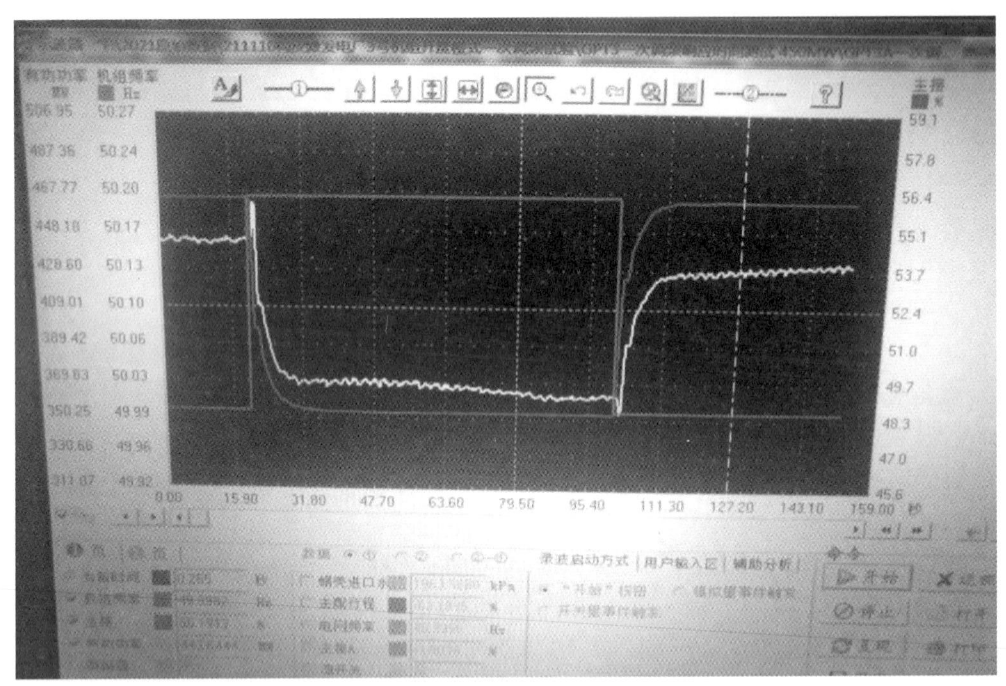

图 6　调速器开度模式下一次调频波形图

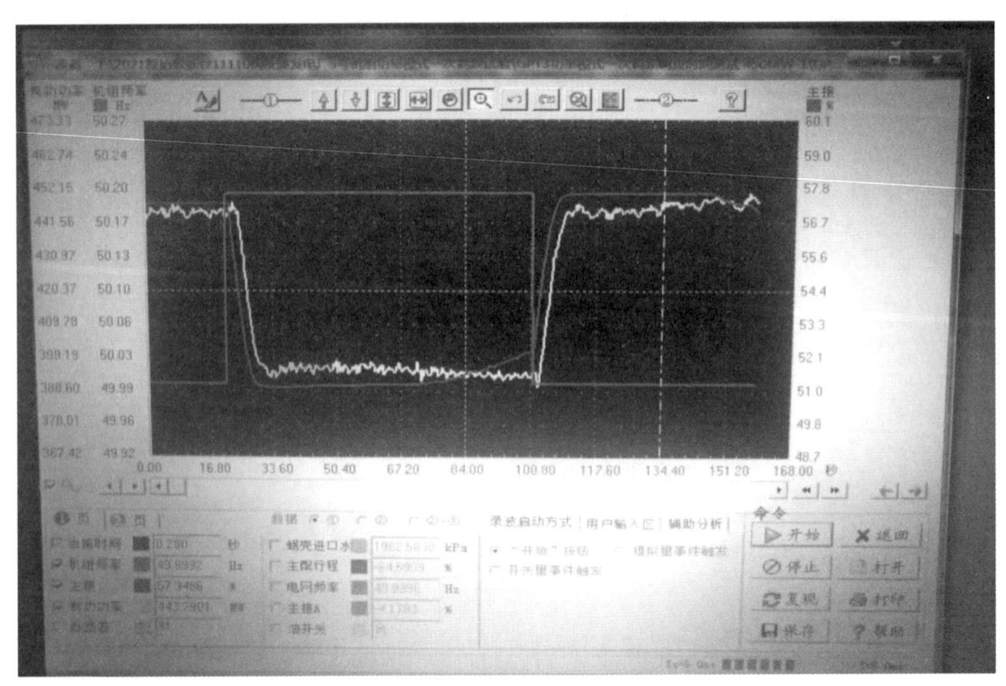

图 7　调速器功率模式下一次调频波形图

表 2　♯3 机组改造前调节速率统计表

指令时间	实际出力(MW)	目标出力(MW)	负荷调节量(MW)	并网机组容量	调节速率(MW/Min)	测速开始时间	测速开始出力(MW)	测速结束时间	测速结束出力(MW)	备注
			20—40 MW							
2021—04—25 10:44:55	345	380	35	1200	123	10:45:03	351	10:45:04	377.21	
2021—04—25 12:05:06	382	347	37.7	1200	143	12:05:15	378	12:05:20	350.4	
2021—04—25 12:48:13	273	238	35.8	1200	110	12:48:15	263	12:48:21	238	
2021—04—25 16:52:15	237	273	35	1200	124	16:52:15	237	16:52:25	238	
			40—60MW							
2022—04—25 18:30:37	390	430	40	2400	130	18:30:40	396.8	18:30:47	426	
2022—04—25 19:41:06	354	313	41	2400	135	19:41:09	342	19:41:14	311	
2022—04—25 19:54:55	377	336	41	1800	142	19:55:02	374	19:55:10	330	

表 3　♯3 机组改造后调节速率统计表

指令时间	实际出力(MW)	目标出力(MW)	负荷调节量(MW)	并网机组容量	调节速率(MW/Min)	测速开始时间	测速开始出力(MW)	测速结束时间	测速结束出力(MW)	备注
			20—40MW							
2022—01—02 17:03:37	428	460	32	1800	240	17:04:47	425	17:04:56	458	
2022—01—02 17:16:06	114.3	148.6	38.53	1200	237	17:16:18	145.7	17:16:26	146.3	
2022—01—03 09:50:40	76.3	111.3	—35	1200	240	09:50:42	76.8	09:50:48	110	
2022—01—06 08:52:33	169	205	36	1200	360	08:52:34	170	08:52:40	204	
			40—60MW							
2022—01—02 10:05:06	344	289	—55	1800	321.75	10:05:08	343	10:05:14	286	
2022—01—02 19:22:18	480	440	—40	3000	319.8	19:22:30	458	19:22:38	434	
2022—01—01 16:44:36	210	250	40	1200	268	16:44:48	241	16:44:52	246	

4　结语

通过对♯3 机进行了电气升级改造后，从软、硬件两方面提升调速器系统运行可靠性，将“功率模式”作为机组负荷调节的控制方式，有效提升了调速器的调节性能。从改造运用至今，构皮滩发电厂♯3 机一次调频未产生考核，调速器运行工况稳定。3 号机组调速器的成功改造，为构皮滩发电厂剩余 4 机组调速器的电气升级改造制定了高标准，为我厂发电机组智能大闭环经济运行模型建设奠定了坚实的基础，并取得了巨大的经济效益、技术效益、管理效益。从安全控制上了有量的积累、从调节性能上有了质的提升、从标准制度上实现了从无到有的突破。

自主可控监控系统网络安全立体化防护架构的研究与应用

冯德才，陈志

（贵州乌江水电开发有限责任公司构皮滩发电厂，贵州余庆，564400）

摘要： 随着能源行业的数字化转型，水电厂网络安全问题日益凸显。本文旨在探讨水电厂网络安全的现状、面临的挑战以及应对策略。通过文献综述和电厂实际情况分析，水电厂网络安全问题主要集中在物理安全、网络安全和数据安全等方面。针对这些问题，我们提出了一系列实用的安全措施和实施建议，以保障水电厂网络的安全稳定运行。

关键词： 水电厂；网络安全；物理安全；网络安全；数据安全

引言

水电厂是国家能源工业的重要组成部分，其安全稳定运行对于国家经济发展和社会稳定具有重要意义。近年来，随着计算机技术的不断发展和普及，水电厂的自动化和信息化程度不断提高，网络技术的应用也越来越广泛。然而，网络安全问题的日益凸显，给水电厂的安全稳定运行带来了新的挑战。因此，本文主要针对水电厂国产监控系统网络安全问题进行研究，探讨了加强水电厂监控系统网络安全立体化防护架构的研究与应用。

1　水电厂监控系统网络安全现状

水电厂的网络安全问题主要集中在网络设备安全、操作系统安全、应用软件安全等方面。网络设备安全包括设备本身的质量、运行状态等；操作系统安全包括操作系统的漏洞、权限配置等；应用软件安全包括应用软件的漏洞、后门等。此外，网络攻击也是水电厂网络安全面临的主要威胁之一，如黑客攻击、病毒传播等。特别是国产监控面临着起步晚，而水电厂监控系统的网络架构比较复杂，组成部分较多，因此其网络安全问题也比较突出。目前，水电厂监控系统存在的安全隐患主要有以下几个部分：

（1）网络安全意识不足。电厂在监控系统建设中，往往重视系统功能和性能，而忽视了网络安全问题。同时，部分员工对网络安全的认识不足，缺乏必要的网络安全知识和技能。

（2）网络安全设备缺乏。一些水电厂在监控系统建设中，没有配置必要的网络安全设备，如防火墙、入侵检测系统等，导致系统容易受到外部攻击。

（3）系统漏洞多。由于水电厂监控系统一般采用复杂的网络结构和软件技术，容易出现各种系统漏洞，如缓冲区溢出、SQL 注入等，给黑客攻击提供了可乘之机。

（4）数据传输不安全。水电厂监控系统中的数据传输一般采用明文传输或简单的加密方式，容易被截获，导致数据泄露。

2　基于国产监控系统网络安全构架的优化设计与应用

由于国产的网络系统起步较晚，相对于国外系统在针对具体应用的防攻击、防误传输等方面考虑较少，策略不多。在进行国产化监控系统改造时，深入研究国产监控系统网络安全构架，对可能存在的隐患分析评估，不断进行策略优化和调整，采用多种网络防范策略组合来增强系统抵御攻击能力。提出并解决了以下一系列网络安全隐患和功能完善。

（1）基于 IEEE 802.1q 协议，研究配置自主可控交换机内核程序，实现交换机 Vlan 管理各机组 LCU 之间、操作员站、语音机、辅助设备间网络物理隔离，有效防止了其他 IP 恶意访问，拒绝其他 IP 上传程序，避免了程序误传导致事故发生，使监控网络更加安全，如图 1 所示。

收稿日期： 2023-12-02

作者简介： 冯德才，贵州遵义人，高级工程师，主要从事水电厂安全生产管理工作.

VLAN设置/VLAN设置

VLAN ID	(2-4094)
	创 建 删 除
备注：创建或删除多个连续的Vlan时，Vlan ID可用"-"连接，如：4-6。	

	VID	端口列表
○	1	ge1(u) ge2(u) ge3(u) ge4(u) ge5(u) ge6(u) ge7(u) ge8(u) ge9(u) ge10(u) ge11(u) ge12(u) ge13(u) ge14(u) ge15(u) ge16(u)
○	11	ge16(u) ge11(u)
○	12	ge16(u) ge12(u)
○	13	ge16(u) ge13(u)
○	14	ge16(u) ge14(u)
○	15	ge16(u) ge15(u)

图 1

(2) 通过系统性的 IP 规划和架构，利用调试口开启交换机 WEB 安全管理和交换机异常实时报警功能，首次实现了交换机软硬件状态异常主动告警和集中监视功能，使交换机在被攻击和出现异常时能第一时间快速采取应对措施，提升了网络防范的快速性和安全性，如图 2 所示。

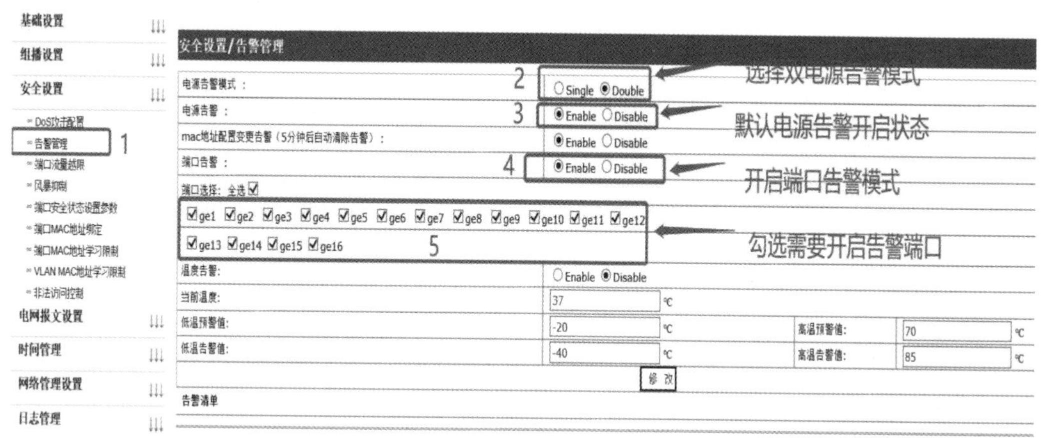

图 2

(3) 增加自动识别和提醒未使用端口功能，有效避免未使用端口禁用疏漏，避免无关人员违规操作造成的网络事故，提升了网络安全主动防御等级，如图 3 所示。

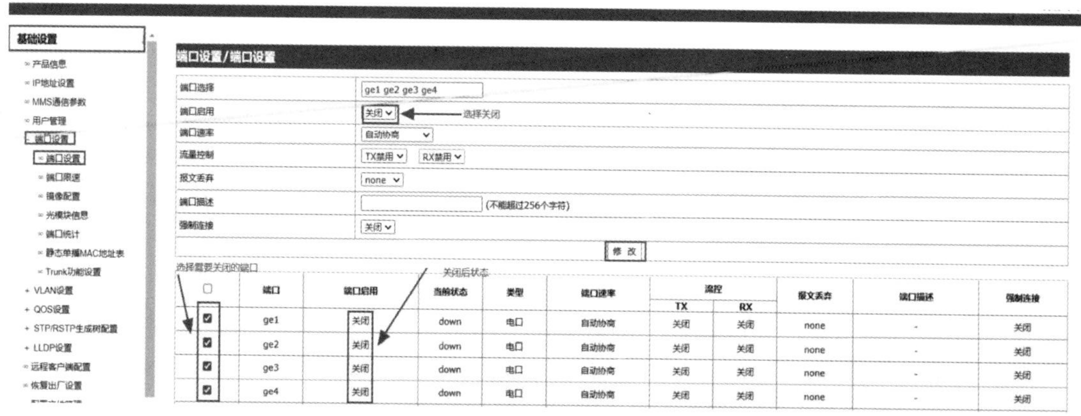

图 3

(4) 根据“GBT22239 信息安全技术网络安全等级保护基本要求”实现了交换机用户权限分离。计算机监控系统 I 区通过 snmp、syslog、smp 协议成功接入至南网总调、中国华电集团态势感知平台，在贵州中调管辖范围内首家成功接入至新中调 OCS 系统，主动向南网总调网络安全处提交我厂网络安全策略和网络资产归集、联合提升电网网络安全防护等级。

(5) 整体更换了国产化 BOSWELL 交换机硬件(调整 DCDC 电源芯片 RC 电路)和附属 SFP 电口模块(去掉 IRC 总线上的上拉电阻)，电厂与交换机研发部联合解决了交换机周期性异常故障重大缺陷，避免了因交换机故障导致的上送调度数据异常中断，机组误调误控等事故；

(6) 根据“GBT22239－2019 信息安全技术网络安全等级保护基本要求”实现了交换机用户三权分立；

(7) 计算机监控系统 I 区通过 snmp、syslog、smp 协议成功接入至南网总调、中国华电集团态势态势平台，在贵州中调管辖范围内首家成功接入至新中调 OCS 系统，向南网总调网络安全处提交我厂网络安全策略和网络资产归集、联合提升电网网络安全防护等级。

3 优化网络设备间底层协议，增强网络设备与应用适配稳定性

网络通讯是有许多通讯设备、支撑协议、通讯程序等协调一致实现，若相互间配合不好，特别是底层协议配置不当，就会频繁故障，通讯稳定性差。为彻底提升监控系统通讯运行可靠性，我们对通讯模块、交换机底层参数及 PLC 程序进行了优化调整，使网络设备运行更加安全稳定，如图 4 所示。

(1) 调整交换机快速环网配置。机组 LCU 中均使用交换机作为远程 I/O 子站环网设备一部分，该交换机未设置环网链路，但实际链路成环网状态，存在触发网络风暴的隐患，使通信模块网络负担过重而死机。经研究在交换机内配置快速环网协议，为异常断开的以太网络提供自动恢复重连机制，在网络中断或网络产生故障时有链路冗余和自恢复能力，有效避免网络风暴的产生而导致通讯模块死机。

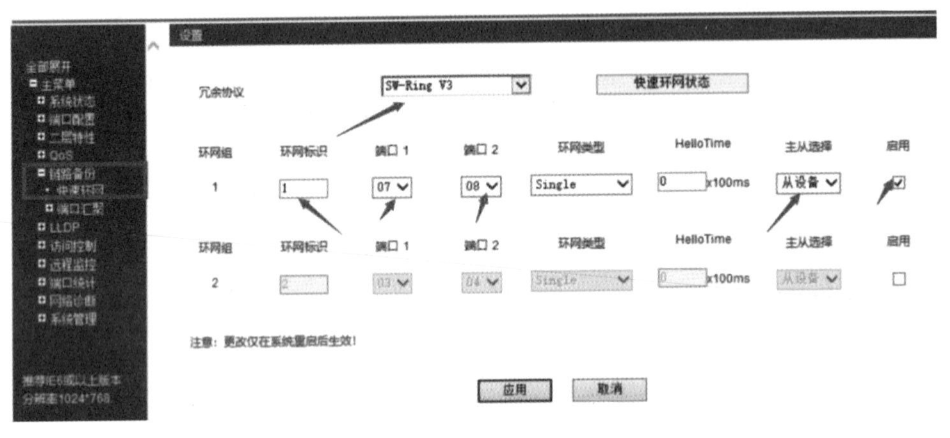

图 4

(2) 优化主站广播数据。以太网主站查询从站状态报文采用广播数据机制，原通信周期设置是 10 毫秒，在不影响系统功能的情况下，改为 50 毫秒，减少主站与从站间的网络广播数据流量，从而降低主站网络通信负担，降低主站的网络故障风险。

(3) 优化主站以太网口状态查询频次。以太网主站有查询接口状态的功能，查询方法是通过串口访问内置交换机模块，通信数据量较大，修改底层程序减少主站对以太网健康状态查询频次数由之前 100 毫秒改为 500 秒的查询周期(健康状态查询频次不涉及主站模块通过远程 I/O 子站模块查询 I/O 模块的内容,所以所有 I/O 模块的响应都不改变)，减轻主站资源负担消耗，从而降低主站故障的风险，同时启用模块走死后自动重启功能。

4 结论

本文探讨了水电厂监控系统网络安全问题及其成因，并提出了相应的解决方案。然而，随着技术的不断发展和网络环境的不断变化，网络安全问题也将不断出现新的挑战和难题。因此，我们需要不断更新和完善网络安全技术和管理制度，以适应新的安全要求和发展趋势。

自主可控监控系统自诊断力的研究与应用

陈志，方贤思

（贵州乌江水电开发有限责任公司构皮滩发电厂，贵州余庆，564400）

摘要：随着能源行业的不断发展，发电厂的安全和效率越来越受到人们的关注。计算机监控系统在发电厂中的应用越来越广泛，其自诊断功能对于保障发电厂的稳定运行具有重要意义。本文将介绍发电厂计算机监控系统自诊断技术的原理、应用和发展趋势，并探讨如何提高自诊断技术的准确性和可靠性。

关键词：水轮发电机组；自诊断；及时；提高

引言

计算机监控系统在发电厂中通过连接和管理各个设备和子系统，实时监测发电厂的运行状态和运行数据，以确保发电过程的安全、高效和可靠。监控系统能够实时采集、记录发电设备的运行参数和性能指标，如温度、压力、液位、状态等，同时监控系统可以通过数据采集分析后去控制发电机组及其辅助设备的运行。通过计算机监控系统，发电厂管理人员可以实时监测发电设备的能效和运行情况，对发电机运行工况进行调整，保障发电机的安全稳定运行和提高发电效率。而计算机监控系统自诊断能力的强弱，决定着计算机监控系统能否高效运行。本文将探讨如何提高监控系统自诊断技术的准确性和可靠性。

1 发电厂计算机监控系统自诊断技术的原理

发电厂计算机监控系统自诊断技术是指通过计算机技术对监控系统进行自动检测和诊断，以确定系统是否存在故障，并定位故障位置。自诊断技术主要包括硬件诊断、软件诊断和网络诊断等方面。

硬件诊断是指通过检测硬件设备的状态信号，判断硬件设备是否正常工作。常用的硬件诊断方法包括电压测试、电流测试、温度测试、开关量检测等；软件诊断是指通过分析软件系统的日志文件、运行状态等信息，判断软件系统是否存在故障，常用的软件诊断方法包括异常捕获、运行时监控等；网络诊断是指通过检测网络设备的状态信号，判断网络设备是否正常工作，常用的网络诊断方法包括网络流量分析、ARP 欺骗检测等。

2 国产化计算机监控系统 PLC 电源模块的自诊断技术

国产计算机监控系统起步晚，监控系统自诊断功能也不够完善，如国产监控系统的 PLC 电源模块设计时一般采用冗余模式，其中一块故障后不影响 PLC 运行，但因国产 PLC 电源模块内部结构空间有限，布置不下常用的龙芯 2k1000 控制器，PLC 的电源模块架构不支持远程监视，仅可以通过现场指示灯监视，存在其中一块电源模块故障或电源消失后无法通过远程监视及时发现故障的安全隐患。在国产监控系统改造过程中积极研究开发完成基于自主可控龙芯小芯片的电源模块，增加电源模块自诊断功能，以支持远程监视 PLC 机架电源模块工作状态，彻底解决了监控系统中 PLC 电源模块状态无法自我诊断故障的安全隐患，提升了监控系统网络硬件的可靠运行。

3 北斗卫星对时装置故障自诊断功能

对时系统在水电厂计算机监控系统中起着非常重要的作用。对时系统可以提供精确的时间基准，确保水电厂计算机监控系统内的所有设备都采用相同的时间基准进行计时和同步，这有助于避免因时间不同步而引起的数据处理错误和设备控制问题；同时对时系统还可以实现时间信息的可靠传输和转换，在水电厂计算机监控系统中，需要采集和处理大量的数据，包括水位、流量、温度、压力等参数，这些数据都需要进行时间标记和记录。对时系统的应用可以帮助计算机监控系统实现准确的时间记录和转换，确保数据的准确性和可追溯性，在发生故障或异常情况时，对时系统可以帮助计算机监

收稿日期：2023-12-02

作者简介：陈志，贵州遵义人，工程师，主要从事水电厂自动化装置检修、维护工作.

控系统快速定位和追溯问题的发生时间，为故障排查和事故处理提供有力支持。

监控系统国产化改造时，监控系统采用的对时系统故障自诊断能力弱，对时不一致时也无故障信号发出。为保证监控系统国产化改造后，有效降低因对时系统异常导致监控系统运行异常的风险，提出并实施基于北斗卫星对时系统的对时装置的自诊断程序，实现双北斗卫星对时的冗余配置以及故障研判，完善对时测点描述和报警综合信号整体系统建设，对时失败时，综合输出报警信号，彻底解决对时不一致时监控系统不能发现的安全隐患。

4 监控系统 PLC 冗余设备主备切换风险隐患控制

PLC 的主备功能是指在一个系统中，有两个或多个 PLC 同时运行，其中一个作为主控制器，负责处理和响应系统的各种操作和事件，而其他 PLC 则作为备用控制器，处于待机状态，但在主控制器出现故障时，可以自动或手动切换到备用控制器，以确保系统的稳定性和连续性。

PLC 主备功能监控系统非常重要，它能够提高系统的运行可靠性和稳定性，避免因控制器故障导致的系统停机或异常情况。在主备模式下，主控制器会处理系统的各种操作和事件。同时，备用控制器也在不断地监测主控制器的状态，当主控制器出现故障时，备用控制器可以快速响应并接管系统的控制权，保证系统的正常运行。

国产监控系统由于对 PLC 主备切换考虑不完善，有时会在 CPU 主备切换时存在事件积压，主备切换后简报上会报出时间错乱的事故信号。为避免误报信号影响运维人员的判断，提出对程序中主备切换程序段进行修改，彻底解决 CPU 主备切换后上位机简报报出时间错乱的事故信号的安全隐患。优化措施如图 1 所示。

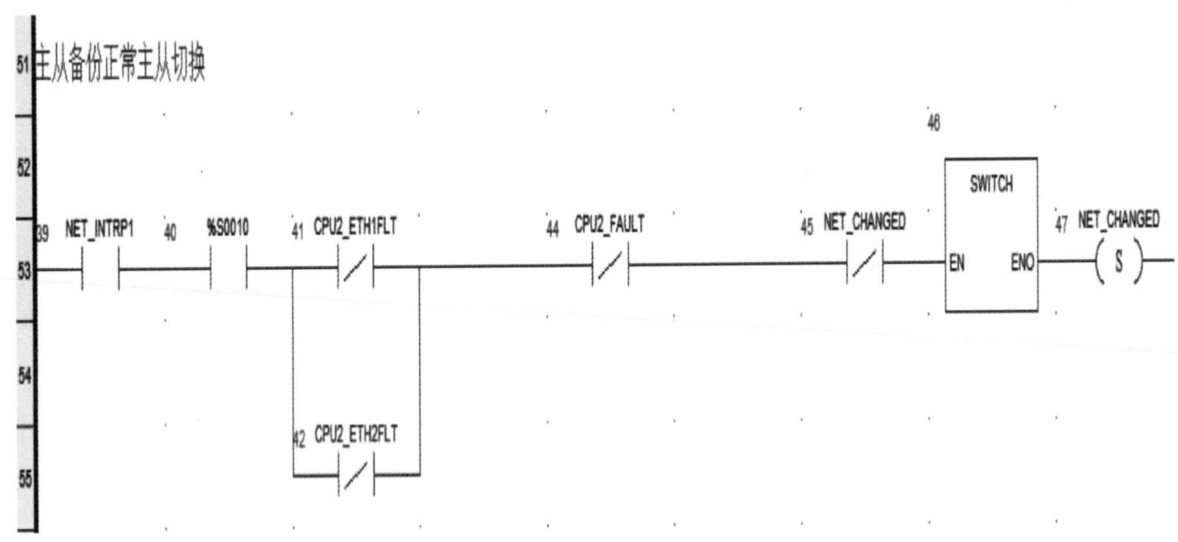

图 1

5 计算机监控系统自诊断技术

为了提高发电厂计算机监控系统自诊断技术的准确性和可靠性，下一步电厂可以从以下几个方面进行改进：

(1) 增加检测点和检测频率：增加检测点可以提高对系统状态的监测覆盖率，同时增加检测频率可以提高对系统状态的实时性监测。通过增加检测点和检测频率，可以更早地发现潜在问题，减少故障发生的可能性。

(2) 引入先进的故障检测算法：采用先进的故障检测算法，如基于人工智能的故障检测算法，可以提高故障检测的准确性和可靠性。同时，通过对故障数据的分析和学习，可以实现对隐性故障的预警和预测性维护等功能。

(3) 强化系统备份和恢复机制：建立健全的系统备份和恢复机制，可以在系统出现故障时快速恢复系统的正常运行状态。同时，通过对备份数据的分析和利用，可以实现对故障原因的快速定位和故障影响的快速评估。

(4) 加强人员培训和管理：加强人员培训和管理可以提高维护人员的技术水平和操作规范意识。通过培训和维护管理措施的落实，可以减少因人为因素导致的故障发生概率。同时人员技能水平的提高，可以再次促进计算机监控系统自诊断能力的完善。

6 发电厂计算机监控系统自诊断技术的发展趋势

随着人工智能和大数据技术的发展，发电厂计算机监控系统自诊断技术也在不断发展和完善。未来，自诊断技术将更加智能化和自动化，能够更快速、准确地检测和识别故障。同时，自诊断技术也将更加注重对隐性故障的检测和识别，以进一步提高系统的可靠性和稳定性。此外，自诊断技术还能够提供故障预警和预测性维护等功能，帮助维护人员及时发现潜在问题，减少设备损坏和停机时间。

7 结语

发电厂计算机监控系统自诊断技术是保障发电厂稳定运行的重要手段之一。随着技术的发展和应用需求的提高，自诊断技术将更加智能化和自动化，以提高发电厂的运行效率和安全性。为了提高自诊断技术的准确性和可靠性，电厂需要从多个方面进行改进和完善，包括增加检测点和检测频率、引入先进的故障检测算法、强化系统备份和恢复机制以及加强人员培训和管理等措施。总之，提升监控系统自诊断能力是一场逐步改进和完善的持久战。

水电站自动化技术及其应用

周九道

（贵州乌江水电开发有限责任公司构皮滩发电厂，贵州余庆，564400）

摘要： 随着信息技术的不断发展，各种先进的信息技术被不断地应用到水电站管理过程当中，极大地提高水电站的自动化程度。通过自动化技术能够进行自动检测、自动控制和自动决策，极大地保障了水电站安全稳定运行。本文在此基础上就水电站自动化技术应用的相关问题做了一些探索，从而更好地促进我国水利行业的发展。

关键词： 水电站；自动化技术；稳定运行

引言

为了满足基础建设的需要，我国水电站建设的数量呈现出逐年增加的趋势。自动化技术也被广泛地应用到水电站当中，提高了水电站的自动化和智能化水平，保障水电站始终能够运行在稳定的状态。通过传感器以及智能化算法能够对于机组和辅助设备进行有效的监控，观察设备的状态是否运转正常，从而更好地发送相应的执行指令。另外随着信息技术的进一步的应用，水电站的智能化水平越来越高。

1 自动化技术特点

1.1 加强对于系统的监视

自动化技术的应用能够进行实时监测和诊断，实时发现系统中可能存在的安全隐患，更好促进系统安全稳定地运行。另外通过自动化技术的应用能够保障系统始终运行在稳定状态下，更好地提高生产效益。这里以设备检测功能为例，安全监测的实现主要依赖于传感器技术、通信技术以及控制技术的发展，能够通过传感器网络收集系统运行过程中的各种参数，包括了转速、稳定、角速度等物理参数，通过对于这些参数的实时分析，从而了解到机组设备或者辅助设备的实时运行状态，通过分析设备运行的状态来反映出水电站系统运转的状态，从而制定相应的执行方案，从而水电站能够正常运转。

1.2 自动操作技术

自动化技术的发展一方面表现在自动化技术的发展，另外一方面表现为自动化设备逐渐朝着智能化的发展。自动化设备可以全天候自动化完成相关操作，包括了操作开关、报警、通讯等。另外自动化技术的发展能够更好地完成信息融合和多层级控制，能够将水电站中各个子系统进行有效组织，主要包括了排水系统、供电系统以及压缩空气电能系统等，通过系统之间的相互耦合和配合，能够确保系统之间的相互交互，有条不紊地运行。

1.3 故障诊断技术

传统的设备和加工过程主要依靠人工进行维护和管理。但是随着自动化技术和智能诊断技术的发展，能够对于设备运行和管理进行自动检测和自动诊断，能够发现系统运行过程中的一些异常，能够及时中断相关动作，减少进一步对于设备的破坏。另外很多智能传感器被应用于自动化系统，能够对于系统运行过程中相关参数的搜集和分析，包括了电流、电压、功率因子等参数，根据参数的判断来分析系统是否工作正常，从而将相关状态反馈给系统端，及时了解到系统运行的实际状态，从而更好地反馈给管理人员，及时掌握系统整体运行的状态。故障诊断技术是未来发展的重要趋势，能够更好地提高系统运行效率和运行周期，减少系统出现故障的概率。

1.4 增强信息处理灵活性

自动化技术对于信息处理的灵活性很强，主要得力处理算法和传感器技术的发展。传统技术的发展能够为信息处理提供可靠的数据，只有保障了信息来源的可靠性，那么信息处理才是有意义的。另外技术信息处理算法的提高，例如滤波技术、数据增强技术、数据融合技术以及人工智能技术。通过对于原始数据的处理，能够发现信号中传达出的本质信息。很多信号在时域中很难处理，但是通过傅里叶变换、小波变换等能够将信号放在频域中进行分析和处理，从而得到他们想要的结果。另外硬件

收稿日期： 2023-12-02

作者简介： 周九道，陕西安康人，工程师，主要从事水电厂电气维护工作。

技术的发展，使得信号处理不仅能够在软件上完成，还可以通过定制化芯片的方法来完成相应的信号处理工作，例如可以将算法集成到专用芯片上，这样能够有效提高信号处理的速度，从而满足不同场合的需求。另外信号的处理既可以在软件上完成，也可以在专用的芯片上完成，可以有效提高信号处理的速度。而且随着智能硬件的发展，各种信号处理的芯片需求越来越大，这种信号处理速度的增加主要得益于架构的不同，芯片的架构能够完成数据并行化处理，这和传统的串行处理存在着很大的区别。而且这种定制化处理可以将信息处理模型的面积做好很小，从而满足不同场合的需求。

2　加强自动化技术应用的几点建议

2.1　建立紧急停机系统

水电站中的机组设备或者辅助机械设备都是大型机械设备，需要很多设备处在高速运转状态，而且运行环境往往是高压、湿度大等环境，如果哪个环节没有加以控制，就很容易出现安全事故，甚至威胁到操作人员的人身安全。因此需要基于自动化控制技术来创建紧急停机系统来保障水电站生产运行环节的安全性。具体而言，如果在哪个环节出现故障需要及时进行停机操作，从而将事故控制在一定的范围之内。不仅于此，还可以根据停机系统来建立各个装置的联动性，使得各个装置处在一个稳定运行的状态当中，一旦某一环节出现故障，能够将各个信息反馈到其他的环节，从而保障系统始终处在稳定的运行状态当中。

2.2　加强自动化控制系统的应用

自动化系统主要是由 PC 端、分布式控制系统、PLC 控制器组成。在水电站的 PC 端，需要通过加强继电保护设计以及加强智能化检测系统的应用来有效提高 PC 端的安全性和可靠性，从而使得控制端输入信号和输入信号更加稳定，保障控制的稳定性和可靠性。分布控制系统是为了满足不同的控制任务和控制需求，根据系统的复杂度将执行任务或者执行设备更好地进行分层或者划分，保障输入指令控制的可行性和安全性。将通信装置、控制站以及主机 PC 端进行相应的链接，保障控制执行功能能够相互协调以及更好划分，从而完成分布式控制。PLC 控制器是完成整个系统的运算和控制的核心单元，需要根据任务需求设计完善的控制算法，然后通过控制器发出相应的控制任务。未来为了更好地保障水电站智能化发展，需要不断加强自动化系统分布式设计，减少核心系统运行的压力，保障控制命令更好地得到执行，提高系统响应时间。

2.3　绿色化方向发展

自动化系统在运行过程中还产生大量的能量消耗，同时还容易对于生态系统造成一定的破坏。我国不断进行产业结构调整，逐渐淘汰高能耗和高污染的一些行业。为了更好促进自动化技术在各个行业中的应用，需要不断进行产业结构调整，通过应用更加先进的自动化技术来提高系统的自动化水平，提高能量利用效率，减少不必要的能源消耗。绿色化方向是水电站控制发展的一个重要趋势。在发展过程中要重点探究绿色材料、绿色技术的应用，从根本上提升自动化系统运行的效率。而且未来随着 EDA 技术和智能化技术的发展，使得整个系统的运行都能够运行在一个稳定状态，系统能够对于每一个环节运行的状态，以及功耗进行有效的监控和反馈，来不断调整系统运行的状态，使得系统始终运行在最佳效率，在提高系统安全稳定运行的同时，最大程度提高系统运行的经济性。

3　结语

综上所述，自动化技术被广泛应用到水电站当中，极大地保障了水电站运行的安全性和稳定性。在发展自动化技术过程中，在未来发展自动化技术过程中，还需要考虑到技术的绿色性和经济性发展，更好地发挥自动化技术的优势。

参考文献：

[1] 陈永兴.水电站自动化技术及其应用[J].智能城市，2019,5(9):180-181.

[2]陈怡帆.浅谈水电站电气工程自动化技术及其应用[J].数字通信世界,2018(1):133,61.

[3]伍春荣,欧阳海.电气自动化技术在水电站中的应用分析[J].自动化应用,2018(3):120-121.

[4]夏书军,程志武,周晓东.自动化技术在电力系统配电网中的应用[J].中国新技术新产品,2010(2):128.

[5]谢勇.水电站自动化技术及其应用[J].科技创业家,2013(16):69.

提升大型水电机组开停机成功率的实践探索

钟远锋，何宇平

（构皮滩发电厂，贵州余庆，564400）

摘要：水轮发电机组自动开停机成功率是水电厂可靠运行的一个重要指标，提高自动开停机的成功率，将有效提高水电厂在“无人值班、少人值守”模式下设备的可用率。笔者从构皮滩发电厂开停机的详细流程出发，分析每一步骤涉及的设备故障类型，结合处理方法，提出了改进措施，旨在探讨提高自动开停机成功率的途径。

关键词：水轮发电机组；自动开停机；成功率；提高

引言

构皮滩发电厂是国家“十五”计划重点工程、贵州省实施“西电东送”战略的标志性工程，是乌江干流水电开发的第五个梯级电站，也是目前中国华电集团公司和贵州省已建成的最大水电站，电站主要任务是发电，兼顾航运、防洪及其他综合利用。装机容量 3 000 MW(5×600 MW)，设计多年平均发电量 96.82 亿千瓦时。

水电机组具有启动迅速、并网时间短、负荷调节灵活的特点，在参与电网运行中，主要承担调峰、调频、事故备用功能。开停机成功率是水电厂可靠运行的一个重要指标。水轮发电机组自动开停机成功率的统计是以自动化设备、辅助设备从监控系统下达开机指令起至同期并列和从监控系统下达停机指令至机组恢复热备用状态；开停机过程中若发生异常并导致流程中断，则判为开停机不成功。

1 自动开停机的重要性

由于水电站自身的特点，在电网中启停操作较为频繁。在频繁的开、停机过程中，由于有些自动化部件老化、传感器故障、控制程序不完善或二次接线不牢靠等原因，影响机组正常开停。在负荷早高峰来临时，电网负荷需求增长快，急需大量电源注入，若一次开机失败，换机再开时涉及的调度联系、异常判定，将耗费不少时间，甚至出现无法满足电网负荷需求的情况而导致考核。因此，保证启动成功率的重要性显得尤为突出。

2 自动开停机不成功原因概述

由于机组启停涉及的设备较多，有主辅系统、监控系统、保护系统、励磁系统、调速系统、制动系统等设备，每一环节出现故障都有可能使开停机，其中发生故障频次较高的是辅助设备系统、调速系统、制动系统，保护系统和监控系统相对较少。构皮滩发电厂针对影响机组开停机的关键环节，采用综合信息分析法，拓宽对数据融合的认识和实践，对开机过程中不同的故障进行真实性和安全性判断，采取不同的处置策略，在确保机组开机安全的同时，又提高开机成功率。

3 自动开机不成功的原因分析及处理建议

3.1 自动开机流程

结合开机流程(见图 1)可以看出，开机不成功高概率事件主要发生在开机指令下达后的前几步中，主要有风闸落下接点反馈不到位、开机过程中冷却水异常、剪断销剪断或传感器松动、接力器锁锭未拨出或锁锭行程开关接点不到位、同期失败。

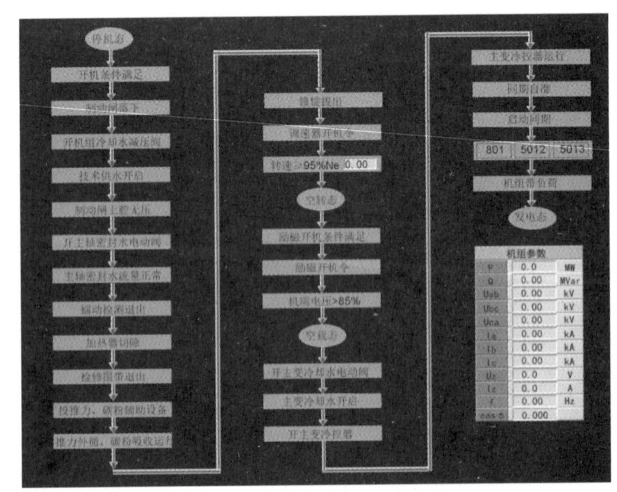

图 1 开机流程图

收稿日期：2023-12-02

作者简介：钟远锋，贵州铜仁人，工程师，从事水电厂电力生产技术工作。

3.2 典型故障分析及处理建议

3.2.1 风闸位置接点故障

构皮滩发电厂原风闸位置接点采用单行程开关接点方式，在运行过程中易发生行程开关卡涩、风闸控制回路断线、端子松动、中间继电器故障、触点和挡块之间距离增大。维护部门需定期对风闸本体及控制回路进行检查；为提高风闸位置接点动作可控率，一是将风闸复归接点冗余配置，即增加另外一套复归行程开关，任意一套复归接点动作则执行后续流程；二是维护部门结合封停必检及低谷停机机会，定期对风闸本体及控制回路进行检查；从而故障概率低。

3.2.2 机组冷却水异常

开机过程中冷却水异常分析：构皮滩发电厂主用技术供水采用蜗壳取水方式，经减压后供发电机、主变、消防用水，技术供水管网复杂；机组的空冷、上导、下导、水导、推力外循环等部位，水流信号器多灵敏度有差别，工作环境潮湿，易损坏；因杂物淤泥附着等原因导致滤水器后端水压力不足，影响开机。主要故障类型有冷却水示流计灵敏度偏低、技术供水电动阀控制回路故障、冷却水滤网堵塞、技术供水漏水，其中最常见的是示流计灵敏度偏低。

为避免机组冷却水异常导致的开机不成功，一是减压阀开机电磁阀冗余配置；二是优化开机流程中技术供水开启判断条件，提升机组开机成功率。目前行业常规的机组开机流程中技术供水开启正常判断仅选取上导、下导、空冷、推力排水示流计接点作为判据，若示流计接点因灵敏度或其他原因导致接点反馈异常，将导致机组开机失败。为防止因接点反馈异常导致机组开机不成功，电站自主对机组开机流程技术供水判据进行完善，在原判据中或门加入上导、下导、空冷、推力供水电磁流量计流量作为第二路判据，当开关量判与模拟量判据任意一路动作，则判定技术供水开启正常，实现技术供水开启冗余判断(见图 2)。

```
38: KON_1(IN1:=(( DI[709]=0 OR ( AI[125]>20.0  AND AI_QUA[125]=0 )) AND
      ( DI[710]=0 OR ( AI[127]>100.0 AND AI_QUA[127]=0 )) AND
      ( DI[711]=0 OR ( AI[128]>20.0 AND AI_QUA[128]=0 )) AND
      ( DI[724]=0 OR ( AI[126]>200.0  AND AI_QUA[126]=0 ))),T1:=150,
       Q_1=>KON_[1].Q1, Q_2=>KON_[1].Q2, T2=>KON_[1].T2,WORKING=>KON_[1].WORKING);
   IF KON_[1].Q1 THEN
      OUT[41]:=0;
      ALARM_CODE:=129;(* 技术供水开机失败,流程退出 *)
      FAIL:=1;
   END_IF;
   IF KON_[1].Q2 THEN
      SEQ_INFO[1].CSTEP:=40;
   END_IF;
```

图 2　技术供水开启判据优化程序段

三是自主设计防技术供水减压阀异常关闭重启功能，提升机组运行可靠性。机组技术供水稳定运行直接影响机组安全可靠性，考虑技术供水二级减压阀自诊断能力。机组技术供水二级减压阀控制为电磁阀控制，在机组开机过程或机组运行中可能出现因关阀电磁阀阀芯渗漏或杂质等导致减压阀异常关闭，影响机组正常开机或运行。为提高机组 LCU 控制逻辑的严密性和机组运行可靠性，在机组程序中增加技术供水异常关闭后跳转调用技术供水开启流程段，再次将技术供水二级减压阀打开，保证机组技术供水系统工作正常(见图 3)。

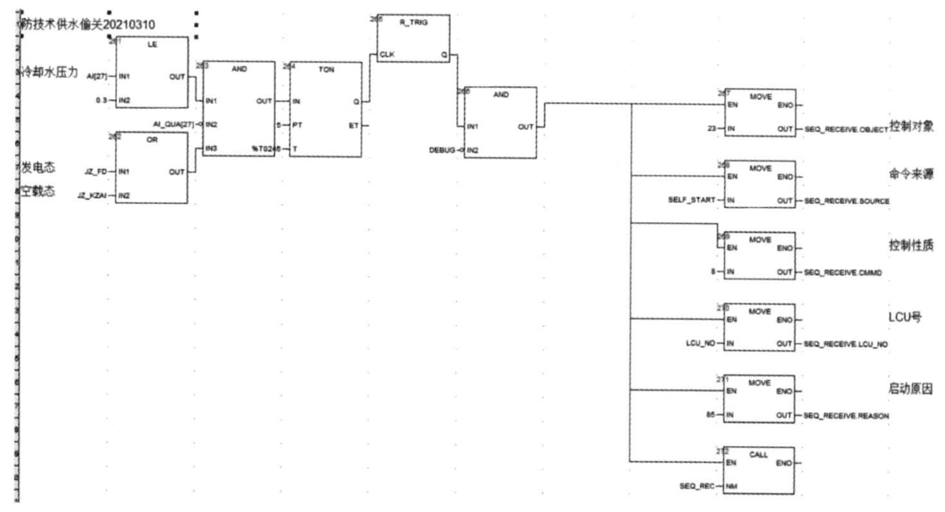

图 3　防技术供水二级减压阀异常关闭功能程序段

四是维护部门定期对示流计进行检查维护，发现灵敏度降低时，及时调整更换。

3.3.3 端子松动

定期开展开机回路相关设备端子紧固，减少开机时因接点端子松动导致的开机失败。机组运行中的振动、定期开展的设备卫生清扫工作等都可能造成设备控制回路接线端子的松动，因此，利用负荷低谷停机备用时间定期紧固端子接线工作势在必行。工作中应特别注意对使用工具的选择，避免使用不当的工具造成端子损坏，留下隐患；同时，要做好相应的安全监护。机组计划检修时，重点开展控制系统开停机回路检查、端子整理、接线紧固，及时更换检验不合格的继电器，对达到使用年限的继电器应统一集中更换。对涉及机组开停机的设备改造、程序完善的临时性检修维护工作，在工作结束前，应将机组自动开机至空载态，验证自动开停机流程有无异常，避免消缺后首次开机不成功。

3.2.4 同期失败

机组空载后，因电网的电压及频率波动，同期装置会出现小概率的同期超时现象，从而导致流程退出。为避免类似情况，增加同期点捕捉失败后二次启动同期功能，提高开机并网成功率。原同期流程设计为下达一次同期令，同期超时后则流程退出，该逻辑对同期装置规定时间内寻找同期点的要求较高，存在开机失败的风险，为防止因寻同期点超时等原因导致的开机失败，将流程优化为下达一次同期令，若出现同期超时告警，在调速器、励磁、机组等无异常时再下一次同期令，启动二次同期点捕捉，以提升并网成功率(见图 4)。

```
158:  IF (DI[251]=0 AND DI[250]=0) THEN(*同期装置无装置报警及失电信号*)
        OUT[85]:=-1;   (* 选GCB断路器同期 *)
        SEQ_INFO[1].CSTEP:=159;
     ELSE
        ALARM_CODE:=144;(* 同期装置故障,流程退出 *)
        FAIL:=1;
     END_IF;
159: KON_1 (IN1:=(SOE[112]=1 AND SOE[111]=0),T1:=180, Q_1=>KON_[1].Q1, Q_2=>KON_[1].Q2, T2=>KON_[1].T2,WORKING=>KON_[1].WORKING);
    IF KON_[1].Q1 THEN
      OUT[85]:=0;
      OUT[93]:=1000;
      SEQ_INFO[object].CSTEP:=160;
    END_IF;
    IF KON_[1].Q2 THEN
         SEQ_INFO[object].CSTEP:=163; (* 判断后看看是不是由于同期装置报失败, 退出的 *)
         OUT[85]:=0;
         OUT[93]:=1000;
    END_IF;
160:  KON_1(IN1:=0,T1:=5, Q_1=>KON_[1].Q1, Q_2=>KON_[1].Q2, T2=>KON_[1].T2,WORKING=>KON_[1].WORKING); (* 同期装置上电后, 延时5秒, 防止同期失败 *)
     IF KON_[1].Q1 THEN
       SEQ_INFO[1].CSTEP:=161;
     END_IF;
161: IF (DI[251]=0 AND DI[250]=0) THEN(*同期装置无装置报警及失电信号*)
        OUT[85]:=-1;   (* 选GCB断路器同期 *)
        SEQ_INFO[1].CSTEP:=162;
     ELSE
        ALARM_CODE:=144;(* 同期装置故障,流程退出 *)
        FAIL:=1;
     END_IF;
162: KON_1 (IN1:=(DI[252]=1(* 同期失败 2020 11 1*) OR (SOE[112]=1 AND SOE[111]=0)),T1:=180,
    Q_1=>KON_[1].Q1, Q_2=>KON_[1].Q2, T2=>KON_[1].T2,WORKING=>KON_[1].WORKING);
    IF KON_[1].Q1 THEN
      OUT[85]:=0;
      OUT[93]:=1000;
      ALARM_CODE:=143;(* GCB同期合闸失败,流程退出 *)
      FAIL:=1;
    END_IF;
    IF KON_[1].Q2 THEN
     SEQ_INFO[object].CSTEP:=163; (* 判断后看看是不是由于同期装置报失败, 退出的 *)
     OUT[85]:=0;
     OUT[93]:=1000;
    END_IF;
163:IF SOE[112]=1 AND SOE[111]=0 THEN
     SEQ_INFO[1].CSTEP:=180;
     OUT[13]:=-1;(*投一次调频*)
   ELSE
    ALARM_CODE:=144;(*gcb同期装置报失败,流程退出*)
    FAIL:=1;
   END_IF;
```

图 4 同期失败后再次启动同期程序段

4 自动停机不成功的原因分析及处理建议

4.1 自动停机流程

机组自动停机流程是开机流程的逆过程(见图 5)，提高其成功率的方法重点在于加强停机流程各环节中自动化元件、机械液压阀组的检修维护质量和重要回路冗余配置。

4.2 典型故障分析及处理建议

高概率事件为机组解列后转速下降超时及惰转。机组解列后，水轮机存在较大的转动惯量，需依靠调速系统、制动系统接力工作，使机组转速迅速下降，时间长了可能存在以下几方面的问题：导叶间隙漏水量多、调速器导叶开度零位与实际零位存在偏差、转速继电器故障、制动闸磨损、制动压力低、接力器行程反馈钢丝绳位置不到位导致导叶关不到位。为避免机组长时间在低转速运行，一是现场运行人员应手动投入风闸；二是定期检查调速系统导叶反馈情况，发现异常时进行调整。三是加强检修工艺的把控，调整好导叶立面间隙和端面间隙，尽量减少导叶漏水量。

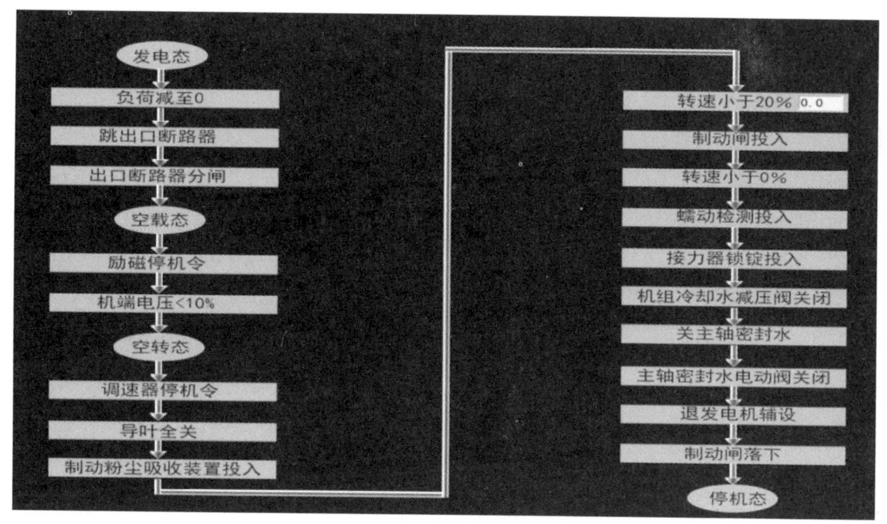

图5 停机流程

5 提高开停机成功率的途径

从上述分析可知，要提高机组开停机成功率，电厂应分别加强以下几个方面的工作。1)实现设备的安全运行，既要重视显性缺陷，又要重视隐性缺陷。及时发现缺陷是前提分析和限制缺陷的发展是关键，实现设备管理中“保养代替检修”的目标。2)重点部位勤检查，尽量减少高概率因素引起的开停机不成功。根据水电厂在电网中的启停频繁、汛期负荷重的特点，分析设备可能出现异常和缺陷的部位。运行人员认真做好这部位的巡视和检查工作，维护人员针对此类影响开停机成功率的关键设备应加强日常维护，以便把故障或隐患消除在萌芽状态。3)停机期间重点查。停机检查在时间和准备上相对充裕，充分利用低谷时段开展转动部分检查、一般性消缺工作。4)重视日常对比分析。在长时间的设备管理中通过不断地对比历史数据、同类型电厂异常情况来分析设备运行的趋势，尽可能早地发现缺陷、做出运行方式的调整以及检修安排，避免设备缺陷扩大化。5)整改问题要举一反三。发生异常的设备，督促维护人员及时处理，对于每一次开机不成功，要详细分析原因，做好相关反措。

6 结语

水电厂设备的可靠性是自动化性能的重要基础，设备维护和运行管理水平是影响机组自动开停机成功率的主要因素。维护人员熟悉并掌握自动开停机流程、每个信号取自何处、每个回路的接线以及整个系统的连接情况，就可以在较短的时间内找到并消除开停机过程中的故障。一方面强化检修工艺管理，不断提高设备检修质量，保障设备健康稳定；另一方面强化运行管理，有针对性地开展设备的日常巡检、定期维护、低谷消缺工作，才能保证水轮发电机组自动开停机成功率维持在较高水平，满足电网对水电厂调频、调峰的要求。

自主可控 PLC 温度模块抗干扰能力提升研究及应用

方贤思

(贵州乌江水电开发有限责任公司构皮滩发电厂，贵州遵义，564408)

摘要： 本文对提高基于自主可控软硬件配置的 PLC 温度模块滤波技术的研究，主要适用于工业现场对 RTD 传感器信号的采集和处理。本文重点讨论自主可控 PLC 温度模块在工业现场实际运用中，通过在不同采集环境下模块滤波算法的研究及应用，进一步提高温度模块的采集精度和抗干扰能力。

关键词： 自主可控；RTD；滤波技术；抗干扰；高精度

引言

构皮滩水电站位于贵州省余庆县构皮滩镇，是乌江流域上开发的第七个梯级水电站，工程以发电为主，兼顾航运、防洪等综合利用。电站总装机容量 5×600 MW，是国家“十五”计划重点工程、是贵州省实施“西电东送”战略的标志性工程，是贵州省、中国华电集团公司已建成最大的水电站。

为防止发达国家通过其在高新技术方面掌握的垄断地位对我国施压，对关键核心技术进行封锁、禁运和勒索，危及国家安全，我国在关键信息基础设施安全可控领域加大研发力度，已取得重大突破，为建设自主可控水电站计算机监控系统奠定了基础。

构皮滩发电厂在推进下位机自主可控 PLC 改造调试过程中，发现温度模块采集定子绕组、主变油温这种离大电流环境近的测温电阻信号，测值受到的强磁场干扰出现频繁跳变现象。温度信号采集精准可靠对发电机组安全运行具有极大影响，提高自主可控 PLC 温度采集模块采集精度和抗干扰能力，不仅对安全生产尤为重要，而且对进一步推广自主可控项目具有重要意义。

1 现场概况及分析

在工业生产中热电阻一般应用于中低温区的温度测量，不同材质的热电阻对应不同的测温范围：Pt100 测温范围是－200℃～850℃，对应的阻值范围是 18.52 欧姆～390.48 欧姆。现场采用的温度采集模块采用三线制 Pt100 测温电阻信号。

构皮滩发电厂首台自主可控下位机 PLC 改造机组，容量为 600 MW，额定电流为 21 394 A，改造调试过程中对温度模块进行卡件测试，数据准确未见异常，后经空载运行，温度采集也正常。

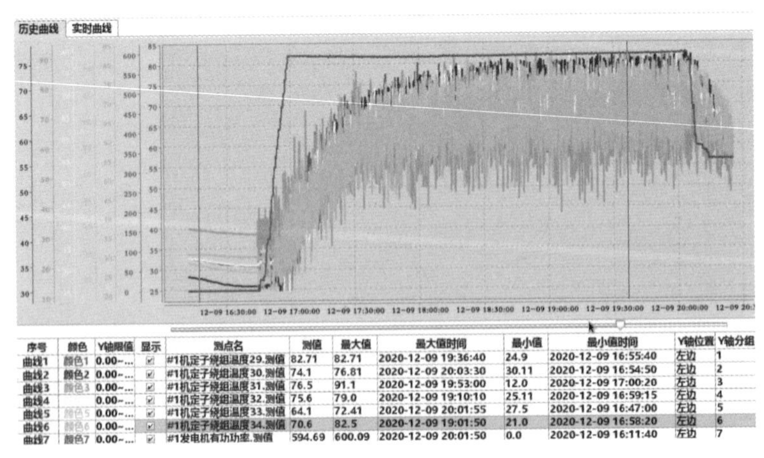

序号	颜色	Y轴限值	显示	测点名	测值	最大值	最大值时间	最小值	最小值时间	Y轴位置	Y轴分组
曲线1	颜色1	0.00~...	☑	#1机定子绕组温度29.测值	82.71	82.71	2020-12-09 19:36:40	24.9	2020-12-09 16:55:40	左边	1
曲线2	颜色2	0.00~...	☑	#1机定子绕组温度30.测值	74.1	76.81	2020-12-09 20:03:30	30.11	2020-12-09 16:54:50	左边	2
曲线3	颜色3	0.00~...	☑	#1机定子绕组温度31.测值	76.5	91.1	2020-12-09 19:53:00	12.0	2020-12-09 17:00:20	左边	3
曲线4		0.00~...	☑	#1机定子绕组温度32.测值	75.6	79.0	2020-12-09 19:10:10	25.11	2020-12-09 16:59:15	左边	4
曲线5	颜色5	0.00~...	☑	#1机定子绕组温度33.测值	64.1	72.41	2020-12-09 20:01:55	27.5	2020-12-09 16:47:00	左边	5
曲线6	颜色6	0.00~...	☑	#1机定子绕组温度34.测值	70.6	82.5	2020-12-09 19:01:50	21.0	2020-12-09 16:58:20	左边	6
曲线7	颜色7	0.00~...	☑	#1发电机有功功率.测值	594.69	600.09	2020-12-09 20:01:50	0.0	2020-12-09 16:11:40	左边	7

图 1 测温跳变情况

当机组并网运行接近最大发电功率时，发现机组多处定子绕组、主变油温测点开始出现无规律跳变，跳变测点通道分别出现在不同盘柜的不同测温模块，并且随着机组负荷增大，跳变幅度和频率也跟着升高，机组解列后跳变现象消失，如图 1 所示。

因温度模块经卡件测试正常，基本排除 PLC 硬

收稿日期： 2023-12-02

作者简介： 方贤思，贵州遵义人，工程师，长期从事水电厂电力生产技术工作.

件问题，检查测温电阻线缆接地良好。调试人员在机组开机并网状态下采用示波器对跳变比较严重的测点通道和未跳变的通道进行采样（如图 2 和图 3）。通过波形分析对比，跳变比较严重的通道，其数据波形上叠加了比较严重的干扰波形。并且对比仍采用国外 PLC 机组的测点情况，通道上存在同样干扰，但测值未出现跳变。

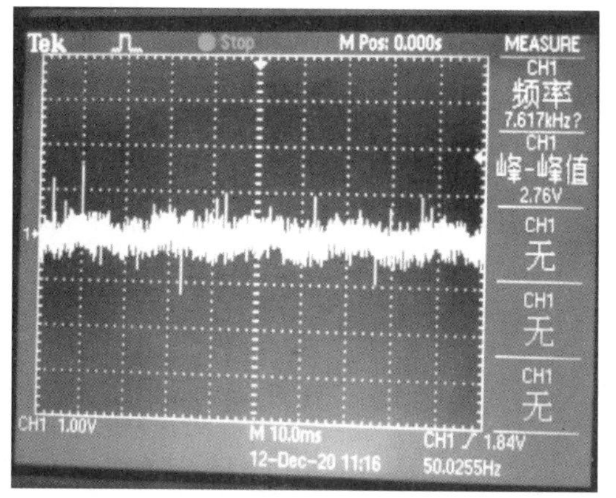

图 2　机组定子绕组测温未跳变通道外接线波形图

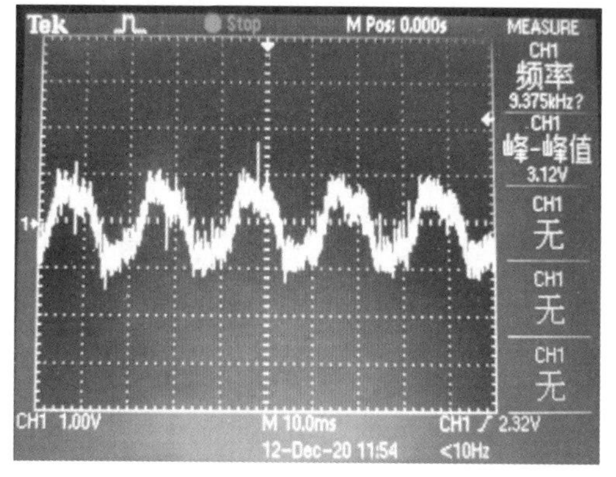

图 3　机组定子绕组测温跳变通道外接线波形图

从未跳变通道和跳变通道的外部接线波形图来看，测温通道外部接线均有大小不一的干扰存在：

（1）未跳变通道外接线上存在干扰。基础噪声不规律且伴随着偶然的脉冲干扰，波形图上看到干扰波形的峰峰值达到 2.76 V。

（2）跳变通道外接线上存在干扰。在未跳变通道的干扰类型的基础上还叠加正弦波干扰，波形图上看到干扰波形的峰峰值达到 3.12 V，波动性与幅值都比未跳变通道的干扰更大。

2　方案制定

2.1　RTD 温度模块工作原理概述

2.1.1　RTD 温度模块硬件配置

目前采用的 RTD 温度模块硬件回路由双档恒流源电路、多通道切换电路、自校正电路、RTD 输入信号检测电路、信号调理电路、数模转换电路、几组光耦隔离电路、RS－485 通讯电路、MCU 控制电路等电路组成。通过装置上的接线端子引入现场八路三线制 RTD 信号，MCU 将自制高精度双档恒流源电路产生的高精度恒定电流切至待测通道，当检测到该通道接有 RTD 时，采集通道 RTD 电阻上的电压，通过信号调理电路对信号进行放大、滤波，再经 AD 转换器进行模数转换后通过隔离的串行总线送入 MCU 单元，MCU 电路负责将采集的 RTD 数据通过 RS－485 总线传至上位 MODBUS RTU 主站装置，从而完成多通道 RTD 信号的采集和传输，如图 4 所示。

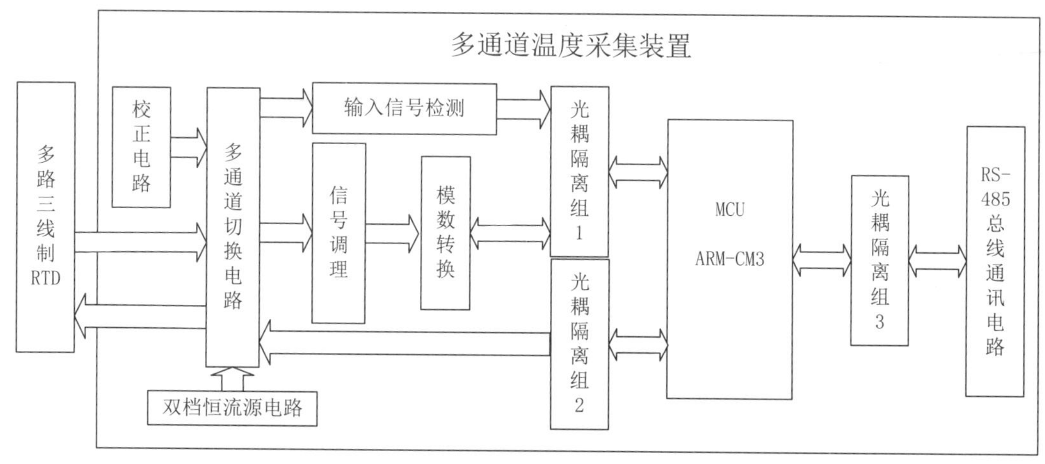

图 4　模块硬件回路图

2.1.2　RTD 数据采集及程序处理流程

RTD 数据的采集及处理程序主要是按照以下的流程来实现：多次执行 AD 数据采样子程序，采样完成要求的采集次数（SampleNO）后，进行简单的数字滤波处理，同时采样自校正基准电阻值。通过三线制 RTD 电阻分配原理得出出待测通道 RTD 去掉线电阻后对应的电压，该电压值与高精度基准电阻比对获得精准的通道 RTD 电阻值，再通过查表计算转换为温度值；并针对 RTD 为慢变量这一特点进行较为复杂的软件滤波，对采集的温度值进行去抖定时平滑滤波处理后消除工业现场的各种干扰，最后才得到真实的 RTD 温度值。

2.2 温度模块抗干扰优化设计

结合现场试验结果分析，温度跳变原因还是因为温度模块采集信号过程中抗干扰能力较弱，特别是采集大电流回路中电阻信号时，受工频干扰影响明显，需针对性提升模块抗高频干扰能力。基于对温度模块软、硬件工作原理的研究，电厂从硬件回路和软件算法两个方面展开模块抗干扰能力优化研究。

2.2.1 硬件优化

2.2.1.1 硬件优化措施 1 及原理

磁珠的功能主要是消除存在于传输线结构(电路)中的 RF 噪声，RF 能量是叠加在直流传输电平上的交流正弦波成分，直流成分是需要的有用信号。要消除这些不需要的信号能量，使用片式磁珠扮演高频电阻的角色(衰减器)。

由于输入进 RTD 模块的是三根信号线，我们对三根信号线的输入增加对地滤波电容，增加一级滤除高频信号的措施，利用磁珠用于抑制信号线的超高频噪声和尖峰干扰，还同时具有吸收静电脉冲的工作原理。然后在三根输入线上增加了磁珠，磁珠串接于 RTD 传感器与 RTD 采集模块之间的信号线中，并对屏蔽地加强连接到系统内部的大地，系统与屏蔽线的大地连接作用在于保证两者电位的统一，防止因地电位差产生感应电流引起额外的干扰。

并且磁珠有很高的电阻率和磁导率，它等效于电阻和电感串联，但电阻值和电感值都随频率变化。它比普通的电感有更好的高频滤波特性，在高频时呈现阻性，所以能在相当宽的频率范围内保持较高的阻抗，从而提高调频滤波效果。

2.2.1.2 硬件优化措施 2 及原理

吸收磁环，又称铁氧体磁环，简称磁环。它是电子电路中常用的抗干扰元件，对于高频噪声有很好的抑制作用，一般使用铁氧体材料(Mn－Zn)制成。磁环在不同的频率下有不同的阻抗特性，一般在低频时阻抗很小，当信号频率升高磁环表现的阻抗急剧升高。根据电子通信原理分析，信号频率越高，越容易辐射出去，而一般的信号线都是没有屏蔽层的，那么这些信号线就成了很好的天线，接收周围环境中各种杂乱的高频信号，而这些信号叠加在本来传输的信号上，甚至会改变原来传输的有用信号。那么在磁环作用下，使正常有用的信号很好地通过，又能很好地抑制高频干扰信号的通过。

为保证硬件上信号屏蔽的可靠性，在机柜内 RTD 输入线路中，放入磁环，线路加磁环是利用磁环屏蔽特性，削弱线路上耦合的高频干扰。

2.2.1.3 整改效果检查

通过两个硬件整改方案的叠加，温度采集信号在并网状态进行采集记录，从采集数据分析，硬件优化后对抗干扰能力有一定的效果，但效果不是很明显。

2.2.2 软件滤波

2.2.2.1 滤波原理

针对现场温度值的跳变，软件采取的措施有以下三点：

(1) 提高温度采集频率，缩短模块软件采集和处理周期，单位时间内获取更多温度数据。

(2) 加强去极值平均滤波方法，叠加滤除正弦干扰波形的滤波算法，去除不合理的跳变温度值和正弦波干扰。

对现场特定的干扰，增加相应的滤波算法。

2.2.2.2 滤波算法简介

热电阻模块的 RTD 信号输入后，需要经过多种滤波，包含工频滤波、多级去抖、滑动平均滤波后才能得到可信的数据。工频滤波主要针对工业现场常见的 50 Hz 电源干扰信号，去抖和滑动平均滤波可以防止温度信号出现大幅度跳变，使得模块输出数据更加平滑。

滤波算法利用电阻温度探测器采集温度信号 A，基于高斯低通滤波器设计滤波器，并结合切比雪夫函数优化滤波器，利用优化后的滤波器去除温度信号中的正弦波干扰，获得温度信号 B，通过 F－P滤波器对温度信号 B 中的低频信号进行滤波处理。

设计滤波器包括，采用巴特沃斯低通滤波器作为所述滤波器，基于所述低通滤波器设定滤波器的技术指标，指标包括带宽、低端阻带处的抑制高度和带内回波损耗，根据现场实际情况，带宽设为 800 MHz，低端阻带处的抑制高度设为 30 dB，带内回波损耗设为 30 dB。

进一步选取切比雪夫函数作为滤波器的逼近函数，根据逼近函数确定谐振腔的数目，完成滤波器的优化。

切比雪夫函数包括，

传输函数 S_{11}：$S_{11}=k\sum_{i=1}^{M}\frac{F_N(\omega)}{E_N(\omega)}+1$

反射函数 S_{21}：$S_{21}=k^2\sum_{i=1}^{M}\frac{P_N(\omega)}{\varepsilon E_N(\omega)}$

其中，M 为零点数，k 为时延权值，ω 为时频变量，ε 为 $\omega=\pm 1$ 的等波纹常数，$F_N(\omega)$、$F_N(\omega)$、$P_N(\omega)$ 为切比雪夫函数的特性多项式。根据逼近函数确定谐振腔的数目为 5。

利用优化后的滤波器去除温度信号中的正弦波干扰，获得温度信号 B。滤波器需要比较长的建立时间，滤波器的输出对于输入信号的响应需要至少五个采样周期。

设 T 为滤波器采样周期，采样周期的计算公式为：

$$T=(4*32*Fs+T1)/fclk$$

式中，Fs 为软件设置的数据输出频率，当 $Fs=1$ 时，$T1=61$，当 $Fs>1$ 时，$T1=95$，fclk 为滤波器时钟信号的频率。

通过 F－P 滤波器对温度信号 B 中的低频信号进行滤波处理。

其中需要说明的是，F－P 滤波器由两个自聚焦透镜组成，避免了信号在电缆中的衍射损耗。

经 F－P 滤波器滤波处理后获得的信号频谱如下：

$$F(e^{j\omega})=\frac{\omega_1}{q}X(e^{j\omega\frac{q}{\omega_1}})$$

其中，$F(e^{j\omega})$ 为滤波处理后的信号频谱，$e^{j\omega}$ 为复指数序列，q 为移频量，ω_1 为滤波后的基带信号的频带对应的角频率。

通过试验，F－P 滤波器对于 50 Hz(±1 Hz)的工频干扰信号具有很好的抑制效果。对于 50 Hz 的工频干扰，滤波器的衰减可达 120 dB。

2.2.2.3　实验数据及模拟测试结果

采用新的软件滤波后，经过测试，通道采集精度正常，抗干扰能力得到提升。在实验室模拟实验结果如图 5 所示。

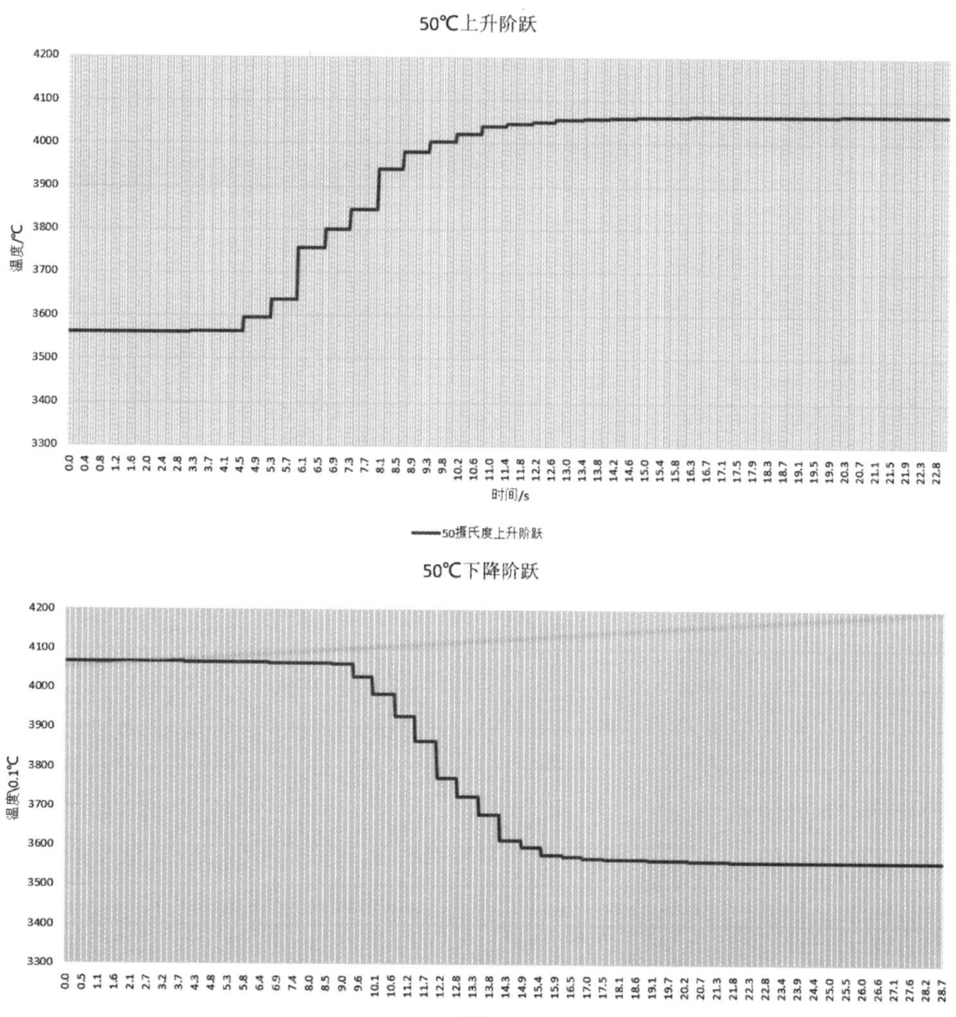

(a) 软件滤波算法温度阶跃模拟测试结果

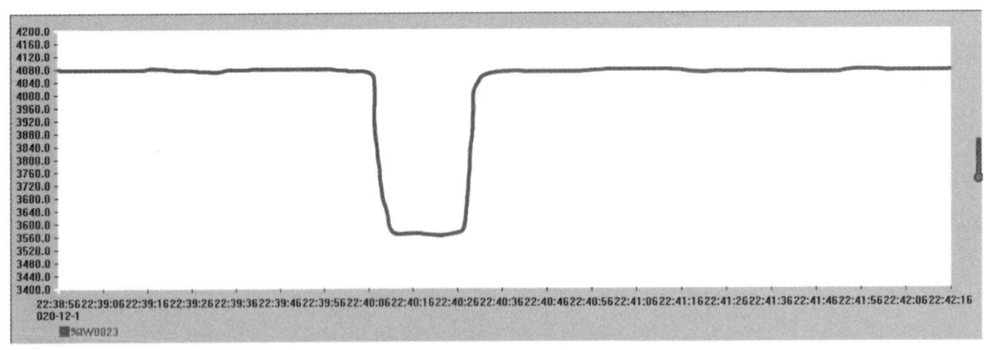

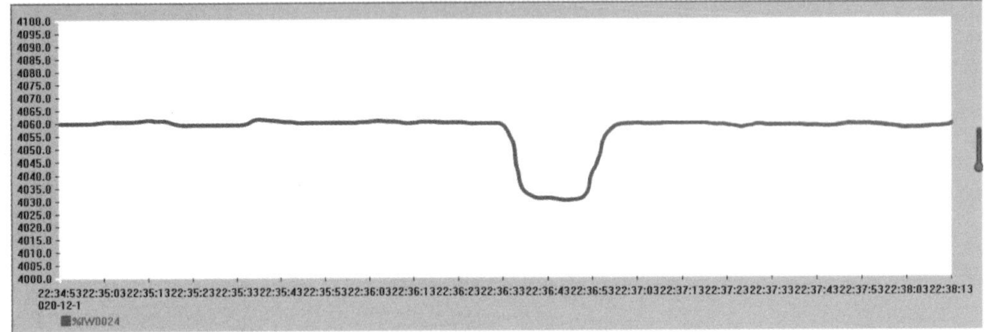

（b）软件滤波算法温度阶跃实验结果（正向阶跃和负向阶跃，50 ℃响应时间约 6 秒）

图 5

根据在电厂测量到的干扰波形，在实验室采用同周期的三角波（图 6）进行模拟，测试滤波软件对于电厂干扰的滤除效果如图 7 所示。

图 6 中，人工模拟的干扰信号为叠加了高频信号的三角波，三角波峰峰值约 2.4 V，周期 20 ms。图 7 中，干扰信号经过软件滤波后的温度跳动在±0.6 ℃以内。模拟干扰测试达到了预期的效果。

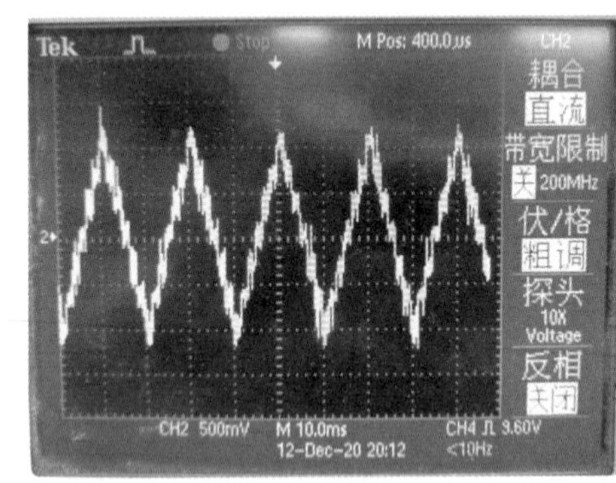

图 6　模拟电厂现场的干扰波形

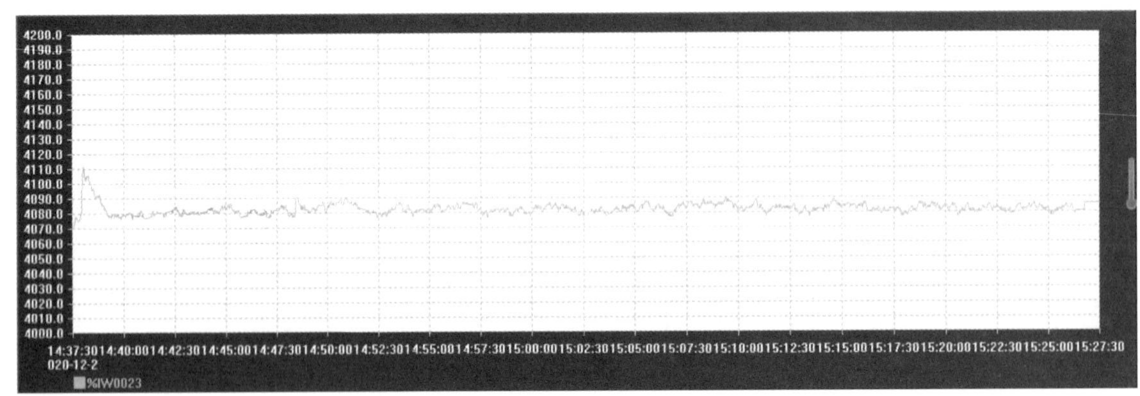

图 7　软件滤波效果（纵坐标单位 0.1 ℃）

3　方案应用

为进一步保证测温模块软件滤波算法优化，不影响现场元件的真实测值，能准确反应元件采集信号，在电厂现场展开测试，为保证试验真实性和可靠性，电厂分别采用电阻箱阻值调整和实际电阻加热试验两种方式对温度模块展开测试。

3.1　精度测试

（1）用校验合格的电阻箱接入测温模块，在 PLC 触摸屏上记录数值，见表 1。

表 1　静态测试

通道	电阻箱电阻（Ω）	预期值（℃）	实际显示温度（℃）	误差（℃）
1	100	0	0.0	0
	127.45	71	70.9	0.1
	138.50	100	99.9	0.1
4	100	0	0.0	0
	127.45	71	71.0	0
	138.50	100	99.9	0.1
8	100	0	0.0	0
	127.45	71	70.9	0.1
	138.50	100	99.9	0.1

（2）同类长线新 RTD 传感器并接入测温模块，分别在室温和用干式校验炉加热情况下进行读值。

3.2　现场测试

经静态测试正常后，将模块更换至机组进行动态测试，通过更换前后对比，测点稳定性有了明显改善，并且通过数据比对，采集精度满足运行要求，见表 2。

表 2　动态测试

通道	室温（℃）	干式炉温度（℃）	显示温度（℃）	误差（℃）
1	17.1		17.3	0.2
4	17.1		17.2	0.1
8	17.1		17.3	0.2
1		30	29.9	0.1
		60	59.8	0.2
		100	99.8	0.2
4		30	29.8	0.2
		60	59.9	0.1
		100	99.8	0.2
8		30	29.9	0.1
		60	59.8	0.2
		100	99.8	0.2

（1）无论是干扰小的还是干扰大的测点，温度采集曲线都已经明显平稳，滤波效果显著；

（2）从曲线图上，采用新的滤波算法后，温度跳动在±0.7 ℃范围内。

4　结语

我国虽然多年前就大力推广自主可控可编程控制器项目，但由于国内厂商起步较晚，市场成熟度比较欠缺，软硬件对比国外成熟产品短板还是客观存在的。本文重点研究了自主可控 PLC 温度模块抗干扰能力提升方法，并完成工程运用。抗干扰能力提升后的自主可控测温模块具有测量范围宽、实用性好、精度高、可靠性高等优点，具有良好的推广价值。同时对安全生产提供了坚强保障，目前构皮滩发电厂已完成全厂机组监控系统上、下位机的自主可控改造，经运行检验，运行稳定可靠，对进一步推广自主可控项目具有重要意义，如图 8 所示。

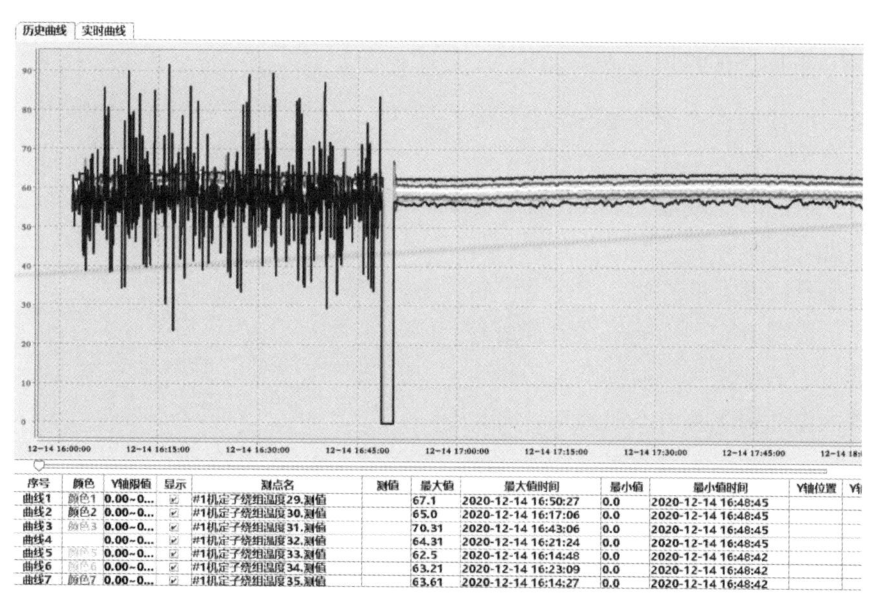

图 8　模块优化前后对比

参考文献

[1] 陈文华，余水宝，张艳艳. 高精度宽量程电阻测量方法研究[J]. 仪器仪表学报，2005，26(8)：452－453.

[2] 国电南京自动化股份有限公司. NA400 可编程控制器(PLC)硬件手册 V1.6，2011.

[3] 张博. 一种单恒流源多通道热电阻测量系统[P]. 中国专利：ZL 2012 2 0215855.2，2012－05－14.

电测仪表测量误差分析与不确定度评定方法探究

谭普成，王立军

（贵州乌江水电开发有限责任公司构皮滩发电厂，贵州余庆，564400）

摘要： 我国电力行业已经拥有了较大规模和先进的科研技术，我国经济建设和发展做出了巨大的贡献。新发展与新形势对仪器测量精确度提出了更高要求。在此背景下，需要对电测仪表测量误差影响因素进行分析，进而提出相关防范措施，以提高电测仪表测量准确度。

关键词： 电测仪表测量；准确度；影响因素；防范措施

引言

近几年，电力行业的迅猛发展不仅为我国的经济建设提供了坚实的后盾，同时也改善了人们日常的生活水平和质量。伴随着科学技术的发展与进步，电测仪表所应用的领域也越来越广，其测量结果的准确性也关系到各个领域的生产和安全。为了保证电测仪表在使用过程中所得测量数据的准确可靠，就必须对用于计量的电测仪表进行有效溯源，即对其实施周期检定或者校准。结合测量过程中各种因素的影响，并对其测量结果进行不确定度评定，进而提出相应的防范措施，能够有效推动电力行业的良好发展。

1 电测仪表测量误差分析

误差是测量测得的量值减去参考量值。测得的量值简称测得值，是一个代表测量结果的量值。参考量值一般由量的真值或约定量值来表示。对于测量而言，人们往往把一个量在被观测时，其本身所具有的真实大小认为是被测量的真值。实际上，它是一个理想的概念。因为只有“当某量被完善地确定并能排除所有测量上的缺陷时，通过测量所得到的量值”才是量的真值。由于真值不能确知，实际中使用的为约定真值。因受仪器设备本身计量性能的局限性以及测量水平、测量方法、环境条件和人为差错等因素的影响，测量的实际结果与约定真值之间存在一定的差异性难以避免，这就产生了测量误差。较为典型的影响电测仪表测量结果误差的有测量方法路线设计的不合理、测量仪器精度等级选择不当、没有对测量过程中周围环境条件产生的偶然变化进行关注、测量过程中操作不规范等，都将进一步增加电测仪表测量过程中的误差。因此，结合这些可能引起的误差因素，需要采取积极的措施尽量将误差消除或者控制在限值内，明确影响电测仪表测量结果准确程度的具体因素，并借助相应的修正技术进行防范。

1.1 电测仪表测量误差的来源

数字电测仪表可以利用变化器完成对被测物体至合理频率或脉冲数的有效转化，有效实现数字测量。一般常用电测仪表主要有模拟电路以及数字电路这两个重要组成部分。其中在模拟电路部分，输入电路的衰减器可能存在分压系误差、转换开关存在电阻误差、放大器存在传递系数误差、A/D 变换过程中存在量误差以及基准电压源存在标准电压误差，各种非线性器件均可能存在非线性误差、零位误差以及测量条件导致的附加误差等。而数字电路部分，主要是通过石英晶体振荡器的作用，借助其较强的稳定性以及较高的精度，能够使测量准确度和稳定度的数量等级达到 10^{-7}，因此数字电路所产生的误差可以忽略不计。

1.2 几种常见误差的处理方法

1.2.1 随机误差的处理

随机误差是指在同一量的多次测量过程中，其大小与符号以不可预知的方式变化的测量误差分量。随机误差的产生原因主要由于各种偶然、不相关、不确定因素干扰导致，诸如由于仪器所产生的温度、电磁干扰、噪声、电源电压波动无规律、测量人员操作不当等因素，导致测量结果的重复性存在较大分散性。随机误差缺乏有效的手段来对其进行修正或者消除，但其特点是大量的随机误差服从正态分布，所以可以通过使用统计方法来进行消除，多次测量时分对称，即绝对值相等的正负误差出现的概率相同，因此取多次的平均值有利于消减随机误差。

收稿日期： 2023-12-02

作者简介： 谭普成，贵州遵义人，工程师，主要从事水电厂保护专业工作.

1.2.2 系统误差的处理

系统误差是指在同一被测量的多次测量过程中，保持恒定或可预知方式变化的测量误差的分量，特点是其确定性。导致系统误差产生的原因有多种，通常因测量设备自身存在缺陷、测量环境不达标、测量方式不符合标准、测量人员操作不当等因素而引发一系列的误差。一般而言，系统误差存在着一定的变化规律，如若测量重复所获取的结果相对较大或较小，针对这类问题，可以对原有的测量方式以及测量工具进行革新，也可通过修正的方法。

对恒定系统误差消除可以采取异号法、交换法、替代法。如采用高频替代法校准微波衰减器。修正系统误差通常采用加修正值、乘修正因子、画修正曲线和制定修正值表四种方法。但是由于系统误差受到多方因素影响，难以完全掌控，即使利用修正也不能实现对系统误差的完全消除。通常用将测量结果与计量标准的标准值比较的方法来获得修正值或修正因子，即通过校准得到，都是具有不确定度的，在获得修正值或修正因子时，需要评定这些值的不确定度。使用修正测量结果时，该测量结果的不确定度中应该考虑由于修正不完善引入的不确定度分量。

1.2.3 粗大误差的处理

粗大误差是明显超出规定条件下预期的误差。测量过程中产生粗大误差的原因有人为的读数或记录错误，仪器内部偶发故障，震动、电源变化，以及电磁干扰，等等。相关人员在进行数据处理时，对可疑数据应进行分析。一般是采用格拉布斯准则、拉依达准则或狄克逊准则来判别异常值。若发现异常值，应将其剔除，这样才能最大化保证测量结果的准确性。

2 电测仪表测量不确定度评定方法

测量不确定度表明被测量值量值分散性，是一个说明给出的测量结果的不可确定程度和可信程度的参数，是一个区间。不确定度也是衡量电测仪表检定结果的一种重要指标。一个完整的检定结果应该包括测量值以及测量的不确定度，结合两者才能分析出测量结果的可信程度。因此，为了保证测量结果不确定度评定与表达过程的一致性，就应有对应的标准，因此，在实际测量中就应按照我国出台的《测量不确定度评定与表示》相关计量规范有效对测量不确定度进行评定。

在实际过程中对不确定度的评定主要有以下几个环节，首先需要对测量过程中不确定度的来源进行分析，并合理界定不确实度分量。其次，采用适合的不确定度评定方法计算出各不确定度的分量，分析其输入量间的相关性，运用公式合成各标准不确定度分量得到合成标准不确定度，将合成标准不确定度乘以包含因子得到扩展不确定度，最后输出评定结果。

2.1 电测仪表测量中的不确定度的来源分析

根据数学模型，列出对被测量有明显影响的测量不确定度来源，并做到不遗漏，不重复。如果所给出的测量结果是经过修正后的结果，注意应考虑修正值所引入的标准不确定度分量。如果某一标准不确定度分量对合成不确定度的贡献较小，则其分量可以忽略不计。在分析不确定度来源时，应从测量仪器、测量环境、测量方法、被测量等方面全面考虑，尽可能做到不遗漏，不重复。不确定度的来源一般有被测量的定义不完整、复现被测量的测量方法不理想、取样的代表性不够、对测量过程受环境影响的认识不恰如其分或对环境测量控制不完善、对模拟式仪器的读书存在人为偏移、测量仪器的计量性能的局限等等。结合电测仪表检定方法，电测仪表检定结果的不确定度主要来源有电测量中由于测量系统不完善引起的绝缘漏电，热电势，引线电阻等引入的不确定度；不同的被测量仪表会由于测量示值的分辨率参数限制引入的不确定度；在相同条件下多次重复测量所得一系列数据不完全相同，具有一定分散性，这种由诸多随机因素影响造成的随机变化常用测量重复性表征，即测量重复性也是电测仪表测量结果的不确定度重要来源之一，在实际测量中即使使用高精确度的标准器，也会导致输出值与标准值之间存在一个误差，即测量仪器的不准引入的不确定度。

2.2 测量不确定度评定方法

不确定度通常是用概率分布的标准偏差来表示其不确定度。不确定度的表示一般有多个分量，我们在不确定度来源进行分析时，就应全面获取测量不确定度的分量，一般将采取两种方法对测量结果不确定度进行评定。一种为统计方法（A 类），即在相同条件下进行多次的重复性测量，以多次测量结果的算术平均值作为被测量的测量结果，再计算得出算术平均值实验标准偏差即 A 类标准不确定度。另一类则是利用一切有关信息进行科学判断，得到估计的标准偏差即 B 类不确定度。B 类评定法主要受经验和历史信息的可信度影响，但是不管采取哪一类的评定方法，其最终标准不确定度都将由每个部分的分量合成，扩展不确定度将由合成标准不确定度和包含因子的乘积计算所得。

3 结语

总之，要想有效规避和减少电测仪表在实际测量中的误差，首先就需要对电测仪表的误差来源作分析，并结合测量工作的实际开展，提出对各类误差有效的预防措施，同时结合不确定度的评定方法，借助相关开发工具和软件平台实现对不确定度的评定，进而为电测仪表检定与后期系统的开发提供基础条件。

自主可控系统内核策略优化研究及应用

胡学锋，叶紫，陈志

（乌江水电开发有限责任公司构皮滩发电厂，遵义，564400）

摘要：水电自动化产品作为支撑我国清洁能源安全运行的最重要组成部分，在我国的能源结构和电网稳定保障上有着不可替代的作用，构建一个自主可控、本质安全的水电站计算机监控系统产品势在必行。自主可控是计算机监控系统本质安全的前提，只有做到完全自主可控才有真正的计算机监控系统本质安全。因此，本项目将大大提高我国水电站计算机监控系统的自主可控程度，切实打造本质安全的水电站计算机监控系统品牌，推动计算机监控系统本质安全生态建设。

关键词：自主可控；误调误控；诊断分析；智能告警；功率智能分配

1 计算机监控系统设计与构建

1.1 多层级防误闭锁认证

基于自主可控水电站计算机监控系统软件本质性控制安全关键技术开发及应用。创建了计算机监控系统软件本质性控制安全技术架构，从运算控制层、协议传输层、数据采集层进行主动安全设计。实现了基于人机交互界面Java端的多层级防误闭锁认证；解决了数据异常、中断迫切需要的Client信箱多线程数据流向架构和立体网络安全防护；提出了基于控制授权和控制校验两种认证方式下控制审计的双因子可信计算；开发出防止事故总信号误上送调度的出口认证程序，如图1所示。

误调误控防范主要基于人机交互界面的控制闭锁，一般操作使用人员身份密码进行鉴别，重大操作使用人员生物特性认证，禁止非授权账户进行控制操作的基础上，增加控制允许条件及控制校验码校验等安全认证措施，当控制条件不满足或控制校验码与生产实际不匹配时，操作界面提示禁止操作并告警，闭锁控制指令下发。

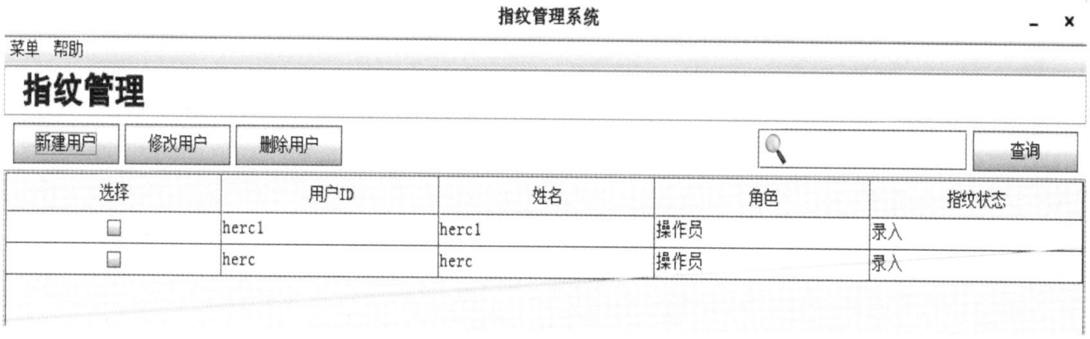

指纹管理系统

菜单 帮助

指纹管理

新建用户 修改用户 删除用户 查询

选择	用户ID	姓名	角色	指纹状态
☐	herc1	herc1	操作员	录入
☐	herc	herc	操作员	录入

图1 身份认证指纹管理系统

数据安全主要基于运算安全、传输安全和服务安全三方面考虑，有效防止数据在采集、运算、传输中由于硬件故障、断电、死机、程序缺陷、病毒或黑客等造成的数据损坏、数据失真或数据丢失现象，而造成发送控制令前无法准备判断设备运行工况，引起误调误控或失控等严重后果，解决数据异常、中断迫切需要的多线程数据流技术核心是本质安全的关键。相关系统界面如图2至图4所示。

控制审计主要基于控制授权和控制校验两种认证方式下的可信计算，对操作人员发送的控制指令进行授权、校验多级认证，若认证失败，禁止控制指令下发，并销毁控制指令。系统支持对操作进行审计记录，包括操作日志以及操作过程记录，确保事后能进行全过程的追溯，如图5、图6所示。

收稿日期：2023-12-02

作者简介：胡学锋，贵州锦屏人，助理工程师，主要从事水电厂自动化装置检修、维护工作.

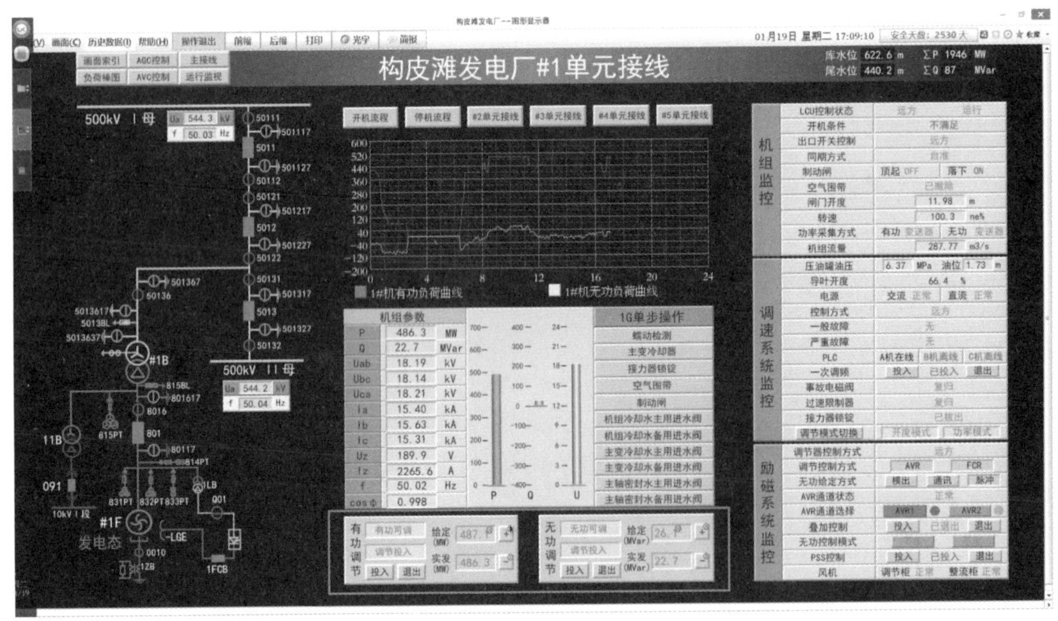

构皮滩发电厂#1单元接线

图 2　前端不允许操作图标提示

#1机进水口工作闸门
关闭1号进水口工作闸门（操作）

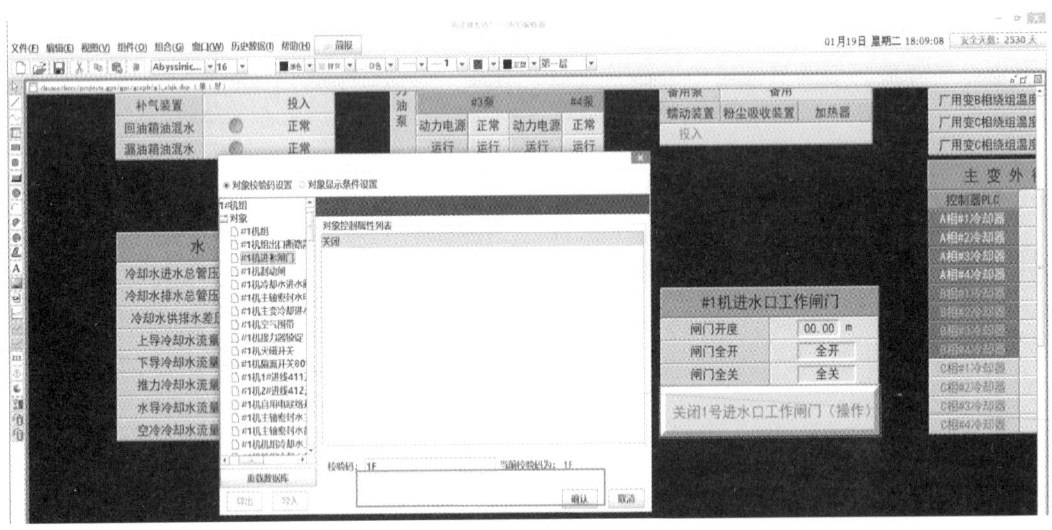

图 3　远方关闭进水口工作闸门认证

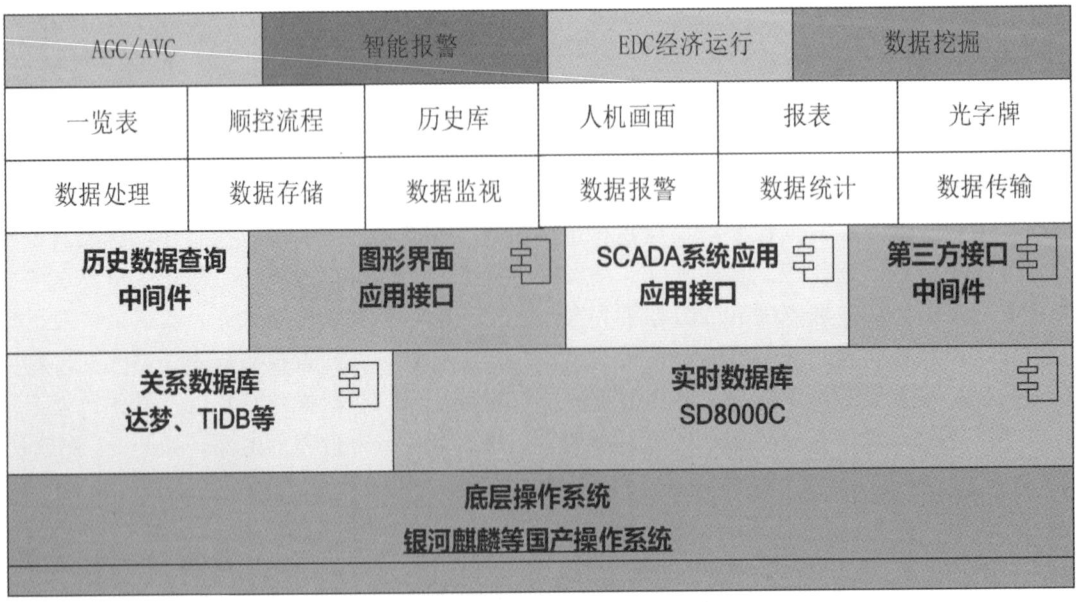

AGC/AVC
智能报警
EDC经济运行
数据挖掘
一览表
顺控流程
历史库
人机画面
报表
光字牌
数据处理
数据存储
数据监视
数据报警
数据统计
数据传输
历史数据查询
中间件
图形界面
应用接口
SCADA系统应用
应用接口
第三方接口
中间件
关系数据库
达梦、TiDB等
实时数据库
SD8000C
底层操作系统
银河麒麟等国产操作系统

图 4　SD8000C 软件数据关系结构图

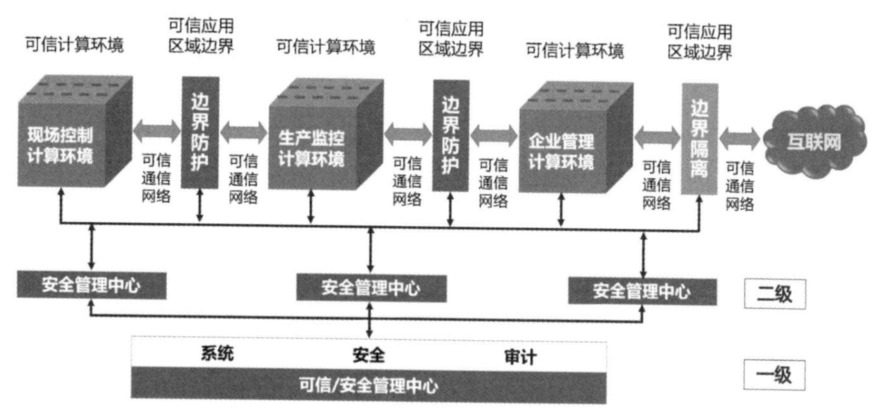

图 5　可信计算框架图

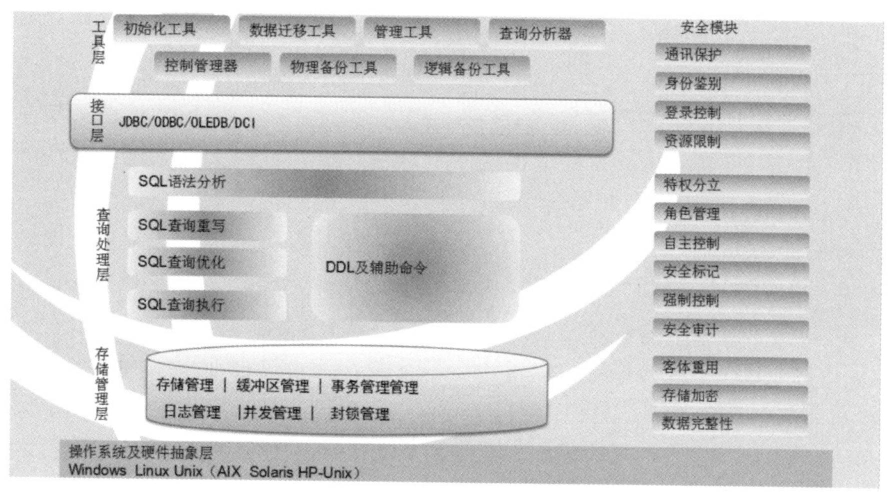

图 6　可信计算指令处理集示意图

为保障计算机监控系统上送调度数据的准确性，从上送信号本质安全出发，开发出事故总信号上送调度的逻辑出口认证程序，确保不会因电厂因试验、信号回路异常、数据采集异常、数据传输异常、数据运算异常导致的假事故信号误上送威胁电网安全，基于 IEC _ 104 通信规约，根据电厂所有事故逻辑源开关跳闸信号逻辑关系，依托 rmtsoe 服务端采集简报内 SOE 测点变位信息，将带有时标的变位信息发送至 soe _ oper _ SGZ _ SCV1.0.4 程序，根据内存堆栈执行“后进先出”算法的数据结构进行第一触发点逻辑运算，当条件源动作、跳闸信号源>0.2 s 内跳闸信号动作且未投入手动屏蔽功能时才会触发事故总信号并上送调度，数据库组态逻辑如图 7 所示。

	序号	输出点	遥信	SOE	PIN	线性变换	BCD	板号	槽号
条件源.测值	0	☐	☐	☑	☐	☐	☐	3	1
跳闸信号源.测值	0	☐	☐	☑	☐	☐	☑	3	1
条件分组屏蔽.测值	0	☐	☐	☑	☐	☑	☐	3	1
分组综合计算.测值	0	☑	☑	☐	☐	☐	☐	2	1
总事故综合.测值	0	☑	☑	☑	☐	☐	☐	0	0
总事故综合屏蔽.测值	0	☑	☑	☑	☐	☑	☐	0	0

描述	0->1报警	0->1登录	1->0报警	1->0登录	远动	报警	虚拟点	SOE
条件源	☑	☑	☑	☑	☑	☑	☑	☑
跳闸信号源	☑	☑	☑	☑	☑	☑	☑	☑
条件分组屏蔽 跳闸信号源	☑	☑	☑	☑	☑	☑	☑	☑
分组综合计算	☑	☑	☑	☑	☑	☑	☑	☑
总事故综合	☑	☑	☑	☑	☑	☑	☑	☑
总事故综合屏蔽	☑	☑	☑	☑	☑	☑	☑	☑

图 7　SD8000C 数据库组态逻辑示意图

1.2 多维智能预警

研制具有诊断分析、智能告警、优化运行特征的智能应用。研制了具有诊断分析、智能告警、优化运行特征的智能应用。基于大数据挖掘的水电站多维智能报警技术，对于设备历史运行特征信息，进行分工况、分类别的挖掘和预测，实现了电站多维智能预警、报警和多模型控制方法，优化了控制策略，提高了故障报警的准确性和控制调节灵活性，降低了运维的工作量和成本，提升了调节的综合性能指标。

该科技创新具体内容为：项目研制了具有诊断分析、智能告警、优化运行特征的智能应用。基于大数据挖掘的水电站多维智能报警技术，对于设备历史运行特征信息，进行分工况、分类别的挖掘和预测，实现了电站多维智能预警、报警和多模型控制方法，优化了控制策略，提高了故障报警的准确性和控制调节灵活性，降低了运维的工作量和成本，提升了调节的综合性能指标。

长期以来，水电厂计算机监控系统数据报警机制为简单的状态变位和模拟量越限报警。粗放的报警机制使监控系统产生大量过程数据报警，如模拟量临界值的反复刷屏报警和设备操作过程状态变迁报警，报警形式单一、缺少点与点之间的关联，众多过程数据堆积在屏幕上导致运行人员无法在第一时间确认关键信息，一旦有操作则会存在大量过程刷屏报警，而这些报警大都不是有效报警，导致有效报警被大量无效报警掩盖，而且大量短信的发送还会造成经济上的损失。、

基于数据工程挖掘的水电站多维智能报警系统以计算机监控系统为基础，能够合理对信息进行分类、分组，具备检修状态信息屏蔽、趋势报警、智能分类报警等功能，保证生产值守、维修人员和有关领导在事故时能立即收到事故性质和事故信息，减少了维护工作负担，更加准确反应现场设备的运行状况，更加迅速反馈异常情况，让值班员能迅速且正确处置故障或事故，大幅度降低运行人员监屏压力和劳动强度，为实现超大型水电机组从本质安全出发的“无人值守、少人值班”奠定基础。

基于大数据的水电站多维智能报警系统以计算机监控系统为基础，能够合理对信息进行分类、分组，具备检修状态信息屏蔽、趋势报警、智能分类报警等功能，保证生产值守、维修人员和有关领导在事故时能立即收到事故性质和事故信息，减少了维护工作负担，更加准确反应现场设备的运行状况，更加迅速反馈异常情况，减少运行人员监屏工作量，为实现超大型水电机组的“无人值守、少人值班”奠定基础。

智能报警系统总体架构如图 8 所示。

分类、分级多维报警模块通过对采集的数据进行分类、筛选、分级，最后进行多维精准、有效的报警，报警过程如下图所示。

趋势分析报警通过大数据挖掘技术分析历史报警趋势，采用连续多年具有设备运行特征信息的神经网络分别对当前工况数据进行计算，得到目标对象经验值的逐年变化数据，将其与时间维度结合在一起形成样本参数，对样本参数进行分析后，以时间为参数计算得到往后若干年设备运行的预测数据，从而实现水电站多维智能报警，系统架构与逻辑如图 9、图 10 所示。

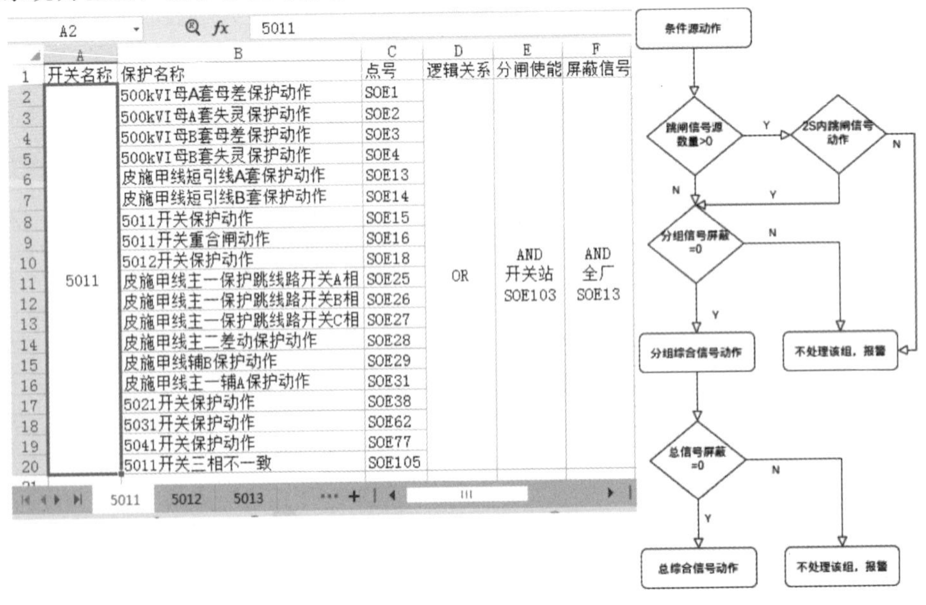

开关名称	保护名称	点号	逻辑关系	分闸使能	屏蔽信号
5011	500kVI母A套母差保护动作	SOE1	OR	AND 开关站 SOE103	AND 全厂 SOE13
	500kVI母A套失灵保护动作	SOE2			
	500kVI母B套母差保护动作	SOE3			
	500kVI母B套失灵保护动作	SOE4			
	皮施甲线短引线A套保护动作	SOE13			
	皮施甲线短引线B套保护动作	SOE14			
	5011开关保护动作	SOE15			
	5011开关重合闸动作	SOE16			
	5012开关保护动作	SOE18			
	皮施甲线主一保护跳线路开关A相	SOE25			
	皮施甲线主一保护跳线路开关B相	SOE26			
	皮施甲线主一保护跳线路开关C相	SOE27			
	皮施甲线主二差动保护动作	SOE28			
	皮施甲线辅B保护动作	SOE29			
	皮施甲线主一辅A保护动作	SOE31			
	5021开关保护动作	SOE38			
	5031开关保护动作	SOE62			
	5041开关保护动作	SOE77			
	5011开关三相不一致	SOE105			

图 8　事故总信号 soe _ oper _ SGZ _ SCV1.0.4 程序逻辑图

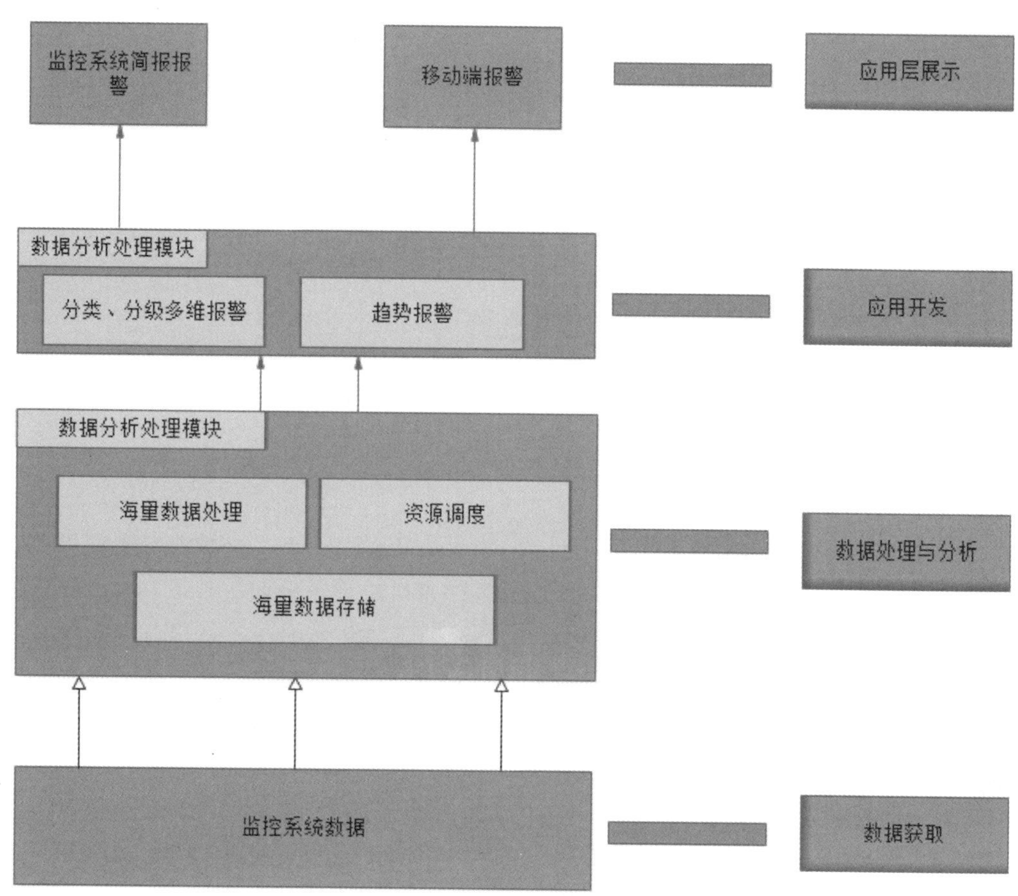

图 9　智能报警系统总体架构

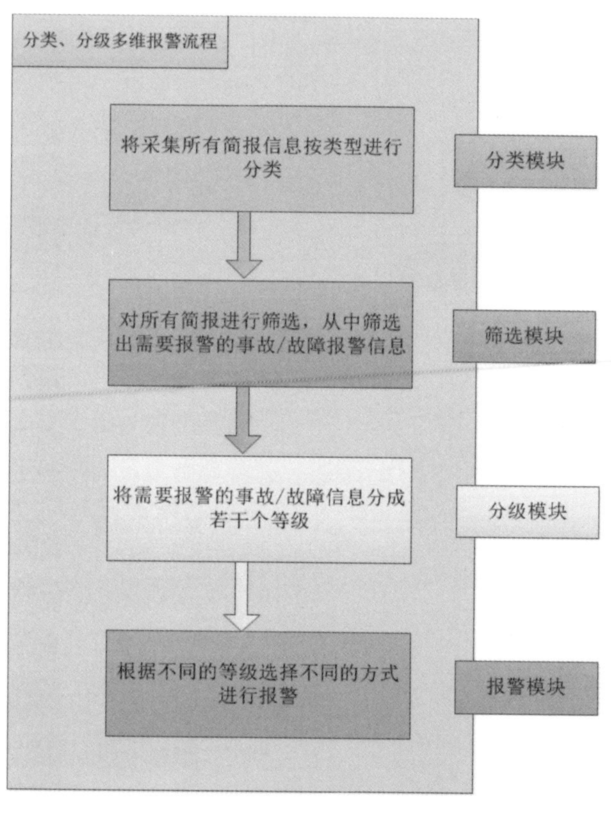

图 10　分类、分级多维报警

例如先计算出某个特征点在不同工况下(如各个负荷水头段)的运行趋势(通过大数据分析查找近一年内该点在不同工况下的历史值,通过数据挖掘计算标准差、均值、最大值、最小值)，分析特征点所处工况，根据工况到历史运行趋势中查找该点的历史变化范围，是否在最大值或最小值范围内，是否在三个标准差范围内，若趋势超过均值的三个标准差，则进行趋势报警，如图 11 所示。

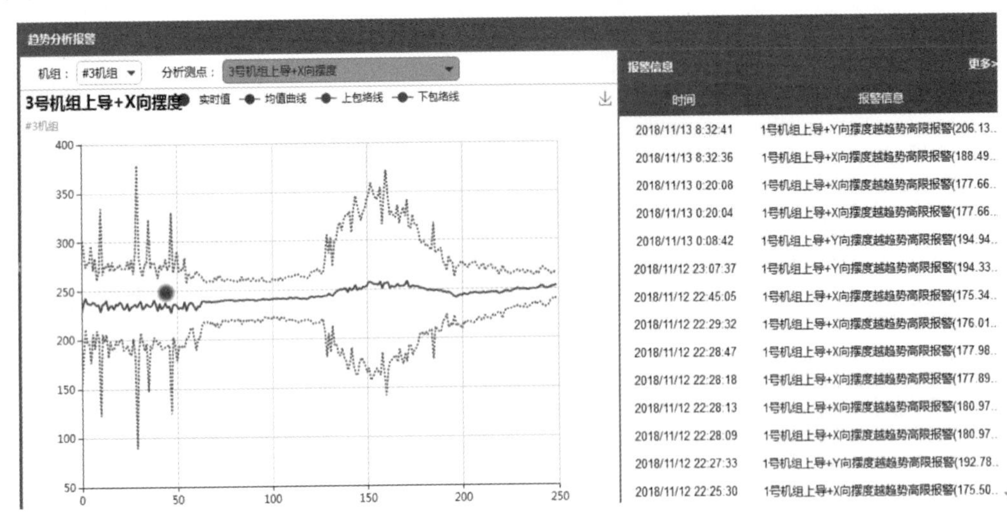

图 11　分类、分级多维报警

1.3　基于不同工况水电机组的功率智能分配功能模型（图 12）

该功能通过自动采集水电机组不同水头下各负荷工况的数据，根据机组的水力特性、旋转机械特性、设备结构特点、发电机电气特性等生成实际运行的机组运转特性曲线图，明确不稳定运行工况区和特殊振动区，将多台机组的数据采集单元组网，采用分段 PID 调节方式优化 AGC/AVC 系统调节功能，实现自动生成全厂各机组功率分配策略，解决多机成组在不同水头、不同工况下，机组功率的最优分配，使机组调节质量最优、穿越振动区最合理，达到了保障水电厂经济、安全运行的双重目的。建立了基于不同工况水电机组的功率智能分配功能模型，并成功实现工程应用，对水电行业具有广泛的借鉴作用。

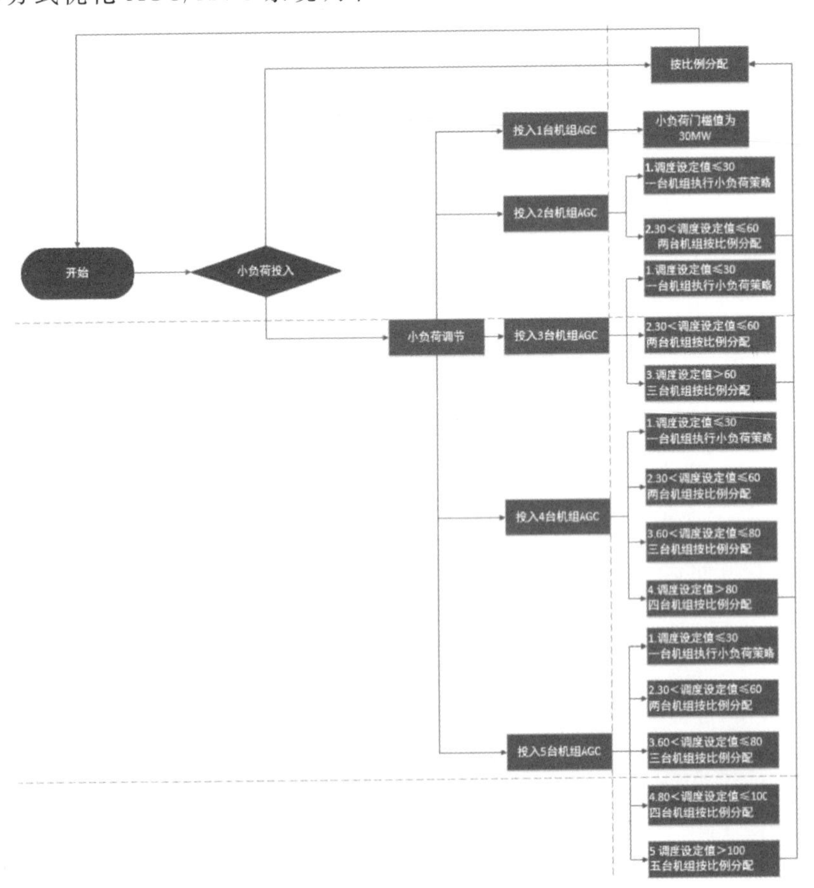

图 12　AGC 负荷智能分配模型

图 13 中，M20.7 为一次调频投入标志，DB2.DBD100 为频差、M11.3 为机频故障、M3.0 进入小网标志，进入一次调频死区范围内 T138 延时 5 s，一次调频动作复归。

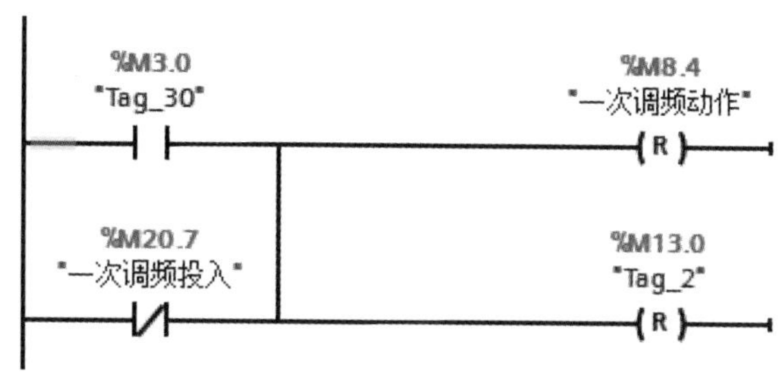

图 13　一次调频程序与 AGC 配合时差

针对两个细则算法综合提升机组及计算机监控系统负荷智能分配算法模型，改造调速系统实现功率闭环调节从根本上解决 AGC 调节性能问题，如图 14 所示。当前已完成了 3 号机组调速器改造，将调节速率从 60～130 MW/min 提升至平均 260～310 MW/min，根据机组在不同水头下的调节性能情况，实现了 AGC 程序自动运算机组调节速率进行智能选择机组进行负荷调节，找到 AGC 与一次调频叠加控制的最优点，极大提升了全厂 AGC 及一次调频合格率，实现了功率模式下的大闭环调节；根据南方电网防误调误控指引要求，构皮滩发电厂计算机监控系统 AGVC 程序实现了运算及调节过程实时展示，AGC、AVC 误调误控密码认证功能，避免了因人员误操作导致的考核出现，确保自动发电控制系统安全可靠，修改定值后构皮滩发电厂深入研究 AGC 考核算法，分析出定值修改前构皮滩发电厂只要全厂 AGC 投入情况下均会产生考核，合格率仅为10%；定值修改后，构皮滩发

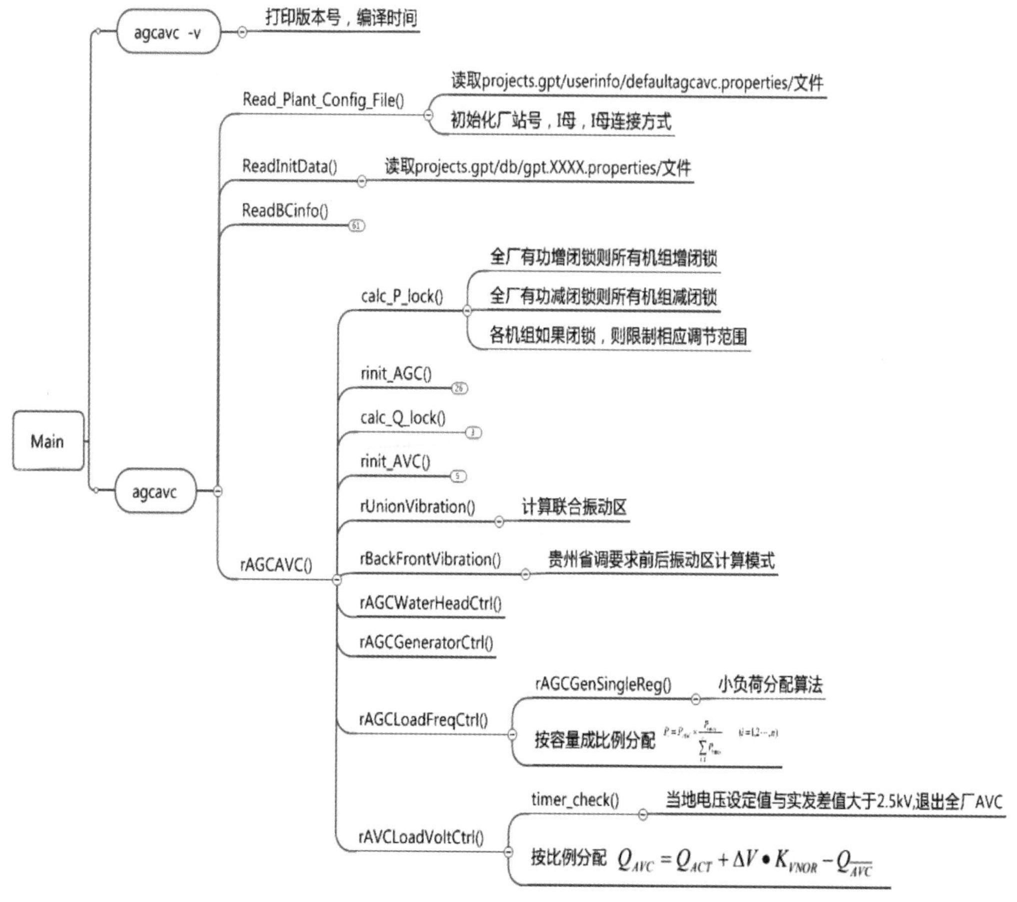

图 14　AGC 负荷智能分配算法

电厂在负荷调节平段未再产生 AGC 考核，合格率提升至 70%，综合提升构皮滩发电厂 AGC 补偿电量 30%。基于不同工况水电机组功率智能分配模型，对机组工况进行实时监控和分析，自动完成负荷最优化分配，提高机组效能和本安能力，准确把握机组实时工况，并成功实现工程应用，两个细则考核比往年同期下降了 70%，增强了构皮滩发电厂发电机组应对电网事故调节能力硬实力，从技术安全本质上完成了免考核赢补偿的战略目标。

2 计算机监控系统本质安全架构应用与展望

本项目围绕国内首例新一代国产化自主可控计算机监控系统本质安全研制与应用，旨在提高水电站控制系统的综合运行效率和本质安全能力。自主可控水电站计算机监控系统软件对我国水电站计算机监控系统全面自主安全可控的建设起到了借鉴和推广意义。国产自主可控软件是水电站计算机监控系统发展的必然趋势，但未经过市场的长期考验和锤炼，在自主可控生态不健全的情况下仍存在诸多不可预见的安全隐患，提升水电站计算机监控系统本质安全尤为重要。

自主可控本质安全型水电厂是未来智能电厂的安全基础，应不断加快推进自主可控关键核心技术攻关工作，结合自身优势，在国内首创面向大型/超大型水电站自主可控计算机监控系统软件，并进行本质安全系统性技术创新。本项目在国内首次实现了自主可控水电站计算机监控系统在构皮滩发电厂 600 MW 水电机组的示范应用、为本质安全建设搭设了平台，急需摆脱长期以来行业内核心技术被国外软硬件厂商卡脖子的局面，自主可控计算机监控系统本质安全技术体系构建与应用必将成为可能。

3 结语

项目技术成果适用于国内各水电站和集控中心，实现计算机监控系统的国产化成熟替代。目前已在乌江梯级水电站群、北盘江梯级水电站群进行应用；在示范带动作用下，在四川泸定、浙江乌溪江、福建棉花滩以及地处 3 500 m 高海拔地区的大古水电站，金上吉林台集控中心等完成推广。应用共涉 3 个集控中心、11 个水电站，共计 47 套，覆盖 60～600 MW 水电机组和大型水电集控中心。

项目的成功研制与成熟应用，大大保障了我国水电能源安全，缩短了国产自主可控的本质安全阵痛期，强力了扭转计算机监控系统本质安全掌握在别国手中的被动局面；直接拉动国产化软硬件市场，以应用研究带动自主可控水电站计算机监控系统核心基础研究投入与攻关，带动自主可控上下游产业链的发展，营造良好的本质安全氛围。以产业化应用提升集成电路、操作系统、应用软件等一系列相关产业的本质安全研发投入，促进自主可控生态向着本质安全的方向前进。由于系统信息安全提升和自主可控本质安全的突破，大幅降低了网络攻击率，全面保障了水电能源安全；多维趋势报警的应用，减少了运维人员监盘量，提升了水电厂整体运行效率。

参考文献

[1] 李忠明，庞敏. 基于 IEC61850 标准的传统水电站智能化改造关键技术研究[J]. 华电技术 2012(12).

[2] 冯黎兵. 中小型智能水电厂体系结构与挂在路线探讨[J]. 人民长江，2016(3).

[3] 文正国，姜相东，张毅. 浅谈水电长自动化系统的智能化改造[C]，北京：中国水力发电工程学会信息化专委会 2013 年年会，2013.

·设计与施工·

岸边溢洪道水工模型试验与设计优化

罗玮[1]，周玮[2]

（1. 中国电建集团贵阳勘测设计研究院有限公司，贵州贵阳，550081；
2. 江西省水利投资集团有限公司，江西南昌，330029）

摘要：文章以江西四方井水利枢纽溢洪道为例，通过整体水工模型试验，研究溢洪道泄流能力、水流流态、沿程水深、时均压强及消能效果等；通过优化进水渠形式，调整宽顶堰为WES实用堰，同时增加消力池长度等措施，提出了优化布置方案。结果表明：原方案溢洪道泄流能力不足，控制段流态紊乱、消力池长度偏短；优化方案泄流能力满足设计要求，能够保证各频率洪水水流平稳下泄。

关键词：溢洪道；水工模型试验；泄流能力；优化；负压

引言

泄水建筑物是保证水利枢纽和水工建筑物安全、减免洪涝灾害的重要水工建筑物。溢洪道、泄水孔、泄洪洞是常见的泄水建筑物，其主要任务是宣泄洪水以保证水工建筑物安全。岸边溢洪道是在大坝一侧傍山开挖修建的泄水建筑物，主要由侧堰、调整段、泄槽段和出口消力池段等部分组成[1-2]。侧槽式溢洪道的侧堰往往沿等高线布置，引水渠较短，水流具备良好的入流条件，通过采用较长的溢流前沿长度，能以较小的溢流水头，排泄较大的流量，同时可减少高边坡明挖及支护量。岸边溢洪道适用于坝址两侧山头较高、岸坡较陡的情况，尤其适用于山区中小型水库溢洪道[3-6]。

鉴于溢洪道在水利枢纽中的重要性和复杂性，为确保工程运行安全，目前国内学者结合水利工程项目开展了大量研究工作，如：秦根泉等[8]基于水工模型试验论述了浯溪口水利枢纽堰面曲线设计及结构优化布置，验证了表孔溢流堰体形改进设计的合理性；董丽丽等[9]基于水工模型试验验证了团山子水利枢纽溢流坝泄流能力，对溢流坝坝面、坝趾反弧段及消力池底板处压力分布进行系统研究；陈龙等[10]简述了乐滩水电站溢流坝存在的问题、修改思路与措施，阐述溢流坝优化设计带来的效果；廖仁强等[11]结合水布垭水利枢纽阐述了泄洪消能特点及设计原则，对溢洪道布置、泄洪方案、消能方案、溢洪道结构设计进行了介绍；潘忠霞等[12]对侧槽式溢洪洞体形进行了研究。

本文主要介绍四方井水利枢纽溢洪道结构布置，通过水工物理模型试验对溢洪道泄流能力、水流流态、沿程水深、时均压强及消能效果等进行研究，提出优化布置方案。

1 工程概况

四方井水利枢纽位于赣江流域袁河支流温汤河下游[7]，距宜春市中心城区约7 km，坝址以上控制流域面积173 km^2，是一座以防洪、供水为主，兼顾发电等综合利用的水利枢纽。工程规模：水库正常蓄水位152.00 m，设计洪水位153.93 m(P=1%)，校核洪水位154.42 m(P=0.05%)，水库总库容1.19亿m^3。大坝采用黏土心墙坝，溢洪道布置于右岸垭口，取水隧洞布置于右岸山体。

岸边溢洪道布置于右岸垭口，由进水渠、控制段、泄槽段、消能段及出水渠组成，全长323.3 m。进水渠长50.0 m，渠底高程144.50 m，断面形式为矩形，底宽35.0 m。控制段长28.5 m，共有3孔，单孔净宽10.0 m，采用WES实用堰，堰顶高程146.30 m，堰面曲线为y=0.126 8x1.81。泄槽段长为184.13 m，泄槽宽度：闸室往下游20.0 m为渐变段，由35.0 m渐变至34.0 m；其余均为34.0 m。分两级泄流：一级泄槽段为桩号0+25.5～0+105.5，底坡i=0.05，二级泄槽段桩号0+115.5～0+205.5，底坡i=0.364；一级与二级泄槽段之间(桩号0+105.5～0+115.5)采用抛物线连接，抛物线方程为$y=0.0118x^2+0.105x$。为防止下泄水流对下游河道造成冲刷，出口采用底流消能。溢洪道平面及结构布置如图1、图2所示。

收稿日期：2021-11-23

作者简介：罗玮，江西吉安，高级工程师，研究方向为水工结构.

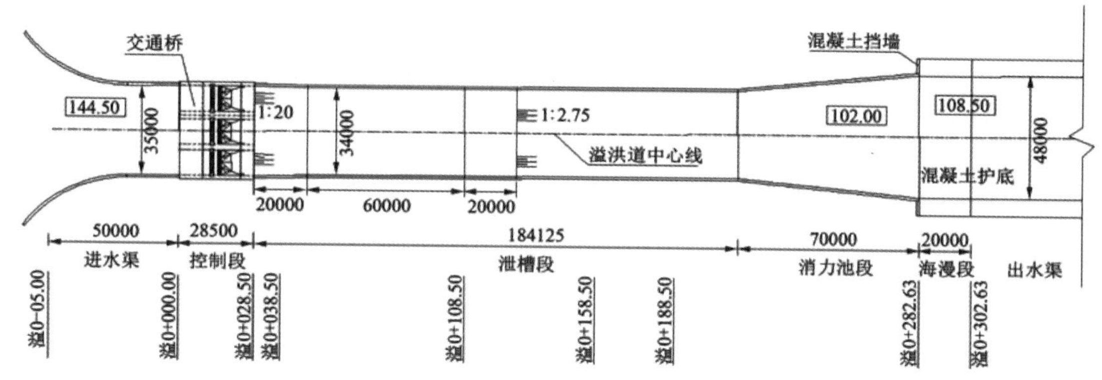

图 1　溢洪道平面布置图

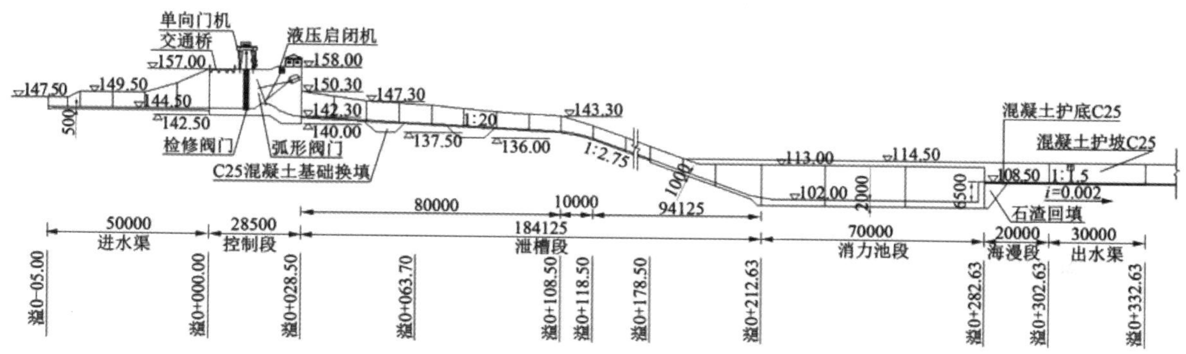

图 2　溢洪道纵剖面图

2　模型制作与试验

模型模拟溢洪道进口前沿库区、溢洪道及下游 1 500 m 的范围，上游库区模型制作地形最高高程为 160.00 m，下游河道模型制作地形最高高程为 120.00 m。

溢洪道单体水工模型采用正态模型，按照重力相似准则，模型几何比尺：$\lambda_l = \lambda_H = 50$，流量比尺：$\lambda_Q = \lambda_l^{5/2} = 17677.67$，流速比尺：$\lambda_V = \lambda_l^{1/2} = 7.07$，糙率比尺：$\lambda_n = \lambda_l^{1/6} = 1.92$，时间比尺：$\lambda t = \lambda_l^{1/2} = 7.07$。模型制作中，溢流堰采用 SMC 复合材料，对溢流堰表面进行刮灰打磨喷漆处理；泄槽溢洪道采用有机玻璃制作，模型糙率约为 0.008。

试验供水系统由动力泵房、控制阀、配水管、前池和回水渠等组成，模型布置如图 3 所示。主要试验量测仪器(设备)有全站仪、水位测针、电磁流量计、内径为 8 mm 的玻璃测压管、摄像机、三维多普勒流速仪等。流量由电磁流量计控制，上、下游水位由固定测针量测，溢洪道陡槽内压力由测压管施测，流速采用精细的三维多普勒流速仪(ADV)施测，采用数码相机结合人工浮标对各部位流态进行记录，采用计算机统计分析试验数据和绘制图表。

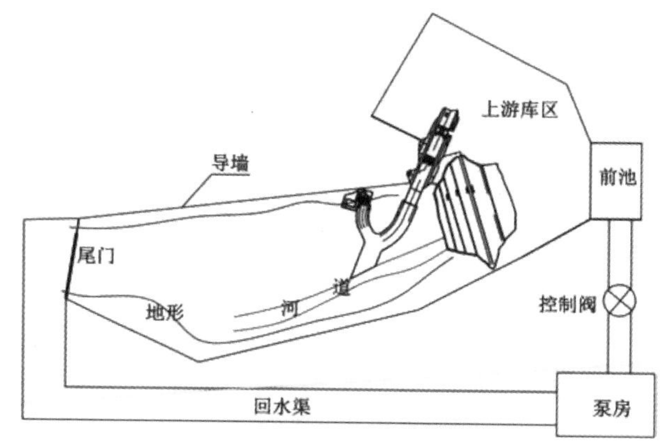

图 3　溢洪道整体模型布置示意图

3　溢洪道设计方案及优化

通过物理模型试验对溢洪道泄流能力、水流流态、沿程水深、时均压强等进行了重点模拟。

3.1　泄流能力

通过试验复核原设计方案(宽顶堰)闸门全开时 3 孔溢洪道的泄流能力，在各级特征频率洪水工况下，分别对溢洪道的泄流能力及各特征流量进行了测试，试验结果如表 1 所示。

由表 1 可知，在设计洪水和校核洪水工况下，试验测得的水库水位分别为 154.80 m 和 155.86 m，较相应的设计计算值 153.93 m 和 154.38 m 分别高

0.87 m 和 1.48 m，表明溢洪道泄流能力不满足设计要求。

表 1　溢洪道泄流能力及流量试验结果表(原方案)

工况	流量/(m^3/s)	试验库水位 $H_{试}$/m	设计上游水位 $H_{设}$/m	$H_{试}-H_{设}$/m
消能	550.00	151.65	152.00	−0.35
设计洪水	1 110.00	154.80	153.93	0.87
校核洪水	1 330.00	155.86	154.38	1.48

由此，将原方案的宽顶堰优化调整为 WES 实用堰，溢洪道结构布置为：进水渠顺水流方向长 53.0 m，渠底高程 144.50 m，断面形式为矩形，底宽 35.0 m，两侧采用衡重式挡墙。优化后的溢洪道泄流能力和流量试验结果如表 2 所示，可知，在设计洪水和校核洪水工况下，试验测得的水库水位分别为 153.23 m 和 154.18 m，较相应的设计计算值 153.93 m、154.38 m 分别低 0.70 m 和 0.20 m，表明泄流能力满足设计要求。

表 2　溢洪道泄流能力及流量试验成果表(优化方案)

工况	流量/(m^3/s)	试验库水位 $H_{试}$/m	设计上游水位 $H_{设}$/m	$H_{试}-H_{设}$/m
消能	550.00	150.65	152.00	−1.35
设计洪水	1 110.00	153.23	153.93	−0.70
校核洪水	1 330.00	154.18	154.38	−0.20

3.2　水流流态

3.2.1　进水口

原设计方案进水渠进水口为矩形断面，水流进入进水渠时受两侧挡墙影响，进水渠的水流流态较紊乱，靠近挡墙位置出现漩涡，且随着流量的增加愈发明显，影响范围逐渐变大，并向闸室靠拢，在消能、设计洪水和校核洪水工况下，水流流态如图 4 所示。优化方案为将进水渠两侧导墙部分的矩形结构改为对称的圆弧喇叭结构，进水渠优化后，进水口流态均良好，进水比较平顺，未见不良水力现象，水流流态如图 5 所示。

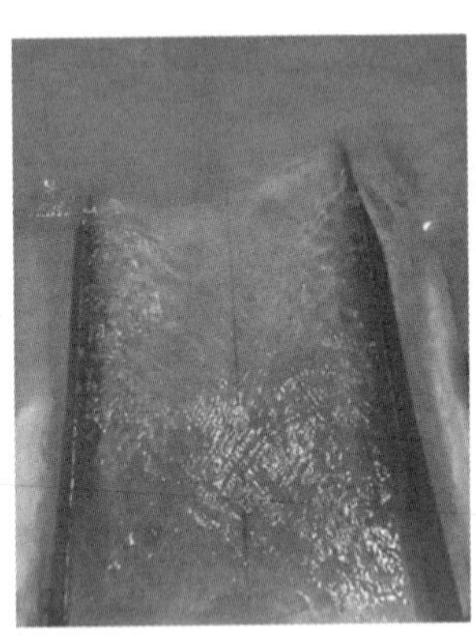
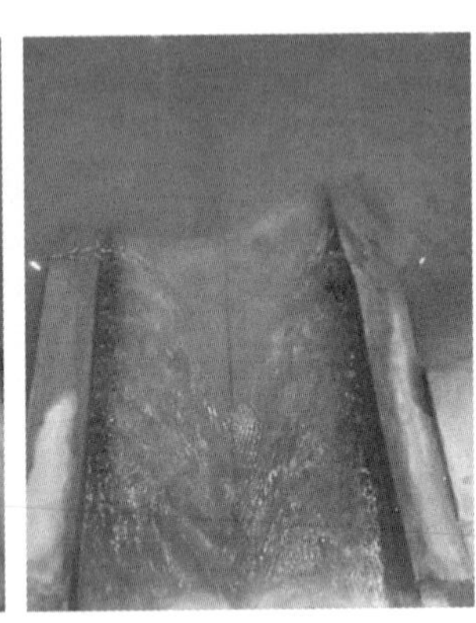
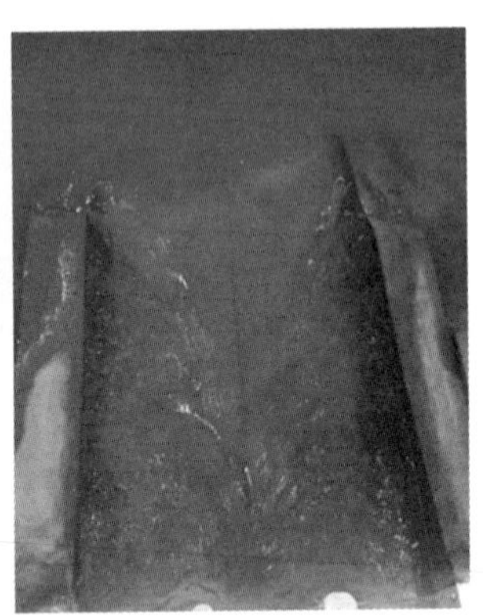

(a)消能工况(550 m^3/s)　(b)设计洪水工况 (1 110 m^3/s)　(c)校核洪水工况 (1 330 m^3/s)

图 4　进水渠水流流态 (原方案)

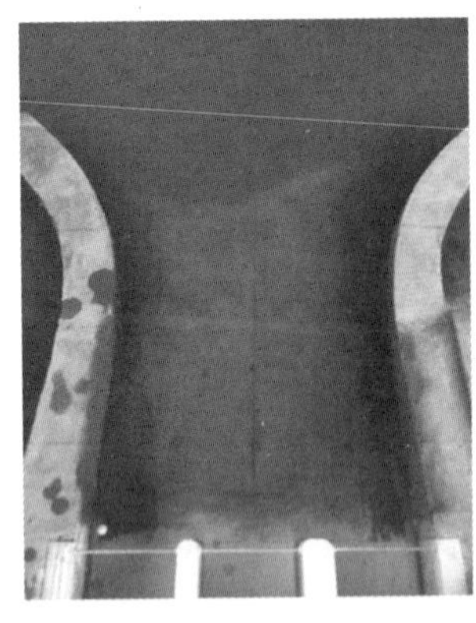
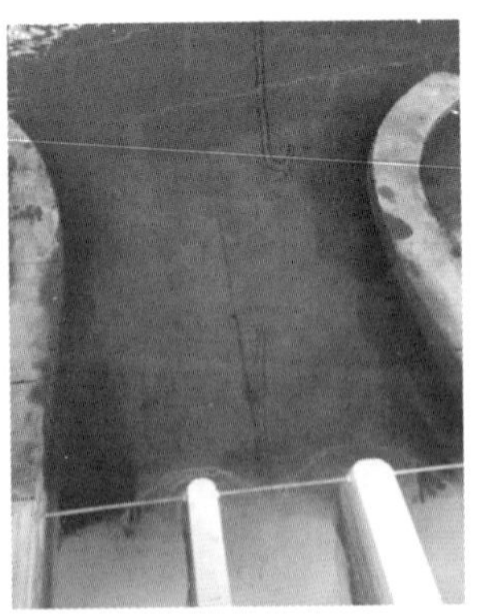

(a)流量 Q=550.00 m^3/s　(b)流量 Q=1 330 m^3/s

图 5　进水渠水流流态(优化后)

3.2.2　控制段

控制段未见不良水力现象，但在出口处，由于受中墩影响，出口水流相交重叠产生水翅，在流量达到 1 330.00 m^3/s 时，水翅高度达到最大，左侧高度为 1.50 m，右侧高度为 1.25 m。因此，建议设计将墩尾由方形改为流线型。

3.2.3　泄槽段

在小流量工况下，泄槽段水流受中墩影响较小，流态良好；随着流量增大，上陡槽段水面逐渐出现菱形冲击波，当流量达到 1 330.00 m^3/s 时，菱形冲击波现象最明显，而在反弧段和下陡槽段水流逐渐趋于平稳。受下陡槽段坡度增大的影响，水深逐渐降低，流速增大。

3.2.4　消力池段

当下泄流量较小时，形成完整的淹没水跃，水跃没有跃出消力池外；当流量达到 550.00 m^3/s(消能工况）时，发生完整的淹没水跃，最大水深为 11 m，消力池设计边墙高 9.5 m，水流会跃出边墙；在设计洪水和校核洪水工况时，未形成完整的水跃，水跃长度超出消力池长度，且水跃高度大于消力池两侧边墙，水流流态如图 6 所示。优化后，消力池水流流态如图 7 所示。

(a)设计洪水工况(Q=1 110 m^3/s)　(b)校核洪水工况(Q=1 330 m^3/s)

图 6　消力池水流流态(原方案)

(a)设计洪水工况(Q=1 110 m^3/s)　(b)校核洪水工况(Q=1 330 m^3/s)

图 7　消力池水流流态(优化后)

3.2.5　护坦及出水渠段

在下泄流量较小的情况下，由于消力池内形成了完整的水跃，护坦及出水渠内水流比较平顺，流态稳定；在设计洪水和校核洪水工况下，水流已漫出水渠边墙，由于消力池长度不够，水跃出消力池到达护坦和出水渠内，使得护坦和出水渠一定范围内的水流流态紊乱。

3.3　沿程水深

通过试验分别测量了各级特征频率洪水流量时溢洪道左、右边墙处的水深，试验结果见表 3。由表 3 可以看出，各级流量工况下，溢洪道水面线的变化趋势大致相同，水深总体沿程减小。在小流量工况下，泄槽内水流相对平稳，左、右边墙水深大致相同；而当流量达到校核洪水工况时，由于受泄槽内菱形冲击波的影响，左、右边墙水位存在一定的水位差。其中，在校核洪水工况下，溢洪道水深相对最大，一级泄槽内的水深为 2.8～3.4 m，且左边墙的水深较右边墙的高；受此影响，二级泄槽内左、右边墙水流也存在相互冲击的现象，最大水深发生在桩号 0＋155.09 的右边墙位置，水深为 3.4 m，其余位置的水深均在 1.62～2.90 m。

在消能工况、设计洪水工况和校核洪水工况下，消力池内的水深均高于消力池的边墙(9.5 m)，不利于消力池两岸稳定。因此，建议根据试验提供的消力池内水面线对消力池边墙进行加高。

表 3　原设计方案各断面沿程水深试验结果表

桩号	校核洪水工况（Q = 1 330.00 m^3/s）		设计洪水工况（Q = 1 110.00 m^3/s）		消能工况（Q = 550.00 m^3/s）		测量部位
	左边墙	右边墙	左边墙	右边墙	左边墙	右边墙	
0−025.00	8.50	8.50	8.85	8.85	7.25	7.25	进水渠
0+000.00	8.25	8.25	8.70	8.70	7.20	7.20	
0+013.68	4.60	4.30					
0+016.00	3.90	3.95	3.00	3.05	2.55	2.45	闸室
0+022.00	4.15	4.10	2.95	2.90	1.90	1.85	
0+025.50	3.90	3.90	2.90	2.90	1.65	1.65	
0+049.97	3.10	2.75	2.90	2.50	1.60	1.75	
0+075.69	3.40	3.05	2.35	2.10	0.95	0.95	一级泄槽
0+105.50	2.90	2.80	2.25	1.75	1.15	1.15	
0+131.60	2.95	2.40	2.75	2.90	1.00	0.85	
0+155.09	2.65	3.40	1.75	1.90	1.40	0.75	二级泄槽
0+202.19	1.75	1.65	1.50	1.55	7.50	7.40	
0+248.50	16.00	16.00	13.75	13.75	11.00	10.85	消力池

3.4　时均压强

试验过程中，分别于进水渠、控制段、泄槽段及消力池等处布置了 18 根测压管进行时均压强试验。试验结果显示：在闸门局部开启时，溢流堰堰顶处各孔均出现了负压，负压值达到 4.10 m (0.04 MPa)，其他部位出现了较小的负压；在校核洪水工况下闸门全开时，溢流堰堰顶负压值为 2.85 m(0.028 MPa)。

通过试验复核了 250 m^3/s 泄量闸门全开时的溢流堰堰面压力分布。试验结果显示，在此工况下溢流堰堰面在堰顶出现了负压，负压值为 2.20 m (0.02 MPa)。因此，建议进行安全防护，除了严格控制施工质量确保壁面平整光滑，堰面应采用高强度抗蚀耐磨混凝土。

4 优化方案及试验成果分析

(1) 考虑原设计方案中的进水渠为矩形断面，受两侧挡墙影响，水流流态较紊乱，靠近挡墙位置出现漩涡，因此，优化方案将进水渠两侧导墙矩形结构改为对称圆弧喇叭结构，同时将宽顶堰调整为WES实用堰。优化后，在设计洪水和校核洪水工况下的相应泄量时，测定的库水位分别为153.23 m、154.18 m，较相应的设计计算值分别低0.70 m和0.20 m，泄流能力满足设计要求。

(2) 进水渠优化后，上游来流能够平顺地进入到进水渠段，并均匀地进入到闸孔内。在校核洪水工况时，在桩号0－010.00断面的平均流速超过4 m/s，因此，本次需对进水渠上游进行安全防护。

(3) 受中墩的影响，闸室出口水流相交重叠产生水翅，在流量达到1 330.00 m^3/s时，水翅高度达到最大，左侧的高度为1.50 m，右侧的高度为1.25 m，会影响泄槽内水流流态，因此，本次将墩尾由方形改为流线型。

(4) 在校核洪水工况下，一级泄槽内的水深为2.8～3.4 m，左边墙的水深较右边墙的稍高；受此影响，二级泄槽内左、右边墙水流存在相互冲击现象。

(5) 在闸门局部开启时，各级泄量下的最大负压均发生在溢流堰堰顶处，设计洪水工况下的堰顶位置处负压值为00.04 MPa；校核洪水工况下闸门全开时，溢流堰堰顶负压值为0.028 MPa。因此，设计考虑壁面平整光滑，堰面应采用高强度抗蚀耐磨混凝土。

(6) 将消力池边墙由直线形改为喇叭形，拓宽出水渠左边墙顺接河道，池长增加25 m，池底降低1.5 m；优化后，消力池及出水渠内水流流态有所改善，在消能工况和设计洪水工况下均能发生完整的淹没水跃，消能效果较好。根据流速分布图结果显示，当泄量达到1330.00 m^3/s时，出水渠和下游河道内水流流速达到最大，其中，出水渠内最大流速达9.33 m/s，河道和对岸山体位置处的最大流速分别达6.44 m/s和2.67 m/s。因此，设计拟对出水渠出口一定范围内的河道进行防护，对河道左岸护岸进行加固。

(7) 不同闸门开启方式的试验结果表明，相比2孔局开，3孔局开泄槽内的流态更均匀，消力池水流归槽更好，因此，建议闸门运行开启方式为3孔均匀开启。

(8) 考虑在一定泄量下下游河道两侧农田可能被淹没，试验提供了各级泄量工况下河道沿程水位高程，因此，需采取适当措施对农田进行保护。

5 结论

(1) 通过溢洪道水工模型试验，可以验证溢洪道的泄流能力，可以测出设计各特征洪水流量下溢洪道的沿程水深、典型断面流速分布、时均压强等物理参数，为设计优化溢洪道的结构提供可靠依据。

(2) 通过水工模型试验研究能够验证溢洪道方案设计的合理性，并指导优化设计方案，对溢洪道体形优化具有重要意义。

(3) 四方井水利枢纽工程采用岸边式溢洪道，经过水力学计算和水工模型试验研究所确定的优化方案，基本能够保证各频率洪水水流平稳下泄，满足设计要求。

参考文献

[1] SL253－2018,溢洪道设计规范[S].

[2] SL 155－2012,水工(常规)模型试验规程[S].

[3] 李炜.水力计算手册[M].2版.北京:中国水利水电出版社,2006.

[4] 吴持恭.水力学[M].北京:高等教育出版社,2008.

[5] 周建平,党林才.水工设计手册:第5卷混凝土坝[M].2版.北京:中国水利水电出版社,2011.

[6] 郭子中.消能防冲原理与水力设计[M].北京:科学出版社,1982.

[7] 江西省水利规划设计研究院.江西省宜春市温汤河四方井水利枢纽工程初步设计报告[R].南昌:江西省水利规划设计研究院,2016.

[8] 秦根泉,蒋水华.表孔溢流堰体型优化设计及模型试验验证[J].人民长江,2016.47(8):94-98.

[9] 董丽丽,孙亚东.团山子水利枢纽溢流坝水工模型试验研究[J].吉林水利,2013.(2):21-23.

[10] 陈龙,罗秉珠,陶洪辉,等.乐滩水电站溢流坝设计优化[J].红水河,2006.25(4):165-168.

[11] 廖仁强,向光红.水布垭水利枢纽岸边溢洪道设计[J].人民长江,2007.38(7):22-23.

[12] 潘忠霞,马品菲.哈拉布拉水库侧槽式溢洪洞设计[J].新疆水利,2010(4):31-33.

文明水库坝址坝型比选及大坝结构设计

刘星波

（山东省水利勘测设计院有限公司贵州分公司，贵州贵阳，550081）

摘要： 坝址及坝型选择是水库规划建设的技术关键。为获得与工程匹配性好的坝型及坝体结构，结合文明水库建坝河段水文、地形地质、枢纽布置、水库库容、施工技术等条件对建坝河段及枢纽布置方案进行比选分析，确定将圣洁河中游河段文明村上游 240 m 河段作为建坝河段以及优选沥青混凝土心墙风化料坝坝型。论证结果表明，设计优选的坝址及坝型能充分利用流域水资源及当地风化料，确保枢纽布置方案具有较高的可靠性、可行性和施工便利性，可为类似工程设计提供一定借鉴。

关键词： 坝址比选；坝型比选；沥青混凝土心墙风化料坝；混凝土面板风化料坝

1 工程概况

文明水库是丽江市古城区“十四五”重点水利项目，坝址位于古城区大东乡圣洁河中游河段。圣洁河为金沙江右岸一级支流，属于长江流域金沙江水系。坝址以上集雨面积 8.54 km^2，水库正常蓄水位 2 282.00 m，校核洪水位 2 283.88 m，总库容 116.50 万 m^3。工程任务为人畜饮水和灌溉供水，设计水平年（2035 年）总供水量为 255.5 万 m^3/a。水库工程等别为Ⅳ等，规模属小（1）型。

2 工程选址及坝型比选

2.1 建坝河段比选

圣洁河发源于古城区大东乡建新村东北侧的金山村，河源高程 3 440.6 m；从金山村自西向东流经打钟村，在打钟村自南向北流经次里满村、文明村和下钟村，在下钟村转而由东南向西北在来不东村对面汇入金沙江。圣洁河全流域集水面积 22.3 km^2，主河道河长 9.6 km，主河道加权平均比降 135.4‰。经现场踏勘并结合圣洁河流域地形地质条件，将圣洁河分为三段进行论述：上游河段为圣洁河源头至次里满村，长约 3.3 km；中游河段为次里满村至文明村，长约 1.6 km；下游河段为文明村至圣洁河与金沙江交汇处，长约 4.7 km。

根据地质勘察揭露上游、中游和下游河段的地质条件较好，两岸边坡整体稳定，均适宜建坝。结合水文条件、枢纽布置、施工条件、征地淹没等因素综合对比论证[1-2]，比选结果见表 1 所示。

从表 1 论证结果可知：中游河段两岸山体高大宽厚，周边不存在低矮垭口，地层岩性为玄武岩，为相对隔水层；地下水总体流向与地表水流向基本一致，地下水补给河水，为补给型河流，成库条件较好；中游河段两岸无居民聚居，仅分布少量耕地，水工建筑物的布置限制条件少；未见滑坡、泥石流等大型不良地质现象分布，两岸边坡整体稳定。由此可见，中游河段较上游、下游河段具有更明显的优势，因此，优选中游河段为水库建坝河段。

2.2 坝址选择

由图 1 可知，中游建坝河段长约 1.6 km，其中，河段上游次里满村附近河道坡降较陡，河床两岸山体下陡上缓，上部地形较开阔、地势平坦，河道左、右岸分布较多耕地（大多为基本农田）及居民住宅楼。若在该段建坝成库，则挡水建筑物轴线长、建筑物高，在满足供水需求时正常蓄水位为 2 345.00 m，将淹没大量耕地和部分住宅楼，工程投资与征地移民搬迁投资均较大；另外，结合国家对基本农田保护政策，在该段建坝淹没基本农田较多，实施难度极大，故次里满村附近河段不宜建坝成库。下游文明村附近河段长约 0.88 km，河道顺直、坡降较上游段的缓，河床两岸山体较陡，地形封闭性较好；且该段河道两岸无居民住宅，仅有少量耕地。若在此段建坝，则水工建筑物布置较上游段方便，淹没投资小，受国家对基本农田保护政策的影响小；加之该段有现成道路直达河床附近，对外交通运输距离、石料运距、弃渣运距较短，临建工程投资小，建坝材料单价较小，较上游段经济，故宜在该段建坝。

综合考虑拟定中游建坝河段的地形地质条件、水库库容、交通条件、临建工程布置及岸坡稳定等

收稿日期： 2022-12-15

作者简介： 刘星波，贵州黔西南人，工程师，主要从事水利水电工程设计工作．

制约因素，文明村附近河段适宜建坝的河段仅为文明村上游 0.51 km 至 0.27 km 段。该段河道顺直，坡降较缓，两岸山体雄厚，地形封闭性较好，由于该段长仅 240 m，故按唯一坝址进行坝型比选及枢纽布置。

表 1　建坝河段综合比选结果

对比的内容	上游河段	中游河段	下游河段	结果
地形条件	河床内存在多处跌坎，在此处建坝存在高坝低库容的问题，经济效益不高	河谷整体较顺直，该河段河床大多较窄，局部稍宽，无较大跌坎，有一定的库盆	河床内存在多处跌坎，在此处建坝存在高坝低库容的问题，经济效益不高	中游河段优
地质条件	出露地层岩性为二叠系上统玄武岩组第三段（$P_2\beta^3$）玄武岩、二叠系上统黑泥哨组（P_2h）玄武岩等，未见大型不良地质分布，两岸边坡整体稳定，成库条件较好，适宜建坝			相当
水文条件	来水量最小	来水量次之	来水量最大	中、下游河段优
枢纽布置	河道比降陡，地形下窄上缓，布置限制因素多，不宜建坝	河道比降陡，地形较陡，局部较缓，枢纽布置条件较好	地形狭窄陡峭，枢纽布置困难，综合投资较高	中游河段优
施工条件	施工道路及其他设施布置较为困难，施工协调工作量大	施工道路及其他设施布置较为容易，临时工程投资小	施工道路及其他设施布置较困难，临时工程投资大	中游河段优
征地淹没	库区内住户及自然耕地较多，征地移民投资较大	库区不存在居民，只分布少量耕地，移民征地费用较少	该段上游段淹没投资较高，下游段淹没投资少	中游河段优

2.3　坝型比选

2.3.1　坝型适应性分析

2.3.1.1　刚性坝

比较常见的刚性坝有拱坝和重力坝。① 拱坝方案：左岸存在顺河向断层 F1 和顺河向裂隙 L1，右岸存在顺河向陡倾裂隙 L3，坝肩存在抗滑稳定问题；拟建坝址及坝址下游左岸出露地层岩性为 $P_2\beta^{3-1}$ 软质玄武岩夹硬质玄武岩，根据室内单轴饱和抗压试验可知，左岸 ZK1 孔 3 组软质玄武岩岩样饱和抗压强度平均值为 20.17 MPa，为软岩，不宜作为拱坝坝肩基础；河床砂砾石层较厚，大坝基础开挖量较大，修建拱坝的工程地质条件较差，适宜性差。② 重力坝方案：经钻孔揭露，坝址部分河段河床下伏基岩含凝灰质角砾岩极软岩夹层；部分河段河床未揭露凝灰质角砾岩夹层，下伏基岩以硬质玄武岩为主。由于重力坝坝身稳定靠自重维持，对建基面承载力及岩体质量要求较高，经复核，坝址处基岩通过工程措施加固处理后，可达到修建重力坝对地基基础的相关要求[3-4]。

综上分析，坝址处不宜修建拱坝但具备修建重力坝的工程地形地质条件，因此，推荐刚性坝中的重力坝作为代表坝型进行比选。

2.3.1.2　柔性坝

常见的柔性坝有均质土坝、混凝土面板堆石坝、沥青混凝土心墙坝、黏土心墙坝、黏土斜墙坝等。1)均质土坝方案：经调查，库区内无符合均质土坝建坝材料的土料场，且文明水库大坝较高，故不考虑均质土坝。2)黏土心墙坝、黏土斜墙坝方案：经实地勘察，由于当地黏土质量差，含沙量较高，不宜采用黏土作为防渗体，故不考虑黏土心墙坝和黏土斜墙坝。3)沥青混凝土心墙坝和混凝土面板坝方案：防渗体分别为沥青混凝土和混凝土，防渗性能较好，这两种坝型中面板坝施工的工艺较成熟，具有普遍性；沥青混凝土心墙坝以优良的防渗性能、高抗变形能力，近年来在全国范围内得以迅猛发展，对近坝区缺少筑坝常态混凝土所需砂石料的地区，是值得推广采用的坝型[5-6]。

综上分析，坝址处附近当地风化料较多，大坝坝壳料可采用风化料，因此，推荐混凝土面板风化料坝和沥青混凝土心墙风化料坝两种坝型作为柔性坝代表坝型进行比选。

2.3.2　坝型综合比选

根据上述拟选的坝型，结合水文条件、地形地质条件、枢纽布置、施工条件、工程占地和工程总投资等因素[7]，对沥青混凝土心墙坝、混凝土面板风化料坝和碾压混凝土重力坝进行对比论证。

(1) 水文条件。

根据拟定的唯一坝址，水库正常蓄水位 2 282.00 m，年供水量均为 2.555×10^6 m^3，水文条件一样。因此，三种坝型在水文条件上相同，无区别。

(2) 地形地质条件。

坝线两岸岩石风化较深，针对比选的心墙坝、面板坝、重力坝三种坝型，面板坝、重力坝边坡开挖支护工程量较心墙坝的大；虽然重力坝布置较为紧凑，但坝址处覆盖层较厚，岩石风化较深，坝体方量较大，加之根据当地环保政策规定，重力坝所需砂石料只能通过外购(运距约 25 km)方式获得，工程投资较大；面板坝河床段坝壳建基面置于砂砾石层上，为了减小上游坝壳变形引起的面板拉裂塌空，需对坝轴线至大坝低压缩区采用固结灌浆进行基础加固，以减小坝体变形。因此，从地形地质条件适宜性来看，心墙坝略优于面板坝和重力坝。

(3) 枢纽布置。

碾压混凝土重力坝方案可充分利用主河道布置泄水建筑物，利用挡水坝段布置取水兼放空建筑物，枢纽布置紧凑、顺畅，后期管理方便；而沥青混凝土心墙风化料坝、混凝土面板风化料坝方案，不能利用主河道布置泄水建筑物，需修建岸边式溢洪道，大坝、溢洪道、取水兼放空建筑物布置分散，后期管理不便。因此，从枢纽布置来看，碾压混凝土重力坝要优于沥青混凝土心墙风化料坝及混凝土面板风化料坝。

(4) 施工条件。

沥青混凝土心墙风化料坝、混凝土面板风化料坝的填筑料均从风化料场自采运输，运距 0.1～1.0 km；而碾压混凝土重力坝所需砂石料只能通过外购方式获得，运距约 25 km。就坝体填筑料获取方式而言，沥青混凝土心墙风化料坝和混凝土面板风化料坝优于碾压混凝土重力坝；但混凝土面板风化料坝开挖、支护工程量较多，趾板对基础要求高且混凝土面板坝面板接缝较多，若处理不当，容易造成渗漏。因此，从施工条件来看，沥青混凝土心墙风化料坝要优于碾压混凝土重力坝和混凝土面板风化料坝。

(5) 工程占地。

沥青混凝土心墙风化料坝枢纽区永久占地 3.83 hm^2，混凝土面板风化料坝枢纽区永久占地 5.37 hm^2 碾压混凝土重力坝枢纽永久占地 1.95 hm^2，因此，从工程占地方面来看，碾压混凝土重力坝优于混凝土面板风化料坝和沥青混凝土心墙风化料坝。

(6) 工程总投资。

沥青混凝土心墙风化料坝总投资 5 289.11 万元，混凝土面板风化料坝总投资 7 732.88 万元，碾压混凝土重力坝总投资 9 540.51 万元。由此可见，碾压混凝土重力坝枢纽总投资最高，混凝土面板风化料坝的次之，沥青混凝土心墙风化料坝的最低。

综上分析可知：碾压混凝土重力坝在枢纽布置、工程占地方面优于混凝土面板风化料坝和沥青混凝土心墙风化料坝；而沥青混凝土心墙风化料坝在地形地质条件、施工条件及工程投资等方面均明显优于碾压混凝土重力坝和混凝土面板风化料坝。同时，沥青混凝土心墙风化料坝具有施工技术较简单、可靠性高、工程投资小等优点，其在实际工程应用中得到快速发展。经综合比较，选择沥青混凝土心墙风化料坝作为该工程采用的坝型。

3 沥青混凝土心墙风化料坝设计

3.1 大坝布置

文明水库沥青混凝土心墙风化料坝坝轴线呈直线布置，坝轴线方位角为 N66.60°E，最大坝高 74.0 m，坝顶高程 2 284.00 m，防浪墙顶高程 2 285.20 m，坝顶宽 10.0 m，坝顶长 138.50 m；心墙基座建基面坐落于弱风化岩体上部，最低建基面高程 2 210.00 m。筑坝材料为全风化、强风化及弱风化玄武岩，坝基河床覆盖层较深，防渗体为沥青混凝土心墙，挡水坝建筑物级别为 4 级。上游坝坡为 1∶2.4，下游坝坡为 1∶1.8、1∶1.6。上游坝坡在高程 2 264.00 m 设一条马道，马道宽 2.0 m；下游坝坡在高程 2 262.00 m 设一条马道，马道宽 2.0 m，马道高程以上大坝坝坡为 1∶1.8，以下大坝坝坡为 1∶1.6。下游坝脚设排水棱体，顶部高程 2 234.00 m，顶宽 3.0 m，下游侧坡比 1∶1.5，上游侧坡比 1∶1.0，河床坝段心墙下游侧设 4.0 m 厚的水平排水区。上游坝坡采用预制块护坡，下游坝坡采用 1.5 m 厚的干砌块石护坡。大坝标准断面如图 1 所示。

3.2 坝体填料设计

沥青混凝土心墙采用碾压式沥青混凝土心墙，2 250.00 m 高程以下心墙厚度为 1.0 m，2 250.00 m 高程以上心墙厚度为 0.5 m。心墙往上游方向依次为过渡层、风化料坝壳、上游预制块护坡，往下游方向依次为过渡层、风化料坝壳、下游干砌大块石护坡、排水棱体，其中过渡层水平宽度为 3.0 m。坝体填料技术指标见表 1。

3.3 坝基处理

坝址区出露地层岩性为二叠系上统玄武岩组第三段($P_2\beta^3$)玄武岩。为保证沥青混凝土心墙的稳定，河床心墙垫座布置于弱风化岩体上部，两坝肩逐渐上升至强风化中上部，基槽开挖深度为 2.0 m，底宽 4.0～8.0 m，开挖坡度 1∶0.75。对心墙基座进行固结灌浆处理，灌浆孔间、排距为 2.5 m，深度为 9.0 m；心墙基座通过锚杆与基础连接，坝体区清除表层耕植土、腐殖土及松散土体至砂砾石层后即可满足大坝基础要求。

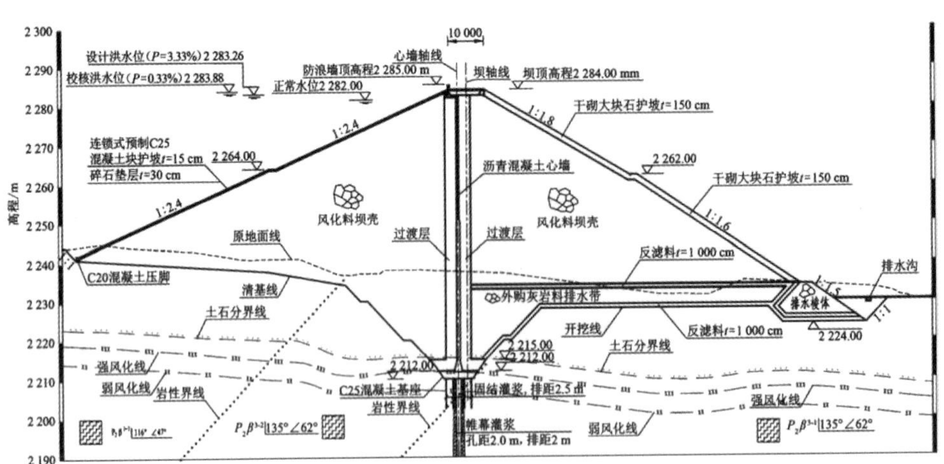

图 1　大坝标准剖面

表 2　坝体填料技术指标

技术指标		填料分区				
		坝壳	过渡层	心墙	排水带	排水棱体
材料		开挖利用料	灰岩料	灰岩料	灰岩料	堆石
D_{max}/mm		800	≤80	≤19	≤400	≤800
P/%	D<5 mm	5～15	25～35		5～15	
	D<0.075 mm	0～5	0～5		≤5	
设计干容重/(kN/m³)		≥21.0	>21.0	≥24.00	≥21.00	≥20.00
孔隙率 n/%		≤23	≤20	<3	≤20	≤28
渗透系数		$\geqslant 1\times10^{-3}$	$\geqslant 1\times10^{-3}$	$\leqslant 1\times10^{-8}$	$>1\times10^{-1}$	$>1\times10^{-1}$

3.4　防渗处理

大坝基础防渗采用帷幕灌浆。心墙基础底座顶面宽 6.0～11.0 m、底面宽 4.0～7.0 m，厚 2.0 m，河床部位基底高程 2 212.00 m。底座采用 C25W8 钢筋混凝土浇筑。高程 2 250.00 m 以上基座底宽 4.0 m，设 3 排锚杆，间距 2.0 m，采用 Φ25(Ⅲ级)、长 4.5 m 锚杆锚固；高程 2 250.00 m 以下基座底宽 7.0 m，设 4 排锚杆，间距 2.0 m，采用 Φ25(Ⅲ级)、长 9.0 m 锚杆锚固。坝基防渗帷幕与坝体碾压沥青混凝土心墙形成大坝防渗体，河床段防渗底界以岩体透水率 $q\leqslant 5$ Lu 为标准，并以 0.5～0.7倍坝高为控制标准，进入至微风化新岩体；岸坡段防渗底界以岩体透水率 $q\leqslant 5$ Lu 为控制标准，防渗线总长 228.00 m，总防渗面积约 14 410 m²，大坝坝高 40 m 以上的帷幕设双排孔、孔距 2.0 m，坝高小于 40 m 的帷幕设单排孔、孔距 2.0 m，右岸为隧洞灌浆，左岸在地面造孔灌浆。

4　结语

为确定与工程特性具有良好匹配性的建坝河段和枢纽布置方案，对建坝河段、坝址坝型和大坝布置及结构进行详细论证分析，获得以下结论：

(1) 地质勘察揭露中游河段地质条件较好，两岸边坡整体稳定，且较上游和下游河段的来水量大、枢纽布置约束因素少、施工条件优、征地淹没小，故优选中游河段为建坝河段，并优选中游河段文明村上游 240 m 河段作为文明水库建坝坝址。

(2) 坝址区风化料多，优选的心墙坝坝型在地形地质条件适应性、施工技术成熟性及工程投资经济性等方面均较重力坝和面板坝优，且能充分利用当地风化料填筑坝体，技术可靠、经济优越。

(3) 应力与变形是心墙坝施工质量控制的关键，后期应加强控制施工工序、填筑材料参数、心墙温度等对大坝整体应力与变形的影响，确保工程高效优质地施工建设。

参考文献

[1] 张静，刘文龙. 巫家水库坝址坝型方案论证及结构设计计算[J]. 水利科技与经济，2020，26(2)：60-65.

[2] 白超. 花坝水库大坝坝址坝型比选及结构布置[J]. 广东水利水电，2020(1)：5-10.

[3] 刘星星. 某水库工程坝型和泄流消能方案比选分析[J]. 水利技术监督，2022(10)：257-259.

[4] 曾雄. 大卜冲水库坝址坝型方案比选[J]. 广西水利水电，2022(3)：41-44.

[5] 廖大勇，许刚，胡光鹏，等. 金峰水库大坝软岩填筑料设计研究[J]. 水利技术监督，2022(9)：137-139.

[6] 李泽鹏，何建新. 土石坝心墙沥青混凝土原材料选用问题的探讨[J]. 水电能源科学，2022，40(3)：91-94.

[7] 杨再松，刘前科，陈明. 白岩水库大坝坝型坝线比选及结构应力分析[J]. 吉林水利，2021(5)：21-24.

数字化设计在果多水电站厂房中的应用

文浩[1]，倪婷[2]，马青[1]

（1. 中国电建集团贵阳勘测设计研究院有限公司，贵州贵阳，550081；
2. 成都理工大学 环境与土木工程学院，四川成都，610059）

摘要：数字化设计技术广泛应用于工程设计领域，也成为水利水电工程设计领域技术进步和创新发展的必然趋势。文章以果多水电站发电厂房三维数字化设计与应用为例，探索了数字化设计在厂房多专业协同、碰撞检查、结构计算、工程量统计、工程图出图以及动态DMU仿真等方面的应用效果和效益，并对厂房数字化设计创新应用进行了总结，为后续类似工程BIM设计提供了宝贵的经验。

关键词：数字化设计；厂房；协同设计

前　言

果多水电站位于西藏自治区昌都市，是扎曲水电规划推荐的五级开发方案中的第二级，电站装机容量160 MW，属Ⅲ等中型工程。枢纽建筑物由重力坝、泄洪冲沙系统和坝后地面式厂房等组成。

工程地处高海拔、高严寒地区，枢纽布置紧凑，施工工期紧、难度大、要求高。在发电厂房设计中，涉及专业多、协同设计要求高，而传统二维设计相关专业相互之间的认识和关注不足，增加了协同设计难度；设备管路布置复杂，且空间相对紧张，采用传统设计不利于解决施工中的错、漏、碰、缺等问题[1-2]。

为满足业主对工程全生命周期管理的需要，实施工程的数字化移交，果多水电站在各专业设计过程中采用数字化设计技术，建立了带有参数信息的发电厂房模型。数字化设计技术贯穿了工程主要设计阶段，水工、地质、机电、金结等多专业动态协作、适时更新，三维模型逐渐深入、细化，以满足各阶段设计深度要求。通过全生命周期应用、多专业协同设计，为业主提供了精细化、高质量、多元化的数字化设计成果，数字化设计在果多水电站厂房设计中得到了充分运用，发挥了巨大优势。

1　数字化设计方案

果多水电站厂房基于CATIA＋VPM平台，以骨架设计、参数化建模、关联设计、知识模板技术、二次开发等为核心技术，水工、地质、机电、金结等多专业协同，进行工程全生命周期三维数字化设计。厂房三维数字化设计流程如图1所示。

从三维建模到结构计算、工程量统计、二维出图等，各专业协同设计，充分发挥了三维设计的综合效益：预可研、可研阶段，相关专业联合运用CATIA＋VPM平台实现快速三维设计和方案变更，开展枢纽布置，厂房专业结合枢纽布置方案开展发电厂房布置；施工图阶段，首先由厂房、建筑专业拟定发电厂房土建框架，电气一次、电气二次、水机、金结、暖通等专业在厂房土建框架模型基础上完成设备模型，组装形成厂房三维整体模型，通过碰撞检查完善，最终形成布置合理的发电厂房总模型。

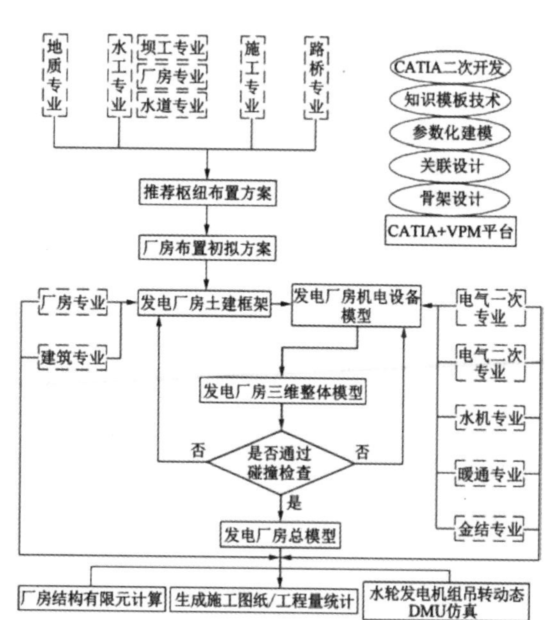

图1　果多水电站厂房三维数字化设计流程图

发电厂房数字化设计采用标准化设计流程，从项目任务分解到设计出图都有完善的规范标准，规范了数字化设计项目的设计方法、任务职责和流程，实现了设计过程的可视化、自动化和智能化，

收稿日期：2023-01-03

作者简介：文浩，湖南岳阳人，高级工程师，主要从事水工结构设计工作.

提高了设计产品质量和设计效率，为业主提供了常规二维设计图纸和移交了三维数字化设计成果，利用数字化成果指导采购、施工、运行维护等，最终实现数字化模型为工程全生命周期服务的目标。

该项目多专业协作、多方案设计、标准数字化设计流程、模板及设备库可延续使用、成果应用全过程和按阶段深化的特点，使得厂房数字化设计具有一定的行业适宜性和可推广性。

2 数字化设计应用

2.1 工程应用范围及深度

果多水电站厂房数字化设计应用面向全设计阶段，从预可研、可研、施工图设计到数字化成果移交，实现了全生命周期服务的目标，为发电厂房数字化设计提供了宝贵经验。

(1) 任务分解标准化、流程化。将设计任务分解到各专业，按命名规定在 ENOVIA VPM 平台下创建产品结构树，按专业及结构部位建立任务节点，并将节点权限转移给相应专业技术人员。

(2) 多专业协同设计、碰撞检查应用。预可研、可研阶段，各专业联合运用 CATIA + VPM 平台快速实现三维设计和方案变更，开展枢纽布置，厂房专业结合枢纽布置方案开展发电厂房布置；施工图阶段，由厂房、建筑专业拟定厂房土建框架，电气一次、电气二次、水机、金结、暖通等专业在厂房土建框架模型基础上完成设备模型，组装形成三维整体模型，通过碰撞检查完善，最终形成布置合理的厂房总模型，如图 2 所示。

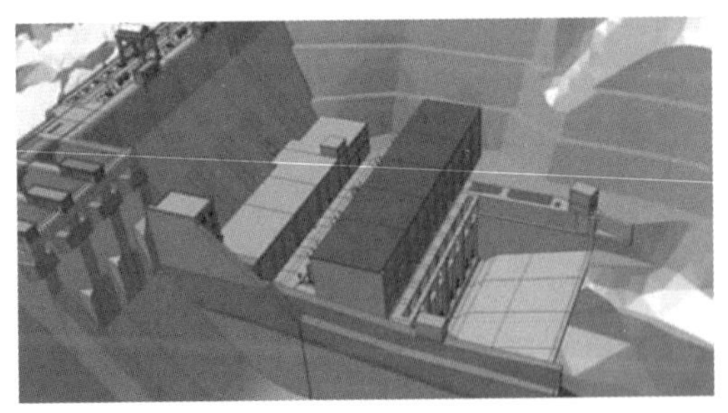

图 2 厂房综合布置数字化模型

(3) 结构计算、工程量统计和工程出图。将 CATIA 模型导入 CAE 软件对关键结构进行有限元分析，研究开发基于三维模型的厂房深层抗滑稳定计算程序，统计主要工程量，各专业利用 CATIA 工程图模块和其他辅助软件进行枢纽布置图、厂房结构钢筋图、机电设备及管路布置图等工程出图，如图 3 所示。

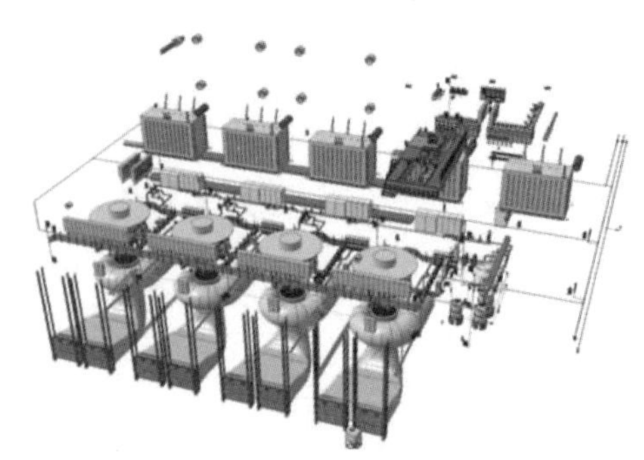

图 3 厂房机电设备总装配轴测图

(4) 建立厂房内机组吊装动态 DMU 仿真。通过建立果多水电站厂房内机组吊装动态 DMU 仿真，实现机组吊装的操作流程及工艺交付，如图 4 所示。

图 4 厂房水轮发电机组吊装动态 DMU 仿真

(5) 为工程全生命周期应用奠定基础。利用数字化设计成果，为后期的数字移交、机组的运维等提供数据、信息基础，进而实现工程全生命周期数字化应用。

2.2 数字化设计平台建设

果多水电站厂房三维数字化协同设计平台由基础系统、辅助系统、集成系统及仿真系统四部分组成。其中，基础系统是构建协同设计平台的基础，包含 ENOVIA VPM、CATIA，VPM 作为该项目中测绘、地质、坝工、厂房、水道、水机、电气等 10 余个专业在线协同设计平台，CATIA 主要完成重力坝、溢流表孔、坝后厂房及排沙建筑物等建模，以及金结、电气、水机、暖通、消防等三维设计与设备管路布置等；辅助系统包括 Paradigm GOCAD 及 Revit，作为基础系统的辅助及补充，主要完成枢纽区地形、地质三维建模，以及建筑建模及管路模型等；集成系统则是以 ANSYS、FLAC3D、PKPM 等软件为主的 CAE 应用体系，用于厂房结构计算分析，完成关键结构有限元分析；仿真系统主要为 3DVIA Composer，用于厂房机组吊装仿真成果演示。

数字化设计平台可为多专业协同设计所用，涵盖了三维建模、结构计算、工程量获取、运动仿真等设计全过程及相应的流程管理，对于涉及多专业、跨部门的工程数字化设计应用具有一定优势。

2.3 数字化设计产品质量

在果多水电站厂房数字化设计中，采用CATIA+VPM平台建立了数字化模型和项目数据库，形成了包含全部设计对象数据、工程过程信息等内容的数字化设计成果。该项目设计手段先进、设计过程智能、设计成果丰富，其产品质量特点主要表现在以下5个方面：

(1) 完整性。数字化设计涵盖预可研、可研和施工图阶段。预可研、可研阶段，地质、水工、施工和路桥专业开展枢纽布置比选；施工图阶段，厂房、电气一次、电气二次、水机和暖通等专业开展深化设计，建模完成后经数字化移交业主以实现运维可视化管理。各专业通过总体骨架与局部骨架和发布骨架节点分阶段、分方案组织建模，通过发布元素功能实现各专业相互应用和关联设计，在设计平台通过坐标控制将三维地质体与枢纽布置建筑物进行总装，将机电设备和厂房土建结构进行总装，并分阶段、分方案对三维模型进行固化，已形成相应设计阶段要求的三维模型，各阶段工程数字化设计信息均保存在数据库。

(2) 准确性。各专业通过坐标控制和骨架驱动进行精确定位，并与施工现场坐标系吻合；设计人员通过发布元素和碰撞检查功能进行专业协同，减少施工中错、漏、碰、缺等问题；三维模型采用参数化建模和标准化模板，便于进行方案优化，减轻设计、校核、会签的工作量和难度，避免人为错误；设计、校审在同一平台上进行，便于设计过程控制，加强设计过程中的指导；基于准确的三维模型生成工程图、工程量统计，自动化程度高，有利于设计产品质量控制。

(3) 安全性。VPM协同设计平台设置管理权限，结合结构树定义角色、分配权限，防止越级修改和误操作；采用骨架驱动和参数化设计，通过修改参数自动更新模型；采用标准化命名编码格式，将各专业产品有效标识，实现模型数据安全管理；三维模型直观表达结构空间相互关系，便于设计、校审人员及时发现、解决问题。

(4) 适应性。设计成果包含三维模型、二维工程图、工程量统计和厂房内机组吊装动态DMU仿真。基于三维模型渲染形成工程效果图，便于业主进行方案决策，三维轴测图可加强施工人员直观认识，三维结构图可用于有限元计算和结构配筋；自动生成二维工程图和工程量统计，简化设计流程，提高产品质量；厂房内机组吊转动态DMU仿真，指导设备安装。

2.4 三维出图质量和效率

与传统二维出图方式相比，三维模型完成后利用CATIA自带的工程图工具，投影生成平面图、剖视图、局部放大图、轴测图等，并完成标注。由于工程图直接来自于三维模型的投影，二者可联动更新，从而保证了出图质量。

该项目主要从以下4个方面着手改进出图质量和效率：

(1) 出图流程。加强模型校审，确保建模准确，基于三维模型生成二维图纸，从而减轻校审、会签工作，缩短设计周期，提高出图质量；设计、校审在同一平台上开展，分阶段、分层次进行在线校审，加强过程控制，提高产品前期质量；组合多种软件，提高出图自动化程度，降低设计人员参与度，减轻设计和校审工作强度。

(2) 出图方法。为满足不同阶段工程图要求，实现自动化设计，采用多种软件组合出图。基于CATIA工程制图模块生成平面图、剖面图、局部放大图和轴测图，完成标注、布图工作，即完成枢纽布置图、结构布置图及机电设备图等；厂房下部大体积结构模型导入Visual软件进行三维配筋，自动生成剖面钢筋图、钢筋表和材料表，随后导入CAD软件进行布图、完善，即完成结构钢筋图；厂房上部框架结构引入结构设计软件PKPM，进行二次开发可实现结构建模、计算、出图和工程量统计一体化。

(3) 出图质量。标准化建模流程可减少人为错误，提高建模过程可读性。利用三维模型直接抽取平面图、剖面图和轴测图等，提高出图质量；校审流程规范化、标准化，以三维校审为主、平面校审为辅的方式为主导，对简单模型采用三维模型与平面图同时校审的方式，对三维模型的校审分为一般性检查、正确性检查和碰撞检查三个层次进行。

(4) 出图效率。将二维工程图与三维模型关联，二维工程图可随三维模型自动更新；厂房下部大体积结构模型采用VisualFL软件进行三维配筋，自动生成钢筋图、钢筋编号、钢筋表和材料表，减少绘图工作；厂房上部框架结构引入PKPM软件实现结构设计、制图一体化，有效提高了出图效率；通过二次开发完成出图标注、美化工作，提高设计自动化程度。

2.5 数字化设计的突出作用

数字化设计利用建模技术、信息技术、网络技术，实现了设计过程智能化、平台一体化、多专业协同化、成果数字化和可视化，应用成果全程化，形成了包含工程基本数据、过程信息等内容的数字化设计成果。果多水电站厂房数字化设计的突出作用体现在以下五个方面。

(1) 实现多专业协同设计。厂房设计专业多，机电设备复杂，空间相对紧张，各专业协调难度大。该项目基于CATIA＋VPM平台，各专业动态协同、实时更新、自由访问，通过发布功能和碰撞检查实现关联设计，应用骨架设计思想组织各专业平行设计[3]。

(2) 提高设计产品质量和设计效率。参数化建模利用自定义变量驱动、修改模型，利于方案比较和设计优化；知识模板技术分专业建立典型土建结构、机电设备等标准件模板库，随时调用实现快速建模；CATIA＋VPM平台将设计和校审在同一平台上进行，便于分阶段、分层次校审，即时交流沟通，提高设计效率。

(3) 三维模型多重利用。利用三维模型进行工程量统计，通过二次开发程序实现分部位、分高程提供工程量，指导施工备料；基于CATIA模型开发厂房深层抗滑稳定计算程序；基于三维模型进行厂房内机组吊装动态DUM仿真，指导机组安装；通过多软件组合应用的方法，CATIA模型可直接导入ANSYS等有限元分析软件进行结构分析计算，也可导入VisualFL软件进行结构配筋，实现模型多重利用。

(4) 实现建模、计算、出图、工程量统计一体化。采用数字化设计，结合不同软件优势，针对厂房上部结构多为框架结构或框剪结构的特点，引入建筑结构设计软件PKPM，通过二次开发实现了厂房框架三维建模、结构计算、施工出图和工程量统计一体化，提高了框架结构设计效率。

(5) 提供可视化三维成果。三维成果使设计人员将其设计理念进行可视化展示，超前模拟建设过程和工程效果，满足业主视觉感受的要求，通过三维轴测图直观表达结构空间复杂关系，减少施工识图难度；其次，实现数字化设计成果向业主移交，便于生产、运行可视化管理。

3 创新应用总结

果多水电站厂房利用数字化平台开展了全过程设计应用，创新之处主要体现在以下五个方面：

(1) 基于骨架的多专业高度协同设计。基于CATIA＋VPM三维协同设计平台，创建设计产品结构树和枢纽全局骨架及专业局部骨架，各专业动态协同、实时更新、自由访问，各专业通过发布功能和碰撞检查实现关联设计，设计人员在个人权限节点下设计，应用骨架设计思想组织各专业平行设计，各层级的骨架将10多个专业的设计过程和结构有机整合为一体。

(2) 建模、计算、工程图、工程量等设计一体化。该项目集三维建模、结构计算、工程出图于一体，通过二次开发实现分部位、分高程统计工程量，指导施工备料；基于CATIA模型开发厂房深层抗滑稳定计算程序；通过多软件组合应用的方法，CATIA模型直接导入ANSYS、ABAQUS等有限元分析软件进行结构分析，同时导入VisualFL软件进行结构配筋，实现三维模型的多重利用；引入建筑结构设计软件PKPM，通过二次开发实现了厂房框架三维建模、结构计算、施工出图和工程量统计一体化，极大地提高了设计效率。

(3) 标准化的模板库、设备元器件库可调用。该项目构建了完善的、标准化程度较高的模板库及设备元器件库，可实时调用，通过参数化修改驱动模型更改，利用联动更新实现二维图纸的更新，从而提高了设计效率。

(4) 数字信息与动态仿真结合。基于三维模型进行厂房内机组吊装动态DMU仿真，指导机组现场安装。同时，利用该仿真结果可顺利进行工艺交底，便于设备厂家和施工单位更好地理解和管理项目，为项目的建设质量提供了保障。

(5) 集协同设计与业务管理于一体的数字化平台。数字化平台为多专业协同设计所用，同时也涵盖了厂房三维建模、结构计算、工程量获取、设计校审等设计全过程及相应的流程管理。对于涉及多专业、跨部门的数字化设计应用具有一定优势，有利于保证设计、施工及运维阶段数字信息的一致性，是实现工程全生命周期管理的基础。

4 结语

水电站厂房数字化设计具有数字化、智能化、网络化、集成化、并行化和虚拟化等特征。果多水电站厂房工程通过数字化协同设计，使得设计人员能真正专注于方案优化上，全方位提高了设计效率和质量。该项目作为发电厂房数字化设计解决方案的一次完整探索，该方案可应用于其他项目的厂房数字化设计，并推广应用至工程全生命周期管理。

果多水电站厂房工程采用三维数字化设计，全面提高了设计效率和设计水平，有助于实现产业升级、创新管理模式、提高企业核心竞争力。数字化设计技术作为目前技术创新的主要手段，具有重要的研究意义和广泛的应用前景。

参考文献

[1] 王婧，蔡波，张奕泽. 杨房沟水电站厂房三维设计研究与应用[J]. 四川水利，2019，40(4)：52-56.

[2] 钱玉莲，王金峰，王国光，等. 数字化设计在仙居抽水蓄能电站中的应用[J]. 水利规划与设计，2018，(2)：95-99.

[3] 郭学洋，王豪，李玲，等. BIM技术在乌东德水电站机电设计中的应用[J]. 水利水电快报，2022，43(1)：23-28.

花坝水库泄水建筑物设计浅析

廖富桂

（遵义市水利水电勘测设计研究院有限责任公司，贵州遵义，563002）

摘要：泄水建筑物的布置和设计的合理性关系水库工程的投资和运行安全。结合地形地质条件、枢纽建筑物布置、人工开挖边坡、开挖工程量及施工干扰等因素，文章设计优选了花坝水库泄水建筑物的布置及消能方式，并对其结构进行了优化。计算分析结果表明，溢洪道的泄流能力及结构抗滑稳定安全系数满足规范要求。目前该工程正在施工，现场揭露的地质情况与设计基本相符，泄水建筑物设计安全可靠。

关键词：泄水建筑物；溢洪道；泄洪方案；消能方案；结构设计

1 工程概况

花坝水库位于桐梓县芭蕉镇北部的桥沟中游。工程区地理位置为东经 107°15′20"～107°17′25"，北纬 28°42′15"～28°43′40"。坝址距芭蕉集镇约 8 km，距桐梓县城约 143 km，距遵义市中心城区约 205 km。现有芭蕉镇至正安县碧峰乡的县道从坝址左岸经过，交通方便[1]。

花坝水库工程由两部分组成：一部分为水库枢纽工程，另一部分为输水工程。水库枢纽工程主要建筑物包括挡水建筑物(沥青混凝土心墙坝)、泄水建筑物(正槽式溢洪道)和取水兼放空建筑物(隧洞)等；输水工程主要由输水管及其附属设施等组成。

水库总库容 89.0 万 m^3，属小(2)型水库，工程等别为Ⅴ等。工程任务是集镇、农村供水及农田灌溉。主要解决的问题：芭蕉集镇生活用水问题，集镇供水量为 44.5 万 m^3/a；农村人畜供水问题，供水量为 23.5 万 m^3/a；农田灌溉用水问题，多年平均农田灌溉供水量为 30.1 万 m^3/a。

1.1 水文地质

水库坝址以上流域总面积 2.74 km^2，包括：地表分水岭内流域面积 2.50 km^2；地表分水岭外补水流域面积约 0.24 km^2，属不闭合流域。桥沟主河道流域形状系数 0.40，长 2.5 km，加权平均坡降约为 151‰，坝址处多年平均径流量 150 万 m^3。不闭合流域地表水不排入桥沟流域，基流部分地下水通过地下径流向桥沟流域补给，通过泉点排泄至花坝水库库区河流。该泉点位于坝址上游右岸，出露高程 1 125.0 m，其径流计算根据旺草水文站实测流量并采用基流分割法，计算可得其排入库区的地下径流多年平均径流量约为 4.24 万 m^3，占补给区总径流量的 29.4%[1]。

根据正安县气象站资料统计：最大一日(1968 年 7 月 19 日)暴雨量为 155.3 mm，多年平均年降水量为 1 064.0 mm，其中最大年降水量为 1 452.8 mm (1996—1997 年)，最小年降水量为 785.4 mm (1990—1991 年)，最大连续 4 个月(5—8 月)多年平均降水量占全年降水量的 59.6%；丰水期 6 个月(5—10 月)多年平均降水量为 826.6 mm，占全年降水量的 77.5%；枯水期(11 月至次年 4 月)多年平均降水量为 240.5 mm，占全年降水量的 22.5%。多年平均气温为 16.3 ℃，现场测量最高气温 38.9 ℃，最低气温－6.2 ℃。

1.2 工程地质

新建溢洪道位于河道右岸，为岸边开敞式溢洪道，由进水渠段、控制段(溢流堰)、泄槽段、消能段和出水渠组成，总长 168.0 m。沿线地表多为第四系地层覆盖，基岩地层为 O_1m、O_1t^{2-2}、O_1t^{2-1}、O_1t^1 及 $\in_3m$ 层，岩性为页岩、粉砂质泥岩、灰岩等，岩层产状平缓。受区域断层 F1 影响，裂隙较发育，强风化岩体破碎。沿线未见大的崩塌、无滑坡等现象，自然斜坡稳定性较好。

2 泄水建筑物方案比选

2.1 布置选择

水库大坝为沥青混凝土心墙坝，为柔性坝。根据所选坝型，泄水建筑物宜为岸边溢洪道。坝址左岸发育有 1 号、2 号冲沟，1 号冲沟为浅冲沟，一般切割深度为 5～10 m；2 号冲沟受区域构造洞湾断层影响，切割相对较深。总体上，左岸山体相对较完整，地形较陡：一般地形坡度为 30°～40°，主

收稿日期：2023-01-03

作者简介：廖富桂，贵州安顺人，助理工程师，主要从事水利水电工程设计.

要为陡坡地形；局部地形坡度大于45°，为峻坡地形。右岸受上、下游发育的3号、4号深切冲沟切割影响，形成脊状山体，山体顺河向宽70～120 m；一般地形坡度为20°～40°，为斜坡—陡坡地形，局部为峻地形。据坝址勘探资料，坝址区两岸坡覆盖层厚度总体不大，且分布不均，主要为第四系残坡积含碎石砂、粉质黏土。2号、3号、4号冲沟内覆盖层相对较厚，局部陡坎、峻坡地带基岩裸露。河床主要被第四系冲洪积砂卵砾石、崩塌堆积块和碎石等覆盖[2]。由于上坝公路及库区复改建公路位于左岸，该侧岸坡地形坡度较大，若溢洪道布置于左岸，边坡开挖高度将较高、边坡处理工程量较大、施工会不可避免地互相干扰，因此溢洪道布置在左岸不利因素较多；而右岸相对于左岸地形比较平缓，溢洪道布置在该侧，开挖工程量相对较少，边坡处理难度相对较低。根据坝区地形地质条件，结合枢纽及施工组织总体布置综合考虑，溢洪道选择布置于大坝右岸，中心线方位角为N75.74 °E。

2.2 泄洪方案比选

花坝水库库区房屋主要在高程1 010.00 m以下，正常蓄水位附近两岸主要为林地、耕地，无重要防护对象，也不存在影响其他专项设施的控制性高程，且该水库坝址以上集雨面积相对较小，来水量不大，水库回水长度较短。设闸溢洪道方案不仅增加了金属结构方面的投资和运行期防洪调度工作量，而且增加了运行管理和维护费。不设闸溢洪道方案的淹没影响不大，水库洪水调度简单，运行管理方便，安全可靠，且可避免设闸方案因调度不当产生人为洪水的问题。因此，综合考虑水库淹没、经济指标、运行管理及运行维护等因素，选择泄洪方案为开敞式自由泄洪[3]。

坝址处河床宽3～8 m，常年河水面宽2～6 m，河水深0.3～0.5 m。根据选择的开敞式自由溢流方案，考虑洪水全部通过泄洪，结合大坝下游消能防冲影响，经布置比较分析，坝址处溢流净宽应控制在4～8 m，若再加宽，势必增加岸坡开挖量和下泄较大洪水时岸坡的保护工程量。因此，选取溢流净宽4.0 m、6.0 m和8.0 m三种不同宽度进行综合比较，调洪成果见表1，不同溢流净宽泄洪方案投资比较见表2。

溢流净宽为4.0 m、6.0 m和8.0 m三种方案的上游最高库水位分别为1 020.57 m、1 020.20 m、1 019.98 m，三种方案的上游最高库水位相差较小，对于沥青混凝土心墙坝而言，其对坝体工程量影响较小，坝体工程投资变化甚微。但溢流净宽为4.0 m方案的上游最高库水位比6.0 m方案的高0.37 m，淹没范围略有增加；相较溢流净宽6.0 m方案，溢流净宽8.0 m方案淹没范围虽略有减少，但溢洪道本身的工程布置稍难，工程量也有所增加。

综上所述，选择泄水建筑物为岸边开敞式不设闸的正槽式溢洪道，溢流净宽选择工程量适中的6.0 m方案，堰顶高程为1 018.00 m。

表1 调洪成果比较表

项目	溢流净宽					
	B=4.0 m		B=6.0 m		B=8.0 m	
洪水重现期/年	300	30	300	30	300	30
正常蓄水位/m	1 018.00	1 018.00	1 018.00	1 018.00	1 018.00	1 018.00
堰顶高程/m	1 018.00	1 018.00	1 018.00	1 018.00	1 018.00	1 018.00
起调库容/万 m^3	78.1	78.1	78.1	78.1	78.1	78.1
入库洪峰/(m^3/s)	69.8	47.5	69.8	47.5	69.8	47.5
下泄流量/(m^3/s)	30.2	19.1	36	23.3	40.8	26.3
相应库容/万 m^3	91.0	87.5	89.0	86.2	87.9	85.3
相应库水位/m	1 020.57	1 019.89	1 020.20	1 019.64	1 019.98	1 019.47

注：标准为30年一遇设计洪水，300年一遇校核洪水。

表2 不同溢流净宽泄洪方案投资比较

项目	溢流净宽		
	B=4.0 m	B=6.0 m	B=8.0 m
土方开挖/m^3	1 480	1 760	1 930
石方开挖/m^3	8 610	8 930	9 490
土石方回填/m^3	1 250	1 335	1 460
混凝土或钢筋混凝土/m^3	3 120	3 218	3 380
土建总投资/万元	261.93	271.84	287.15
淹没(不含重叠区)投资/万元	336.77	309.15	304.18
土建及淹没投资合计/万元	598.70	580.99	591.33

2.3 消能方案比较与选择

溢洪道出口处出露地层及岩性为$\in_3m$中厚层白云岩、白云质灰岩和薄层灰岩。由于大坝坝型为土石坝，为了避免下泄洪水的冲刷，经分析比较，选择泄水建筑物末端采用底流消能方式。

3 泄水建筑物结构设计

3.1 溢洪道布置

溢洪道布置于右岸，其中心线方位为N75.74°E，由引渠段、进口控制段（WES实用堰）、泄槽段、消能段（消力池）和出水渠组成，平面长度为168.0 m。进口不设闸自由溢流，为正槽式溢洪道。

(1) 引渠段。引渠段为桩号溢0+000.00～溢0+012.50段，底坡$i=0.0$，引渠段宽12.55～6.00 m，其底板高程1 017.00 m，左、右侧设置导水墙，根据超高要求，墙顶高程为1 021.00 m。底板和导水墙均采用C20混凝土衬砌，混凝土抗渗等级为W6，抗冻等级为F50。

(2) 进口控制段。进口控制段为桩号溢0+0.12.50～溢0+018.53段，堰型为WES实用堰[4]；溢流控制净宽根据水力计算比选，定为6.0 m。溢流堰顶部高程为1 018.00 m，其头部采用半径为0.50 m的圆弧曲线；溢流面曲线为WES幂曲线，其方程式为$Y=0.314X^{1.85}$，曲线段后通过半径为2.0 m的反弧面与泄槽段相接。左、右侧导水墙墙顶高程为1 021.00 m，C25混凝土溢流堰体抗渗等级为W6，抗冻等级为F50。在控制段与坝肩连接处设交通桥，采用"Π"形梁板结构，梁高0.6 m，共1跨，净跨度为6.0 m，桥面宽5.0 m，桥面高程为1 021.00 m，上、下游侧设栏杆。

(3) 泄槽段。泄槽段为桩号溢0+018.53～溢0+126.07段，槽宽为6.0～3.0 m。其中，桩号溢0+018.53～溢0+022.50段，底坡$i=0.35$，底板高程为1 012.64～1 011.25 m，左导水墙顶高程为1 019.19～1 017.57 m，右导水墙顶高程为1 018.01～1 014.04 m，槽宽6.0 m；桩号溢0+022.50～溢0+042.50段，底坡$i=0.35$，底板高程为1 011.25～1 004.25 m，左导水墙高程为1 017.57～1 009.40 m，右导水墙高程为1 014.04～1 006.25 m，槽宽由6.0 m收缩到3.0 m；桩号溢0+042.50～溢0+126.07段，底坡$i=0.35$，底板高程为1 004.25～975.00 m，左导水墙高程为1 009.40～979.50 m，右导水墙高程为1 006.25～979.50 m，槽宽3.0 m。

(4) 消能段和出水渠段。消能段（桩号溢0+126.07～溢0+148.00）和出水渠段（桩号溢0+148.00～溢0+168.00）的基础均坐落在基岩上，消力池长22.0 m，底宽3.0 m，池底高程为975.00 m，墙顶高程为979.50 m，消力池末端设尾坎，尾坎顶宽1 m，顶高程为976.00 m，其后接出水渠。

3.2 水力计算

根据SL253－2018《溢洪道设计规范》规定，花坝水库溢洪道泄洪能力，其校核洪水标准按300年一遇洪水（$p=0.33\%$）下泄流量设计，消能防冲洪水标准按30年一遇洪水（$p=10.0\%$）下泄流量设计。

3.2.1 泄流能力计算

溢洪道为开敞式自由溢流，不设闸，堰型为WES实用堰，控制净宽6.0 m，实用堰顶高程1 018.00 m。在校核洪水位工况下最大下泄流量$Q(p=0.33\%)=36.20\ m^3/s$；在设计洪水位工况下最大下泄流量$Q(p=3.33\%)=23.40\ m^3/s$；在消能防冲洪水位工况下最大下泄流量$Q(p=10.00\%)=17.40\ m^3/s$。根据相应规范，溢洪道泄流能力计算公式[5]如下：

$$Q=cm\varepsilon\sigma_s B\sqrt{2g}H_0^{3/2} \tag{1}$$

式中：m为流量系数，$m=0.46$；ε为闸墩侧收缩系数，参照类似工程模型试验综合取值$\varepsilon=0.93\sim0.96$。

经计算得出：发生300年一遇洪水（校核洪水标准）时，$Q(p=0.33\%)=37.08\ m^3/s$；发生30年一遇洪水（设计洪水标准）时，$Q(p=3.33\%)=23.87\ m^3/s$；发生10年一遇洪水（消能防冲洪水标准）时，$Q(p=10.0\%)=17.83\ m^3/s$。综上所述，溢洪道泄流能力在上述各种工况下均满足要求。

3.2.2 泄槽水面线计算

根据SL253－2018《溢洪道设计规范》，泄槽起始计算断面水深h_1按式(2)计算：

$$h_1=\frac{q}{\phi\sqrt{2g(H_0-h_1\cos\theta)}} \tag{2}$$

泄槽水面线可根据能量方程，用分段求和法计算，其公式如下：

$$\Delta L_{1-2}=\frac{(h_2\cos\theta+\alpha_2 v_2^2/2g)-(h_1\cos\theta+\alpha_1 v_1^2/2g)}{I-J} \tag{3}$$

$$J=n^2v^2/R^{4/3} \tag{4}$$

根据上述条件及公式，当发生校核洪水（$p=0.33\%$）时，溢洪道泄水槽段各断面水深与平均流速计算结果见表3。

表 3　溢洪道各断面水深及流速成果表

项目	桩号						
	溢 0+018.53		溢 0+022.50		溢 0+042.500		溢 0+126.07
流量/(m^3/s)	36.20		36.20		36.20		36.20
宽度/m	6.0		6.0		3.0		3.0
分段长度/m		4.21		20.19		88.54	
分段底坡 i		0.35		0.35		0.35	
水深/m	0.548		0.506		0.807		0.605

泄槽段下泄流量掺入气体，其水深会产生变化，掺气水深应根据波动和掺气后计算，其公式如下：

$$h_b = \left(1+\frac{\zeta v}{100}\right)h \tag{5}$$

在校核洪水位 1 020.20 m(p=0.33%)时，溢洪道泄水槽段各断面掺气水深与平均流速计算成果见表 4。

表 4　溢洪道各断面掺气水深及流速成果表

项目	桩号						
	溢 0+018.53		溢 0+022.50		溢 0+042.500		溢 0+126.07
流量/(m^3/s)	36.20		36.20		36.20		36.20
宽度/m	6.0		6.0		3.0		3.0
分段长度/m		4.21		20.19		88.54	
分段底坡 i		0.35		0.35		0.35	
掺气水深/m	0.620		0.579		0.952		0.750

根据计算泄槽段各断面掺气水深及其连接形的水面线，加上 0.50～1.50 m 超高后为溢洪道泄槽段边墙顶高程，因此，泄水槽段边墙高度综合下来，取整为 2.00 m。

3.2.3　消力池设计

消能防冲洪水位 1 019.35 m(p=10.0%)工况下最大下泄流量为 17.40 m^3/s。根据能量方程，在消能防冲工况下，消力池入池流速 v_1=16.13 m/s，水深 h_1=0.36 m。自由水跌共轭水深 h_2 计算公式如下：

$$h_2 = \frac{h_1}{2}\left(\sqrt{1+8Fr_1^2}-1\right) \tag{6}$$

采用公式 $L=0.8(h_2-h_1)$ 计算水跃长度，采用公式 $d=\delta h_2-h_t-\Delta Z$ 计算消力池深度。

经计算得出：在下泄 10 年一遇洪水时，h_2=4.19 m；根据消力池长 $L_k=0.8\ L$，计算得消力池长 L_k=21.15 m，取整为 22.00 m；池深 d=1.0 m，h_t=1.0 m，边墙高 4.50 m，消力池底板高程为 975.00 m，边墙顶高程为 979.50 m。

3.3　结构计算

3.3.1　边墙稳定计算

根据相关规范，溢洪道边墙沿建基面的抗滑稳定分析可按式(7)计算：

$$K = \frac{f'\sum W + c'A}{\sum P} \tag{7}$$

一般情况下，抗滑稳定分析的边墙均按单宽计算，B=1.0 m。花坝水库溢洪道墙体采用 C20 混凝土衬砌，容重取为 24 kN/m^3，最大边墙(溢 0+010.00)高 4.3 m，顶宽 0.80 m，底宽 1.50 m。根据地质勘查成果，溢洪道边墙建基面坐落于 O_1m 页岩、粉砂质泥岩强风化层的中下部，与基岩的接触面 f'=0.45，与基岩的接触面 c'=0.25。经计算，侧墙抗滑稳定系数 K=3.82＞［K］=3.00，边墙抗滑稳定满足规范要求。

3.3.2　溢流堰稳定计算

溢流堰基础坐落在基岩上，且考虑在堰上做防渗帷幕处理，以确保溢洪堰的渗透稳定。根据 SL253－2018《溢洪道设计规范》，堰基底面抗滑稳定安全系数计算公式如下：

$$K = \frac{f'\sum W + c'A}{\sum P} \tag{8}$$

根据地质勘查成果，溢流堰体建基面坐落于 O_1m 页岩、粉砂质泥岩强风化层的中下部，与基岩的接触面 f'=0.45，与基岩的接触面 c'=0.25。经计算，在设计洪水位 1 019.64 m 时 K=4.12＞［K］=3.00，在校核洪水位 1 020.20 m 时 K=3.88＞［K］=2.50，满足规范要求。

4　结语

(1) 结合水库大坝坝型，综合考虑地形地质条件、枢纽及施工组织总体布置、水库淹没、开挖边坡高度、边坡处理工程量、施工干扰、投资以及运行管理维护等因素，经比较后，花坝水库泄水建筑物选定岸边不设闸的开敞正槽式溢洪道。

(2) 溢洪道应具备足够的泄流能力，选择合适的堰型可增加下泄流量，同时还需考虑溢洪道下泄能力与原始河道过流能力相匹配等因素。本工程溢流堰型选为WES实用堰，控制净宽$B=6.0\,\mathrm{m}$，可满足要求。同时，出水渠与下游河道轴线夹角约为43°，出水渠末端设置圆弧段，溢洪道下泄水流可顺畅地汇入下游主河槽。

(3) 花坝水库工程已经开始施工，现场揭露的地质情况与设计基本相符。经复核，溢洪道边墙及堰体等结构计算结果满足规范要求，结构设计可靠。

参考文献

[1] 白超.花坝水库大坝坝址坝型比选及结构布置[J].广东水利水电，2020(1)，5-10.

[2] 周兵，罗超.某水利工程溢洪道边坡变形破坏成因及稳定分析[J].水利科技与经济，2015，21(12)：68-69.

[3] 蔡平.冉渡滩水库泄洪消能方案比选与研究论证分析[J].建材发展导向，2022(16)：99-101.

[4] 申洪波，张文胜.中桥水库泄水建筑物泄洪消能设计[J].水利建设与管理，2014(8)：33-36.

[5] 邓凌云.清水河水库扩建工程泄洪建筑物布置与结构计算[J].水利技术监督，2019(3)：236-239.

广安城区河湖库水系连通工程设计浅析

张野[1]，王志鹏[2]，刘春宁[3]，欧瑜[4]

（1. 四川京华畅工程管理有限公司，四川成都，610031；2. 中国电建集团贵阳勘测设计研究院有限公司，贵州贵阳，550081；3. 山东中茂实业集团有限公司，山东德州，253000；4. 广安投资集团有限公司，四川广安，638500）

摘要：为解决广安城区部分江河湖库水生态恶化、城市供水水源单一等问题，笔者分析了城区内水系存在的现状问题及连通的必要性，基于城区江河湖库分布特点，通过水量计算分析，对城区江河湖库水系连通进行设计。通过实施该工程，能够达到改善城区湖库水生态、提高城市供水保障能力、充分发挥河湖水资源配置和调蓄作用的目的。该文对类似地区江河湖库水系连通工程具有一定的参考和借鉴作用。

关键词：江河湖库水系；连通工程；设计；广安城区

引言

河湖水系是水资源的载体，是生态环境的重要组成部分，也是经济社会发展的基础。河湖水系连通是以江河、湖泊、水库等为基础，采取合理的疏导、沟通、引排、调度等工程和非工程措施，建立或改善江河湖库水体之间的水力联系[1-2]。

随着广安市城市化进程的加快，水资源的时空分配与城市建设布局不匹配的矛盾日益突出，水生态系统十分脆弱，无法满足人水相亲、城市水环境建设、全域旅游规划的要求[3]。广安市内的江河湖库水系存在没有稳定水源，部分河湖为孤岛水系，水体不能充分交换，水生态十分脆弱，亟待修复广安城区内生态环境。

广安市广安区目前的水厂均从渠江提水，渠江上游居民生活及工、农业用水易造成水源污染，渠江作为唯一水源而没有备用水源，一旦发生水污染事故，将严重威胁整个城区居民的基本生活用水。若不解决备用水源问题，一旦渠江发生重大水污染事件，广安市广安区供水将陷于瘫痪，因此，广安区供水安全问题亟待解决。

为解决广安城区部分江河湖库水生态恶化、城市供水水源单一等问题，基于城区江河湖库分布特点，通过水量计算分析，广安城区江河湖库水系连通工程采用管道结合渠道的输水方案进行江河湖库水系连通。从全民水库放空底孔预留市政管道出口取水，经泵站提水后，沿西溪河右岸采用管道进行输水到各需水区，利用已有右干渠连通新建管道输水至需水湖库，利用西溪河的王家河闸坝蓄水后，通过保城渠道连通管道对拟连通湖库进行水量补给。该工程是一项综合性水利工程，针对广安城区水系存在的水生态恶化、供水水源单一等问题，通过采取连通城区内江河湖库等工程措施，能够达到有效改善城区湖库水生态、提高城市供水保障能力、充分发挥江河湖库水资源配置和调蓄作用的目的。

1　城区水系现状问题分析

1.1　风景区水质超标

当地旅游景区对外水体交换通道为全民水库农灌支渠，区内水体对外交换进出口主要集中在清水塘。现状补水水源主要为附近农灌支渠及降雨汇流，水体呈浊水态，经检测，其水质标准为劣Ⅴ类(超标因子为化学需氧量(COD)、五日生化需氧量(BOD_5))。清水塘为当地其他水体的补水来源，其水质决定旅游景区的水生态和水环境。原西溪河农灌支渠补水为季节性补水，且输水支渠局部垮塌，不具备向清水塘常态输水的能力。

1.2　湖库水质超标

(1) 前进水库坝址位于渠江一级支流官溪河上。根据现状评价结果，前进水库水质较差，透明度不足；同时，经检测，其水质标准已达Ⅴ类(超标因子为总氮)。

(2) 北辰湖水域面积11ha。根据现状评价结果，北辰湖水质较差，湖面污染物较多；同时，经检测，其水质标准已达Ⅴ类(超标因子为总氮、pH值)。

(3) 神龙湖蓄水量主要来自天然降水，水资源无法满足生态用水，需增加项目区水资源量。在无

收稿日期：2022-02-18

作者简介：张野，重庆梁平人，工程师，主要从事水土保持设计工作.

法增加项目区水资源量的情况下，需将本项目区的水系与外部水系进行连通，引入外部水系的水量，增加区域的水资源量，增大水环境容量，从而达到保护项目区及周边水生态的目的。

1.3 城市供水水源单一

目前，广安市有花园水厂和协兴都江堰水厂2座水处理厂，供水规模分别为8万t/d和0.5万t/d，水源均为渠江，分别向广安主城区和协兴片区供水。目前，存在广安市供水为单一水源和城市发展带来的用水问题。根据城市的发展拟将协兴都江堰水厂供水规模增加为2万t/d，以满足协兴片区城用水的要求。该工程的建设将开发城市供水的备用水源，提高城市供水保障能力，并解决协兴片区城市用水问题，达到城市用水安全的目的。

2 工程建设必要性

2.1 完善风景区整体格局

该工程建设将为当地湿地公园、清水塘等提供足够的生态补水量，增添水景观，改善水生态，丰富景区空间构造，提供水资源保障。在水生态文明、水景观建设的相关政策助推下，全面提升城中片区的内在品质，提升旅游景区在国内外的知名度，推动城市整体形象和社会经济全面提升。

2.2 提升城南片区城市品位、人居环境

由于区域内水体水环境承载能力和现有水体自净能力呈下降趋势，多个水体属于半静态水体，水环境急需改善。广安市“十三五”规划明确提出加大水生态、水环境修复与建设。因此，对广安市全民水库水系进行水生态文明工程规划，使区域群众尽早感受到水生态建设工作给他们带来的生活质量的提高是十分必要的。该工程充分利用全民水库水质好、水量足的优势，采取引、提工程措施，连通全民水库与城南片区水系，确保改善区域水生态、提升水环境品位、为区域经济持续发展创造条件[4-5]。由此可见，该工程建设是十分必要的。

2.3 提高协兴水厂供水保障能力

根据《广安市城市总体规划(2013—2030)》，规划未来供水水源为渠江和全民水库。协兴都江堰水厂目前日供水量约0.5×10^3 t/d。随着城市建设的发展，供水日益紧张，不能满足人民生活水平和生活质量提高的要求。为缓解城市发展对水资源的需求，广安市人民政府拟对该水厂进行改造，改造后供水能力为2.0×10^4 t/d，供水流量为0.23 m^3/s，可基本满足广安新城区建设规划人口10万人的用水需求。协兴都江堰水厂作为广安市中心城区应急水源，需满足78万人7 d应急需水量。

2.4 是打造全城旅游，促进城水、人水和谐的需求

根据《广安市“十三五”旅游业发展规划(2016—2020年)》，“十三五”期间按照“一核两带三区”的空间进行布局建设，以邓小平故里为中心，建设邓小平故里核心保护区，以西溪河至全民水库为轴线，打造生态观光旅游带。广安市人民政府审时度势，坚持山、水、城、人“四位一体”，生产、生活、生态“三规合一”，力争建成宜居、宜业、宜游的山水新城。该连通工程对于打造全城旅游，促进城水和谐、人水和谐有重要作用；对于驱动发挥旅游效益有重要作用[6]。因此，工程建设是十分必要的。

3 水系连通[7]设计

3.1 开发任务

(1) 改善广安城区湖库水环境、水生态的任务。水系连通工程是西溪河流域生态修复、城市修补的内容之一。通过实施本次水系连通项目，可增加区块内水量、提高水面率、提升区块内水系水质，让区块内外的水能有效沟通，让水“蓄起来、连起来、活起来、净起来”，从而提高区块水生态环境承载能力，达到水资源调配目的。

(2) 提高广安城区供水保障能力的任务。《广安市贯彻长江经济带沿江取水口排污口和应急水源布局规划四川省实施方案责任清单》经广安市人民政府印发，确定应急备用水源为全民水库。目前，水库枢纽已建成，但配套工程不完善，该连通工程实施后，全民水库将作为城市供水的应急备用水源，与渠江水源互为备用，提高城市供水保障能力。根据《广安市主城区供水专项规划》及通过相关计算，远期广安市中心城区供水量无法满足需求，需扩大协兴都江堰水厂规模以适应城市发展，解决协兴片区城市用水问题，达到城市用水安全的目的。

3.2 连通区域生态需水规模

本次广安市城区江河湖库水系连通与水生态修复工程需要从全民水库、西溪河引水，引水流量主要满足区块需水的要求。引水规模主要考虑以下几个方面：引水流量需满足该片区水生态环境用水量的需要，满足下游湿地保护的需要，满足城市建设发展用水量的需要。根据以上要求，分析区块河湖生态需水量，主要包含渠道内生态需水量与渠道外生态需水量。

3.3 生态环境需水量分析

经计算多年平均需水量情况可知：总净需水量为1 229.23万m^3，在95%保证率下，总净需水量为1 336.50万m^3；考虑输水损失，多年平均总毛

需水量为 1 315.60 万 m^3，在 95%保证率下，总毛需水量为 1 438.50 万 m^3。多年平均需水量见表 1。

表 1　多年平均需水量　　万 m^3

项目	净需水量	毛需水量
清水塘	5.78	5.96
小平故里湿地	188.49	194.32
北辰湖	55.80	57.53
翠屏公园	52.64	54.26
协兴都江堰水厂	766.50	790.21
左岸合计	1 069.21	1 102.28
何家村生态湿地	13.66	18.22
神龙湖	126.01	168.02
前进水库	20.35	27.13
右岸合计	160.02	213.37
总计	1 229.23	1 315.65

3.4　连通区域水量平衡计算

本次水系连通项目位于广安市城区下游段，项目以全民水库和西溪河为主，连通周边水系，改善项目区内的水生态环境。

项目周边水系有全民水库、西溪河可作为项目水源，周边其他支流面积太小，水量较少，不能满足项目需求。本次工程范围主要在广安渠江水系。渠江为嘉陵江左岸支流，发源于四川和陕西交界的米仓山系铁船山北段。渠江上游分巴河、州河 2 条支流，分别发源于秦岭米仓山和大巴山山脉，巴河与州河在渠县三汇镇汇合后称渠江，于重庆市合川区汇入嘉陵江。渠江全流域面积 39 610 km^2，干流河长 666 km，在广安市境内河长约 180 km。

其中，本次涉及最大的河流为西溪河，该河为渠江右岸一级支流，发源于蓬安县凤石乡，向南流经岳池县的回龙、苟角后进入广安区的浓溪镇，向东流后又折向南，再转向东穿过广安城南新区汇入渠江。西溪河全流域面积 496 km^2，干流河长 78.6 km，其中广安市境内流域面积 342.99 km^2，河长 68 km，涉及广安区、岳池县、协兴及枣山园区等 13 个乡镇、街道办事处。西溪河上游已建回龙水库，下游已建全民水库，中游左岸支流蒋山镇沟上在建回龙寺合水库。官溪河为渠江右岸小支流。

全民水库位于渠江支流西溪河下游浓溪镇全民村二组，距广安市城区 17 km，水库控制集雨面积 425.5 km^2，于 1959 年 2 月动工兴建，1960 年 3 月建成。水库正常蓄水位 371.850 m，死水位 356.415 m，总库容 9 052.0 万 m^3，正常库容 5 787.0 万 m^3，死库容 1780.0 万 m^3，兴利库容 4 007.5 万 m^3，具有年调节性能，是一座以灌溉为主，兼有发电、养殖、航运等综合利用的水利工程。

根据本次需水量分析，工程从全民水库、西溪河均有取水。根据水量平衡计算，扣除各流域天然来水后，工程左岸的实际最大补水流量为 0.671 m^3/s，工程右岸的实际最大补水流量为 0.137 m^3/s。在 95%保证率下，向协兴都江堰水厂日常供水量为 790 万 m^3，广安市城区江河湖库水系连通与水生态修复工程从全民水库取水量为 651 万 m^3。

西溪河最大补水流量为 0.048 m^3/s；从王家闸坝引水，从西溪河取水量为 131.1 万 m^3，仅占全民水库至王家闸坝西溪河河段可供水量的 6%。

综上分析，在满足村寨供水、灌溉用水、河道内生态需水的前提下，全民水库、西溪河可供水量大于湖库连通工程需水量，满足本项目的需求。

3.5　工程引水规模

根据需水预测及供需平衡分析计算成果，规划水平年 2030 年在 95%保证率下，广安市城区江河湖库水系连通与水生态修复工程总净需水量为 1 338.56 万 m^3，其中协兴都江堰水厂年均净供水量 730 万 m^3，5%的水厂自用水量为 36.5 万 m^3，日不均匀系数取 1.2。作为应急水源，7 d 的净需水量为 27.3 万 m^3，5%的水厂自用水量为 1.44 万 m^3，日不均匀系数取 1.2。清水塘净需水量为 10.41 万 m^3，小平湿地净需水量为 230.58 万 m^3，北辰湖净需水量为 72.97 万 m^3，翠屏公园净需水量为 54.26 万 m^3，神龙湖净需水量为 156.74 万 m^3，前进水库净需水量为 22.75 万 m^3，何家村生态湿地净需水量为 24.36 万 m^3。据管道流量计算，考虑输水损失，左岸连通工程从全民水库取水口需取水流量为 0.671 m^3/s，右岸连通工程从全民水库取水口需取水流量为 0.139 m^3/s。

该工程引水规模设计成果见表 2、表 3。

表 2　左岸工程管道设计流量表

供水口名称	管道长/km	管道末端流量/(m^3/s)	管道首端流量/(m^3/s)	生态补水设计流量/(m^3/s)
全民水库取水口		0.671	0.671	
分水点	4.4	0.665	0.671	
B	6.2	0.657	0.665	
小平湿地	2.0	0.081	0.082	0.081
协兴都江堰水厂	1.1	0.569	0.570	0.569
清水塘	1.8	0.005	0.005	0.005
A 王家河闸坝	2.5	0.048	0.049	
北辰湖	0.6	0.028	0.028	0.028
翠屏公园	1.6	0.020	0.020	0.020
合计	57.9	2.566	2.647	0.807

表 3　右岸工程渠道设计流量表

供水口名称	渠道长/km	渠道末端流量/(m^3/s)	渠道首端流量/(m^3/s)	生态补水设计流量/(m^3/s)
全民水库取水口		0.111	0.139	
何家村生态湿地	52.3	0.011	0.011	0.011
D	22.3	0.080	0.100	
神龙湖	0.2	0.056	0.070	0.056
前进水库	0.6	0.008	0.010	0.008

4　效益分析

4.1　生态效益

通过建设该工程，增大了整个广安市主城区的水域面积，构建山、水、城一体的现代化生态文明城市。一方面，可以保持自然环境的生态平衡、调节微气候、净化大气以及改善主城区的生态环境；另一方面，通过水体的置换，有利于保障水体水质，为水生生物的栖息提供良好的水生环境，有利于保护生物的多样性，改善广安市城区的生态环境。

4.2　社会效益

通过该工程向何家村生态湿地、神龙湖、前进水库、清水塘、西溪湿地补水(向何家村生态湿地补水，保护湿地面积 6.3 万 m^2；向神龙湖补水，改善水面面积 8.6 万 m^2；向前进水库补水，改善水面面积 3.1 万 m^2；清水塘、西溪湿地供水补水，分别改善水面面积 220 万 m^2 和 1.4 万 m^2)，解决生态景观用水、湖泊补水等问题。王家河闸坝通过保城渠道接管道分别向北辰湖、翠屏公园补水，分别改善水面面积 9.4 万 m^2 和新增水面面积 13.2 万 m^2。考虑城区饮用水安全，扩大协兴都江堰水厂供水规模达 2 万 m^2/s，将其作为日常供水水源的同时，还作为全广安城市应急水源，7d 应急水量为 28.7 万 m^3。

5　结语

基于广安城区江河湖库水系连通现状，结合当地相关政策要求，实施广安市城区江河湖库水系连通与水生态修复工程是极其必要的。该工程引全民水库水至左岸西溪湿地、清水塘、协兴都江堰水厂、花园水厂，至右岸何家村生态湿地、神龙湖、前进水库。通过新建管道、整治已有渠道，使广安城区水系形成连通。

通过该工程的实施，改善区域内湖库水生态、水环境容量，提高水资源环境承载能力，提高供水安全保障能力，充分发挥河湖的水资源配置和调蓄作用。

参考文献

[1] 水利部关于推进江河湖库水系连通工作的指导意见:水规计〔2013〕393 号[Z]. 2013.

[2] 李宗礼,刘昌明,郝秀平,等.河湖水系连通理论基础与优先领域[J].地理学报,2021,76(3):513-524.

[3] 武惠娟,孙峰.枣庄市薛城区河湖库水系连通工程生态补水方案及效益分析[J].治淮,2021(6):58-60.

[4] 陈巧红,邓银玲.某河流水系连通方案浅析[J].中国设备工程,2020(13):228-229.

[5] 张世杰,黄晓华.安徽省江河湖库水系连通项目实施成效及发展趋势研究[J].水利发展研究,2020(11):32-35.

[6] 连鹏飞.农村水系连通工程及其技术要求的分析与研究[J].农业科技与信息,2020(23):48-49.

[7] 王延贵,陈吟,陈康.水系连通性的指标体系及其应用[J].水利学报,2020,51(9):1080-1088.

旋转备用补偿模型在乌江渡水电站的运用

朱明星

（贵州乌江水电开发有限责任公司水电站远程集控中心，贵州贵阳，550002）

摘要：为减少水轮发电机组低出力运行时的效益损失，本文从水轮机设计资料中的耗水率表绘制出在不同水头下的出力一耗水率二维曲线，再分别拟合为一元高次多项式，结合发电量效益和旋转备用补偿电量效益的计算公式，得出出力一效益方程，利用编程计算出机组在不同水头下带低出力时的优化运行区间，最终绘制出"出力一水头"优化运行图。依照此优化运行图实时微调机组出力，可显著减少低出力运行时的效益损失。

关键词：水轮发电机；旋转备用；补偿；优化；运用

引言

传统的优化调度思路，为使发电耗水率尽可能小，保持机组在高水头、高负荷下运行。随着电网结构变化，并网主体类型更加多样化。相比于火电机组，水电机组具有良好的启停调节、出力调节性能，启动简单，出力调整反应迅速；相比于风电、光伏等新能源，水电机组出力稳定、可提前计划。故在电网中，水电机组提供旋转备用的时间将会增加。

旋转备用是指为了保证可靠供电，由电力调度机构指定发电侧并网主体（火电、核电、水电、光热发电，以及处于发电工况的抽水蓄能机组）通过预留发电容量所提供的服务，旋转备用必须在10分钟内能够调用。

在《南方区域电力辅助服务管理实施细则》中规定，水电机组有偿旋转备用服务供应量定义为：当发电机组预留发电容量超出60%额定容量时，额定容量的40%减去机组实际出力的差值在旋转备用时间内的积分，高峰时段按照R_4（元/兆瓦时）的标准补偿，低谷时段按照$0.5\times R_4$（元/兆瓦时）的标准补偿。结合细则规定，如果机组的振动区太大，振动区范围从0至40%额定容量以上，则机组预留发电容量不会超出60%额定容量，不存在旋转备用补偿。

1　问题的提出

在无弃水时段，水电站发电优化调度，实质上就是在发电水量相同的情况下，采取各种措施多发电，核心目标即是降低发电耗水率。

在新的发电形势下，水轮发电机低负荷运行时段显著增加，对水电的节能降耗提出了新的挑战。机组在旋转备用状态时，是否存在一个出力范围，机组发电量效益和补偿电量效益之和大于等于同等水量在较低耗水率下的发电量效益？

耗水率是水轮发电机每发一个单位电量时所消耗的发电水量，计算公式如下[1]：

$$\eta=\frac{W}{E}=\frac{QT}{NT}=\frac{C}{H_{净}\ \mu} \tag{1}$$

式中：η为机组耗水率，单位为$m^3/(kW\cdot h)$；W为发电用水量，单位为m^3；E为发电总量，单位为$kW\cdot h$；Q为水轮发电机发电流量，单位为m^3/s；N为水轮发电机出力，单位为kW；T为计算时段长；C为单位转换常数（$C=3\ 600/9.81$）；$H_{净}$为净发电水头，单位为m；μ为水轮发电机组效率。

由耗水率的概念及其计算公式可知，耗水率的大小是由发电水头和发电效率两个因素决定的。由水轮机运转特性曲线图[2]（见图1）可知：在水头H一定时，机组负荷P越低，水轮机效率越低，再结合公式可知此时耗水率越大，反之机组负荷P越高，水轮机效率越高，此时耗水率越小。

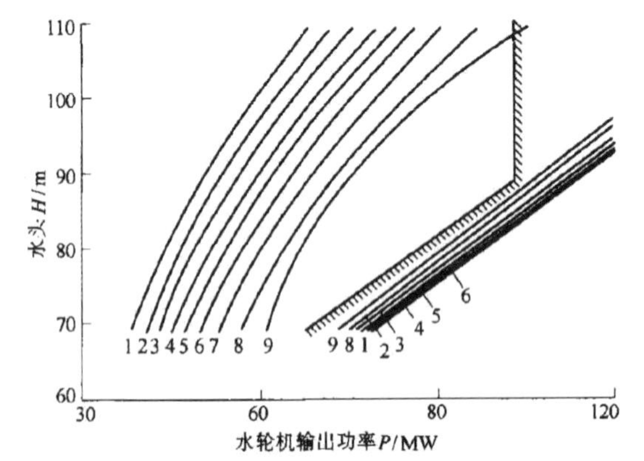

图1　水轮机运转特性曲线图

收稿日期：2023-08-29

作者简介：朱明星，河南洛阳人，高级工程师，从事集控运行调度工作.

选取机组设计参数，以机组在额定水头 H_r 下，带额定出力 P_e 下的耗水率 η_0 作为计算基准。本文涉及符号及意义如下：

P_e——额定出力；

H_r——额定水头；

η_0——基准耗水率，额定水头下、带额定出力时的机组耗水率；

P_1——当前机组出力；

η_1——当前水头下，当前机组出力时的耗水率；

R_4——旋转备用补偿标准，是 9.9 元/兆瓦时，低谷时段按照 $0.5\times R_4$；

R_1——电价（这里是电站电价）；

T——机组当前出力持续运行时间。

2 旋转备用补偿效益模型

2.1 旋转备用补偿效益模型内容

当机组处于旋转备用状态时的发电量效益+补偿电量效益≥同等耗水量等效在额定水头、额定出力下产生的发电量效益，避免因旋转备用带来效益损失。

2.2 模型公式推导

在时间 T 内，机组实际发生的耗水量为 $P_1T\eta_1$，发电量效益为 $P_1T\times R_1$，补偿效益为 $0.5\times(P_e40\%-P_1)TR_4$；同等耗水量等效在额定水头、额定出力下发电量为 $P_1T\eta_1/\eta_0$，折合效益为 $P_1T\eta_1/\eta_0\times R_1$。由于机组负荷不是一直不变，故得到公式[3]：

$$E=\sum_{i=1}^{n}\sum_{t=1}^{T}(P_t^i\times R_1\Delta t+0.5\times(0.4P_e-P_t^i)\times R_4\times\Delta t) \tag{2}$$

$$E_{eq}=\sum_{i=1}^{n}\sum_{t=1}^{T}P_t^i\Delta t\eta_t^i/\eta_0\times R_1 \tag{3}$$

式中，E 为电站低负荷运行期内的总发电量效益与补偿效益之和；

E_{eq} 为等效效益，即电站低负荷运行期内的总发电水量等效在额定水头、额定出力下的总发电量；i 为机组编号；n 为机组台数；T 为低负荷运行期内的时段总数；P_t^i 为第 i 机组在 t 时段的发电负荷；η_t^i 为第 i 机组在 t 时段的发电耗水率；Δt 为时段持续时间（小时）。须满足：

$E\geqslant E_{eq}$

对应某台机组、负荷不变的某个时段，公式简化为：

$P_1T\times R_1+0.5\times(0.4P_e-P_1)T\times R_4\geqslant P_1T\eta_1/\eta_0\times R_1$ ①

化简后即得到：

$P_1\ [0.5R_4-R_1(1-\eta_1/\eta_0)]\leqslant 0.2P_eR_4$

同理，按高峰时段的补偿规定，得到公式：

$P_1T\times R_1+(0.4P_e-P_1)T\times R_4\geqslant P_1T\eta_1/\eta_0\times R_1$

化简后即得到：

$P_1\ [R_4-R_1(1-\eta_1/\eta_0)]\leqslant 0.4P_eR_4$

该公式中的变量只有 P_1 和 η_1，但在 P_1 变化时 η_1 也会跟随变化，所以不能直接求得结果。P_1 是自变量，而 η_1 是因变量。P_1 的取值范围在 0 至 40% P_e 之间，根据水电站设计手册 η_1 也存在一个范围。根据水轮机耗水率表得知，在水头 H 一定时，在大部分 P_1 范围内，耗水率随着 P_1 增大而减小。

利用多项式回归拟合求出各个水头下的耗水率一出力关系方程，再代入上述公式求解，即可得出优化运行的出力范围。

多项式回归拟合是常用的非线性回归模型，指利用多项式函数来拟合给定的数据点，从而得到一个逼近原数据的函数，该函数可以用于预测未知的数据点。多项式回归拟合的优点在于可以拟合任意形状的数据，而且可以通过改变多项式的阶数来调整拟合的精度和复杂度。但是，高阶的多项式可能会导致过拟合的问题，因此需要根据实际情况选择合适的阶数。在实际应用中，多项式回归拟合被广泛应用于各种领域，如金融、医学、自然科学等。一组数据$(X_i, Y_i)(i=1, 2, 3, \cdots, m)$，其多项式回归拟合关系基本曲线如下[4]：

$$Y=a_0+a_1X^1+a_2X^2+a_3X^3+\cdots+a_kX^k(k<m) \tag{4}$$

3 模型求解

旋转备用补偿效益模型将旋转备用的效益损失问题，转化为了一个处理发电水头与发电负荷相关的问题。模型求解方法如下[5]：

(1) 对水轮发电机耗水率和发电水头、负荷的设计资料进行回归分析，拟合出不同水头下发电负荷和耗水率关系曲线 $\eta=f(P_H)$。

(2) 将拟合得到的发电负荷和耗水率关系曲线方程，代入效益公式，化简后得到一个新的目标函数方程。

(3) 分别将不同水头下的发电负荷和耗水率关系曲线方程参数、基准耗水率代入目标函数式，求出其合理解，得到水轮发电机各水头下低负荷发电时效益最优的运行区间。

4 实例验证

4.1 实例基本资料

乌江渡水电站位于乌江中游，水库库容 2.14×

10^9 m^3，是一座以发电为主的不完全年调节水库。乌江渡水电站装机容量 5×250 MW，水轮机特征水头为最大水头 131.9 m，最小水头 104.0 m，设计水头 116.0 m。乌江渡单机额定流量为 240 m^3/s。

4.2 推导效益方程

以乌江渡＃2 机水头 130 m 为例，按照设计资料中的水头一出力一耗水率关系表绘制出耗水率一出力曲线，并拟合出一条曲线方程。如图 2 所示。

图 2 中的方点是在水头 130 m 时设计资料中对应负荷下的耗水率，黑色曲线是拟合的方程线。

同理，在水头 128 m 时，绘制耗水率一出力曲线，并拟合出一条曲线方程，如图 3 所示。

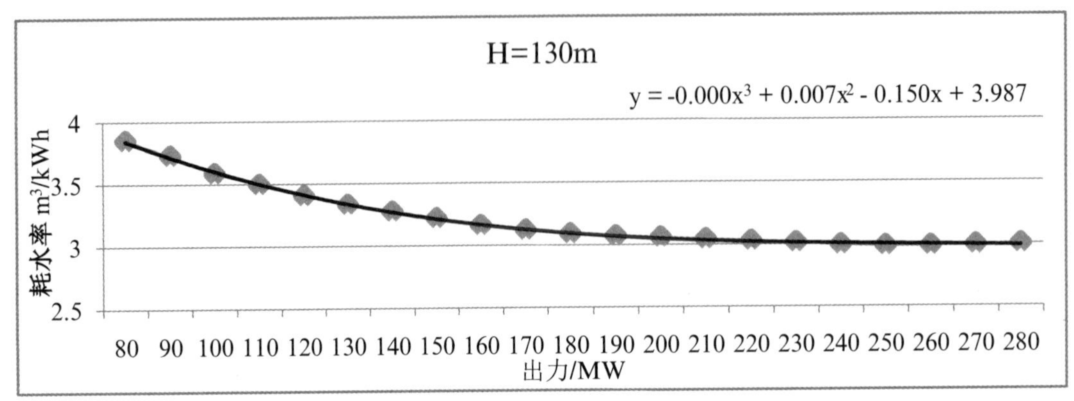

图 2 耗水率一出力曲线

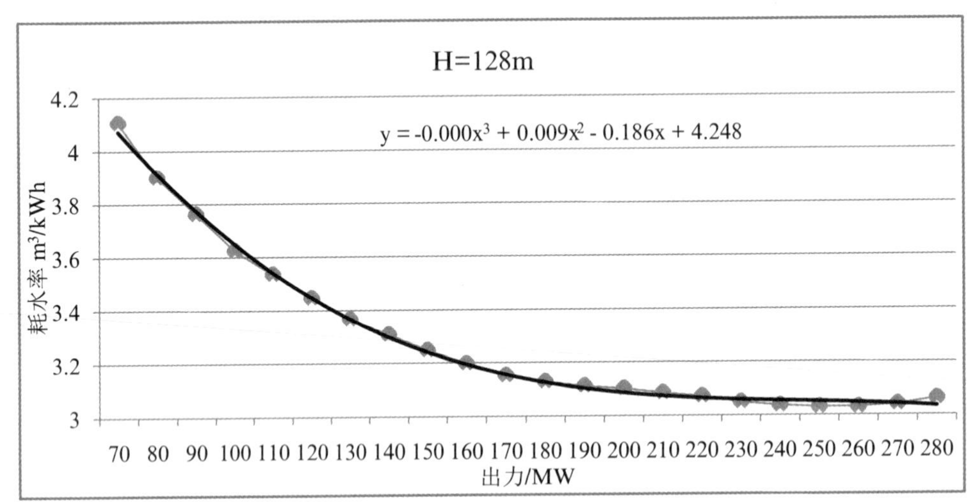

图 3 耗水率一出力曲线

图 3 中的方点是在水头 128 m 时设计资料中对应负荷下的耗水率，黑色曲线是拟合的方程线。

从示例图 2、图 3 中可见一元三次多项式的曲线与数据表的曲线非常吻合。同样方法也可以平滑画出其他水头下的耗水率一出力关系曲线并拟合出一个一元多项式，根据图示结果，三次多项式均可以很好地与耗水率一出力关系曲线吻合。

拟合曲线的方程式中相关系数 R^2 作为评价回归方程拟合程度优良的重要指标，代表趋势线的可靠性，愈接近 1 代表拟合程度愈高[6]。各水头下拟合的方程见表 1。

表 1 各水头下拟合的负荷一耗水率曲线

水头/m	拟合的方程	R一平方值
94	$y = -0.0003x^3 + 0.0195x^2 - 0.3196x + 5.802$	$R^2 = 0.9939$
96	$y = -0.0002x^3 + 0.0156x^2 - 0.2873x + 5.6487$	$R^2 = 0.9928$
98	$y = -0.0004x^3 + 0.0186x^2 - 0.2993x + 5.5607$	$R^2 = 0.9972$
100	$y = -0.0003x^3 + 0.0159x^2 - 0.2808x + 5.4539$	$R^2 = 0.9943$
102	$y = -0.0002x^3 + 0.0132x^2 - 0.2576x + 5.3324$	$R^2 = 0.9918$
104	$y = -0.0003x^3 + 0.0152x^2 - 0.2674x + 5.2647$	$R^2 = 0.9947$
106	$y = -0.0002x^3 + 0.0122x^2 - 0.2432x + 5.1504$	$R^2 = 0.9914$
108	$y = -0.0001x^3 + 0.0103x^2 - 0.2266x + 5.0548$	$R^2 = 0.9904$

续表

水头/m	拟合的方程	R－平方值
110	$y=-9E-05x^3+0.0097x^2-0.2187x+4.9658$	$R^2=0.9900$
112	$y=-0.0002x^3+0.0114x^2-0.23x+4.922$	$R^2=0.9928$
114	$y=-0.0001x^3+0.0104x^2-0.2221x+4.8499$	$R^2=0.9878$
116	$y=-0.0002x^3+0.0113x^2-0.2272x+4.8016$	$R^2=0.9915$
118	$y=-0.0001x^3+0.0102x^2-0.2163x+4.7229$	$R^2=0.9891$
120	$y=-0.0002x^3+0.0107x^2-0.2187x+4.6782$	$R^2=0.9905$
122	$y=-0.0002x^3+0.0114x^2-0.224x+4.6416$	$R^2=0.9926$
124	$y=-0.0002x^3+0.0119x^2-0.2283x+4.6091$	$R^2=0.9956$
126	$y=-0.0002x^3+0.0125x^2-0.2337x+4.5795$	$R^2=0.9947$
128	$y=-0.0002x^3+0.0098x^2-0.1862x+4.2487$	$R^2=0.9976$
130	$y=-0.0001x^3+0.0078x^2-0.1504x+3.9877$	$R^2=0.9988$
132	$y=-0.0001x^3+0.0079x^2-0.1499x+3.9473$	$R^2=0.9989$
134	$y=-0.0001x^3+0.0075x^2-0.1459x+3.9006$	$R^2=0.9993$
136	$y=-0.0001x^3+0.0072x^2-0.1412x+3.849$	$R^2=0.9993$
138	$y=-0.0001x^3+0.0071x^2-0.1384x+3.8015$	$R^2=0.9993$
140	$y=-0.0001x^3+0.0052x^2-0.1011x+3.4958$	$R^2=0.9991$

由表 1 可看出，各拟合曲线相关系数 R^2 的值都非常接近 1，说明三次方程曲线的拟合度已经很高，故用拟合的一元三次多项式表示该水头下的耗水率一出力关系。结合拟合的方程式形式，表达式可以统一表示为：

$$y=ax^3+bx^2+cx+d \tag{5}$$

式中：y 为耗水率，x 为负荷，单位分别为 $m^3/(kW \cdot h)$，kW。其中对于确定的水头，a、b、c、d 的值确定。代入①，化简后

$$aR_1P_1^4+bR_1P_1^3+cR_1P_1^2+(dR_1+0.5R_4\eta-R_1\eta)P_1-0.2R_4P_e\eta\leqslant 0$$

以函数表达：

$$f(x)=aR_1x^4+bR_1x^3+cR_1x^2+(dR_1+0.5R_4\eta-R_1\eta)x-0.2R_4P_e\eta$$

求 $f(x)\leqslant 0$，或者求出该函数在负荷 0～40% P_e 区间的最低段。将方程的各次幂的系数形式简化，便于计算。设

$A=aR_1$，

$B=bR_1$，

$C=cR_1$，

$D=(dR_1+0.5R_4\eta-R_1\eta)$，

$E=0.2R_4P_e\eta$

则方程形式转化为，$f(x)=Ax^4+Bx^3+Cx^2+Dx-E$

同理，高峰时段的方程如下：

$$aR_1P_1^4+bR_1P_1^3+cR_1P_1^2+(dR_1+R_4\eta-R_1\eta)P_1-0.4R_4P_e\eta\leqslant 0$$

以函数表达：

$$f(x)=aR_1x^4+bR_1x^3+cR_1x^2+(dR_1+R_4\eta-R_1\eta)x-0.4R_4P_e\eta$$

求 $f(x)\leqslant 0$，或者求出函数在该 0～40% 区间的最低段。

同样设

$A=aR_1$，

$B=bR_1$，

$C=cR_1$，

$D=(dR_1+R_4\eta-R_1\eta)$，

$E=0.4R_4P_e\eta$

则方程形式同样可以转化为，$f(x)=Ax^4+Bx^3+Cx^2+Dx-E$

4.3 求解效益方程

乌江渡＃2 机额定出力 250 MW，即 $P_e=250\ 000$ kW，额定流量 240 m^3/s。$R_1=0.24\ 312$ 元/（kW·h），$R_4=99$ 元/（万 kW·h），即 $R_4=0.0\ 099$ 元/（kW·h），$\eta=3\ 600\times240/(25\times1\times1\ 000)=3.456\ m^3/(kW \cdot h)$。

4.3.1 计算效益方程参数

分别计算出不同水头下的 A、B、C、D、E 值。绘制成表格见表 2、表 3，便于计算使用[7]。

表 2 低谷时段效益方程参数表

水头/m	A	B	C	D	E
94	－0.000072936	0.00474084	－0.077701152	0.360434442	1445.037
96	－0.000048624	0.003792672	－0.069848376	0.33340446	1430.946

续表

水头/m	A	B	C	D	E
98	−0.000097248	0.004522032	−0.072765816	0.361220964	1363.23
100	−0.000072936	0.003865608	−0.068268096	0.341011428	1355.31
102	−0.000048624	0.003209184	−0.062627712	0.315477342	1349.799
104	−0.000072936	0.003695424	−0.065010288	0.341274402	1291.653
106	−0.000048624	0.002966064	−0.059126784	0.315668148	1288.65
108	−0.000024312	0.002504136	−0.055090992	0.294008688	1286.472
110	−0.000021881	0.002358264	−0.053170344	0.314867112	1227.996
112	−0.000048624	0.002771568	−0.0559176	0.339208194	1179.849
114	−0.000024312	0.002528448	−0.053996952	0.345781152	1146.684
116	−0.000048624	0.002747256	−0.055236864	0.354519084	1118.502
118	−0.000024312	0.002479824	−0.052586856	0.353396022	1093.719
120	−0.000048624	0.002601384	−0.053170344	0.359915508	1069.794
122	−0.000048624	0.002771568	−0.05445888	0.365382534	1050.027
124	0.000145872	−0.001166976	−0.001288536	0.027776106	1032.009
126	−0.000048624	0.003039	−0.056817144	0.375274026	1015.641
128	−0.000048624	0.002382576	−0.045268944	0.306385272	999.768
130	−0.000024312	0.001896336	−0.036565248	0.254106564	984.39
132	−0.000024312	0.001920648	−0.036443688	0.253637496	971.52
134	−0.000024312	0.0018234	−0.035471208	0.25209243	958.023
136	−0.000024312	0.001750464	−0.034328544	0.24832485	945.945
138	−0.000024312	0.001726152	−0.033647808	0.245314242	934.197
140	−0.000024312	0.001264224	−0.024579432	0.179266248	922.812

表 3　高峰时段效益方程参数表

水头/m	A	B	C	D	E
94	−0.000072936	0.00474084	−0.077701152	0.374884812	2890.074
96	−0.000048624	0.003792672	−0.069848376	0.34771392	2861.892
98	−0.000097248	0.004522032	−0.072765816	0.374853264	2726.46
100	−0.000072936	0.003865608	−0.068268096	0.354564528	2710.62
102	−0.000048624	0.003209184	−0.062627712	0.328975332	2699.598
104	−0.000072936	0.003695424	−0.065010288	0.354190932	2583.306
106	−0.000048624	0.002966064	−0.059126784	0.328554648	2577.3
108	−0.000024312	0.002504136	−0.055090992	0.306873408	2572.944
110	−0.000021881	0.002358264	−0.053170344	0.327147072	2455.992
112	−0.000048624	0.002771568	−0.0559176	0.351006684	2359.698
114	−0.000024312	0.002528448	−0.053996952	0.357247992	2293.368
116	−0.000048624	0.002747256	−0.055236864	0.365704104	2237.004
118	−0.000024312	0.002479824	−0.052586856	0.364333212	2187.438
120	−0.000048624	0.002601384	−0.053170344	0.370613448	2139.588
122	−0.000048624	0.002771568	−0.05445888	0.375882804	2100.054
124	0.000145872	−0.001166976	−0.001288536	0.038096196	2064.018
126	−0.000048624	0.003039	−0.056817144	0.385430436	2031.282
128	−0.000048624	0.002382576	−0.045268944	0.316382952	1999.536
130	−0.000024312	0.001896336	−0.036565248	0.263950464	1968.78
132	−0.000024312	0.001920648	−0.036443688	0.263352696	1943.04
134	−0.000024312	0.0018234	−0.035471208	0.26167266	1916.046
136	−0.000024312	0.001750464	−0.034328544	0.2577843	1891.89
138	−0.000024312	0.001726152	−0.033647808	0.254656212	1868.394
140	−0.000024312	0.001264224	−0.024579432	0.188494368	1845.624

4.3.2 编程求解

引入 python 程序来求解该效益方程，部分程序代码如下：

```
import matplotlib. pyplot as plt
import xlwings as xw
from sympy import *
import numpy as np

file_path = r" . \ 梯级拟合汇总 . xlsx"
wb = xw. Book(file_path)

sheet_name = []
num = len(wb. sheets) #获取 sheet 个数
for i in range(num):
sht = wb. sheets[i]
sheet_name. append(sht. name)
# 定义定义域
pe = [200, 250, 600, 100]

for i in range(len(sheet_name)):
sht = wb. sheets[sheet_name[i]]
sht. range("A2")
info = wb. sheets[sheet_name[i]]. used_range
nrows = info. last_cell. row
ncolumns = info. last_cell. column
# 截取低谷时段数据
cal_value = sht. range((3, 12), (nrows - 3, 16)). value #末尾图片占 3 行
mn = cal_value
water_level = sht. range((3, 1), (nrows - 3, 1)). value

for j in range(len(mn)):
A = mn[j][0]
B = mn[j][1]
C = mn[j][2]
D = mn[j][3]
E = mn[j][4]
# 定义定义域
x_val = np. linspace(-0.4 * pe[i], 0.4 * pe[i], 400)
# 求解应变量
y_val = A * np. power(x_val, 4) + B * np. power(x_val, 3) + C * np. power(x_val , 2) + D * np. power(x_val, 1) - E
# 设置 matplotlib 作图工具
fig, ax = plt. subplots(figsize= (16, 12))
if a > 0:
ax. text(30, 2, '拟合为一元四次方程', style='italic', bbox = {'facecolor': 'yellow'}, fontsize=18)
ax. text(2, 6, r'方程为: $y = {: .2f} x^4 + {: .2f} x^3 + {: .2f} x^2 + {: .2f} x - {: .2f}$'. format(A, B, C, D, E), fontsize = 15)
else:
ax. text(-300, -25, '拟合为一元四次方程', style='italic', bbox = {'facecolor': 'yellow'}, fontsize=15)
ax. text(-200, -50, r'方程为: $y = {: .2f} x^4 + {: .2f} x^3 + {: .2f} x^2 + {: .2f} x - {: .2f} $'. format(A, B, C, D, E), fontsize = 15)
ax. tick_params(axis='both', labelsize=14)
ax. plot(x_val, y_val)
ax. set(xlabel='负荷(MW)', ylabel='效益(元)', title='两个细则下%s 高峰时段低负荷发电效益分析'% sheet_name[i])
ax. grid()
# 保存图片
fig. savefig(r" . \ images {: s} \ {: s} _高峰时段_{: d} m. png" . format(str(today_ymd), sheet_name[i], int(water_level[j])))
```

4.4 优化运行区间图

依据绘制出的各水头下负荷—效益图，求得经济运行的负荷区间，并绘制水头、负荷表。再绘制低负荷优化运行区间图，便于依据水头快速查找出获得最大效益或效益损失最小时所带负荷。求解出的效益损失最小的负荷区间见表 4～表 6。

表 4 优化后的低负荷运行区间

水头/m	低谷时段		高峰时段	
	下限/MW	上限/MW	下限/MW	上限/MW
94	75	100	75	100
96	85	100	87	100
98	60	100	60	100
100	68	100	75	100
102	82	100	83	100
104	75	100	75	100
106	83	100	86	100
108	80	100	80	100
110	80	100	80	100
112	83	100	70	100

续表

水头/m	低谷时段		高峰时段	
	下限/MW	上限/MW	下限/MW	上限/MW
114	94	100	87	100
116	83	100	75	100
118	96	100	90	100
120	85	100	79	100
122	86	100	81	100
124	82	100	82	100
126	88	100	83	100
128	85	100	77	100
130	88	100	90	100
132	90	100	92	100
134	89	100	90	100
136	88	100	90	100
138	88	100	89	100
140	82	100	85	100

制作运行图如图 4、图 5 所示。两图中上方的直线是发电机额定容量的 40%，是获得旋转备用补偿的上限负荷值，下部的折线是优化运行时所带负荷的下限，低于该范围时效益损失显著增大。

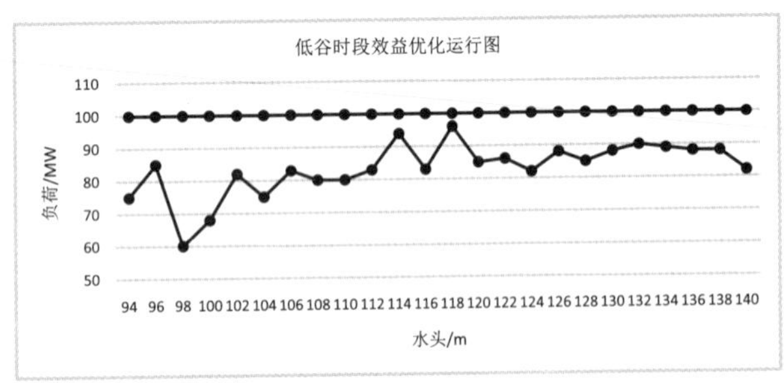

图 4　低谷时段低负荷时的优化运行区间

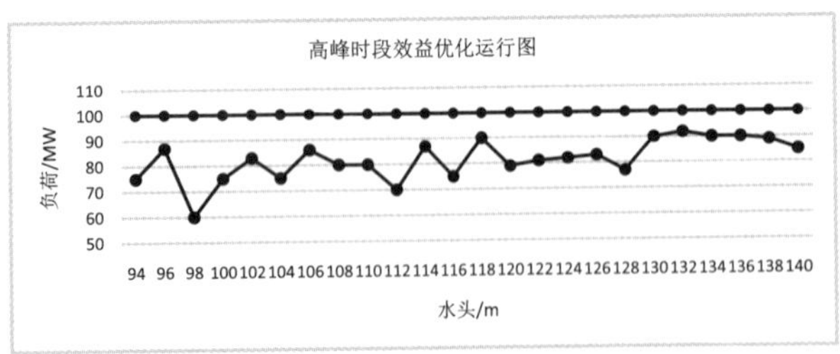

图 5　高峰时段低负荷时的优化运行区间

5　结果验证

分别在优化运行图上取优化范围内和优化范围外的负荷进行验证，代入简化公式①，计算结果汇总见表 5 和表 6。

表 5　水头 124 m 验证表

h=124 m	低谷	低谷	高峰	高峰
出力/MW	96	80	96	80
耗水率/m³/kW·h	3.8434	3.96	3.8434	3.96
E/元：	23359	19549	23379	19648
E_{eq}/元：	25966	22295	25966	22295
效益损失/元	2607	2746	2587	2647
优化效益/元	139		60	

表 6　水头 102 m 验证表

h=102 m	低谷	低谷	高峰	高峰
出力/MW	96	80	96	80
耗水率/m³/kW·h	4.41	4.66	4.41	4.66
E/元：	23359	19549	23379	19648
E_{eq}/元：	29794	26236	29794	26236
效益损失/元	6435	6687	6415	6588
优化效益/元	253		173	

以上分析表明，机组在旋转备用状态，在给定的优化区间内运行，可以减少效益损失，同时出力越高，损失效益越少。还表明，在保证大坝安全的前提下，尽量提高水库水位，提升机组运行水头，降低发电耗水率，可以显著减少低负荷运行时的效益损失。

6　结语

近年来，随着电力市场化的不断推进，辅助服务管理在电网中的应用越来越受到重视。管理好辅助服务，对于增加水电站发电效益、提高电站运行水平、改善电网安全、促进电力资源的优化配置将起到重要作用。本文运用的这种旋转备用补偿所获综合效益模型是一种尝试，还有一定的缺陷，还需要通过大量的实践和新方式进一步完善。

参考文献

[1] 陈尧，马光文，杨道辉，刘刚. 水电站综合耗水率参数在水库优化调度中的应用[J]. 水力发电，2009，35(04)：22-23+28.

[2] 张蓉生，刘志鹏，屈波. 水轮机模型特性图计算机辅助数据采集及模拟与运转特性曲线的生成[J]. 机械工程学报，2006(04)：222-226.

[3] 武恒恒. 基于模型预测控制的水电站优化调度研究[D]. 华中科技大学，2021. DOI：10.27157/d.cnki.ghzku.2021.003795.

[4] 王磊，许永强. 东风水电站水轮机效率试验及关系曲线回归分析[J]. 浙江水利科技，2022，50(04)：18－22.

DOI:10.13641/j.cnki.33-1162/tv.2022.04.005.
[5] 赵娟.基于耗水率动态规划模型的水电站水库优化调度[J].吉林水利，2014(08):24-26+29.DOI:10.15920/j.cnki.22-1179/tv.2014.08.029.
[6] 杨婷,陈黎来,李世纪等.基于主成分分析一线性回归的光伏发电功率预测研究[J].南京工程学院学报(自然科学版),2022,20(01):77-83.DOI:10.13960/j.issn.1672-2558.2022.01.015.
[7] 李树山，吴慧军，廖胜利，程春田，吴钊平，陈愿米.基于箱形图数据清洗的水电站特性曲线修正方法[J].水资源研究，2021，10(6)：637-645.

基于萨道夫斯基回归模型的爆破质点振动速度分析方法

徐洋，王路恒

（中国电建集团贵阳勘测设计研究院有限公司，贵州贵阳，550081）

摘要： 本文基于萨道夫斯基回归模型，对某水电站生态供水洞爆破开挖过程中的质点振动监测数据进行了分析，通过对数据的处理和建模，得出了影响质点振速的主要因素，建立了准确的振动预测模型，并通过实际监测数据的验证，证明了模型的可靠性和适用性。本文的研究成果对于爆破开挖工程的安全控制及爆破振动判据有着重要意义，为爆破开挖施工提供了理论依据。

关键词： 萨道夫斯基回归模型；开挖爆破；质点振动监测；数据分析

引言

爆破的危害效应如冲击波、地震波、飞石等加以控制与防护，应对冲击波、地震波等不良影响的参数进行测定，准确分析与研究这些参数的变化与分布规律，进而确定相应的控制方法及措施[1]。做到过程控制和为后续施工提供可靠数据，有效指导爆破施工，确保工程建设安全，避免工程建设纠纷，界定工程事故责任有重要意义，对于爆破开挖的监测和控制显得尤为重要。质点振动是爆破开挖中最为关注的一项监测指标，其代表着建(构)筑物受到的振动程度。因此，如何准确地预测质点振速，成为了爆破开挖施工中需要解决的重要问题。本文将从萨道夫斯基回归模型的角度出发，对某施工期生态供水洞爆破开挖质点振动监测数据进行回归分析，重点分析了距离和单响药量对质点振速的影响，建立适用于该工程质点振速预测模型。

1　监测背景

某施工期生态供水洞布置于导流洞外的临河侧。采用有压隧洞后接无压隧洞型式，隧洞全长约 1 450 m，分为有压段、闸室段、无压段、出口明渠段。施工期生态供水洞距离导流洞较近，最近距离为 25.5 m，高度相差不大。开挖断面为城门洞，最大洞段开挖尺寸为 7.7 m×8.6 m(宽×高)。

根据工程建设需要，因导流洞处于超设计期限运行状态，为加强生态供水洞爆破开挖振动控制，防止爆破质点振速过大对导流洞、开挖过程中施工支护的锚杆、喷混、毗邻构筑物及生态供水洞临河侧边坡造成破坏，危及水电站工程建设安全，受业主方委托笔者所在单位进行爆破振动质点速度监测，通过对爆破地震效应进行测试，获取质点振动速度，分析爆破震动衰减规律，求取质点振速预测模型，指导爆破施工，为施工中优化爆破参数提供参考依据，确保质点振动速度满足设计要求。

监测洞段地质条件单一，岩性为燕山早期似斑状黑云钾长花岗岩，岩体中伟晶岩脉发育，与主岩体呈焊接接触，围岩类型Ⅱ、Ⅲa 类为主。爆破方式采用微差爆破，试验测点采用直线近密远疏布置方式，爆破设计参数总孔数 177 个，开挖进尺 1.5～2.0 m，使用炸药为 2 号岩石乳化炸药，单孔药量主爆孔 2.4 kg、辅助孔 1.8 kg、周边孔 0.9 kg、最大单响药量 24.5～26.5 kg、总装药量 192～216 kg、主洞爆破开挖网络参数如图 1 所示，导爆管雷管名义延期时间及段别标志见表 1。

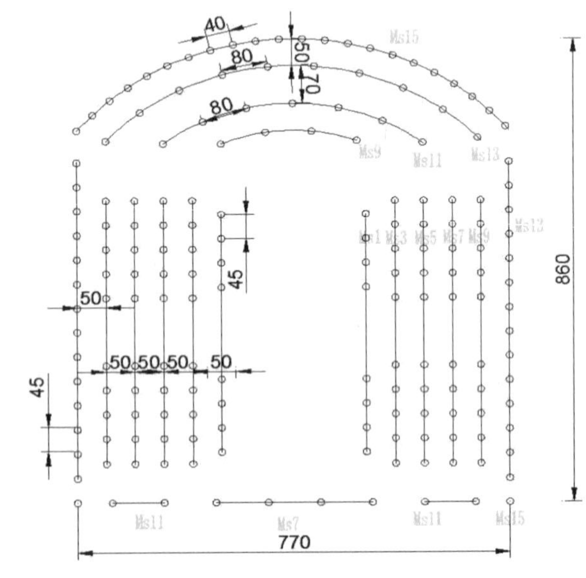

图 1　爆破开挖网络参数图

收稿日期： 2023-05-29

作者简介： 徐洋，贵州贵阳人，工程师，主要从事水利水电工程物探检测.

表 1　导爆管雷管延期时间及段别标志

段别	1	3	5	7	9	11	13	15
名义延时(Ms)	0	50	110	200	310	460	650	880

2　安全控制判据

评估爆破对不同类型建(构)筑物、设施设备和其他保护对象的振动影响，应采用不同的安全判据和允许标准[2-3]。国内外对质点振速和频率求取也总结出不同的经验公式，本次监测保护对象采用所在地基础质点峰值振动速度为主，爆破试验开展前，根据开挖支护施工方案和安全专项施工方案讨论会纪要要求，观测点至爆破区药量分布几何中心10 m时、安全允许爆破振动速度按不大于5 cm/s控制；试验后，生态供水洞距导流洞垂直距离大于90 m段爆破振动速度按10 m处10 cm/s控制，最大单响药量按26.16 kg控制，其余洞段爆破振动速度严格按10 m处5 cm/s控制，最大单响药量按8.7 kg控制。同时加强过程抽检，超控制标准时及时调整爆破参数，主要调整爆破单响药量和缩短开挖进厂方式，具体控制标准见表2：

表 2　安全允许爆破振动速度[4]

保护对象类别	安全允许质点振动速度 υ(cm/s)		备注
混凝土	龄期：初凝～3d	2.0～3.0	控制点位于距爆区最近的新浇大体积混凝土基础上。
	龄期：3d～7d	3.0～7.0	
	龄期：7d～28d	7.0～12.0	
灌浆区	龄期：初凝～3d	2.0～3.0	3天内不能受振。
	龄期：3d～7d	3.0～7.0	
	龄期：7d～28d	7.0～12.0	
锚索、锚杆	龄期：初凝～3d	2.0～3.0	锚索锚墩、锚杆孔口附近。
	龄期：3d～7d	3.0～7.0	
	龄期：7d～28d	7.0～12.0	
喷射凝凝土	龄期：初凝～3d	2.0～3.0	距爆区最近喷射混凝土上。
	龄期：3d～7d	3.0～7.0	
	龄期：7d～28d	7.0～12.0	
水工隧洞	/	8.0～10.0	

3　测点布设

3.1　测点布设原则

试验测试场地要求宽广平坦的地形。其目的是布置测点时不会受到爆心距长度的影响，可避免地形对震动强度的影响。试验测试区域地质条件变化不宜过大，岩性尽可能保持一致；试验测点以爆区的几何中心作为爆源中心，径向呈直线排列并尽可能保持在同一水平内。观测地震波沿爆心至开挖掌子面方向的衰减规律，测点按近密远疏原则布置，根据试验场地条件，测点以不少于5个为宜，所有测点安置在完整基岩上。本次试验洞室内测点沿边墙一侧布设。为确保试验数据具有代表性，距离爆源10 m处测点相对固定，其他测点可根据试验次数随机布设。临近爆源测点应做好防护，防止飞石损伤监测设备。监测点布设示意图见图2。

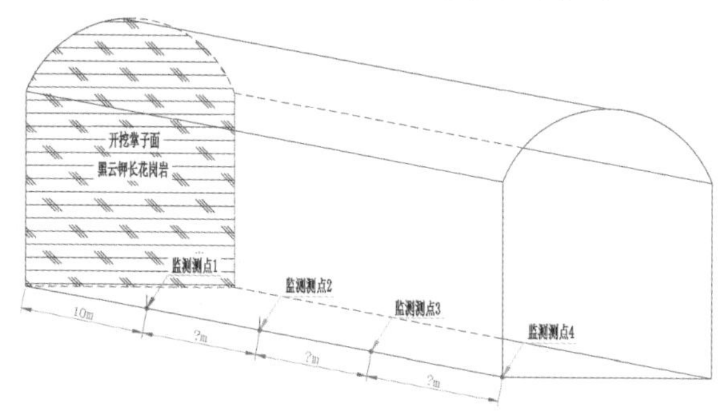

图 2　监测点布设示意图

3.2　设备安装

安置点松动岩体进行清理和平整；尽可能避开岩溶发育或岩石松动测点。本工程采用三分量传感器，其径向标记箭头应指向测点与爆炸中心点连线方向，传感器安装完成后处于水平状态；安装在洞室基础面上时采用石膏进行耦合，放上石膏粉，用少许水和匀，放上速度传感器，压紧，待石膏和基础耦合凝固后进行爆破监测；安装在两侧墙时，采用刚性连接，钻孔内应注入速凝剂，膨胀螺栓和传感器支架连接牢固，无松动现象后进行爆破监测，确保振动波形记录完整有效。安装设备效果如图3所示。

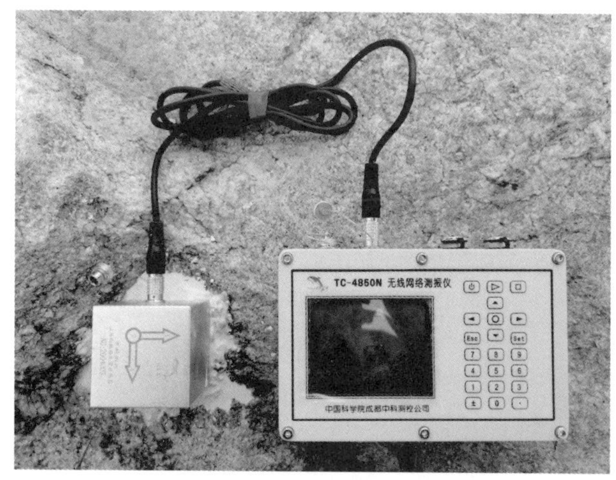

图 3　安装设备效果图

4　回归模型建立

工程爆破质点振动监测中采用萨道夫斯基回归模型预测爆破振速具有快捷简便作用，应用过程中根据试验实测振速，通过最小二乘法求取 K、a，经验公式如下式（1）：

$$\upsilon=K\left(\frac{Q^{1/3}}{R}\right)^{a} \tag{1}$$

式中：υ 为介质质点的震动速度，cm/s；R 为监测点至爆心距离，m；Q 为最大段单响爆破药量，kg；K、a 为与爆破条件、岩土特征、地形条件等相关系数。

通过系列药量试验建立系列方程，基于最小二乘法原理。对萨道夫斯基经验公式两边取对数，得到：

$Lnv=LnK+aLn(Q^{1/3}/R)$，转换变量 $y=Lnv$，$a_0=LnK$，$a_1=a$，$x=Ln(Q^{1/3}/R)$，则有：

$$y=a_0+a_1x \tag{2}$$

通过实测数据回归分析得到方程组：

$$\begin{bmatrix} N & \sum x \\ \sum x & \sum x^2 \end{bmatrix}\begin{bmatrix} a_0 \\ a_1 \end{bmatrix}=\begin{bmatrix} \sum y \\ \sum xy \end{bmatrix} \tag{3}$$

求解得到 a_0、a_1，并带回原始公式：

$K=e^{a_0}$，$a=a_1$

检验曲线回归效果采用直线相关系数的平方值来表示：

$$r^2=1-\frac{\sum(v-\dot{v})^2}{\sum(v-\bar{v})}，r^2\in[0,1] \tag{4}$$

试验前应对测振仪设置好存储长度、触发延时、触发电平和上传阈值等相关参数，根据预估振速，离爆源较近测点测振仪设置较高的触发电平值，防止因飞石引起误触发。在获取监测振速 v 后，以及单响药量 Q 和距离 R 已知的情况下，对监测数据进行筛选，剔除掉部分数据异常点和离散性较大的测点，基于萨道夫斯基公式分别回归计算求取水平径向、水平切向、垂直向的相关系数，爆破振动衰减参数见表 3，根据回归计算结果，岩性与测区花岗岩特征相吻合，拟合相关性较好。各振速分量回归分析图如图 4～图 6 所示。

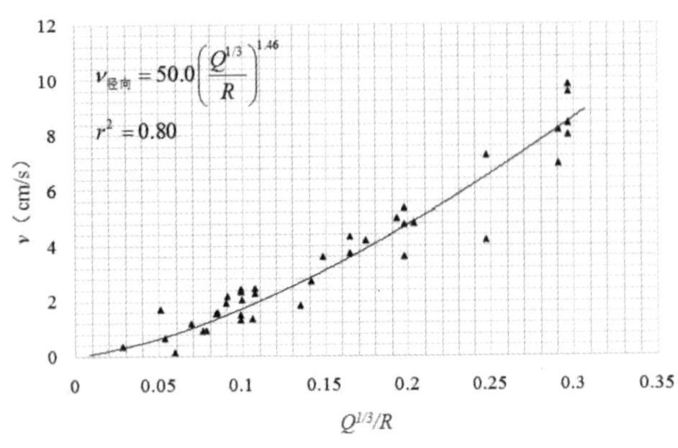

图 4　径向回归分析图

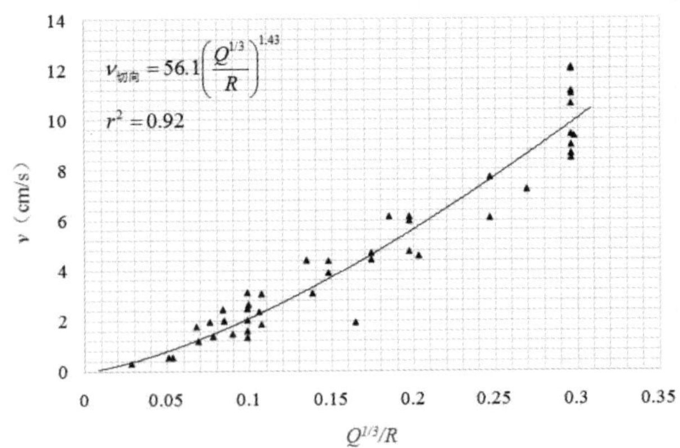

图 5　切向回归分析图

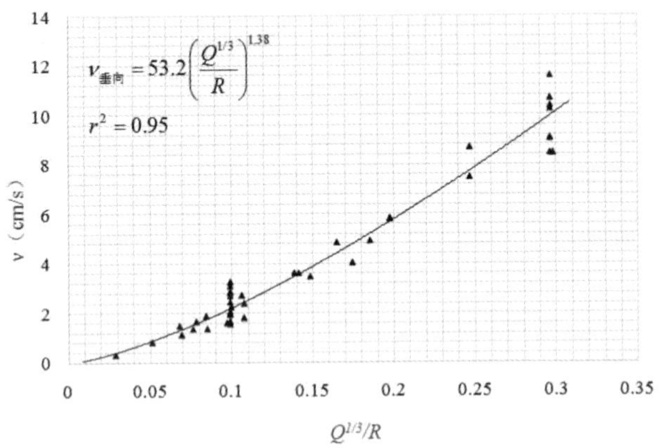

图 6　垂直向回归分析图

爆破质点振速控制标准分别按距离爆源几何中心 10 m、5 m 处不大于 10 cm/s 和 5 cm/s 进行反演计算，求得三个分量对应的最大单响药量值，取其最小值作为控制指标，见表 3。

表 3　爆破振动衰减参数及最大单响控制标准

序号	振速分量	K	α	相关系数 r^2	最大单响药量(kg)	
					$v<10$ cm/s	$v<5$ cm/s
1	径向	50.0	1.46	0.80	32.6	7.5
2	切向	56.1	1.43	0.92	25.5	6.2
3	垂向	53.2	1.38	0.95	24.3	5.4
4	最小	/	/	/	24.3	5.4

5　数据分析

《水电工程物探规范》NB/T 10227－2019 明确提出了需对施工爆破振动传播规律试验应分析质点振动速度与距离、高程、药量的关系，并回归计算爆破振动衰减规律[5]，本工程因监测洞段高差不大，故不考虑高差影响。选取距离及药量进行分析。

5.1　距离影响

为验证建立模型准确性，从监测数据分析角度随机选取 9 组近密远疏测点做预测与实测数据对比，验证所建立模型的准确性和可靠性。从数据表中不难看出，距爆心较近测点 11 m～17 m 实测振速离散性较大，相对误差介于 1.4%～319.4%，就其原因是测点距离开挖掌子面较近，爆破几何中心已不能看着一个点，各主爆孔、辅助孔及周边孔离最近测点距离不同，其次受到微差爆破影响以及飞石影响，离爆源较近测点接收到质点振动数据有可能不是真实振速，即最大单响药量和分量振速不成正相关，因此监测数据参考性不强，求取质点振动传播规律时临近爆源测点数据参与回归计算需斟酌使用，同时监测过程中需根据现场实际情况做动态调整，确保监测数据有效指导爆破施工。但随着爆心距的增大，测点 18 m～57 m 振速相对误差为 0～15.6%，预测振速基本贴近于实测振速，说明所建立的模型准确性和可靠性较高。各分量预测与实测数据见表 4。

表 4　各分量预测与实测数据对比

组号	振速分量	距离爆心(m)	预测振速(cm/s)	实测振速(cm/s)	相对误差(%)
1	径向	11	7.12	7.22	1.4
	切向		8.32	7.22	15.2
	垂向		8.43	2.01	319.4
2	径向	14	5.01	4.19	19.6
	切向		5.89	7.70	23.5
	垂向		6.04	7.50	19.5
3	径向	16	4.12	8.39	50.9
	切向		4.87	9.42	48.3
	垂向		5.03	9.05	44.4
4	径向	17	3.77	6.07	37.9
	切向		4.46	4.70	5.1
	垂向		4.62	4.06	13.7
5	径向	18	3.47	3.72	6.7
	切向		4.11	3.88	5.9
	垂向		4.27	4.87	12.3
6	径向	21	2.77	2.70	2.6
	切向		3.30	3.51	6.0
	垂向		3.45	3.64	5.2
7	径向	28	1.82	1.84	1.1
	切向		2.18	2.35	7.2
	垂向		2.32	2.75	15.6
8	径向	39	1.12	1.01	10.9
	切向		1.36	1.36	0.0
	垂向		1.47	1.39	5.8
9	径向	57	0.64	0.69	7.3
	切向		0.79	0.75	5.3
	垂向		0.87	0.85	2.4

5.2　药量影响

爆破质点振速作为反应爆破效果的重要指标之一，最大单响药量也是一个不可图略因素，从图 7～图 8 不难看出，在一定范围内，单响药量对爆破质点振速影响显著，单响药量与振速呈正相关，即药量越大，振速越高。但当药量达到一定值时，振速呈饱和状态，增加药量振速并非显著提高。但单响药量一定的情况下，距离爆源越近的测点，振速越大，尤其临近爆源 10 m～14 m 振速呈几何式增大。因此，设计过程中采用近距离振速作为爆破安全允许爆破振动速度控制指标是否可行有待进一步验证。其次在开挖进尺一定，单响药量一定的情况下若需进一步降低振速，需对开挖方式、改变装药钻孔直径、装药结构、微差爆破相邻段起爆时间间隔、孔内药包起爆顺序、底盘抵抗线、堵塞长度等相关影响质点振速因素进一步研究，确保质点振速满足设计要求。

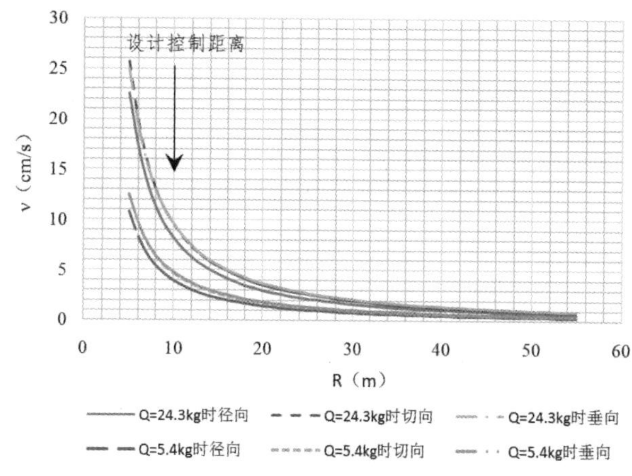

图 7　距离与振速关系图

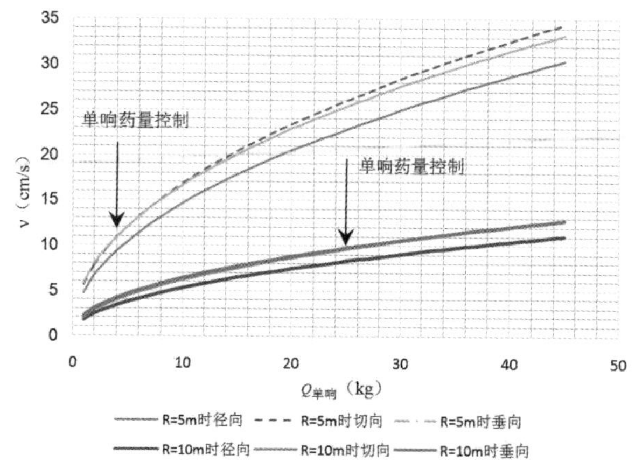

图 8　单响药量与振速关系图

6　结论

通过本文的数据分析，成功地建立了基于萨道夫斯基回归模型的爆破开挖质点振动预测模型。该模型对测区振速预测具有较高的准确性和适用性，在实际工程中有着重要的应用价值。

（1）采用建立的萨道夫斯基回归模型对该项目生态供水洞开挖过程控制，根据设计控制指标，通过反演计算，求得三个分量对应的最大单响药量值，取其最小值作为控制指标，指导过程爆破开挖，质点振速是可控的，爆破开挖是安全的。

（2）建模前需对采集数据预处理，剔除异常值，尤其临近爆源测点数据需重点筛查，结合测区岩性及开挖揭示情况，查看系数 K、a 取值范围是否贴合测区实际，以保证模型的准确性和可靠性。

（3）根据数据表格不难看出，离爆源最近的同一测点实测振速离散性较大，笔者建议采用实测与预测值相结合方式来对建(构)筑物损伤评价，选取适宜的安全允许爆破振动速度，与萨道夫斯基回归模型建立原理更加贴合。

（4）采用萨道夫斯基经验公式来预测爆破振速，除重点分析质点振动速度与距离、药量的关系外，还应根据现场爆破开挖方式、岩石结构类型、药孔直径、装药结构、现场爆破条件等相关因素动态调整回归模型，确保模型准确性和指导爆破施工的有效性。

参考文献：

[1] 李克友，许慧玺. 抽水蓄能电站地下洞室开挖爆破振动监测研究[J]. 企业科技与发展，2022(02)：62－65.

[2] 言志信，彭宁波，江平，王后裕. 爆破振动安全标准探讨[J]. 煤炭学报，2011，36(08)：1281－1284. DOI：10.13225/j.cnki.jccs.2011.08.003.

[3] 李小贝. 爆破施工对邻近既有隧道的振动响应研究[J]. 爆破，2021，38(04)：149－155.

[4] GB 6722－2014，爆破安全规程[S].

[5] NB / T 10227－2019 水电工程物探规范[S].

西溪河交通输水两用大桥综合施工技术

张所倩

（中国水利水电第八工程局有限公司，湖南长沙，410004）

摘要：西溪河交通输水两用大桥是贵州省第一座交通输水两用大桥，位于贵州省黔西市西溪河130米深切U型河谷，该处为贵州省典型的喀斯特山区，两岸地势陡峻，施工场地狭小，桥式结构新颖，设计荷载大，施工难度大，技术含量高、安全风险高，工期紧张。本着总结施工经验，快速高效施工，减少质量通病，确保施工安全的原则，本文结合施工现场对主拱肋施工技术，拱桥塔吊布设、专用钢拱架拼装、拱圈分环分段浇筑及拱架拆除、供水管桥检修道施工、上层公路桥施工关键技术进行总结，以期对拱式建筑相似工程及广大同行提供借鉴。

关键词：交通输水；两用拱桥；混凝土拱圈；施工技术

1 工程概况

西溪河交通输水两用大桥是贵州省第一座交通输水两用大桥，该桥地处贵州省典型的喀斯特山区，地形地貌陡峻，施工场地狭小，该桥具有桥式结构新颖，设计荷载大，施工难度大，施工工序多，技术含量高，安全风险高，公路输水共建，上部结构装配式施工，工期十分紧张的显著特点。

图1 西溪河大桥立面图

1.1 主要技术标准

（1）建筑物级别：水工3级建筑物；

（2）设计合理使用年限：50年；

（3）公路等级：四级；

（4）设计车速：20 km/h；

（5）设计荷载：公路II级；

（6）人群荷载：3.0 kN/m^2；

（7）设计水荷载：管道设计流量2.105 m^3/s；

（8）设计水荷载：13.3 kN/m；

（9）设计洪水频率：1/50，设计洪水位1 151.430 m；

（10）设计合龙温度：10～15 ℃；

（11）地震设防标准：工程区地震动峰值加速度为0.05 g，相应的地震基本烈度为6度，设计烈度为6度，按6度设防。

1.2 主拱结构设计

西溪河公路输水两用大桥跨河主拱为上承式钢筋混凝土拱，桥长103.2 m，跨度82.5 m，净跨75 m，矢高15 m，矢跨比1/5，主拱采用悬链线，拱轴系数m=1.756。主拱为C40实心矩形截面，拱箱宽度5 m，箱高1.5 m。

主拱采用无支架钢拱架现浇方案施工，主拱实施前编制专项施工方案，经评审通过后实施。

1.3 拱上建筑结构设计

拱上设置10副C30混凝土排架。排架立柱为2根，拱上排架间距为7.5 m，高度3.23 m～14.15 m不等。排架柱截面采用矩形等截面，截面尺寸根据高度调整，高度10 m以下排架立柱断面为0.6 m×0.9 m。其余排架立柱断面为0.7 m×1.0 m，排架设有横系梁。横系梁断面为0.6 m×0.8 m。交通用主梁采用简支梁形式，设有4根0.3 m×0.7 m主梁，主梁间设有0.25 m×0.5 m连系梁，桥面铺设10 cm厚沥青混凝土防水铺装层。桥面横向坡比为1.5%，桥面两侧设有0.96 m高防撞护栏。

输水管道中心高程为1 207.5 m，由一根直径1.3 m的Q345C钢管从距离桥面以下3 m处跨越西溪河，由于钢管具有一定纵向刚度，钢管支承环支墩直接设

收稿日期：2023-08-15

作者简介：张所倩，辽宁东港人，高级工程师，主要从事水利水电工程施工技术管理工作.

置于排架横系梁上。间距与排架间距相同，同时为方便后期检修，在支墩两侧设有简支桥面结构。

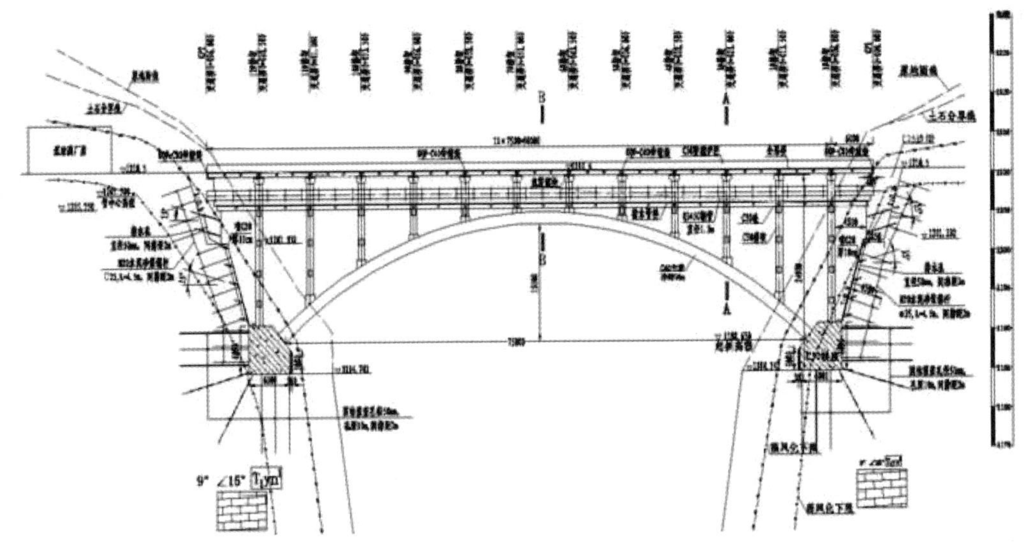

图 2　西溪河交通输水两用拱桥总体布置图

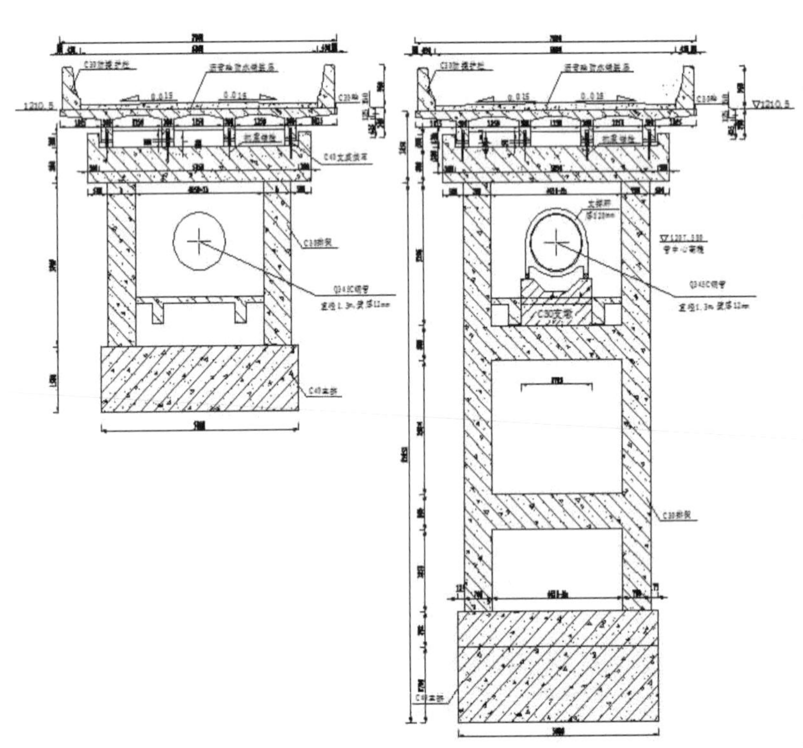

图 3　西溪河交通输水两用桥拱箱断面图

1.4　地形地貌及气候水文条件

施工地区属北亚热带季风湿润气候，夏无酷暑，冬无严寒，季风气候比较明显，降雨量较为充沛，立体气候突出，暴雨多集中发生在 6 月～9 月，具有陡涨缓落、峰量集中、涨峰历时短等山区性河流的特点。

2　临时设施布设

2.1　人行索桥设计施工

索桥主体结构：为便于施工，在拱桥上游设置人行索桥。索桥跨径为 100 m，索桥宽 2.6 m，人行道宽 1.2 m，垂度 4 m。

主承重索由 4 根 ϕ25 的镀锌光面钢丝绳连接两岸锚固系统，设计活载为 900 kg。索桥承重面层包括横梁及面层钢丝网，横梁布置在承重索上，横梁上铺设单层 ϕ5×50×70 的高强防滑钢丝网。横梁采用槽钢和角钢相结合的方式，每 6 m 采用一根 100 mm×48 mm×5.3 mm 槽钢，每 2 m 采用一根 50 mm×50 mm×5 mm 的角钢，横梁通过 U 型螺栓连接于承重索上，横梁端部与栏杆立柱相连。

索桥两侧间隔 2 m 设置一根栏杆立柱，护栏立柱采用 50 mm×50 mm×5 mm 的角钢，栏杆扶手索采用 4 根 ϕ16 mm 的钢丝绳，两侧栏杆采用 ϕ5×50×70 的钢丝网封闭，封闭高度为 1.4 m。

缆风绳采用 4 根 ϕ16 mm 的钢丝绳，一端与索桥横梁连接，另一端锚入基岩内，跨中间距预留 20 m 左右对称布置缆风绳，缆风绳与主承重索水平夹角为 35°设置。

2.2 塔吊布置

为满足 2021 年 4 月后大桥混凝土施工，拟在临近大桥左右岸边墩各布置一台基础固定式 QTZ6015 塔机，塔机安装在左岸边墩后侧 3 m 和右岸边墩上游侧 10 m；预计安装完成投产时间为 4 月 20 日，塔机工作高度约 22 m，专门用于大桥扣塔安装、拱架安装、钢筋模板吊运等施工。该塔机 4 倍率钢丝绳绕法，最大幅度为 60 m，最大起重量为 6 t，最小起重量为 1.37 t。根据施工现场环境，主要依靠 50 t 汽车吊进行安装，如图 4 所示。

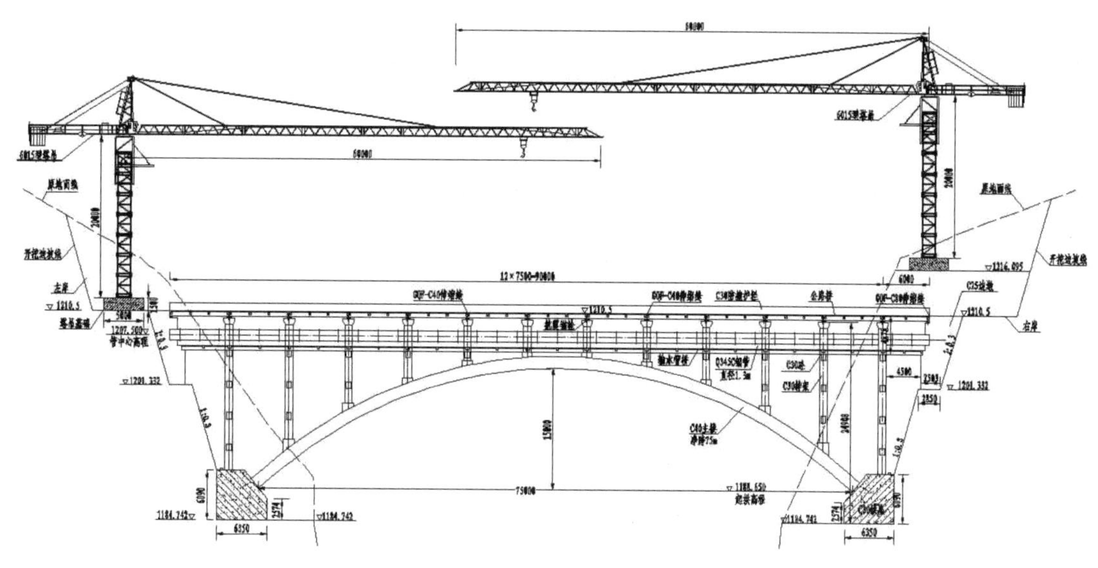

图 4　大桥施工布置示意图

3　拱座设计及预埋

3.1　拱座设计

拱座为 C30 钢筋混凝土结构，基础置于弱风化的灰岩上，拱座高 6.09 m，纵向长 6 m，横桥向宽 6 m。拱座基础采用固结灌浆处理，孔深 10 m～18 m，间排距 2 m。拱座地基承载力要求 ≥1.5 MPa，拱座基坑边坡采用注浆锚杆＋挂网喷射混凝土进行坡面防护，对基础和后壁进行固结灌浆加固处理。

因考虑拱架高度及预埋需要，两拱座混凝土均向河心跨中方向加厚 35 cm，适当调整钢筋布置，拱铰处预埋 Ø351 mm×20 mm 的 Q345B 无缝钢管，预埋钢管的定位精度误差不超 3 mm，预埋处增加加强钢筋。

大桥两桥台高度均为 9.168 m，宽度 7.04 m，采用 C25 钢筋混凝土结构，采用桥台分两次浇筑，根据验算，扣挂专用拱架时后锚预埋件需预埋于桥台混凝土内，安装拱架前需施工桥台混凝土至供水管底部标高处，其余部分混凝土与拱上建筑同时施工。

3.2　拱座固结灌浆

拱座基础底面及拱背需进行固结灌浆。固结灌浆设计孔深 10 m～18 m，间排距 2 m，梅花形布置。固结灌浆采用分段灌浆：先钻至设计孔深，自下而上灌底部 6 m 段，初拟灌浆压力为 0.3～0.5 MPa，然后浇筑拱座混凝土，并预埋灌浆管，待基础浇筑完成后再灌剩余 4 m，初拟灌浆压力为 0.3 MPa。

4　拱架施工

4.1　专用拱架安装

4.1.1　专用拱架比选及结构设计

贝雷片折线型拱架作为拱架的一种常用类型，其原理是模拟圆弧拱，但由于贝雷片为直线段，所以必须设计专用的梯形钢架作为转折变形段，使其整体形式变为折线拱。对于拱脚处，设计专门的钢筋混凝土特殊拱座，并采用专用的三角铰接头连接靠近拱脚处的贝雷片；而对于拱顶处，设计专门的合拢段。

经多次调研和技术经济比选，拱架选用多功能可调式标准化专用钢拱架。钢拱架包括基本节段和联结系，其中基本节段包括拱脚节段、标准节段、调节节段和拱顶合龙节段。

标准节段和调节节段横向全宽 70 cm，销孔的阳端和阴端设置在节段下弦的两端，拱架安装时用销子将下弦连接起来，安装过程节段可绕销子进行微小转动；调节螺杆的阳段和阴端设置在节段上弦两端，两端的螺纹均为 T 型螺纹，拱架安装时通过旋转阴阳圆弧头调节螺杆可使标准节段达到预定位置，拱顶节段未安装前为完全相同的两个分离节段，上下弦通过连接钢板连接，并利用其长度消化安装产生的累积误差。

4.1.2　连接系构造

基本节段之间在上、下弦平面内的连接称为平联，基本节段之间在横桥向竖直平面内的连接称为横联。

钢桁架纵桥向桁片以折线形式连接模拟主拱圈的曲线，标准节段长度 4 m 沿弧向共有 16 个标准节段；拱架横断面宽度 5.8 m，横向分为 4 组，通过横联花架和上下顶面的平联连接起来。

拱架顶面和底面用平联联结，节段间下弦通过销轴连接，上弦采用连接螺栓连接。本方案拱架纵向单跨采用 2 段拱脚节段＋16 段标准节段＋4 段调节节段＋1 段合龙节段，横向采用 4 肋 3 联片拼装组成。

标准节段上下弦均为 2∠200×125×18 角钢，三根竖腹杆及 4 根斜腹杆均为 2∠70 角钢，各构件通过节点板或直接焊接。

标准节段横向全宽 700 mm，横向连接构件在立面上沿纵向布置三片，水平杆及斜杆均采用∠50×5 的角钢，三片的位置与标准节段的竖腹杆对应；横向连接构件在平面上布置两片，采用∠50×5 角钢，两片分别布置在标准节段的顶面和底面。

标准节段下弦两端为销孔的阳端和阴端，拱架安装时用销子将下弦连接，销子直径 49.5 mm，销孔直径 50 mm。安装过程节段可绕销子微小转动。销子用 30CrMnTi 钢制作。

标准节段上弦两端为调节螺杆的阳端和阴端，阳端螺杆和阴端螺杆均为 T 型螺纹，拱架安装时通过旋转螺杆可使标准节段达到预定的位置。调节螺杆的直径为 94 mm，用 40Cr 钢制作。

调节螺杆的左右两侧（横向）布置连接螺栓，直径 38 mm，拱架安装时用以定位标准节段，并加强拱架上弦的连接强度，如图 5 所示。

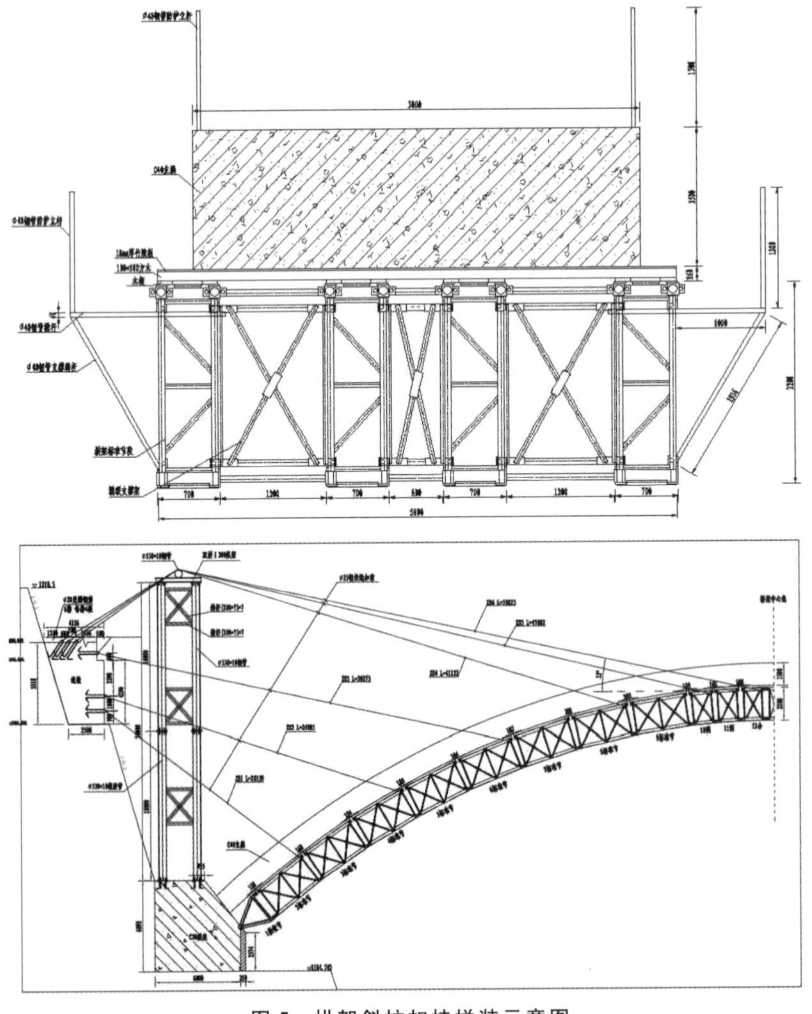

图 5　拱架斜拉扣挂拼装示意图

4.2 拱架预压

4.2.1 钢拱架预压

为准确掌握钢拱架受荷载及温度等因素影响下的应力、应变和位移情况，确保安全顺利地浇筑拱圈，在铺设拱圈底模前对拱架进行加载试压。拱架安装完成后，应按设计荷载进行预压，支架预压荷载为作用于支架荷载的 1.1 倍，预压荷载的分布模拟需承受的结构荷载及施工荷载。预压完成后应对其平面位置、顶部高程、节点连接及纵横向的稳定性进行全面检查，符合要求后，方可进行下一工序。

4.2.2 预压目的

预压是为了消除钢结构拱架的非弹性变形，使所有连接杆件紧密接触；通过试验检测拱架的承载能力，确定拱架的稳定性和安全性能。

4.2.3 预压方法

预压采用供水袋等效加载法，专用拱架搭设完毕后，在拱架上采用钢管脚手架搭设堆载平台，用于平放加载水袋，确保水袋尺寸与平台尺寸吻合，按验算要求，比照混凝土灌注荷载等效向水袋内注水开始加载，注入的水重量为主拱圈第一层混凝土底板的自重荷载。与主拱圈横向宽度一样，加载过程模拟混凝土浇筑时的加载程序进行，尽量让拱架全断面均布荷载。

预压时加载顺序与主拱圈混凝土浇筑顺序一样，由两岸拱脚处对称向拱顶加载，与此同时，拱顶段也相应加载，以克服拱架的过度变形，使拱架在加载过程中保持动态应力平衡，直至加载完成。预压时加载要匀速、对称、平衡进行，整个加载预压过程需全过程监控，如发现异常情况，应立即停止加载，查清原因后方可继续进行。

为确保安全，掌握拱架弹性变形趋势，加载分四期进行，第一期加载重量为荷载的 20%，第二期加载重量为荷载的 40%，第三期加载重量为荷载的 100%，第四期加载重量为荷载的 110%。第一、二期加载完成后进行一昼夜监测后进行第三期加载，同样加载完成后再进行一昼夜监测，然后进行第四期加载，如图 6 所示。

在拱架预压时，应记录好拱架沿纵向的变形情况，为浇筑混凝土预拱度提供依据，加载完毕，观测 24 小时后，可卸去荷载，卸载时务必也要遵循均匀、对称、平衡原则。拱架预压完毕后，观测 24 小时无异常情况，即可根据预压时所得预拱度，铺设方木和底模、安装钢筋，浇筑主拱圈混凝土。

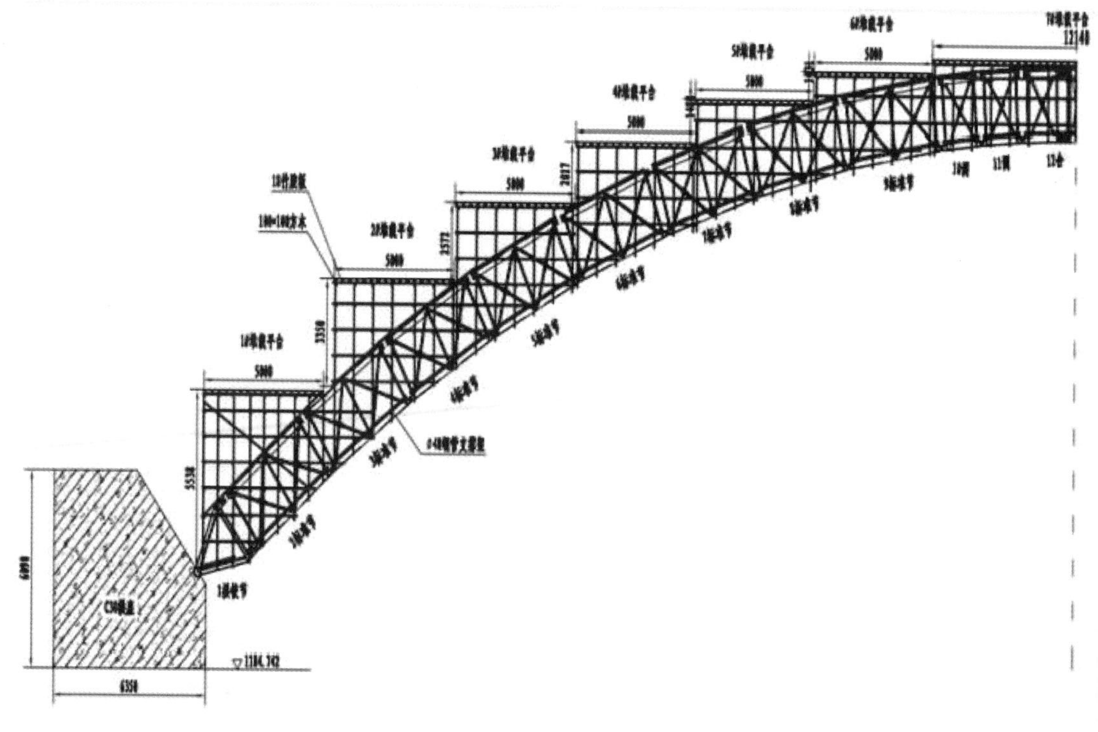

图 6　拱架预压平台搭设图

4.3 主拱肋混凝土分环分段施工

拱圈混凝土浇筑按竖向分环、纵向分段的方式进行，并遵循纵向、横向对称、均衡的原则进行施工。拱圈浇筑顺序为两岸同时对称浇筑，整个拱圈分为 2 个浇筑环，第一环高度 0.6 m，第二环高 0.9 m，每一环分为 5 个节段，每节段间预留分隔槽约 1 m。上下层及相邻节段间分隔槽应错开布置，并符合规范要求。每一环先对称浇筑拱脚段(混凝土 1＃段与混凝土 5＃段)16 m 拱段，第二次对称浇拱顶 15 m 拱段，第三次对称浇两侧拱腰

16 m 拱段，最后对称浇筑分隔槽，每一环在进行分段浇筑完成后，封闭成环待混凝土强度达到 85%后再进行下一环施工。第二环 0.9 m 先对称浇筑拱脚段 14 m 拱段，第二次浇筑拱顶 16 m 拱段，第三次对称浇筑两侧拱腰 17 m 拱段)，最后对称浇筑各分隔槽，全拱合龙。施工过程中的必须同步进行拱架变形观测。

根据其他类似桥梁的监控数据显示，在浇筑底板混凝土以后(混凝土强度达到设计强度的 85%以上)，再浇筑第二层混凝土，拱架的应力增长和标高的变化很小，可以认为没有变化。由此，在本方案中拱架承受的最大荷载，是用拱圈第一层浇筑 60 cm 厚重量来控制。

4.4 拱架拆除

拱架拆除利用已经成型的主拱圈固定拱架，采用卷扬机和塔吊配合人工进行拆除，基本上按照逆安装顺序分列、分段进行。

在拱架落架时，拟采用 A32 精轧螺纹钢，穿过拱圈混凝土预埋孔，作为落架时的锚固构件，单根长 4.5 m，两端采用配套的双螺帽紧固，底部外露 1.0 m。拱圈每半幅设 7 束精轧螺纹钢，在拱架必要位置设置 φ25(6×37)普通钢丝绳环抱于拱圈上，拱架拱脚处必须加固稳定；每次拱架卸落量控制在 10.0 cm 以内，拱架下降高度控制在 1.2 m～1.5 m 内，如图 7 所示。

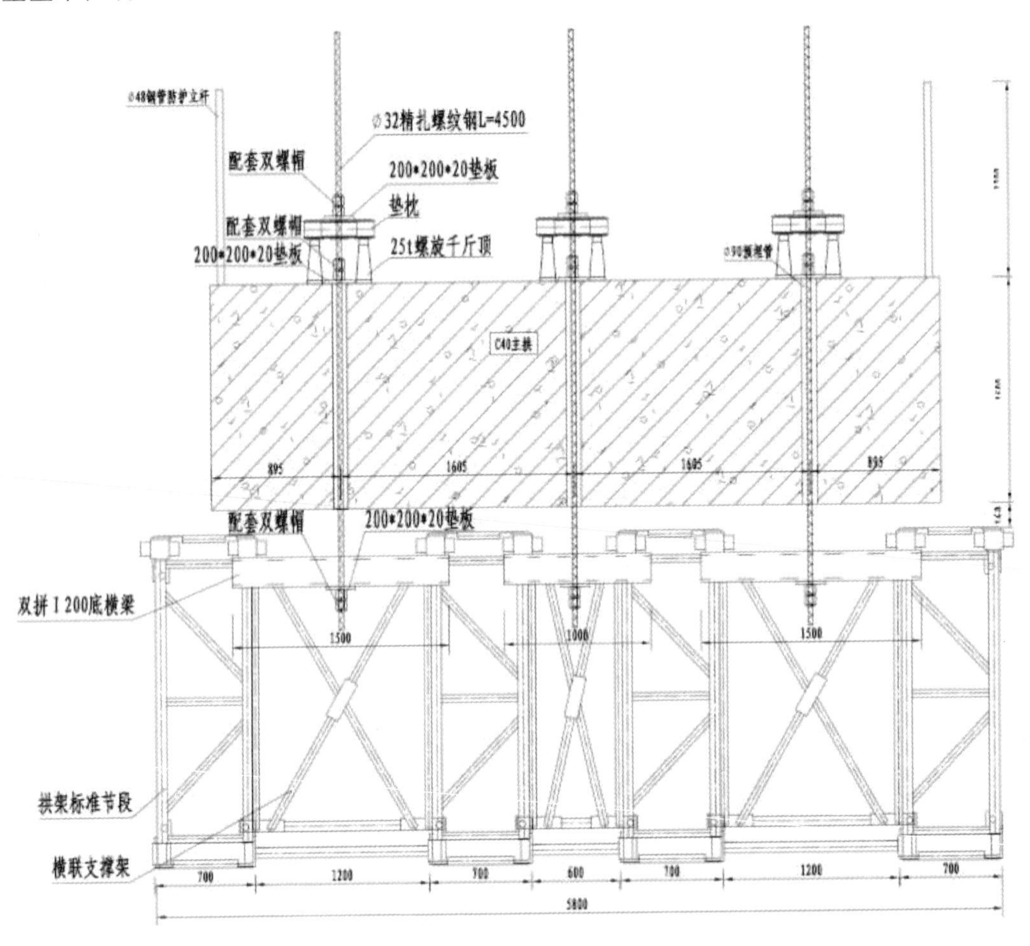

图 7　拱架拆除悬吊示意图

4.5 施工过程中的监测监控

施工控制的目的是在施工前根据现场情况开展仿真分析，设置合理预拱度；施工过程中对桥梁结构进行实时监测，并根据监测结果相应调整，使其结构在施工过程中的实际位置(平面位置、立面位置)与预期状态之间的误差在规范允许范围之内，保证桥梁顺利合龙、成桥线型符合设计要求。

本次施工控制有两方面的主要任务：一是使结构在建成时达到设计的几何线形；二是在施工过程中保证结构的安全。

施工监控的主要内容为：

(1) 施工过程仿真分析；

(2) 拱架安装过程拱架线型、塔架变形监测及控制；

(3) 拱圈混凝土浇筑过程拱架变形监测、现场混凝土浇筑对称性控制；

(4) 拱上结构施工过程拱圈变形监测。

其中，结合分环分段浇筑来验证拱架的结构合理性，尤其是验证其强度、刚度、稳定性及形变线型是否达到要求，而拱架结构的节点和单元数目繁多，采用强大可靠的有限元计算方法必不可少。验证强度即查看拱架在所有工况下每一个单元的应力是否超过其许用应力；刚度的验证即查看拱架在所有工况下每一个节点的位移是否超过其许用极限；稳定性的验证就是通过最不利工况下的屈曲分析，查看结构的整体特征许用值是否达标；而拱架形变线型的变化则是需要通过拱架在每个工况下位移的变化形状来对拱架整体安全做出准确的判断及合理的评价。

5 管桥、输水管道及交通桥装配式施工

5.1 输水管桥及上层交通桥现浇改预制装配式施工工艺特点

本桥拱上建筑下层管桥、上层交通桥原设计现浇，现改为预制架设装配式施工，减少高空作业时间，确保人员、设备安全，节约工期。

下层管桥由面板和主梁组合而成，面板和主梁分为标准跨和非标准跨。其中面板共 13 跨，标准跨有 7 跨，非标准跨有 6 跨，标准跨分为 3 片板预制，全桥下层管桥面板标准跨与非标准跨合计 37 片；主梁共 13 跨，标准跨有 11 跨，非标准跨有 2 跨，每跨均由两根梁组成，共 26 根，如图 8、图 9 所示。

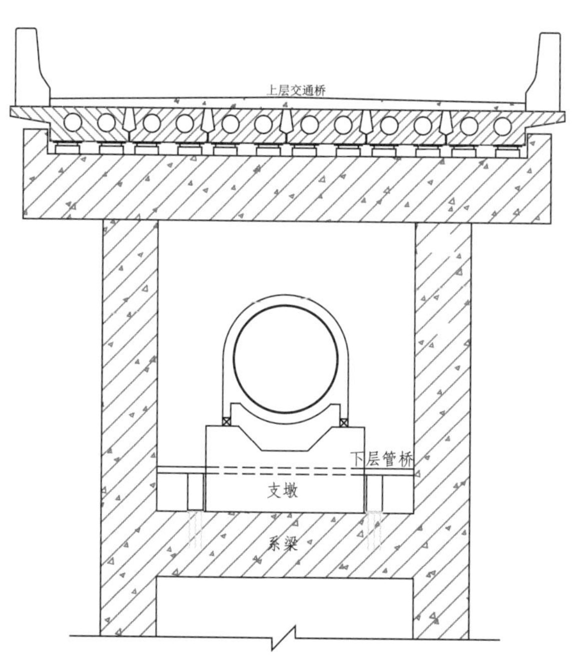

图 8 下层管桥平面图

上层交通桥为简支混凝土空心箱形板梁，其中跨度分为 6 m 和 7.5 m，高度为 0.42 m，边梁预制底宽 0.99 m，顶宽 1.45 m，中梁预制底宽 0.99 m，顶宽 0.91 m。桥面全宽 7 m，每跨桥由 4 片中梁和 2 片边梁组成，共 13 跨，一共有 78 片空心箱梁，其中边梁 26 片，中梁 52 片。桥面铺设 10 cm 厚沥青混凝土防水铺装层，桥面横向坡比为 1.5%，桥面两侧设有 0.96 m 高、0.43 m 宽的防撞护栏，如图 10、图 11 所示。

简支混凝土空心箱形板梁采用 C40 混凝土预制施工，其中单片 7.5 m 跨边梁浇筑混凝土量为 3.02 m^3，单片重量为 7.85 t；单片 6 m 跨边梁浇筑混凝土量为 2.41 m^3，单片重量为 6.28 t；单片 7.5 m 跨中梁浇筑混凝土量为 2.29 m^3，单片重量为 5.96 t；单片 6 m 跨中梁浇筑混凝土量为 1.83 m^3，单片重量为 4.77 t。

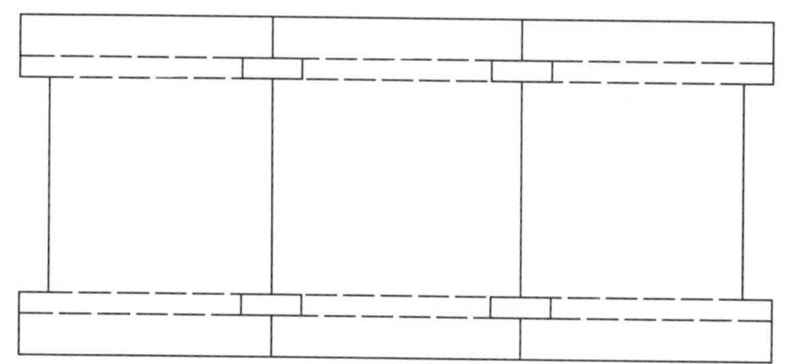

图 9 下层管桥平面图

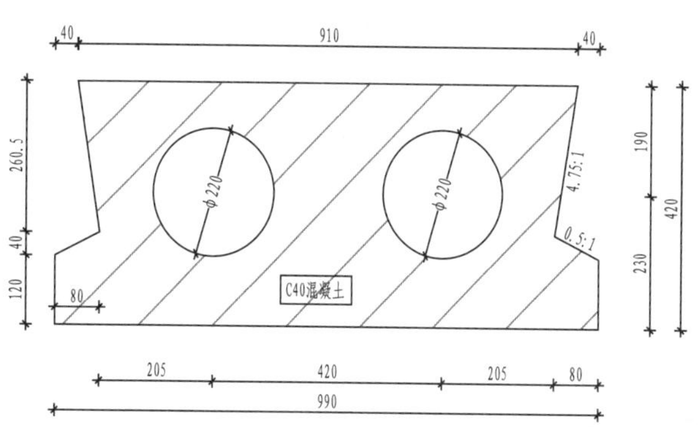

图 10 中梁截面图

5.2 输水压力钢管施工

进水管跨西溪河段总长 103.25 m，管径 1.3 m，采用 Q355C 钢管，管周围设置加劲环，加劲环高度 150 mm，厚度 12 mm，压力钢管与输水桥支墩间采用 GJZF4 200×250×44（CR）滑板支座连接。压力钢管根据设计长度从桥中 6#，7#墩开始依次向两岸对称安装，采用尼龙吊带将管节吊装至对应的安装位置进行粗就位，利用自制三角支架进行临时加固。

6 全桥荷载试验

全桥荷载试验工作内容为静载试验和动载试验。经测试，荷载试验各项参数全部合格。

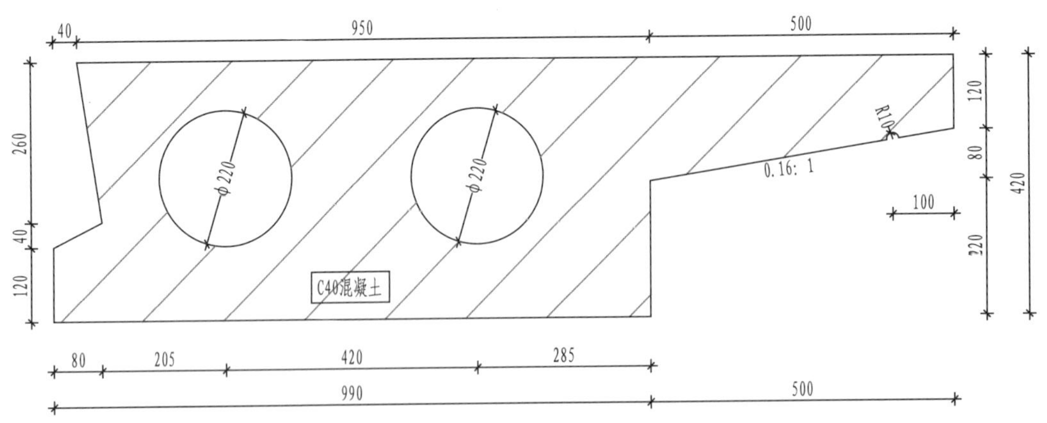

图 11　边梁截面图

6.1　静载试验

（1）测试工况及测试截面应包括：①拱顶最大正弯矩及挠度工况，测试拱顶截面；②拱脚最大负弯矩工况，测试拱脚截面。

（2）主要测试内容包括：①拱顶截面应力应变和挠度；②拱脚截面应力（应变）；③混凝土构件裂缝。

6.2　动载试验

测试工况及测试截面：自振特性试验，测试跨径 8 等分或者 16 等分截面；无障碍行车试验、有障碍行车试验或者制动试压，测试结构动响应幅值最大部位。

7　结束语

西溪河交通输水两用大桥是贵州第一座交通输水两用大桥，桥址位于百米深切陡坡 U 型河谷，地势险峻陡峭，拱桥跨度大，施工中采取了索桥简约化设计、索桥快速施工建造、拱座精准开挖及大体积混凝土浇筑、针对性精准固结灌浆、专用拱架斜拉扣挂悬臂法拼装、拱架预压及拆除、主拱圈分环分段法浇筑、主拱合龙、上下桥装配式设计施工、拱上建筑设计由现浇改为预制装配式等技术进行优化施工，共节约工期 6 个月，桥面系优化、全过程荷载计算及全过程全天候线形监控管理等关键技术，可有效保证大桥施工进度及早通车运营，确保大桥关键节点工期，取得了较好效果，为类似工程安全快速施工提供了宝贵的经验。

参考文献

[1] 周水兴，何兆益. 路桥施工计算手册[M]. 北京：人民交通出版社，2001.

[2] 田复之，赖光辉. 大跨径钢筋混凝土箱型拱桥主拱圈钢拱架施工技术 [J]. 黑龙江交通科技，2019(10)：121-123.

[3] 于长彬. 大跨度拱桥拱圈混凝土斜拉扣挂和分环分段组合施工技术[J]. 铁道建筑技术，2016(6)：1 -4.

[4] 王黔江，仲亚洲. 箱型拱桥主拱圈可调式拱架施工技术[J]. 交通世界，2017(21)：110-111.

[5] 蒋田勇，罗舟滔，江名峰. 钢拱架水箱预压试验及预拱度设置[J]. 公路，2015(4)：113-117.

大型水轮发电机组开机流程优化

何宇平，陈志，方贤思，叶紫

（贵州乌江水电开发有限责任公司构皮滩发电厂，贵州余庆，564400）

摘要：水轮发电机组从开机、空载到并网是机组最不稳定的过渡过程，属于较恶劣的运行工况。如何选择合理的开机模式对提高机组运行稳定性至关重要。构皮滩发电厂调速器导叶大启动开度启动方式，虽然开机时间较短，能减少机组并网所用时间，但由于开机时导叶开度变化量较大，机组稳定性较差、转轮应力较大，转轮的冲击压力大，容易造成转轮裂纹。文章通过对开机流程的优化，减小了机组的震动，增强了机组的稳定性，增加了机组的使用寿命。

关键词：调速器；震动；开机流程优化

引言

水轮发电机组从开机、空载到并网是机组最不稳定的过渡过程，是一个较恶劣的运行工况。选择合理的开机、停机模式对提高机组运行稳定性至关重要。构皮滩电厂水头高，上下游水位变幅大，开/停机及负荷调整频繁。目前采用导叶大启动开度(即加速开度)的启动方式。

由于机组启动开度的设定和切换时刻的选择带有任意性，机组的空载开度随水头、效率变化存在很大差异，加之导水机构死区和导叶间隙变化，造成开机参数的整定很难把握、与水头关系依赖性大、参数变化范围大，因此在机组运行中要人为修改开机参数。此外，在水电机组开机过程中，接力器的运动过程均不是单调平稳变化的，启动开度愈大、接力器开启/关闭速度愈快，将加剧机组启动过程中的转轮动应力、扭振、轴向水推力和压力引水管道的压力变化，这种开机规律会导致转轮动应力偏高，形成转轮裂纹。

构皮滩发电厂机组的上、下机架、定子机座等振动摆度超过现行标准，顶盖振动在开机过渡过程中超标。根据机检修情况分析，大轴中心补气管隔离阀机构严重磨损、活动导叶端面严重磨损、推力轴领严重磨损。

1 优化原因

(1) 水轮发电机组从开机、空载到并网是机组最不稳定的过渡过程，是一个较恶劣的运行工况。选择合理的开机、停机模式对提高机组运行稳定性至关重要。

(2) 构皮滩电厂水头范围 200 m～144 m，下游设计洪水位 482.13 m，最低尾水位 430.7 m。电站水头高，上下游水位变幅大，开/停机及负荷调整频繁。

(3) 构皮滩发电厂 2 号机组的上、下机架、定子机座等振动摆度超过现行标准，顶盖振动在开机过渡过程中超标。根据 2 号机检修情况分析，大轴中心补气管隔离阀机构严重磨损、活动导叶端面严重磨损、推力轴领严重磨损，经主机厂家分析与开机方式选择有密切关系。

(4) 目前开机方式控制逻辑：构皮滩电厂 2 号水轮机组目前采用导叶大启动开度的启动方式：导叶第一启动开度约为空载开度的 110%～200%，当机组转速约达额定转速的 90%时压回到比空载开度略大的第二启动开度，当机组转速约达额定转速的 95%时，调速器投入频率调节 PID 控制。

(5) 导叶开度及转速变化。

现开机方式下导叶开度及转速的变化情况如图 1 所示。由图 1 可看出，构皮滩发电厂 2 号水轮机组在现导叶大启动开度启动方式下，机组从静止达到额定转速所用时间约为 66.9 s，机组开机时，2 号机导叶开度迅速达到导叶第一启动开度，这个过程用时较少(2～3 s 内)，导叶开度变化量瞬时增大，接力器的运动过程均不是单调平稳变化的，启动开度愈大、接力器开启/关闭速度愈快，将加剧机组启动过程中的转轮动应力、扭振、轴向水推力和压力引水管道的压力变化，这种开机规律转轮动应力偏高，易导致转轮裂纹。

收稿日期：2023-12-02

作者简介：何宇平，贵州遵义人，工程师，主要从事水电厂自动化装置检修、维护工作.

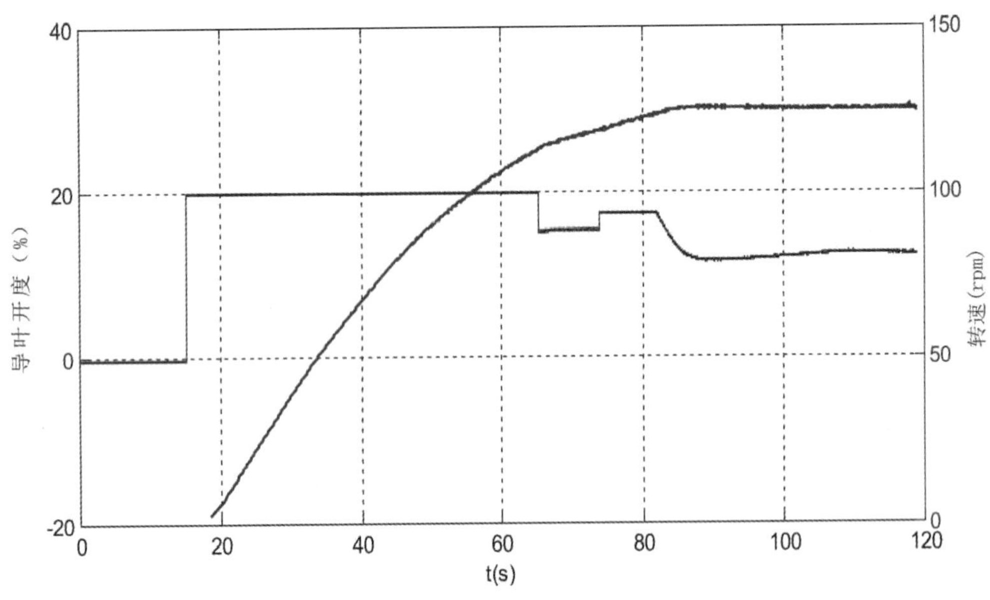

图 1　现启动方式(导叶大启动开度启动方式)机组转速与导叶开度关系曲线

(6) 机组稳定性参数变化。

导叶大启动开度方式下，各导轴承摆度、机架振动变化情况，如图 2 所示：

对构皮滩发电厂 2 号水轮机组状态监测数据及波形图进行调取发现，2 号机水导摆度 X 向峰峰值最高达到 590 μm(我厂设置一级报警值为 330 μm，二级报警值为 450 μm)，明显大于上导(326 μm)、下导(251 μm)摆度，超过了二级报警值。下机架水平振动比上机架振动显著，下机架水平 X 振动达 464 μm。顶盖垂直振动及水平振动峰峰值已超过传感器量程(1 000 μm)。机组振动较大可能会导致机组各部位紧密连接部件松动，不仅会导致这些紧固件本身的断裂，加剧了被其连接部分的振动，使其迅速损坏；还会加速机组转动部分的相互磨损，如大轴的剧烈摆动可使轴与轴瓦的温度升高，严重时会导致轴承烧毁。

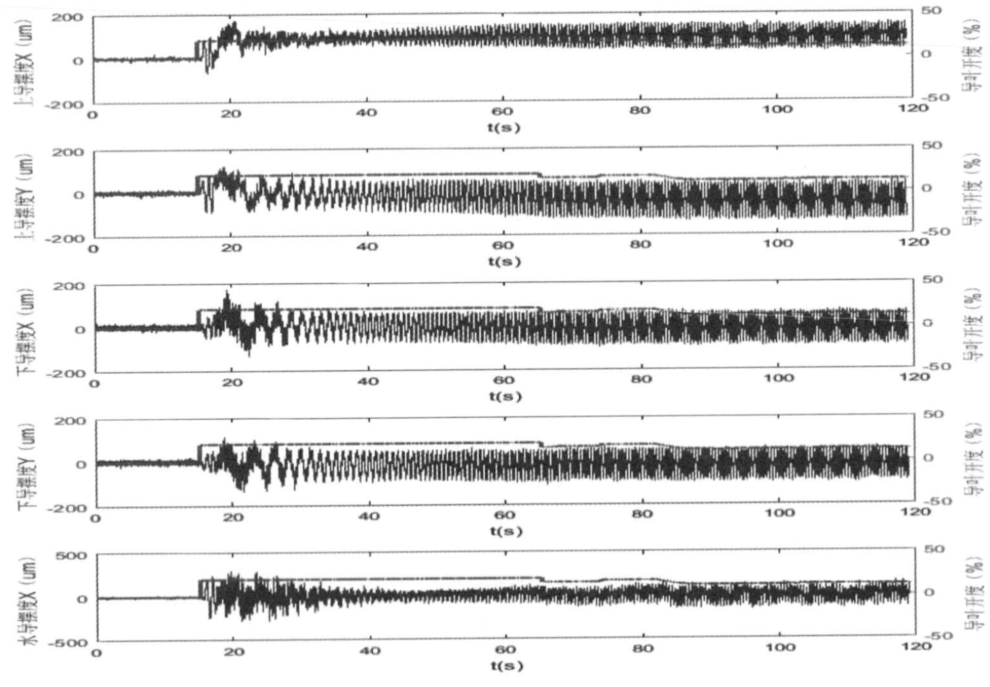

(a)　开机过程摆度时域波形图

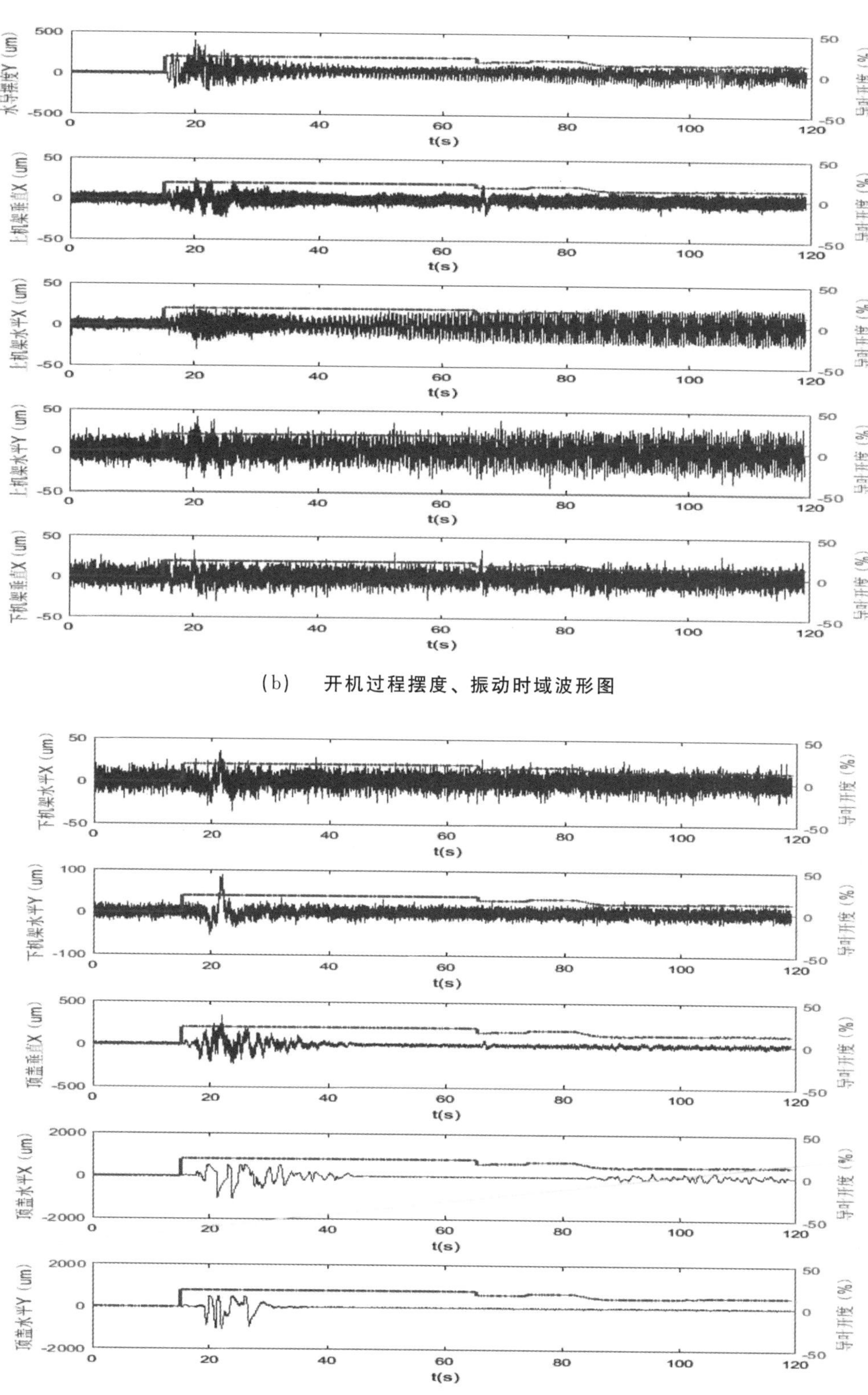

(b) 开机过程摆度、振动时域波形图

(c) 开机过程振动时域波形图

图 2 现开机方式机组导叶开度、转速、振动和摆度时域波形图

(7) 机组转轮应力情况

由于采用导叶大启动开度启动方式，导叶开度迅速达到第一开度(空载开度)、转速上升率较快，因此在导叶开启瞬间且连续增大时，机组受到的水压脉动冲击较大，转轮应力较大，机组转轮叶片承受的冲击较大，在导叶开启前 15 s 内，应变量增速较快，经测量最大值达到 101 MPa 左右，较大的压力冲击对机组转轮叶片造成的损伤较大，严重影响机组安全可靠运行。

3 优化处理

3.1 硬件处理

经过技术验证，硬件上满足当前要求，未进行改动。

3.2 软件处理

通过制定三个开机方式：

(1) 导叶大启动开度的启动方式。

(2) 导叶小启动开度的启动方式。

(3) 开环＋闭环开机方式。

进行测试后对试验结果进行对比，得出最优方案。将导叶大启动开度启动方式修改为导叶小启动开度启动方式，即导叶启动开度约为空载开度的60%(导叶控制输出的变化速率 v 限制于 1.25%/s 左右)，等待 8 s 后，切至空载开度 $Y0$ 加 8%的第二启动开度，当机组转速约达额定转速的 90%时压回到比空载开度大 5%的第三启动开度，当机组转速约达额定转速的 95%时，调速器投入频率 PID 调节。

4 优化处理后试验

机组采用优化方式后经一个月运行，现场人员对现开机方式下机组稳定性参数进行检查，该开机方式的振动、摆度峰峰值均有大幅度降低，机组稳定性参数变化量减小，稳定性得到了明显改善。在对比去年同水头下，机组开机时的稳定性参数，下机架水平振动、下导摆度，上机架水平振动，下机架垂直振动，水导摆度，上导摆度顶盖垂直振动，上机架垂直振动等参数都有明显下降。

机组采用优化后开机方式比电厂现用方式开机时间增加了 10 s，但除顶盖水平 X 振动相当外，该开机方式的振动、摆度峰峰值均有大幅度降低，其中下机架水平振动最大降低 88%，下机架垂直振动下降 45%，下导摆度最大降低 50%，上机架水平振动最大降低 5%，上机架垂直振动下降 6%，水导摆度最大降低 40%，上导摆度最大降低 38%，顶盖水平 X 向振动降低 80%，顶盖垂直振动最大下降了 80%，见表 1。

经过本次开机流程优化后，优化开机方式对 2 号机水轮机组的稳定性起到明显改善作用，水轮机机构振动最大改善达 88%，如图 3 所示。

表 1 不同开机方式时稳定性数据比较

测点名称	现用方式	优化方式
上导摆度＋X	324 μm	266 μm
上导摆度＋Y	394 μm	245 μm
下导摆度＋X	291 μm	180 μm
下导摆度＋Y	306 μm	152 μm
水导摆度－X	511 μm	437 μm
水导摆度＋Y	684 μm	411 μm
上机架垂直＋X	87 μm	66 μm
上机架水平－X	98 μm	55 μm
上机架水平＋Y	93 μm	48 μm
下机架垂直＋X	330 μm	187 μm
下机架水平＋X	521 μm	102 μm
下机架水平＋Y	60 μm	29 μm
顶盖垂直－X	841 μm	560 μm
顶盖水平－X	1 408 μm	1 429 μm
顶盖水平＋Y	1 543 μm	1 539 μm
蜗壳进口压力	143 μm	155 μm
顶盖下压力	54 μm	50 μm
无叶区压力	363 μm	202 μm
尾水出口压力	70 μm	60 μm

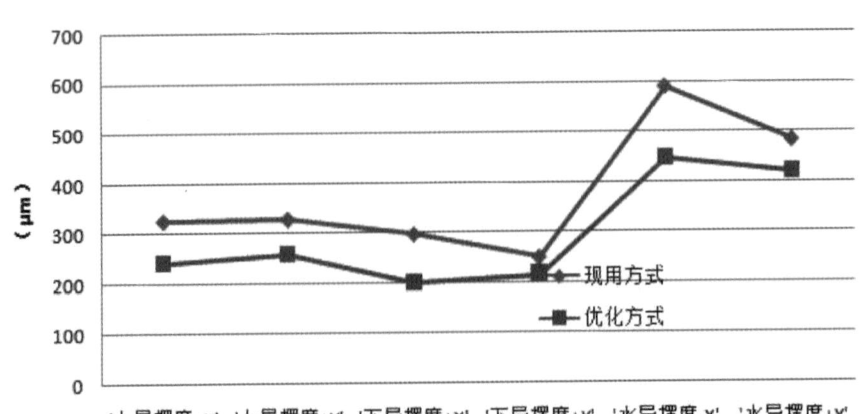

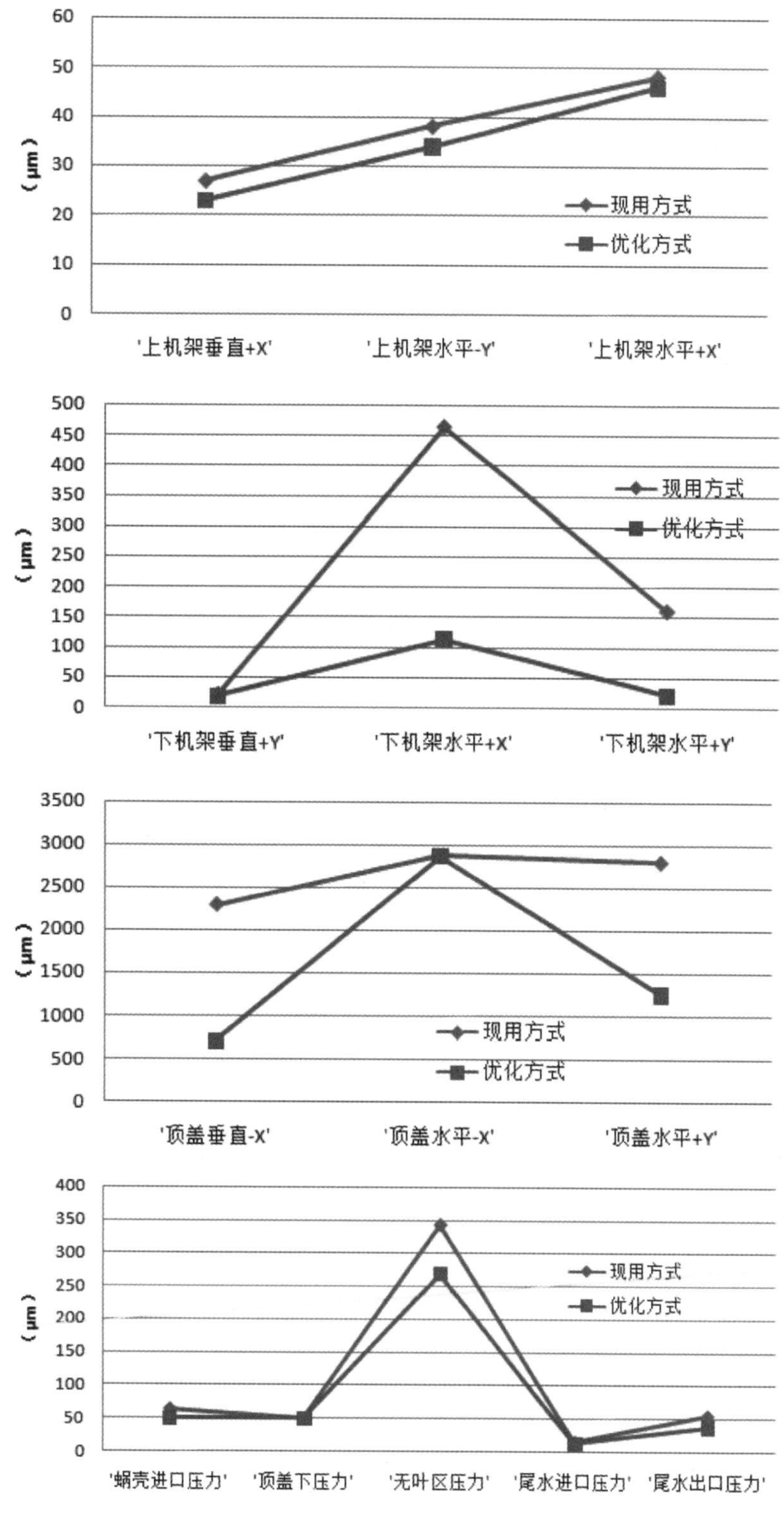

图 3 不同开机方式时稳定性数据比较

5 结语

构皮滩发电厂机组开机流程优化后，振动、摆度峰峰值均有大幅度降低，机组稳定性参数变化量减小，稳定性得到了明显改善。对比去年同水头下，机组开机时的稳定性参数，下机架水平振动、下导摆度，上机架水平振动，下机架垂直振动，水导摆度，上导摆度顶盖垂直振动，上机架垂直振动等参数都有明显下降。开机规律转轮动应力减小，也不容易导致转轮裂纹。不但提高了构皮滩巨型机组高品质健康运行方面，而且在减少非计划停机方面实现巨大效益。通过开机流程的优化每年能直接产生经济效益 1 183.76 万元，提升机组寿命带来间接经济效益 4 563.35 万元。

600 MW水轮发电机组黑启动的可行性分析及成功实施

冯德才，方贤思

（贵州乌江水电开发有限责任公司构皮滩发电厂，贵州余庆，564400）

摘要：电力系统黑启动主要是指在电网崩溃或解列成局域电网时，为尽快恢复电网运行，选择有自启动能力机组在启动带厂用电成功后，逐步恢复电网运行，其成功案例是较多的。但对大型水电机组自启动带厂用电的成功案例则不多见，主要是受主、辅设备及控制系统受限条件较多，实现起来较困难。文章通过分析黑启动机组实现的必要性、可行性和关键技术保障实施，最终实现大型水电机组的黑启动并自带厂用电，在确保水电站生产安全，确保电网运行以及汛期水电站防洪度汛、防止水淹等方面具有重要意义。

关键词：大型机组；黑启动；必要性；可行性；关键技术保障

引言

构皮滩水电站位于贵州省余庆县构皮滩镇，是乌江流域上开发的第七个梯级水电站。工程以发电为主，兼顾航运、防洪等综合利用。枢纽工程主要由拦河大坝、泄洪建筑物、电站厂房、通航建筑物等组成。拦河大坝采用双曲拱坝，坝高 230.5 m。地下电站厂房布置在右岸，左岸布置通航建筑物和泄洪洞。电站总装机容量 5×600 MW，工程于 2003 年 11 月动工，2009 年五台机组全部投产。

所谓“黑启动”是指整个电力系统因故障或事故停运后，系统全部停电(不排除孤立小电网仍维持运行)，系统处于全“黑”状态，不依赖于外部系统网络的帮助，通过系统中具有自启动能力的发电机组启动，带动无自启动能力的发电机组，逐渐扩大系统恢复范围，最终实现整个系统的恢复。黑启动的关键是电源点的启动。水轮发电机组与火电、核电机组相比，具有辅助设备简单、厂用电少，启动速度快等优点，理所当然成为黑启动电源的首选。

水电站的黑启动是指在无厂用交流电的情况下，仅仅利用电厂储存的两种能量——直流系统蓄电池储存的电能量和液压系统储存的液压能量，完成机组自启动，对内恢复厂用电，对外配合电网调度恢复电网运行。机组具有黑启动功能不仅是电站在全厂失电情况下保障安全生产自救的必要措施，也是水电厂生产现场实现“远程集控 少人维护”生产模式转变和电网发展的需要。

目前，国内水电站均有能够实现黑启动的水轮发电机组(300 MW以内)自带厂用电的恢复功能的电厂，对于大型水轮发电机组(600 MW)以上容量的黑启动机组实现自带厂用电还较少，究其原因，主要是大型水轮发电机组所受主、辅机设备、控制系统受限条件较多，实现起来困难较大，但通过分析研究，巨型水轮发电机组实现黑启动的可行性是存在的。

1 实现的必要性

我国自 2002 年电力体制改革以来，实现了厂网分开，电网公司为了节省投资，随着电网新增装机容量的增加，其水电建设项目的送出线路已不再按（$n-1$）设计，水电站以 220 kV、500 kV 线路送出与电网的联接上有一厂一站单线路联接、一厂一站同塔双回线联接运行方式是客观存在的。如，南方电网贵州光照水电厂为 500 kV 单回线送出与主网联结、贵州大花水电厂为 220 kV 单回线送出与电网联结、贵州乌江公司构皮滩水电厂则为 500 kV 同塔双回送出与主网相联等。

当电力系统发生事故或发生不可抗拒自然灾害(如冰雪凝冻)、战争等导致电网崩溃、解列为局域小网时，黑启动对电网的及时恢复和避免水电站水淹厂房等恶性事故的发生有着重要意义。虽然现在各水电站均备有防汛柴油发电机，但遇上述特殊情况，如何在最短时间水电站利用自身恢复厂用电，保证各排水设备正常运行和直流充电装置等重要负荷的供电，选择机组自启动(黑启动)是最好的，其重要性不可言喻。

2 实现的可行性

首先，具备黑启动条件的机组，在启动前主机

收稿日期：2023-12-02

作者简介：冯德才，贵州遵义人，高级工程师，主要从事水电厂安全生产管理工作.

设备应无影响自启动(黑启动)的故障缺陷。通常在电网事故或遭受突发事件导致全厂失压时，运行机组可能会因当时所带负荷情况出现机组甩负荷后过速停机，若转速过高将导致进水口工作门(或进水口蝶阀)关闭，则不具备启动条件。

其次，具备黑启动条件的机组，在启动前和启动过程中液压系统应有足够的储备(压力、油位)确保黑启动机组开机，直到本机组的厂用电恢复所需要的时间。

同时计算机监控系统、自动励磁调节器、调速器的控制系统及保护等装置的直流工作电源应工作正常，在交流电源中断情况下，部分主要控制设备交流电源故障告警是不具备开机控制的。

黑启动机组启动前，电气一次设备和本机组厂用电及系统和其他相关电源开关应在断开状态，并作为启动判据。

3 实施的研究分析

3.1 黑启动机组的选择及全厂失压条件判据

构皮滩水电站发变组采用单元接线，500 kV 系统采用 3/2 接线，通过两回 500 kV 同塔双回输电线路皮施甲、乙线与电网 500 kV 施秉变联结。见图 1 贵州电网 500 kV 网架结构图[1]。

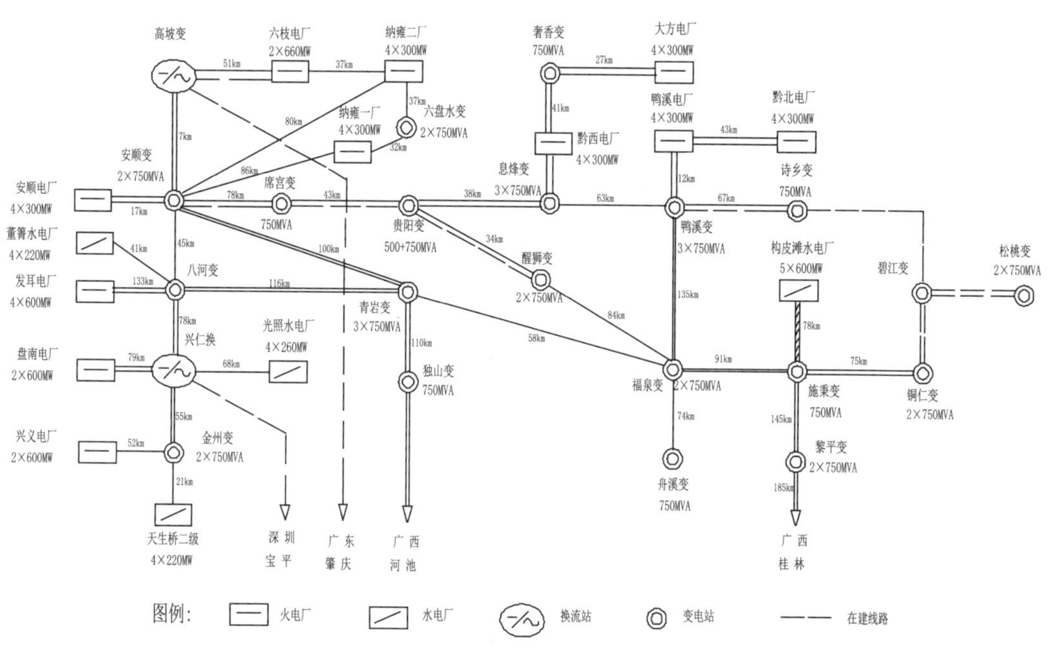

图 1 2017 年贵州电网 500 kV 网架结构

为保证电网的安全稳定运行，系统在考虑构皮滩水电站安稳装置切机策略上是以＃3、＃1、＃4、＃2、＃5 优先顺序切机。汛期大方式均为 5 台机组运行；枯期及晚低谷时段，因各机组运行振动区不同，＃1 至＃3 机选择两台或三台机组调压运行。因此，在黑启动机组选择上优先选择＃5、＃2 机组作为启动对象。

＃2、＃5 机组作为确定的黑启动机组对象，在全厂失压的条件判据上根据厂的主接线及厂用电、外来电源的判据上，选择了 500 kV 两段母线无压、全厂 10 kVⅠ至Ⅳ段厂用电无压作为判据。

3.2 黑启动机组成功实现的关键技术保障

选择确定的黑启动机组，能否成功实现黑启动，需要确认机电一次设备、监控及自动装置、调速器液压系统和直流系统等相关设备能否满足机组黑启动到自动恢复自带厂用电过程。

(1) 水轮发电机组：水轮发电机组黑启动轴瓦温度控制难点主要集中在推力轴瓦上，虽然构皮滩水电站＃2 水轮发电机组与＃5 水轮发电机组制造厂家不同，但其机组轴瓦结构与运行技术要求也不尽相同。＃2、＃5 水轮发电机组推力轴承均采用弹性金属塑料瓦，根据规范，弹性金属塑料瓦的推力轴承在油槽油温不低于 5 ℃时，应允许机组启动，并允许发电机在停机后立即启动和在事故情况下不制动停机[2]。并且根据推力弹性金属塑料瓦相关规范，当油冷却系统冷却水中断后，一般允许机组无损害连续运行的时间不少于 20 min。当调速系统正常工作时，允许水轮发电机在甩负荷后，不经任何检查并入系统[2]。

虽然现行标准规定机组在无推力冷却情况下是不允许启动运行的，但从制造厂提供技术上在无机组冷却水和推力外循环油泵(推力瓦为弹性金属塑料瓦)不启动情况下是可以启动的，但启动过程中应时刻注意机组各轴承瓦温不超过事故停机整定。因此，在考虑黑启动机组启动时，其被选黑启动机组及电气一次设备应无影响机组启动运行的事故和故障，机组推力外循环、主变外循环可考虑不启动。

(2) 自动控制系统：作为水轮发电机组主要自动控制系统励磁调节器和调速器，其工作能否满足机组黑启动的控制是关键。通常设计时励磁调节器和调速器的 CPU 多为主、备互用、工作电源为交、直流供电，并能自动切换。为了保证黑启动能够成功，需要认真考虑调速器工作所需液压系统的蓄能情况，我们知道在机组失去厂用交流电后，调速器压油装置系统油压会因机组调速系统内漏等原因，随时间延长而逐渐下降，当油压下降至事故低油压时机组将不能开机。因此，厂用交流电源消失后，应在调速系统油压未降至事故低油压前，启动机组带厂用电是可行的。

发电机正常启励时主要通过剩磁启励，若停机时间过长，则在黑启动时可能需要他励电源启励。所以励磁系统在特殊情况下，需要考虑他励的直流启励方式，即设置交直流启励电源，确保黑启动机组启动时能够正常启励。

(3) 计算机监控系统：黑启动机组能否实现上位机一键启动，除考虑上述因素外，为保证监控系统完成机组黑启动，需对监控上位机、机组 LCU、厂用电系统开关信号及监控控制功能等设备进行完善。上位机作为监控控制的中枢，首先需要完成全厂失压条件的判断，可根据电厂接入系统的母线电压和厂用电各段电压作为失压判断，全部电压消失，作为满足黑启动机组条件，其次为了保证黑启动机组过程的安全可靠，需要将设定黑启动的发电机机组与系统隔离，即将与系统连接的开关断开，同时将拟要恢复的厂用电母线联络开关断开，确保需要启动的电气设备与其他无关设备设施做到可靠的电气隔离。下位机机组 LCU 作为监控控制最终执行机构，为了保证启动机组能够顺利启动，机组控制的顺控流程应完善，并且黑启动开机流程应与正常开机流程有所区分，黑启动开机流程原则上尽可能减少流程判据，提高机组黑启动成功率，除影响机组启动的判据必要条件写入程序外，一般条件则可以不写入程序。如：推力油泵未启动无显流信号，机组供水阀未开等。

(4) 其他：直流系统作为全厂操作、控制等的主要设备，其直流系统的蓄电池容量必须满足事故情况下开关操作、保护及自动装置等设备的控制技术要求。

厂用电恢复过程中，应按照电源恢复的重要性逐级恢复。首要考虑先恢复黑启动机组的自用厂用电 400 V 恢复，使机组的压油装置、推力外循环和主变外循环等重要辅设恢复供电；同时恢复直流充电装置的交流电源，确保液压操作系统和直流系统的蓄能在最短时间内达到正常。随后恢复厂房抽排水系统和气系统的动力电源，杜绝水淹厂房事故发生。

4 技术体系保证控制及试验

4.1 技术保证控制

鉴于构皮滩电厂机组励磁系统当初设计程序逻辑仅有正常发电工况，没有考虑机组黑启动程序逻辑。主要有以下影响励磁启动：(1)黑启动机组启动前，需要将发电机出口主开关 GCB 合上，才能在启动机组升压过程中带主变和高厂变一并零起升压，正常后才能带厂用电。原励磁程序逻辑是发电机主开关 GCB 合闸，励磁判断为并网发电状态，励磁系统低励限制保护动作将不能正常启励，导致黑启动失败。(2)在转子剩磁较弱时，启励时，Ug 自举比较慢，励磁复励监视会动作(动作结果为励磁故障并跳闸)，导致黑启动失败。(3)若黑启动机组带 500 kV 线路空载充电运行方式，有可能导致发变组及线路过电压。

因此，在黑启动流程中需考虑励磁系统升压前需合发电机主开关 GCB，并为机组空载态，启动正常启励。为防止剩磁较弱不能正常启励，可增设直流启励回路或延长机端电压启励时间判据和减小 Ug 判据。同时，需完善监控上位机、黑启动机组 LCU 及相关 500 kV 开关站、公用 10 kV 和 400 V 系统开关的控制流程修改，相关信号及监控控制功能等进行完善，并将调速器液压系统油压取值按第一备用和第二备用定值 5.6 Mpa(事故低油压 4.8 Mpa)，推力轴承温度不超 55 ℃(事故停机 60 ℃)、各导轴承不超 60 ℃(事故停机 70 ℃)来综合考虑。

4.2 试验实施过程

黑启动机组开机条件：主要需满足进水口在全开、机组无事故、励磁机调速器系统无故障(油压在 5.6 Mpa 以上)、直流系统正常。

黑启动机组在上位机下发黑启动机组指令后，检测全厂系统 500 kV 两段母线及 10 kV Ⅰ—Ⅳ段厂用电无压作无电压，相应 500 kV 系统、厂用电 10

kV 及 400 V 系统相关联开关全部分闸，满足无压 y 动条件。起动前黑启动机组起动条件：制动闸落下、机组冷却水开启、开启主轴密封水正常、围带退出、锁锭拔出、调速器开机令、转速达 95%Ne 以上(空转态)、黑启动合发电机出口 GCB 开关、黑启动启励、机端电压达 85%Ue 、黑启动空载态。

2017 年构皮滩电厂＃2、＃5 机组在完成黑启动机组技术改造和设备整治后，均通过实验正常启动＃2、＃5 机组并带本机组厂用电，整个启动实验过程约 27 分钟完成。为确保水电站安全生产和大型水轮发电机组实现黑启动的提供可行性解决方案。

5　黑启动机组恢复系统时的自励磁分析

本文主要是从电网崩溃情况下，通过电站自身具有的直流系统蓄电池储存的电能量和液压系统储存的液压能量迅速黑启动机组并带厂用电，确保电站安全，防止水电厂水淹厂房及其他突发事故发生，并未从大型水电机组黑启动成功后去逐步恢复电网的角度去深入分析。

但我们知道，在发电机组对输电线路进行空载充电过程中，发电机发生自励磁是最大风险之一。发电机自励磁是指发电机定子绕组电感与外电路容抗配合产生的一种参数谐振现象，在发电机及变压器产生很高过电压，对主设备造成严重后果。

发电机组是否会产生自励磁，可采用阻抗比较法分析。当满足 $Xq<Xc<Xd$ 时会发生发电机同步自励磁(Xc 为线路容抗；Xd、Xq 分别为发电机直轴和交轴同步电抗)。

当发电机经升压变带空载线路，计及变压器短路阻抗，当满足下式时，将产生自励磁。反之则不会产生自励磁。

$$Xq+Xt<Xc<Xd+Xt$$

式中：Xc 为线路容抗；Xd 为发电机直轴同步电抗；Xq 为发电机交轴同步电抗；Xt 为变压器短路阻抗。在 $Xc<Xq+Xt$ 时产生的异步自励磁情况不作考虑，取值情况见表 1。

表 1

参数名称	数值	备注
发电机额定功率	600 MW	
发电机额定容量	666.7 MVA	2016 年施乘充电无功 470 Mvar
发电机额定电压	18 kV	
发电机额定电流	21 383 A	
发电机额定功率因数	0.90	
发电机额定转速	125 r/min	
发电机额定励磁电压	455 V	
发电机额定励磁电流	2 656 A	
发电机直轴同步电抗	0.94 Ω	
发电机纵轴同步电抗	0.64 Ω	
发电机短路比	1.15	

以＃5 发变组及 500 kV 线路参数进行计算分析，判断是否会产生自励磁。＃5 发电机为东方电机股份有限公司生产，型号：SF600－48/13850，主要参数见下表。

＃5 主变压器为保定天威保变电气股份有限公司生产，型号：DSP—223000/500，主要参数见表 2。

表 2

参数名称	数值	备注
变压器容量	3×223 MVA	
电压比	(525±2)×2.5%/18	
接线方式	YNd11	
短路阻抗标幺值	14.8%	
零序阻抗标幺值	15.21%	
中性点接地方式	直接接地	

500 kV 皮施线型号：4×LGJ－630/45 参数见表 3。

表 1

参数名称	数值	备注
线路长度	78 km	单回线额定功率 2 710 MW
额定电流	3 320 A	外径:33.6 mm 分裂间距 450 mm
电阻	1.02 Ω	R＝ρ/S＝0.013 Ω/km
电抗	21.84 Ω	工程近似计算:4 分裂导线取 0.28 Ω/km
电纳	1.599×10－4S	工程近似计算:4 分裂导线取 4.1×10－6S/km

根据 500 kV 皮施线Ⅱ型等值电路，忽略线路电导，按照线路参数，其线路容抗折算到发电机端有名值：

线路电抗 XL＝0.28×78＝21.84 (Ω)

线路电纳 B＝(b/2)×L＝(4.1×10－6/2)×78＝1.599×10－4(S)

线路容抗 Xc＝[(2BXL－4/XLB2－4B)]×(18/525)2＝7.37(Ω)

依据＃5 变压器参数，变压器短路电抗折算到发电机端有名值：

Xt＝0.148×[5252/(3×223)]×(18/525)2＝0.071(Ω)

＃5 发电机直轴 d 电抗、纵轴 q 电抗的标幺值：

$Xd=0.94\times182/666.7=0.457$ (Ω)；

$Xq=0.64\times182/666.7=0.331$ (Ω)

根据以上参数计算及阻抗比较法可知：$Xc>(Xd+Xt)$。♯5发电机对500 kV皮施线(单回线)空载充电时不会产生机组自励磁。为可靠不发生自励磁，可留适度裕度，在黑启动小系统自励磁判据可取：$Xc>1.2(Xd+Xt)$和$KSe>Qc$[3]（Se为发电机容量；K为发电机短路比；Qc为线路充电容量)，上述公式对保证设备安全更有保障。

但由于输电线路分布电容的助磁作用，在发电机机组对空载线路充电过程中，仍会在发电机端及主变高压侧产生暂态过电压。若暂态过电压很大或持续时间长，即使最终暂态过电压衰减至正常范围，仍会对主设备电气绝缘产生危害[4]。为保证在黑启动机组空充线路过程中主设备的安全，可通过仿真试验来验证。国内百万火电机组空充500 kV线路有成功经验。

6 结束语

通过分析大型水轮发电机组黑启动实现的必要性、可行性，最终通过关键技术分析、实施、实验验证，大型水电机组在全厂失压情况下黑启动机组并自带厂用电是能够成功的。由于实施黑启动机组涉及主机设备、主要控制系统和复杂的电气主系统、厂用电系统，应在安全的前提下开展相关工作。

(1) 黑启动机组成功的关键是主机设备及主要自动控制设备，应具有黑启动机组自身设备安全的前置条件和可靠控制设备。监控程序的优化和实施，应以保证启动设备与停运设备的可靠隔离，在保障安全前提下开展实施和试验。

(2) 从发电机发生同步自励磁阻抗比较法计算分析，黑启动600 MW机组对500 kV线路空载充电不会发生自励磁，但应考虑其暂态过程对主设备电气绝缘的影响。若电网将构皮滩电厂作为系统黑启动电源点，建议开展仿真试验计算并拟定试验方案开展试验，以确保在极端情况下需要选择机组空充线路成功并不会发生过压造成设备损坏。同时，在南方电网两细则考核中争取黑启动机组的费用补偿。

(3) 本次黑启动机组试验时，是在油压系统的定值选择为经验值，直流系统未中断交流电源情况下进行的，真实黑启动机组时可能与本次试验有差异。

为保障黑启动机组在极端情况下能够正常启动，电厂应在今后机组检修中定期开展试验工作，确保水电站自身安全和水电站防洪度汛，杜绝因厂用电中断造成的水淹厂房恶性事故发生。同时可为大型水轮发电机组黑启动的成功实现提供切实可行的解决方案。

参考文献

[1] 傅吉悦、徐印东、孙勇. 水电机组带长线路黑启动仿真分析[J]. 吉林电力,2012(04),1009.

[2] 甘超齐,高春富,张辉,等. 1 000 MW汽轮发电机组对空载输电线路的充电试验. 广东电力,2014(09),21.

水电监控系统自主可控改造的必要性和可行性探讨

冯德才，钟远锋

（贵州乌江水电开发有限责任公司构皮滩发电厂，贵州余庆，564400）

摘要：随着我国经济的快速发展和全球化进程的加速，一些重要领域和重要设备进行安全自主可控改造已势在必行、刻不容缓。水电生产控制系统的主要软硬件核心设备长期以来严重依赖国外进口设备，不可控风险和安全隐患较大。本文从我国当今信息网络存在的安全隐患、重要控制设备自主可控存在风险进行剖析，以构皮滩发电厂为例，对计算机监控系统自主可控改造的可行性进行分析，提出解决方案供水电厂推行安全自主可控提供借鉴。

关键词：安全自主可控；0day 漏洞；计算机监控系统；PLC

引言

随着计算机和网络技术的发展，特别是信息化与工业化深度融合以及物联网的快速发展，工业控制系统产品越来越多地采用通用协议、通用硬件和通用软件，以各种方式与互联网等公共网络连接，病毒、木马等威胁正在向工业控制系统扩散，工业控制系统信息安全问题日益突出。鉴于信息安防事故频发，为保证信息安全可控，电网公司及能源局多次出台指导文件，在核心关键的自动化产品及网络产品尽量使用国产化设备。

1 水电厂控制设备自主可控的必要性

当今国际环境越加复杂，大国间的竞争不断加剧。突破“卡脖子”关键核心技术刻不容缓，必须加快实现科技自立自强。能源安全是关系国家经济社会发展的全局性、战略性问题，对国家繁荣发展、人民生活改善、社会长治久安至关重要。水电在我国能源安全战略中有着极为重要的地位，设备可靠稳定涉及到我国能源安全，大坝及水工建筑物的安全关乎下游人民财产及人身安全。水电厂的计算机监控系统是监测和控制发电设备的核心系统，不但与电厂其他设备组网通讯，还与远程集控系统、电力调度系统、数据平台等外部网络连接，是全厂监测控制中枢，必须建立完善有效的网络安全防护体系，提升计算机监控系统安全可靠。

目前国内水电站计算机监控系统的三层结构中，操作系统和核心软件以及计算机、PLC（可编程自动化控制器）等关键硬件产品 90%以上依赖进口，部分国产化设备的芯片、开发平台、底层操作系统等也严重依赖。关键基础设施核心技术受制于人，国家安全面临严峻挑战。从国家利益的角度出发，急需加大投资支持国产核心技术的发展，从行业的发展方面着眼，也急需有完整的自主可控解决方案，以防止类似的制裁发生在能源领域。

鉴于监控系统在电厂控制中的核心地位，应大力推进水电厂监控系统硬件和软件国产改造，实现安全自主可控，实现网络系统内生安全和设备本质安全的可靠保障。通过安全自主可控研究及应用，构建起国家网络安全战略要求的更加强大体系化防线基石，实现水电厂监控系统设备提高稳定运行能力要求，提高水电厂“安全与业务运营保障”水平。

2 水电监控系统自主可控改造的可行性

2.1 构皮滩监控系统现状

构皮滩发电厂计算机监控系统共 33 套硬件设备，包括数据服务器、历史站、操作员工作站、语音报警系统工作站、工程师维护工作站、培训仿真工作站、集控通信服务器、厂内通信服务器、调度通讯机、模拟屏及模拟屏驱动器、WEB（全球广域网）服务器、GPS（全球定位系统）装置、UPS 不间断电源及相关交换机网络设备等。

监控系统已在安全一区与安全二区间部署了单项安全隔离装置，在生产控制大区与管理信息大区间(即系统横向边界)已部署电力专用横向单项安全隔离装置，在生产控制大区系统与调度端系统间(即系统纵向边界)已部署电力专用纵向加密认证装置，实现了“安全分区、网络专用、横向隔离、纵向认证”的基本要求。在生产控制大区(Ⅰ区)已部

收稿日期：2023-12-02

作者简介：冯德才，贵州遵义人，高级工程师，主要从事水电厂安全生产管理工作.

署了入侵检测、监测审计、安全运维管理、病毒检测模块，但在主机防护、日志审计、移动介质防护方面还缺少相应的技术防护措施，在生产控制大区（Ⅱ区）、管理信息大区缺少入侵检测、主机防护、安全审计、日志审计等安全技术防护措施。目前构皮滩发电厂计算机监控系统主服务器、核心交换机、PLC等核心元件及系统软件等均使用国外产品，国产化率不足10%。

2.2 国内外水电厂监控系统研发水平情况

从20世纪70年代起，计算机监控在国外一些水电站上取得了实质性的进展，出现了用计算机控制的水电站。美国、法国、日本和加拿大等国在这方面是比较领先的。国外研制水电站计算机监控系统有许多公司，其中比较著名的有加拿大的CAE公司、瑞士的ABB公司、德国的西门子公司、法国的ALSTOM公司(原CEGELEC公司)、日本的日立公司和东芝公司、美国和加拿大的贝利公司(现被ABB公司收购)、奥地利的依林(ELIN)公司等。各公司都推出自己的系列产品，在世界各地得到了广泛的应用。

我国水电站计算机监控系统的研制工作起步并不晚。早在20世纪70年代末，水电部就组织了南京自动化研究所(现改为国网电力科学研究院)、长江流域规划办公室(现长江水利委员会)和华中工学院(现华中科技大学)研制了葛洲坝水电站采用计算机监控系统。随后，中国水利水电科学院研究院(简称水科院)自动化研究所开始了富春江水电站计算机监控系统的研制工作，天津电气传动设计研究所(简称天传所)也开始了永定河梯级水电站计算机监控系统的研制工作。这些监控系统于20世纪先后投入运行。

与此同时，我国也引进了一些国外研制的监控系统。采用CAE公司产品的有葛洲坝大江电厂、隔河岩水电站和龚嘴梯调；采用西门子公司产品的有鲁布革水电站、广州抽水蓄能电厂C二期、龚嘴水电站；采用ABB公司产品的有潘家口、天生桥二级、溪口、宝兴河梯级和二滩等水电站；采用贝利公司产品的有十三陵抽水蓄能电厂和天荒坪抽水蓄能电厂；采用法国CEGELEC公司产品的有广州抽水蓄能电厂(一期)、高坝洲水电站；采用依林公司产品的有小浪底水电站。

进入21世纪以后，国产计算机监控系统取得了较大的发展，以国电南自SD8000系统、南瑞科技NC2000系统和北京中水科技有限公司H9000系统为代表的国产计算机监控软件陆续推出，随着国内三峡集团及大唐桂冠龙滩水电站、青海拉西瓦水电厂等单机700 MW的机组投入运行，国产计算机监控系统在国际上目前已经处于领先地位。

但以上产品不管是国外产品还是国内产品，其操作系统和商用数据库等核心软件以及计算机、PLC等关键硬件产品90%以上依赖进口，部分国产化设备的芯片、开发平台也严重依赖进口产品特别是美国产品。

2.3 自主可控改造技术基础

自主可控水电站计算机监控系统软件是一款基于自主可控软硬件平台的、面向大型水电站/泵站的自主可控水电站计算机监控系统软件。硬件系统由LCU、交换机、上位机计算机群以及辅助设备构成，支持单星形网、双星形网、单环网、双环网及复合网络等结构。硬件主要包括服务器、交换机等，软件主要包括麒麟操作系统、达梦关系型数据库等。监控系统应用程序从原有的Linux和Windows操作系统移植到国产自主可控软硬件平台上，主要包括基础应用层、关系数据库接口、人机界面、通信程序、AGC/AVC等程序移植。主控制器模块采用龙芯处理器和实时多任务操作系统，使主控制器模块具有强大的数据处理能力、运算能力以及通讯处理能力；支持快速多任务处理、中断以及抢占式任务调度，通过微核设计，达到系统开销小，对外部事件具有快速而确定的响应。实现I/O模块全部智能化，除完成数据采集任务外，能够对采集的数据进行处理，同时具有自诊断功能，保证在工业现场的恶劣环境下更稳定运行，同时能避免一些干扰信号对数据采集的影响；实现高可靠、高性能、易于使用的PLC，且PLC的元器件国产化率不低于90%。

通过对主机/服务器、网络设备、安全设备的流量数据和日志数据进行采集、解析，及时发现隐匿于数据中的恶意攻击行为，提高了构皮滩电厂生产控制系统的全面的感知和预警能力。通过大数据实时分析模块、大数据交互式分析模块、用户行为分析模块、深度感知智能引擎等功能，精准发现Dos、Ddos、IP碎片、APT等恶意入侵行为。通过智能分析，分析出真正有效的攻击和事件，进行全面溯源与取证，完成安全事件处置。内置丰富的规则策略库，主要为拒绝服务恶意脚本、SQL注入攻击、特殊字符URL访问、可疑HTTP请求访问、BashShellShock漏洞、Nginx文件解析漏洞、文件包含漏洞、LDAP漏洞、Struts2远程代码执行漏洞、远程代码执行漏洞、Xpath注入、跨站脚本攻击、IIS服务器攻击、CSRF漏洞攻击探测、可疑文件访问、swfupload跨站、SQL盲注攻击探测、敏感文件探测、异常 HTTP 请求探测、敏感目录访问等，为感知和预警入侵行为提供了坚强的支撑。

2.4 自主可控改造关键技术难点突破

研发首次运行于国产华为鲲鹏 920 处理器的泰山系列服务器和基于飞腾 2000＋处理器的浪潮服务器上的自主可控水电站计算机监控系统。打破水电行业计算机核心部件受制于人的局面，研发基于麒麟操作系统的水电站计算机监控系统，这是水电站计算机监控系统基于麒麟操作系统的首次研发。在操作系统移植过程本项目完成了编程函数的 API 接口、网络、显示、KVM 等相关适配性测试，尤其在 API 兼容问题上进行了反复的验证。开发出的自主可控水电站计算机监控系统软件具有数据采集与处理、实时控制和调节、参数设定、监视、记录、报表、运行参数计算、通信、系统诊断、系统仿真、软件开发和画面生成、运行管理和操作指导等功能，具有良好的开放性、先进性和可移植性，满足水电站安全监视、控制调节及生产管理等多方面的要求。

研发基于国产达梦数据库的计算机监控系统，开发历史数据管理模块。在国产化操作系统下针对达梦数据库进行数据库管理、数据的增删改查等相关的定制开发，实现数据的存储、简报、查新等功能。研发基于龙芯处理器的东土交换机的水电站计算机监控系统网络安全构架，该架构符合各项行业标准，稳定可控。研发基于双网双服务器的冗余自诊断技术，应用双网方式对重要数据进行分流，再利用自诊断技术对本系统各进程进行无中断循环自检，同时服务器之间采用双网络互检，若某一网发生故障，另一网即时采用数据同步技术，将故障网段的数据转移到非故障网段，然后进行灾难预警并形成系统检测报告。自诊断包括硬件和软件诊断。系统硬件诊断包括 CPU、内存、I/0 通道、电源、网络、通讯接口等内容。软件诊断包括软件异常中断、通信链路故障等内容。

研发基于密码和指纹双因子认证，通过密码强度校核、登录次数限制、设备操作校验等多重身份鉴别，提升系统安全性。研发水电远控平台防误操作方法和系统，其包括通过权限配置来设置操作员工作站节点，并配置操作员工作站对水电站的操作权限；通过电站 LCU(现地控制单元)控制权进行闭锁，当电站对应的 LCU 控制权在集控中心时，集控中心才能对该 LCU 控制的设备进行远控操作；机组开停机操作时，在按“确认”按钮前增加输入校验码环节；以及规定对于每座电站，仅在远控平台驾驶舱控制页面才能进行远控操作，其他人机界面均不开放控制操作功能。系统通过权限配置来锁定对电站的操作权限、电站 LCU 控制权、控制校验码和电站驾驶舱控制页面配置，为各用户配置在水电远程集控平台中操作时的权限，避免误开停机组、误调整有无功出力事件的发生。

3 架构体系研究和实施方案

3.1 基于自主可控软硬件平台的监控系统软件研究及应用

基于国产化操作系统、交换机操作系统、商用数据库以及国产化 PLC 等软硬件平台对功能作了重新开发，实现自主可控水电站监控系统软件的从无到有，实现各项功能完备且性能不降低的目标。除具备原有系统功能外，在智能报警、安全防护中密码/指纹双重认证、系统自诊断等功能部分进行了开发。其中智能报警模块包括智能报警逻辑组态、简报报警等级与颜色呈现匹配等功能；用户认证部分增加了规则及密码复杂度，并实现指纹认证功能；自诊断技术的运用使得软件系统不仅自检，还可通过网络进行互检，形成系统检测报告：硬件检测包括 CPU、内存、I/0 通道、电源、网络、通讯接口等内容，软件检测包括软件异常中断、通信链路故障、进程监视等内容，提高了系统的安全性、稳定性及可靠性。

自主可控水电站计算机监控系统软件是在包含原有系统功能基础上研发的，基于自主可控软硬件平台的、面向大型水电站/泵站的自主可控水电站计算机监控系统软件。硬件系统由 LCU、交换机、上位机计算机群以及辅助设备构成，支持单星形网、双星形网、单环网、双环网及复合网络等结构。

网络结构如图 1 所示。

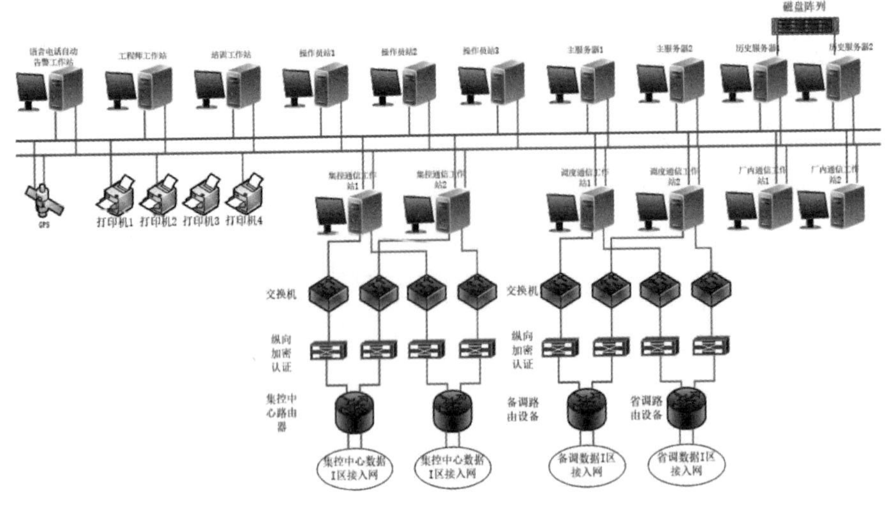

图 1　监控系统网络结构图

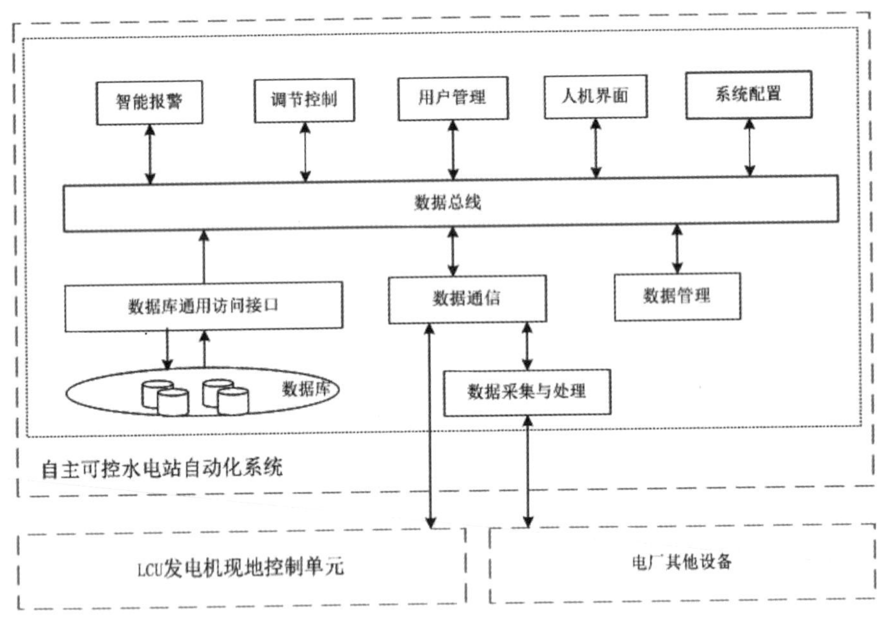

图 2　软件系统架构

自主可控水电站计算机监控系统软件如图 2 所示。系统软件基于中标麒麟、银河麒麟等国产化操作系统，以及达梦国产商业数据库开发。实现数据采集与处理模块、数据通信、人机界面、调节控制、用户管理、系统配置、数据管理、智能报警等功能。

3.2　水电厂控制系统智能信息安全体系研究

通过对主机/服务器、网络设备、安全设备的流量数据和日志数据进行采集、解析，及时发现隐匿于数据中的恶意攻击行为，提高了构皮滩电厂生产控制系统的全面的感知和预警能力。通过大数据实时分析模块、大数据交互式分析模块、用户行为分析模块、深度感知智能引擎等功能，精准发现 Dos、Ddos、IP 碎片、APT 等恶意入侵行为。通过智能分析，分析出真正有效的攻击和事件，进行全面溯源与取证，完成安全事件处置。

依据构皮滩电厂生产控制系统网络现状、安全需求，设计在生产控制大区、管理信息大区部署入侵检测系统、工控安全审计系统、USB 安全隔设备、主机安全防护系统、日志审计系统、账号集中管理与审计系统等作为安全态势预警平台的数据采集端，并将数据推送给各级平台，经过数据处理后，将数据经过边界设备推送给态势平台做深度关联分析，及时发现隐匿于系统内的各类攻击、入侵行为，及时采取应急响应措施，提高系统的全面安全防护能力。

生产控制系统信息安全态势预警平台主要包含三层系统架构(即数据采集层、存储分析层、展示应用层)，技术架构如图 3 所示。

数据采集层负责将网络设备、主机/服务器、安全设备、应用系统的流量数据、日志信息、威胁情报等，并对工业协议进行深度解析，对数据进行清洗、聚合后推送到数据存储分析层。数据存储层通过私有协议将采集层的数据存储在数据中心，并在存储层的智能分析中对已采集的数据进行建模、关联分析，并将分析结果再存储到数据中心，为展示层查询历史安全事件提供数据基础，同时智能分析中心还将实时安全事件直接推送到展示平台，为安全运维人员提供技术支撑。

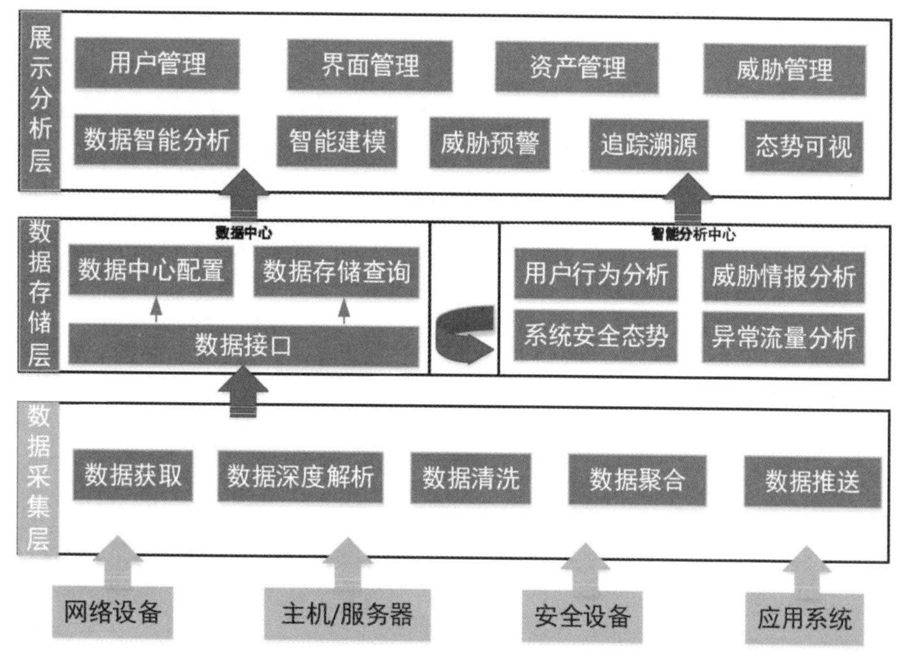

图 3　系统架构图

为有效应对大量未知安全威胁，依据国家和行业网络安全标准规范，对发电企业生产控制系统开展网络安全检测评估，排查安全隐患，认清风险。通过建立发电企业生产控制信息安全态势预警平台，全面监测生产控制网络环境变化，形成统一规范化的安全数据中心，利用大数据、人工智能、可视化等技术实现网络环境管理、异常行为监测、实时动态预警、网络事件处置、安全态势预测和辅助决策分析，提升发电企业生产控制业务安全保障能力和合规水平，全面支撑网络安全的“实时监测—动态预警—快速响应”，实现发电企业生产控制网络安全的主动防御和闭环管控。

4　结语

构皮滩发电厂在监控系统安全自主可控项目改造前，核心软硬件 90%以上依赖进口，即便有部分采用国产设备，其核心技术、芯片、开发平台、底层操作系统等也严重依赖欧美。构皮滩发电厂监控系统安全自主可控改造项目全部选用完全具有自主知识产权的国产服务器、操作系统、数据库、芯片、PLC 等，全面攻克国产软、硬件搭建系统存在的不兼容、不适配、不稳定、不安全等问题，研发一套自主可控、安全稳定、成熟实用的国产水电厂监控系统。构皮滩发电厂从设备选型开始就按高性能、高标准要求选用国产软硬件，通过一系列的指标比对、性能测试、高急速寿命试验、适配及兼容性试验，并在国家输配电安全控制设备质量监督检验中心/国网电力科学研究院有限公司实验验证中心等机构开展检测，最终选择华为 TaiShan 系列、浪潮 NF2180M3 系列服务器，达梦数据库、麒麟操作系统、南自 SA81 系列 PLC 等国产软硬件来搭建平台系统。实施过程中，还针对性开展了许多技术创新、技术改进、性能优化、功能完善等国产设备的技术突破，同时发现和处理了大量技术难题和安全隐患，一套安全、成熟、稳定的水电厂安全自主可控监控系统成功投入运行，并在其他水电厂全面推广。

·运行与管理·

基于远控模式下乌江渡老厂1号机带110 kV系统孤网运行的几点思考

杨康，陈宇

（贵州乌江水电开发有限责任公司集控中心，贵州贵阳，550002）

摘要： 孤网条件下机组运行的稳定性和控制调节能力，对保障电网系统安全、可靠运行具有十分重要作用。通过对乌江渡老厂1号机带110 kV系统孤网运行事故过程进行了调查，分析了造成水电厂孤网运行事故的原因；通过对远程集控模式下乌江渡老厂孤网运行方式下的运行操作特点以及存在的风险进行分析并提出了相应的控制措施，为乌江集控中心正确、迅速处理事故理清思路，为提高水电厂安全生产水平打下基础。

关键词： 孤网运行；远程集控；控制措施；乌江渡水电厂

1　概述

贵州乌江水电开发有限责任公司开发建设和经营管理的梯级水电站包括洪家渡、东风、索风营、乌江渡、构皮滩、思林、沙沱、大花水、格里桥等9座，总装机容量8 695 MW，机组33台[1]。2015年4月，贵州乌江水电开发有限责任公司水电站远程集控中心（本文简称“乌江集控中心”）实现对乌江梯级9座电站的电力运行远程集中控制模式，主要负责远程操作、优化调度、远程应急处理、电力调度风险管理、信息发布、检修协调等工作。其中，远程应急处理范围主要包括：水电厂全厂失压时，按乌江梯级水电站远控管理相关规定远程开机带厂用电；水电厂发生水车室或压力钢管大量异常涌水时，视情况远程停机、关闭进水口闸门（或关闭进水阀）；水电厂机组甩负荷时，负责监视机组转速，当转速上升到过速保护定值而进水闸门未自动关闭时，远程关闭进水口闸门。随着深化远程集中控制工作的不断推进，在水电厂传统生产模式向远程集控模式转化过程中，遇到了各种新难题、新挑战。乌江渡水电站位于贵州遵义境内乌江干流中游河段，是乌江干流的第六级电站，上游74.9 km接索风营水电站，下游距构皮滩水电站137 km，总装机容量1 250 MW，年发电量40.56亿kW·h。乌江渡水电站分“两厂”（老厂和新厂）、“三站”（老厂110 kV开关站、220 kV开关站和新厂220 kV开关站）、“五机”（5台发电机，单机容量250 MW）；电气主接线相对复杂，系统运行方式较为特殊，设备牵涉省级调度中心（中调）、地区调度中心（贵阳地调、遵义地调）等管辖部门；主要承担电力系统的调峰、调频及备用任务，乌江新、老厂分别承担了贵州黔中和黔北两个区域电网的黑启动电源，在保障电网安全方面起到了重要作用[2]。因此，加强远控模式下乌江渡电厂在孤网条件下机组运行的稳定性和控制调节能力显得尤为重要。

2　乌江渡电厂运行模式简介

2.1　孤网的基本概念和特点

孤网是指孤立运行或与大电网解列后处于孤立运行工况的电网。孤网主要可分为以下三种情况：① 有几台机组并列运行形成小网，不与外部电网连接；② 只有一台机组供电的单机带负荷方式；③ 并网运行的发电机组与外部电网解列，甩负荷后只带厂用电运行，是单机带负荷的一种特例[3]。孤网运行最突出的特点是负荷控制转变为频率控制，要求调速系统具有符合要求的静态特性、良好的稳定性和动态响应特性，以保证在用户负荷变化的情况下自动保持电网频率的稳定，称为一次调频功能。孤网运行关注的重点应是调整孤网频率，使之维持在规定的频率要求范围之内[4]。乌江渡老厂通过110 kV线路与贵阳、遵义电网连接，受局部网架薄弱影响，当乌江渡老厂因110 kV单元出现复杂故障及检修时，可能引发区域孤网风险。孤网运行面临最本质的问题是功率不平衡问题，这种情况对孤网运行厂用电的电能质量造成极大影响，无法满足电站保厂用电的电能质量要求，也使全厂设备的安全运行存在安全隐患。若具有高效的有功功率控制手段，快速地平衡系统中由于事故产生的不平衡功率，就有可能减小甚至消除系统受到扰动时对

收稿日期： 2022-06-11

作者简介： 杨康，贵州贵阳人，工程师，从事集控运行调度工作．

电网的冲击[5]。乌江渡老厂1号机自身的运行稳定性对地区孤网风险的稳定性有着很大的影响，机组频率的变化直接影响地区小网的频率，机组转速升高，孤网频率上升；机组转速降低，孤网频率下降。

2.2 乌江渡老厂孤网前运行方式

（1）110 kV 系统：乌江渡老厂 110 kVⅠ、Ⅱ段母线联络运行，其中，110 kVⅠ段带江新Ⅰ回线路、江三牵Ⅰ回线路运行，110 kVⅡ段带江新Ⅱ回线路、江三牵Ⅱ回线路、江罗Ⅱ回线路运行，江罗Ⅰ回线 106 开关处于冷备用状态（开关机构检修）。事故前乌江 110 kV 系统运行工况见图 1。

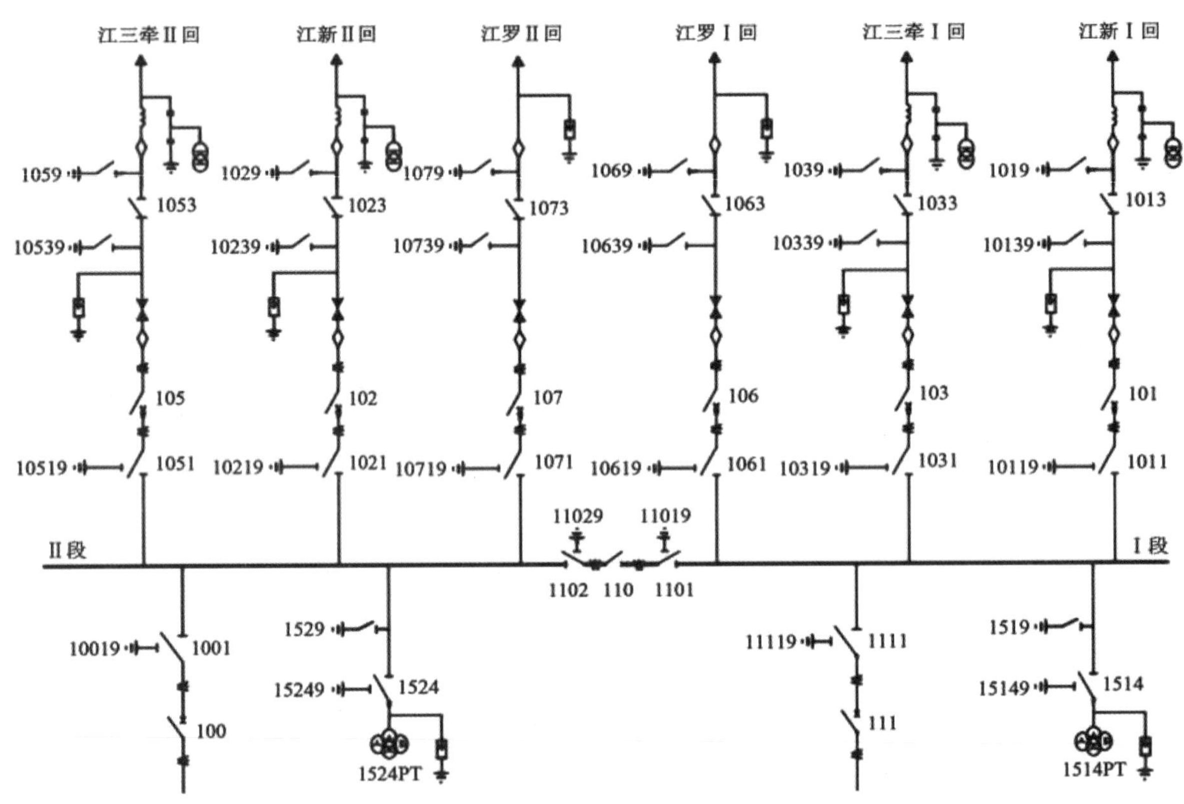

图1 事故前乌江 110 kV 系统运行工况

（2）保护情况：乌江渡老厂 110 kV 线路保护，110 kV 母线保护 A、B 套，0 号主变保护 A、B 套均正常投入。

（3）厂用电系统：6.3 kV 厂用电）、Ⅱ、Ⅲ段母线分段运行。

（4）机组负荷：1 号机组带 115 MW 负荷，2 号机组 A 修，3 号机组带 220 MW 负荷，事故前 110 kV 线路及其 1 号机组负荷情况详见表 1。

表1 事故前 110 kV 线路及 1 号机组相关数据

线路或机组	有功/MW	频率/Hz	电压/kV
江新Ⅰ回	0.00	49.98	116.80
江三牵Ⅰ回	24.19	49.98	116.80
江罗Ⅰ回	停运		
江新Ⅱ回	0.00	49.98	116.87
江三牵Ⅱ回	6.88	49.98	116.80
江罗Ⅱ回	19.50	49.98	116.87
1 号机	115.00	49.90	15.50

2.3 事故主要经过

2021 年 3 月 5 日，乌江渡老厂 110 kVⅡ段母线 1524PT 内部故障引起乌江渡老厂 110 kVA、B 套母差保护动作跳乌江渡老厂 110 kVⅠ、Ⅱ段母线联络 110 开关、0 号主变 110 kV 侧 100 开关、江三牵Ⅱ回 105 开关、江新Ⅱ回 102 开关、江罗Ⅱ回 107 开关，造成 110 kV 罗江变失压，110 kV 三合变部分负荷损失，乌江渡老厂 1 号机带 110 kVⅠ段母线孤网运行（供 110 kV 三合变部分负荷和牵引变负荷），负荷由 115 MW 自动降至 23 MW，损失负荷 92 MW。事故发生后，上级调度机构指定乌江渡老厂 1 号机组为电网第一调频厂，并通过 110 kV 系统运行方式倒换，用乌江渡老厂 110 kV 江新Ⅰ回 101 开关同期合闸，使得乌江渡老厂通过 110 kV 江新线→110 kV 新场变→110 kV 盘新线→220 kV 盘脚变并入 220 kV 系统，从而解除乌江渡老 110 kV 系统孤网运行的状态。事故后具体参数详见表 2。

表 2　事故后 110 kV 线路及 1 号机相关数据

线路或机组	有功/MW	频率/Hz	电压/kV
江新Ⅰ回	0.00	55.01→49.66	119.00→116.80
江三牵Ⅰ回	24.19	55.01→49.66	119.00→116.80
江罗Ⅰ回	停运		
江新Ⅱ回	0.00	0.00	0.00
江三牵Ⅱ回	0.00	0.00	0.00
江罗Ⅱ回	0.00	0.00	0.00
1 号机	115.00→19.81→23.00	55.01→49.66	16.02→15.19

3　造成乌江渡老厂 1 号机带 110 kV 孤网运行的原因分析

事故发生前，110 kV 系统接线方式(见图 2)：110 kV 江新双回线正常运行，对侧新场变 102、101 开关在热备用状态，新场变负荷由盘新线供电；110 kV 江三牵双回与三合变、牵引变联络运行，主要承担牵引变负荷及三合变部分负荷，三合变与沙土变 110 kV 三沙线开关长期处于断开位置、110 kV 三合变到白城变的三白罗线处在热备用状态；110 kV 江罗双回线带乌江地区负荷，110 kV 同白罗线在冷备用状态。由于乌江渡老厂 110 kV Ⅱ段母线 1524PT 内部故障引起乌江渡老厂 110 kVA、B 套母差保护动作跳乌江渡老厂 110 kVⅠ、Ⅱ段母线联络 110 开关、0 号主变 110 kV 侧 100 开关、江三牵Ⅱ回 105 开关、江新Ⅱ回 102 开关、江罗Ⅱ回 107 开关，造成 110 kV 罗江变失压(江罗Ⅰ回线处于冷备用状态进行开关机构检修工作)，110 kV 三合变部分负荷损失，造成乌江渡老厂 1 号机带 110 kVⅠ段母线孤网运行(供 110 kV 三合变部分负荷和牵引变负荷)。

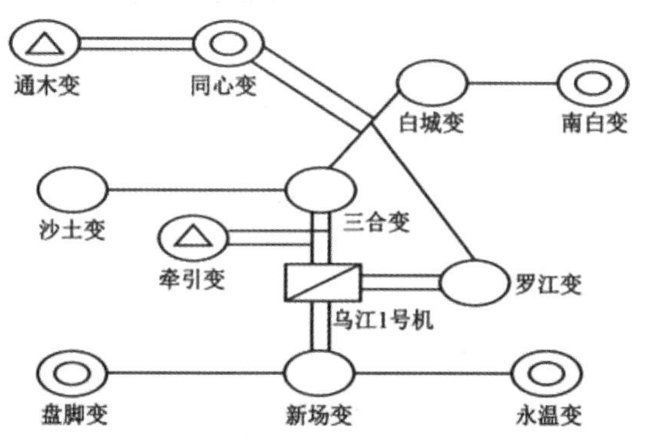

图 2　110 kV 系统接线方式

4　集控侧分析孤网运行存在的风险点

4.1　设备因素影响

(1) 在联网转孤网后，乌江渡老厂作为第一调频厂，1 号机带 110 kVⅠ段母线孤网运行期间主要承担 110 kV 三合变区域和牵引变区域的供电任务，负责电网频率控制职责，作为唯一电源点，若 1 号机组、调速器、励磁系统或变压器故障，可能衍生事故 1 号机跳闸导致 110 kV 系统失压，将造成供电中断，扩大事故范围。

(2) 在联网转孤网时，因乌江渡老厂 1 号机组调速器、励磁等调控系统出现控制异常，对机组调速系统的要求较高，运行稳定性较差，因电网频率波动较大，机组调速器会频繁动作调整以保证频率在合格范围内，频繁调整，容易造成机组调速器油压过低，存在机组事故低油压停机的风险，造成系统低电压、低周减载及电网崩溃、瓦解。

(3) 乌江渡老厂 1 号机带 110 kVⅠ段母线孤网运行期间，若乌江渡老厂 1 号发变组或送出 110 kV 江三牵Ⅰ回 103 开关出现故障跳闸，将造成全网失电。

4.2　人员因素影响

(1) 乌江渡老厂 1 号机带 110 kVⅠ段母线孤网运行，系统薄弱，电网频率、电压变化较大，如果 1 号机负荷较低，且当负荷变动小于 10% Pn 、机组频率变化在±0.36 Hz 时，1 号机调速器不会切至“负载频率模式”，仍保持开度模式，需要人为调整机组负荷。若运行人员调整不当容易造成系统频率波动较大，甚至造成电网失稳，事故扩大。

(2) 乌江渡老厂 1 号机带 110 kVⅠ段母线孤网运行期间，需要人为调整机组出力，确保 110 kV 江新) 回、江三牵Ⅰ回(江罗Ⅰ回线 106 开关处于冷备用状态)功率、电流在合格范围内。若运行人员调整不当容易造成线路过载跳闸，将造成供电中断，导致事故扩大。

5　集控侧应对孤网运行风险的控制措施

针对乌江流域远控机组孤网运行的特殊情况，集控中心结合掌握流域水电厂设备实时健康状态的情况，对孤网运行风险点进行分析和预判；根据运行方式变化，提前开展危险源辨识和运行危险点分析，整合电厂侧、集控侧、电网调度侧对电力安全运行风险管理的要求，制定了集控侧应对孤网运行风险的控制措施，提高远控人员对孤网运行方式的风险辨识，有效保障了乌江渡老厂 1 号机带 110kV 系统孤网运行的可靠性。

5.1　加强设备巡回检查力度，提升设备应急管理水平

设备管理是保证安全的基础，孤网运行期间集控侧人员应合理安排现场人员开展定期巡视工作，

督促现场人员加强对机组、主变、线路、母线相关设备的巡检力度和对继电保护、自动控制装置运行情况的检查以及缺陷处理工作，并做好现场线路跳闸、控制不及时而导致单网稳定破坏的事故预想，降低孤网运行期间出现故障跳闸的可能性。集控运行人员必须时刻关注计算机监控信号，对孤网运行设备状况进行分析，从而做好远程事故预处理。若是集控侧设备故障造成的孤网运行，应及时查明原因，缩短设备复电时间，做到有效的风险分离，创造良好的调度环节，确保调度体系的严谨性。

5.2 制定完善集控中心事故应急预案，强化安全基础管理

按照“安全第一，预防为主”的方针，为了提高运行值班人员对远控水电站事故时的远程处置能力，最大限度地协助水电站在“远程集控、少人维护”管理模式下发生事故时的处置工作，以全力保证人身、电网和设备安全为目标，将危急事件造成的损失和影响降到最低程度，特制定完善《乌江渡0号变跳闸1号机带110 kV系统单网运行处置方案》《区域网调频处置方案》等应急预案，以应对流域电站发生孤网事故时的应急处置。规范了集控中心对突发事件的应急处理原则、方法和程序等，同时也提高运行人员安全责任意识，确保乌江梯级水电站集中调度和远程集控管理安全、高效。

5.3 加强培训，进一步提高运行人员素质

通过多形式的培训方式，提升集控运行人员专业技术水平，确保安全生产。首先，在扎实掌握各项专业技术本领的基础上，营造了积极学习的浓厚氛围，加强对业务知识学习，提高集控运行人员在梯级流域工作中的地位和专业运行水平；其次，强化集控运行人员对流域电厂负荷送出通道的学习，定期向中调、地调了解系统运行方式，加强主动分析事故的能力，解决孤网运行调度方面存在的问题，加强集控运行人员对相应调频措施和现场孤网运行的应急预案的学习，择机进行一次联合演练，对演练中暴露出的问题，及时进行整改，提高集控运行人员安全责任意识和正确处理事故的实战能力；最后，安排集控运行人员定期轮换到现场对集控所管辖设备的变更及运行情况、控制逻辑、执行流程、运行方式的薄弱环节、设备差异以及现场人员配置、应急响应时间进行了解学习，并对现场提出的运行建议进行交流，确保设备正常稳定运行。

5.4 加强功率调节控制，提高操作安全

监盘调整人员应做到“两多、三勤、一集中”，确保功率调节的准确性。集控运行人员应积极主动与调度机构沟通，全面了解系统运行和负荷、电压、频率的变化情况，并根据历史负荷曲线变化规律，做好负荷预判、合理调控；同时，根据系统对频率的要求适当调整孤网运行频率调节死区，有效控制调速器的频繁调节，并按贵州电网调度管理规定要求将频率控制在(50±0.5)Hz范围内运行，母线电压在额定电压(110±11)kV的范围内运行；1号机不宜满负荷运行，应留有足够调节裕度，以便系统频率低于49.5Hz时能进行调整负荷；当负荷在振动区运行时或高于250 MW时及时汇报调度机构，按现场规程处置要求机组负荷单次调整不宜过大，应控制在3～5 MW范围内：只有这样才能确保孤网系统有效运行，促使系统运行频率恒定不变，提高操作安全性。

6 结语

为了加强集控中心与乌江渡水电厂的安全稳定运行管理，适应电网对统一集中控制模式下孤网事故处理的要求，保证水电厂正确、迅速处理事故，最大限度地减少因事故停电造成的影响和损失，本文提出了集控中心、乌江渡水电厂应对孤网事故处理的一系列的建议和意见，提高了运行人员应急处理事故的能力，减少远控电厂经济损失，这对孤网运行方式下的运行管理工作有较为突出的指导意义。

参考文献：

[1] 周金江，高英.乌江干流保障生态流量方式研究及应用[J].红水河，2021，40(1)：26-28.

[2] 周海峰，王放.华光潭电站机组孤网运行工况的优化[J].通信电源技术，2020，37(4)：240-241.

[3] 范小波，乐绍扬，周大鹏，等.水力发电机组孤网运行浅析[J].中国科技纵横，2019(23)：160-161.

[4] 吕佳军，朱彬，熊智.瑞丽江一级水电站孤网运行浅析[J].机电信息，2015(33)：25-27.

[5] 张健铭，毕天珠，刘辉，等.孤网运行与频率稳定研究综述[J].电力系统保护与控制，2011，39(11)：150-153.

地下式厂房水电厂防水淹厂房保护系统的研究与应用

彭俊先

（贵州乌江水电开发有限责任公司东风发电厂，贵州贵阳，551408）

摘要：文章针对目前地下式厂房水电厂传统的防水淹厂房保护系统现状，从现场元件结构设计、采集端子箱设计、信号传输路线选择、控制逻辑判断及控制中心定位等方面研究并努力设计出一套安全、可靠的防水淹厂房保护系统，充分考虑其抗干扰、安全可靠、防误动拒动等因素，实现可靠的预警控制，提高了地下式厂房水电厂运行的安全可靠性。该系统自在某地下式厂房实践应用以来，取得了良好的经济效益，对类似地下式厂房水电厂应用具有推广意义。

关键词：地下式厂房；水电厂；防水淹厂房；保护系统

前言

地下式厂房水电厂最大的安全隐患就是突发事故引起大量来水，而排水系统故障使得排水不及时，报警控制系统未能及时报警、出口动作，导致水淹厂房事故发生[1]。随着数字化电厂管控模式的迅速发展和建设，可靠、稳定、准确的防水淹厂房保护系统成为保护水电厂极为关键的重要安全技术措施。目前，国内多数水电厂均配置了防水淹厂房保护系统，但是大多数均只是采用简单的越限报警策略，现场元件未充分考虑安装环境条件、信号传输抗干扰能力程度、流程控制逻辑设置是否周全等问题。因此，更为稳定、可靠的防水淹厂房保护系统将显得至关重要，它能在真正意义上实现准确预警，及时断开事故水源，保护整个水电厂的设备安全。

1　地下式厂房水电厂特点

水电厂，顾名思义就是把水的位能和动能转换成电能的工厂，可分为堤坝式水电厂、引水式水电厂和混合式水电厂。堤坝式水电厂又可称为坝式水电厂，是目前国内外水电开发的基本方式之一。坝式水电厂是由河道上的挡水建筑物壅高水位而集中水头的水电厂。坝式水电厂的发电厂房有坝后式、坝内式、溢流式、岸边式、地下式和河床式等 6 种类型，因结构方式不同，每种类型的厂房各自有其特殊的功能特点。

地下式厂房水电厂是国内外大多数水电厂采用的模式，利用良好的地质条件，将引水钢管、发电机、水轮机、主变压器、油水气辅助及生产厂房等设备设施布置在地下，通过合理的设计及布置，展现出设备监视监控便利、设备紧急突发事故处理时间少、建设费用较经济等特点。因其建设于地下，因此，渗漏排水系统尤为重要。渗漏排水系统将坝体、山体的渗漏水由排水沟引至渗漏检修井，再通过渗漏排水泵将其抽排出厂房外，若渗漏排水系统某个环节发生故障，不能及时预警、处理来水，将可能导致水电厂水淹厂房的严重后果，在国内也曾发生过黄龙滩水电站水淹厂房事故和湖南郎江水电站水淹厂房事故等惨痛案例。

2　电厂保护系统现状

2.1　传统水淹厂房保护系统

大多数地下式厂房水电厂传统的防水淹厂房保护系统采用简单的越限逻辑报警设计，不仅在功能性能上不满足标准要求，而且经常发生故障、误报警并且经常需要更换，大大增加了维护力度及费用。例如贵州某水电厂，该厂有 2 个地下式厂房，分别在 2 个厂房廊道最底层安装了 2 套水位测量元件，也称为第三方水位计，每套测量元件由 1 支浮球式水位计和 1 支电容式传感器组合而成，且每支水位计只能设置 1 组报警信号输出，采集信号分别接入厂房公用现地控制单元；当水位达到报警设定值时，就发出报警，未做信号防误动、过滤处理。元件现场安装情况如图 1 所示。

收稿日期：2021-12-09
作者简介：彭俊先，贵州贵阳人，工程师，主要从事水电厂运行维护管理工作。

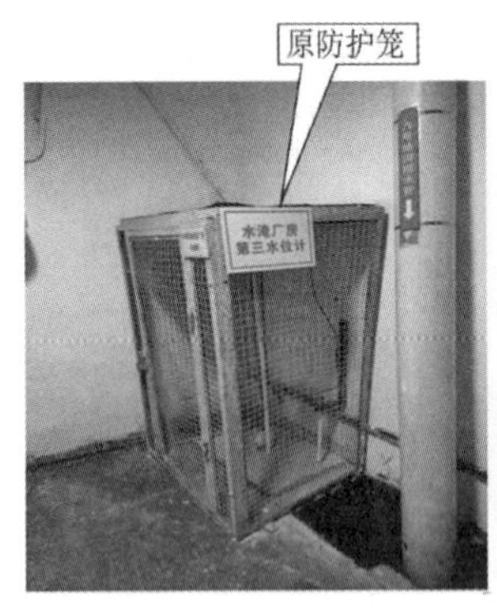

图 1　传统式元件现场安装图

1.2　问题因素

1）稳定性及可靠性低。从该厂的水位测量元件安装现场可以看出，目前传统的水淹厂房保护系统主要存在安装工艺简单、抗干扰能力差、防护及防水等级低、抗腐蚀能力差等问题。据该厂自投运至今的准确数据统计，因其裸露式安装结构、顶部未做防护遮盖、信号未做抗干扰处理、人员靠近或物体误碰触发等外因干扰产生的误报警每年不少于6次。

2）水位信号采集元件组合配置不满足要求。NB/T3500－2013《水力发电厂自动化设计技术规范》要求："防水淹厂房系统应在厂房最底层设置不少于3套水位信号器，每套水位信号器至少包括2对触头输出"[2]。而该厂仅在厂房最底层设置了2套不同原理的水位信号采集元件，且每套水位信号采集元件仅有1对触头输出，由此可见，组合配置完全不满足规范要求。

3）控制策略安全漏洞突出。NB/T 3500－2013《水力发电厂自动化设计技术规范》要求："当水位达到第一上限时报警，当同时有2套水位信号器第二上限信号动作时，作用于紧急事故停机并发水淹厂房报警信号，启动厂房事故广播系统"[2]。而该厂只采集1组报警信号，且未进行逻辑组合配置，发生紧急事故时仅发出报警信号，体现出存在较大的安全隐患；一旦发生事故来水，保护系统只报警而不动作输出，根本无法切断事故水源，实现不了保护厂房设备安全运行的目的，存在极大的水淹厂房风险。

4）管理制度不完善。经安评、春秋季等专项检查，发现大部分电厂在水淹厂房保护系统管理方面均未制定维护管理规章制度，有的即使制定了维护巡检制度，但内容过于简单，均未包含维护校验周期、维护校验方法步骤等内容，以致于部分电厂设备出现故障、系统工作异常时也不能及时被发现。

综上所述，研究一套稳定、可靠的防水淹厂房保护系统并实施迫在眉睫。

3　改善方案研究设计

该厂结合现场安装环境差、元件配置组合不满足要求及控制策略安全漏洞突出等因素，从现场元件结构设计、采集端子箱设计、信号传输路线选择、控制逻辑判断及控制中心定位等方面提出设计一套稳定、可靠的防水淹厂房保护系统。为提高系统的可靠性，该厂选择在两个厂房的最底层廊道、渗漏井处布置4个监测点，各监测点分别安装1套集成式第三方水位计；通过现场防水型采集端子箱引出信号至公用现地控制单元，每个监测点有3个采集信号，每个信号分布在公用现地控制单元的各个子站IO采集模件，相互独立，排除干扰；通过三选二控制逻辑判断，输出报警信号及动作出口信号，经机组压板可靠控制，启动紧急事故停机流程，关闭进水口闸门或进水蝶阀门。改善方案设计图如图2所示。

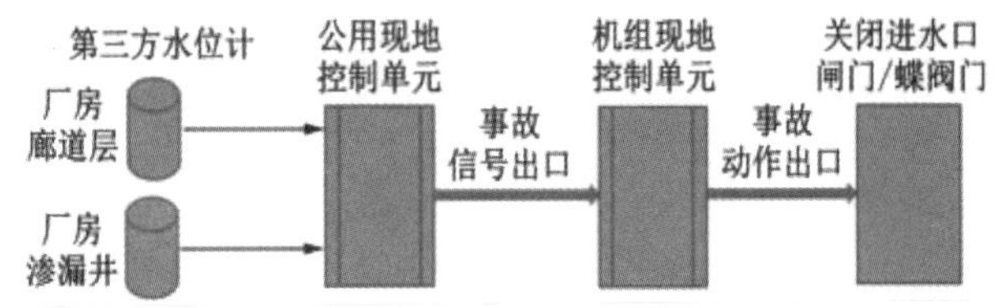

图 2　改善方案设计图

4　基础元件选择设计

基础元件作为整个系统的基础。传统的水电厂采用的基础元件均存在稳定性差、锈蚀严重、维护频繁等问题。为确保整个系统的可靠性和稳定性，基础元件的设计选择尤为关键，稳定可靠的自动化元器件是提升系统可靠率的关键因素。根据水电厂的环境特点，其湿度较大，因此，不锈钢材质产品就可以作为设计首选，其中包括安装机架、紧固螺栓、现场接线箱、元件外壳等设备均采用不锈钢材质。例如浮球式水位计，有些水电厂为满足设计规范要求，只在原来的基础上加装1个浮球开关作为第二支报警信号器，但从实际应用方面来看，发现其外观、可靠性、稳定性等方面均较差，长年累月后表面形成污垢，元件性能受到了极大的影响。

从元件保护、抵御环境影响等方面进行充分考虑，本次设计选择采用桶装式浮球水位计，如图3所示。采用不锈钢材质制作成的外筒将两组浮球或多组浮球进行完全包裹，内部浮球采用小体积、动作灵活的设计，外筒直径远大于内部浮球动作的有效范围，这样就可以保证浮球可靠动作。经实际反复进水测试，内部浮球水位计均能正确动作发出信号，且无卡涩的情况。这样既可保证设备性能的可靠性，又能提高设备的使用寿命以及缩短设备的维护周期。

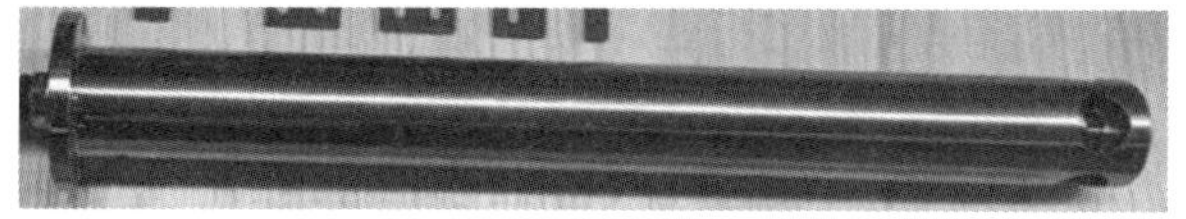

图 3　桶装式浮球水位计

5　现场设备结构配置设计

为实现保护系统设备的整体性及完整性，分别将 3 支不同原理的投入式、电容式、浮球式水位信号采集元件组合成 1 套集成式第三方水位计，每支元件均可设置 2 个信号触头输出，且采用防外因干扰式不锈钢保护结构进行封装保护，装置顶部引线出口处采用防护等级为 IP67 级航空插头对插连接，现地采集端子箱采用 IP67 级防水型设计[3]。这样从源头上避免了外界物体的干扰，大大提高了设备的安全稳定性。现场设备结构设计安装如图 4 所示。

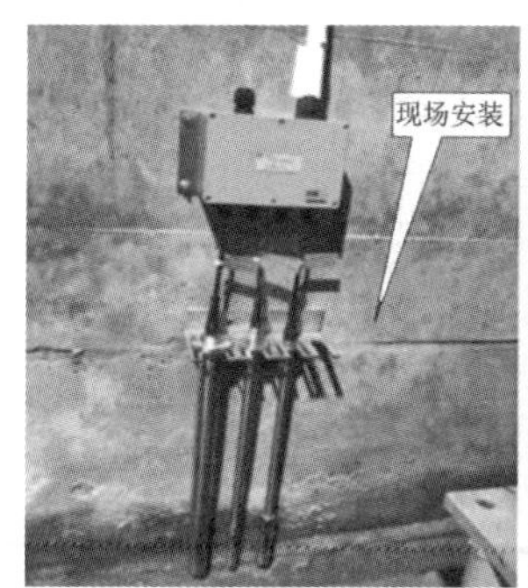

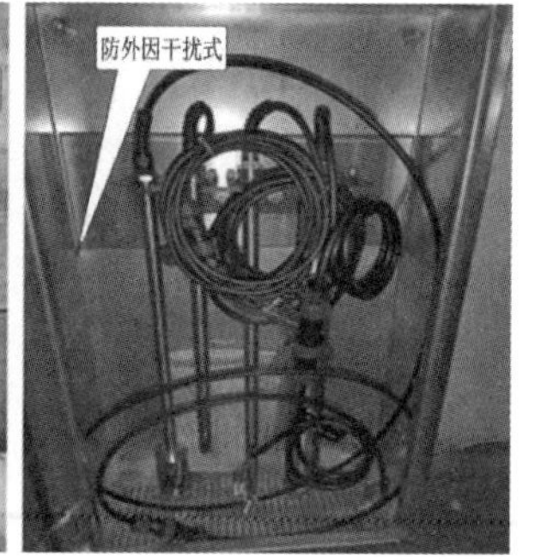

图 4　现场设备结构设计安装图

6　控制策略优化设计

6.1　信号抗干扰优化

根据现场元件配置设计，采集信号类型分为开关量和模拟量 2 种。由于其结构设计已彻底排除外界因素干扰，因此，为提高信号的可靠性及抗干扰能力，主要在现地控制单元内部程序从开关量抖动、模拟量突变、模拟量值失效等方面进行科学判断，如：当开关量采集信号动作时，需经 2S 过滤延时排除信号接点抖动的因素，才可判断信号真实有效；当模拟量采集信号发生突变时，通过程序内部对前、后采集值进行反复逻辑比较，得出 1 组实际速率值，此速率值若超过安全水位上升/下降速率安全值时，则判断信号无效。经过现场反复测试验证，此信号抗干扰优化设计方案进一步提高了系统的可靠性。除此之外，为可靠屏蔽信号传输的干扰，还特别采用了抗干扰信号电缆，且在控制柜终端进行电缆外壳屏蔽处理，进一步消除干扰。

6.2　水淹厂房报警信号逻辑判断

根据规程规范的规定，水淹厂房检测元件需安装在厂房底层廊道。该厂除考虑底层廊道之外，还充分考虑了渗漏水泵控制系统故障时不能正常启动水泵，造成渗漏井水位过高无法外排而导致水淹厂房事故发生的情况，在渗漏井高处设置了 2 个测点，这样全厂 2 个厂房就共设置有 4 个监测点，以进一步排除事故来水的安全隐患。

厂房每个监测点均有 3 支水位采集元件采集信号进入现地控制单元 PLC 进行逻辑判断，每支水位采集元件均可设置 2 个限值，分别对应于第一上限“水淹厂房报警信号”水位、第二上限“水淹厂房事故动作出口”水位。当任意 2 个采集信号均达到第一上限时，通过三选二逻辑“与”方式实现第一上限报警，即“水淹厂房报警信号”报警。报警信号第一时间通过计算机监控系统、ON _ CALL 系统发出信号通知相关人员及时进行处理，避免重大事故的发生[4]。水淹厂房报警信号逻辑判断如图 5 所示。

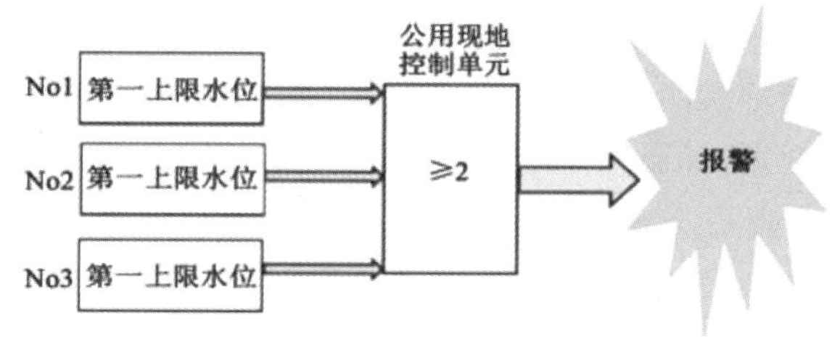

图 5　水淹厂房报警信号逻辑判断

6.3　水淹厂房事故动作出口逻辑判断

同理，当任意两个采集信号均达到第二上限时，通过三选二逻辑“与”方式实现第二上限事故动作出口，即“水淹厂房事故动作出口”信号动作及报警。动作出口信号通过公用现地控制单元分别输出独立的水淹厂房动作信号至机组现地控制单元实现机组紧急事故停机，同时启动厂房事故广播系统，发出事故 ON _ CALL 信号，迅速可靠地切断水源，确保厂房的安全可靠运行；且为便于机组检修或防水淹厂房保护系统模拟试验，每台机组现地控制单元采用硬压板进行可靠的投退控制，确保不发生误动作现象。水淹厂房事故动作出口逻辑判断如图 6 所示。

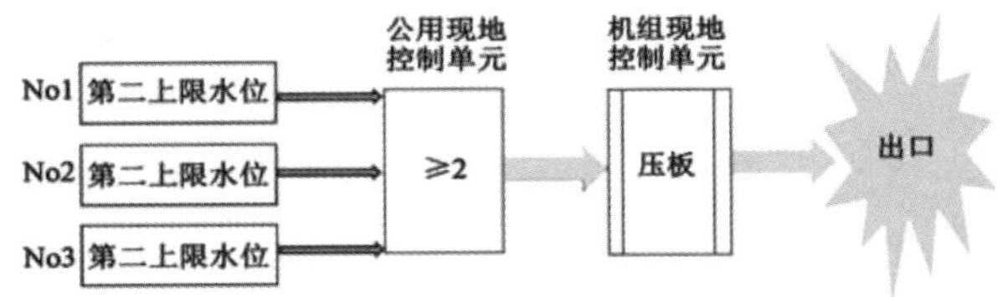

图6 水淹厂房事故动作出口逻辑判断

7 完善管理制度

规范完整的管理制度是保证设备长期稳定运行的保障。根据现场环境特点，为确保系统长期正常稳定运行，该厂针对保护系统完善了巡检内容及计划、定期维护内容及计划、校验方法及标准、定期演练等制度内容，通过制度管理进一步提高设备的安全可靠性[5]。如每周开展一次周巡检、每季度开展一次信号模拟、每半年进行一次系统功能校验、每年开展一次系统维护检修等，通过以巡检记录表、总结报告方式形成文档并归案，从制度措施上消除了设备故障隐患，提高了设备的非故障率。

8 实际演练

为验证设计方案的可行性、可靠性，确保系统投运后能正确报警、动作，该厂积极组织专业人员开展流程讨论、演练方案制定及静动态试验等。

首先，开展静态试验，退出跳闸压板。分别模拟调整水位计第一上限、第二上限各种组合报警动作现象，报警信号正确发出，事故动作流程执行正确，满足要求。

其次，开展动态试验，投入跳闸压板单机试验。在第三方水位计安装现场通过设置围堰方式注入水，慢慢提高水位，当水位达到第一上限时，3只水位计几乎均能同一时间发出告警，整定误差在允许范围内；当水位达到第二上限时，立即出口动作紧急事故停机流程，计算机监控系统发报警信号，联动厂房事故广播系统，发出ON－CALL报警信号。

通过实际演练，不但充分验证了理论流程的正确性，同时也确保了设备动作的可靠性，为长期正常投入此保护功能奠定了基础。

9 结语

本文结合现场实际情况，通过对传统的防水淹厂房保护系统进行分析和总结，有针对性地研究和设计了一套可靠、稳定及安全的防水淹厂房保护系统，进一步保证了厂房设备的安全稳定运行。该系统自投运至今，未发生误报警、误动作情况，系统运行良好，值得在此类型地下式厂房水电厂推广应用。

参考文献

[1] 林海波.水电厂防止水淹厂房事故的措施[J].电力安全技术,2013,15(1):16-8.

[2] NB/T35004－2013,水力发电厂自动化设计技术规[S].

[3] DL/T5066－2010,水力发电厂水力机械辅助设备系统设计技术规定[S].

[4] 刘亚林,邹颖,陈家恒,等.糯扎渡电站防水淹厂房保护系统设计[J].水电厂自动化,2013(4):37-39.

[5] 陶荣.水电厂水淹厂房事事故防范措施的探讨[J].电力安全技术,2018(6):5-8.

YJBY 水电站工程数字化应用

孙正华，陈毅峰，崔进，唐腾飞，龚刚，王锦

（中国电建集团贵阳勘测设计研究院有限公司，贵州贵阳，550081）

摘要：YJBY 水电站位于高海拔、高严寒、高山峡谷地带。为了解决野外勘察难，狭窄河谷条件下场地空间利用受限，全专业全过程协同设计效率低，移民征地范围实物指标调查确认困难，以及环水保设计与生态修复结合不紧密等问题，文章通过借鉴国内外智慧工程建设经验，综合运用当前数字化技术手段，使得 YJBY 水电站勘察设计质量及效率有了极大提升，达到了工程提质增效的目的，取得一些实际应用成效的同时，为同类工程建设一些共性问题提供了解决思路。

关键词：高海拔；高严寒；水电站工程；数字化技术；BIM 应用；协同设计

1 概述

随着《"十四五"能源领域科技创新规划》的出台，数字经济被各行业及企业提上了日程[1]。所谓数字经济，是以数据资源为关键生产要素，以现代信息网络为重要载体，以信息通信技术的有效使用作为提升效率和经济架构优化的重要推动力的一系列经济活动。而要发挥数字经济效益，则首先需要进行数字化转型[2]，数字化转型的主要发力点是数据的纵向集成，数据价值则体现在生产流通全过程，数据资产将在工程全生命周期中形成，并成为生产资料。

目前，工程数字化主要是在单点工程的数字技术应用[3]，包括 BIM、GIS、物联网、遥感、倾斜摄影、移动互联等技术应用，辅助工程科学决策[4]。水电工程数字化应用则同样是基于这些技术手段进行综合应用，以挖掘数字资产经济效益，优化提升传统水电工程勘察设计手段，解决一些工程实际问题[5]。本文以 YJBY 水电站工程数字化应用为例，结合工程项目特点，综合应用当前多项数字化技术手段，解决了高原工程项目一些共性问题，取得了一些实际应用成效，达到了提质增效的目的。

2 工程概况

2.1 工程简介

YJBY 水电站位于雅鲁藏布江中游河段，其开发任务以发电为主，兼顾当地的经济发展及环境保护。电站采用坝式开发，坝址以上集水面积 157 254 km^2，多年平均流量 1 010 m^3/s。水库正常蓄水位 3 538 m，相应库容 1.289 亿 m^3，调节库容 0.638 4 亿 m^3。电站装机 4 台，总装机容量 860 MW，多年平均发电量 38.31 亿 kW・h。电站为Ⅱ等大(2)型工程，枢纽由碾压混凝土重力坝、坝身泄洪系统和左岸地下厂房等建筑物组成，采用"断流围堰、隧洞导流、大坝基坑全年施工"的导流方式。

2.2 工程特点

由于该工程地理位置特殊，场地限制条件较多；高原生态脆弱，环境保护、水土保持(本文简称"环水保")设计要求高；征地移民沟通协调难度大；采用传统技术手段，工作效率低，精准度差，成本费用较大；因此，该工程决定采用多项数字化技术手段试图解决高海拔高严寒 地区工程在勘察设计中的一些共性问题。YJBY 水电站在勘察设计过程需要解决以下一些难点问题：

(1) 工程位于高原，外业工作在高海拔、高严寒地区开展，高边坡、滚石、落石常见，部分区域人无法到达，极大地限制了工程踏勘频次及踏勘人数，同时限制了踏勘范围(部分区域无通行道路)，踏勘安全风险较大、成本较高。

(2) 高山峡谷，施工场地限制极大，施工区域分散，水工建筑物集中，各施工区流水施工衔接难度极大，对施工场地重复利用率要求高，临时交通与永久交通合理性要求更高。

(3) 高原生态脆弱，对多专业协同设计要求高，枢纽方案比选，多专业精细化设计要求高，因当地物价水平高，工程方案中细微差别将会被局部放大，推荐方案筛选难度大，工程量计算精度要求高。

收稿日期：2022-07-29

作者简介：孙正华，湖北黄冈人，高级工程师，主要从事水电工程设计及 BIM 运用研究．

(4) 移民征地协调有难度。高原生态环境脆弱，环保涉及海拔最高、落差最大、长度最长的过鱼设施。

(5)“十四五”规划背景下，YJBY 水电站是首批明确要求开展工程信息化数字化建设的水电项目，在勘察设计前期不仅需做一些数字化应用尝试，更需做好数字化全生命周期策划工作，在勘察设计阶段为工程全生命周期积攒数据资产。

3 工程数字化技术应用情况

3.1 数字化踏勘

该工程区位于青藏高原中段之东南部，河谷两岸山顶平均海拔 5 000 m，河谷最低高程 3 440 m，相对高差大于 1 500 m，山高坡陡，平均地形坡度一般大于 40°；右岸地形陡峭，坡度大于 50°，无钻孔及平硐施工的交通条件，需搭建过河索桥。河道水位落差大，汛期流量在 1 000 m^3/s 以上，河流湍急，不具备河心钻孔条件。另外，工程区位于高原温带季风半湿润气候地区，年平均气温 8.7 ℃，最低月均气温−0.2 ℃，最高月均气温 16 ℃，日平均气温 0 ℃持续时间 11 个月；平均年降水量为 350～600 mm，大部分集中在 7—9 月，气候条件相对恶劣。若采用常规的地面勘察技术手段，则无法满足 YJBY 水电站可研阶段勘察工作的需要。

针对该工程区外业勘察条件恶劣，在常规的勘察方法(地表测绘、坑探、钻探、洞探、物探、试验)基础上，根据不同的地形地质条件，充分利用 GIS 技术、INSAR 技术、高精度光学遥感技术，无人机航测、机载激光雷达技术，三维激光扫描技术、遥感解译等，多源多层次多方法进行综合勘察，降低了踏勘频次，减少了踏勘人数，同时节约了踏勘成本，保障踏勘安全。该工程采用高精度光学遥感技术调查 YJBY 水电站枢纽区人无法到达或到达困难的工程区域。

3.2 全专业全过程协同设计

工程所在地为高寒高海拔狭谷地区，受地形地质条件制约，可利用的生产、生活布置区域有限，科学地进行施工规划是经济、安全推进水电站建设的关键。水电项目涉及专业众多，在枢纽布置上，各建筑物、机电设备及它们之间的错漏碰问题突出，传统设计模式难以解决。该工程采用强大的 3DE 平台＋GIS 平台，开展测绘、地质、水工、机电、金属结构、建筑等多专业协同设计，为可研阶段枢纽比选、施工总布置、施工进度、工程量准确计算及各专业的精细化设计提供技术支持，较好地解决了多专业协同设计问题。

坝址区地处高寒高海拔地区，岸坡碎裂松动岩体发育，岩体卸荷、风化程度高，高边坡稳定问题相对突出。坝址周边发育有多个不利组合体、危岩体。坝址区出露地层岩性为白垩系门朗单元闪长岩，岸坡局部含崩坡积物分布，厚度大于 40 m，河床部位有冲积砂卵砾石层分布，厚 20～30 m。坝址区发育有多条泥石流冲沟，尤其是中坝址左岸下游地区发育干登泥石流沟，具备发生特大型泥石流的条件。这些不利的复杂地质条件对枢纽布置比选造成极多限制。

在坝轴线选择时，有意识地避开右岸高边坡卸荷发育部位、左岸怒觉堆积体范围；同时，为了保证大坝两岸边坡稳定，减少大坝边坡开挖高度，避开上部高陡的强风化卸荷破碎岩体和下部因边坡开挖将造成岸坡回弹、应力的释放、调整和重新分布的影响区域。在设计过程中依托 BIM 地质模型开展边坡稳定性专题研究，研究影响自然边坡稳定性的环境因素、演化动力过程、变形破坏模式和边界条件，进行边坡稳定二维及三维计算分析，提出边坡开挖结构、支护方式、支护参数、排水方式以及局部特殊的处理措施。结合地形地质条件、边坡稳定性计算结果、岩体力学参数变异性、边坡危害程度及危害可能性等进行边坡风险评估研究。

在枢纽布置比选时，对拟定的坝后厂房方案和地下厂房方案进行 BIM 模型比选。坝后厂房方案运行采光通风等条件较好，但经过 BIM 模型虚拟布置时，发现其空间尺寸难以满足机电设备布置及消防要求，若扩大厂房尺寸则需要对高边坡进行开挖，且高边坡的稳定程度将显著影响厂房的安全运行。在通过 BIM 模型对比地下厂房方案时，发现地下厂房方案能减少对两岸边坡的开挖扰动，能够减少坝址区高边坡对工程施工及发电厂房运行安全的影响。结合技术经济比较，采用厂坝分开布置的枢纽布局，既缓解了场地空间有限的布置难题及高陡边坡对工程施工及运行安全的影响，又有效降低了施工干扰，保障施工有序开展。

在施工总布置比选时，基于 BIM 模型虚拟布置，统筹解决了下游某电站与该电站施工场地布置的问题，通过充分利用下游电站施工场地及已有设备设施，达到保障施工用地的目的；统筹解决了高山峡谷区场内交通布置特别困难的问题，通过采用全封闭式长距离管带机、满管溜槽、场内管带机系统等进行材料运输，取得了良好的经济与环保效益；统筹确定了“坝肩开挖先截流后施工”的原则，避免开挖过程中渣料下江，造成水土流失问题，实现水电站施工进度、环保双丰收。

3.3 移民征地及环水保数字化

由于该工程水库区处于藏中，建设移民征地在实物指标调查及后续移民安置征地补偿沟通过程中难度极大，在采用三维航测的方式，通过移民系统对工程建设征地范围内的实物指标进行调查确认，为工程建设征地移民工作提供支持。该电站为雅鲁藏布江中游河段大型工程，具有日调节能力。改变库区河道的水文情势，会影响水生生物环境及相关生态群落，对生态环境产生一定的不利影响；在结合流域生态流量下放及生态调度措施研究的基础上，采用 BIM+GIS 技术进一步论证该工程的水生生物保护措施，制定了详细的增殖放流、过鱼设施、支流栖息地保护等鱼类保护措施。由于该工程渣场占地面积、弃渣量、集雨面积较大，且位于下游左岸的 DG2 号中转料场，距离雅鲁藏布江河道管理范围线较近，在 BIM 设计技术的支持下，对拦挡措施、排水设施类型、后期植被恢复方案等进行精细化比选，并选择合理、可行、最优化的弃渣场防护措施体系。

3.4 全生命周期工程数字化规划

根据国内外智慧工程的建设经验，对电站全生命周期工程数字化进行规划设计，运用云计算、物联网、大数据、移动互联和人工智能等信息化、数字化、智能化等技术，将工程设计、施工及运维阶段的过程进行数字化，既能够提高设计效率，也可提升工程建设及运维管理效率与质量。在工程勘察设计前期，就开始对该工程进行全生命周期数字化规划，并制定以下工程数字化规划方案。

(1) 在设计阶段，通过 BIM 技术覆盖全专业的三维协同设计，最大限度地优化设计方案和暴露设计方案的不足之处，减少因设计错误造成的后期变更和返工，确保设计进度及质量，节约工程投资。同时，通过在线数字化协同设计，提供满足施工阶段智慧工程应用的 BIM+GIS 模型基础成果。

(2) 在施工阶段，基于设计阶段的 BIM+GIS[6] 模型成果，研发智慧工程管理平台，已搭建完成的 YJBY 水电站可视化模型管理平台如图 1 所示，为施工阶段能够实现施工全过程精细化管控、智能化建造、数字化施工档案的 YJBY 水电站智慧工程管理平台提供支持。在智慧工程管理平台的加持下，使项目在保证工程安全、环保要求的前提下，做到投资节约、质量可靠、进度可控、安全有保障和阳光廉洁，实现数字化档案管理、归档和移交工作，实现实物资产和全信息数字资产向运维阶段的整体移交。

(3) 在运维阶段，基于设计、施工阶段产生的工程数字化资产，将打造智慧电厂平台，集成智能传感与执行、智能控制和管理决策等专业技术，实现运维信息采集数字化、信息传输网络化、数据分析智能化、决策系统科学化。

电站全生命周期工程数字化规划，是围绕电站数字化建设要求，充分利用现代信息技术，建设覆盖工程建设过程的信息采集、传输、储存、管理、服务、应用为一体的安全、稳定、可靠、高效的数字孪生工程，实现信息化与自动化的充分结合，实现信息系统与工程建设的深度融合，以达到工程建设“生产智能化、服务生态化、管理协同化、决策数据化”的目标，为参与工程建设的各单位和各级人员提供业务数据量化与标准化的统一平台，实现以数据驱动的自组织、自更新，提升电站建设管理的智能化程度，促进绿色智能生产智能管控技术不断完善和持续升级，实现更全面、更及时地掌握电力基地生产要素的整体情况，更准确、更便捷地评估生产成本，更系统、更高效地提升总体效率，提升数字价值创造水平。

图 1 打造电站可视化模型管理平台

3.5 BIM 设计成果输出

该工程采用数字化设计手段，改变了传统二维出图模式，工程设计图纸基于数字化设计成果的出图率已经达到了 80%以上，其中厂房专业图纸100%基于 Revit 软件出图，如图 2 所示，基本脱离传统 CAD 设计。在方案设计及调整中，极大地提升了设计效率，且提升了设计方案汇报质量，提升了设计品质。

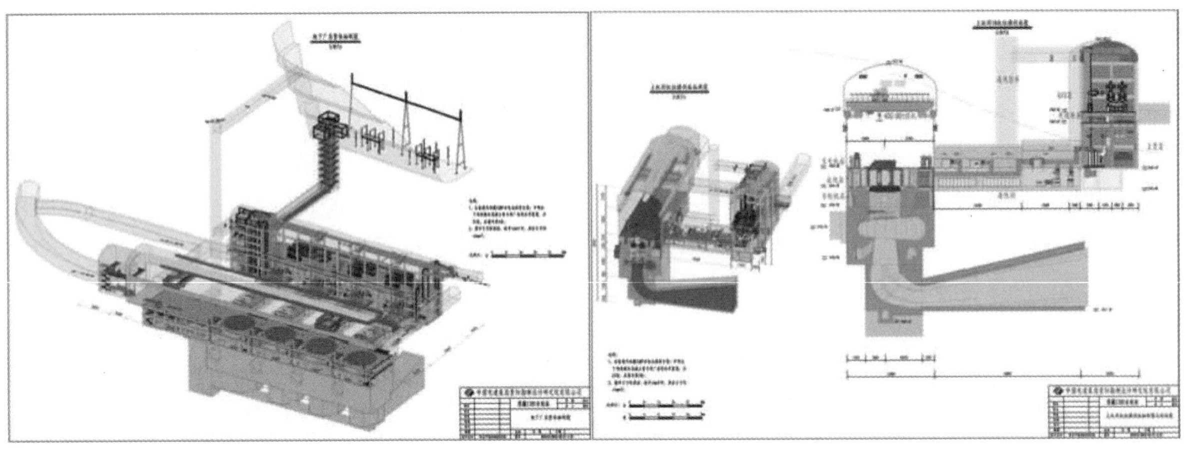

图 2 Revit 平台设计成果输出

3.6 项目效益及创新

3.6.1 应用效益

(1) 降低踏勘成本。数字化手段解决了地理位置限制问题，解决了踏勘过程的限制性问题，降低了踏勘综合成本。

(2) 提升多专业协同设计效率。基于 GIS+3DE+Revit 平台解决多专业协同设计中的错漏碰问题，节约了专业间配合和沟通时间，促进形成设计方案的最优解。

(3) 提高设计产品质量。基于数字化设计成果，输出三维图册、BIM 模型、效果图、三维动画，更直接有效地展示设计意图。

(4) 助推工程数字化运用。该工程的 BIM 技术应用，进一步验证了工程数字化的可行性，为类似水电项目数字化转型提供借鉴经验，为水电业务提供了一些 BIM 设计解决方案。

3.6.2 应用创新

通过该电站数字化应用，摸索出一些同类水电项目勘察设计工程数字化应用方法，积累了一些数字化技术综合运用经验，解决了高海拔高严寒地区勘察踏勘难的问题，提升了协同设计效率和质量，为水电工程全生命周期数字化应用提供了经验借鉴。

4 结语

(1) 本文以 YJBY 水电站数字化应用为例，展示数字化技术在高海拔高严寒地区水电工程中运用情况，解决了一些工程实际问题，给传统勘察设计方法带来了一些改变，为 YJBY 水电站工程全生命周期数字化建设打下良好的基础。

(2) 随着数字化技术发展及应用，数字化技术将在水电工程设计及建造中发挥越来越大的作用，不仅仅是将工程师从重复性劳动中解放出来，提升工作效率和设计产品质量，更重要的是将实现工程全生命周期智能化管理，为工程项目智慧运维提供支撑。

(3) 水电行业产业数字化，将积累大量数字资产，挖掘数字资产价值，将带动企业高质量发展，并使工程项目效益最大化。

参考文献

[1] 蒋向利. 五大路线攻关前沿技术激发能源创新发展新动能:《"十四五"能源领域科技创新规划》出台[J]. 中国科技产业,2022(5):22-23.

[2] 吕铁. 传统产业数字化转型的趋向与路径[J]. 人民论坛·学术前沿,2019(18):13-19.

[3] 史少英,王伟君. BIM 技术在国内建设项目中的应用研究和分析[J]. 工程建设与设计,2023(3):263-266.

[4] 李德,宾洪祥,黄桂林. 水利水电工程 BIM 应用价值与企业推广思考[J]. 水利水电技术,2016,47(8):40-43.

[5] 赫尔曼·熊·史密斯,孙婵. 3D/BIM 模型在挪威斯密斯托水电项目设计与施工中的应用[J]. 水利水电快报,2017,38(10):37-39.

[6] 卞小草,雷畅,丁高俊,等. 基于 GIS+BIM 的水电项目群建设管理系统研发[J]. 人民长江,2018,49(7):72-76.

水轮发电机组推力轴承瓦温升高原因分析及处理

郑攀登

（贵州乌江水电开发有限责任公司乌江渡发电厂，贵州遵义，563100）

摘要： 针对乌江渡发电厂某台水轮发电机组在汛期长期满负荷运行后，推力轴承瓦温升高并接近告警值的现象，文章从机组运行工况、振摆数据、推力外循环冷却系统等方面进行了综合分析，确定推力轴承瓦温升高的原因，并提出可行的处理措施。通过对比推力外循环冷却系统 4 台油泵不同组合方式运行时推力瓦温数据差异，确定出问题的根源。经对油泵进行处理后，机组运行中推力轴承瓦温恢复正常，保证了机组安全稳定。该处理措施可为同行业工作者提供参考。

关键词： 水轮发电机组；推力轴承；瓦温；乌江渡发电厂

1 概述

乌江渡发电厂位于贵州省遵义市境内乌江上游河段，是我国在岩溶地区修建的第一座大型水电厂。大坝高 165 m，坝顶全长 395.6 m，库区水面面积 47.5 km^2。电站正常蓄水位 760 m，总库容 21.4 亿 m^3，电站额定水头 116 m，总装机容量为 5×250＋30 MW。该电站在贵州电网中肩负着调峰、黔电送粤潮流调控主力发电厂的重任。

乌江渡发电厂 1～3 号水轮发电机组由天津阿尔斯通水电设备有限公司设计制造，发电机型号为 SF250－40/10350；4～5 号水轮发电机组由东风电机股份有限公司设计制造，发电机型号为 SF250－40/10800。发电机组推力轴承的额定负荷为 13 000 kN，为自润滑、自调整弹性液压式轴承，14 块塑料瓦沿圆周分布，瓦温在 55 °C 时发出告警、65 °C 时水机保护动作事故停机。机组推力轴承采用强迫油循环水冷方式，冷却水供水压力正常范围值为 0.26～0.60 MPa；推力外循环设置 4 台冷却器，机组正常运行时自动启动 3 台冷却器，1 台备用，并依据运行时间自行切换。2021 年，该厂某水轮发电机组在汛期满负荷情况下长时间运行之后，出现推力轴承瓦温升高且趋近告警值的现象，不利于设备安全稳定运行。机组连续满负荷运行时推力轴承瓦温数据见表 1。为防止推力轴承瓦温升高现象进一步恶化，需利用机组检修期间进行处理。

表 1 推力瓦温数据表

时刻	瓦号													
	1	2	3	4	5	6	7	8	9	10	11	12	13	14
08:00	50.7	49.8	50.5	49.9	50.2	50.1	50.6	50.6	50.7	49.9	51.0	51.2	50.0	50.4
09:00	51.3	50.4	51.0	50.6	50.9	50.7	51.2	51.0	51.3	50.5	51.7	51.8	50.5	51.2
10:00	51.8	51.0	51.5	51.2	51.4	51.6	51.8	51.5	52.0	51.1	52.3	52.4	51.0	51.9
11:00	51.9	51.2	51.6	51.3	51.4	51.6	51.8	51.5	52.3	51.2	52.3	52.5	51.1	52.0
12:00	52.0	51.3	51.7	51.3	51.5	51.6	51.9	51.5	52.4	51.2	52.3	52.5	51.2	52.1

2 推力外循环系统工作原理

推力轴承采用透平油进行润滑和散热。机组转动时，轴承所产生的热量通过热传递方式传递给透平油。推力外循环系统通过在推力轴承外部增加油泵，将热油从轴承内部经轴承出油管抽出，经推力外循环系统冷却器冷却之后由推力轴承进油管将透平油再次输送至轴承内部，完成热量交换，以保持推力轴承内部温度维持在正常范围之内。

3 推力轴承瓦温升高原因分析

推力轴承运行过程中，油槽油位、油质、冷却水水压、机组振摆、冷却管路、油路堵塞等有一个或多个出现异常时，都会导致推力轴承瓦温升高[1]。因此，可从以下几个方面进行原因分析。

3.1 推力外循环油泵故障

由于推力外循环系统在机组正常运行时需自动投入 3 台冷却器，对推力轴承进行冷却。因此，4 台油泵共有 4 种不同的组合运行方式，可通过测量每种组合方式下推力轴承瓦温数据变化情况，进一

收稿日期： 2022-12-01
作者简介： 郑攀登，贵州贵阳人，助理工程师，主要从事水电厂水轮发电机组运行巡检工作.

步推测出冷却器有无故障或者冷却效率低下现象存在。通过查询上位机历史数据，得出在不同的油泵组合方式下机组满负荷连续运行24h后推力轴承瓦温数据，见表2。

表2 不同油泵组合时推力瓦温数据表

序号	油泵组合方式	推力瓦温平均数据(℃)	
		平均值	最高值
1	1号+2号+3号	50.1	50.6(12号)
2	1号+2号+4号	52.3	52.6(12号)
3	1号+3号+4号	52.1	52.5(12号)
4	2号+3号+4号	52.0	52.5(12号)

由表2可以发现，4号推力油泵投入运行时的推力轴承瓦温平均值较投入前的升高约2℃，由此可以判断出4号推力油泵运行工况较差，冷却效率低下。因此，可以确定推力外循环油泵故障是导致推力轴承瓦温升高的原因之一。

3.2 机组运行在振动区

水轮发电机组在运行中，由于存在水力、电磁、机械不平衡因素，会导致机组振动加剧，从而促使机组各部瓦温升高[2]。根据厂内机组各水头下振动区试验报告可以发现，额定水头下机组满负荷运行时，属于稳定运行区。为进一步检查机组满负荷运行时各部位振摆情况，通过查询机组在线监测装置，得到机组振摆数据见表3。

表3 机组振摆数据表

检测项目		监测日期			限值
		2021-06-06	2021-06-22	2021-06-23	
负荷/MW		250.00	250.13	249.89	255.00
上导瓦温/℃		46.1(6号)	46.8(6号)	46.9(6号)	60.0
推力瓦温/℃		52.7(12号)	53.4(12号)	52.6(12号)	55.0
水导瓦温/℃		47.8(1号)	48.7(1号)	49.7(1号)	60.0
上机架振动/μm	水平 $+X$	37	37	37	≤110
	水平 $+Y$	39	39	39	≤110
	垂直 $+Z$	10	10	10	≤80
下机架振动/μm	水平 $+X$	10	10	10	≤110
	水平 $+Y$	8	7	7	≤110
	垂直 $+Z$	40	40	40	≤80
上导摆度/μm	$+X$	189	186	185	≤280
	$+Y$	203	200	204	
水导摆度/μm	$+X$	70	74	68	≤280
	$+Y$	74	74	72	
顶盖振动/μm	水平 $+X$	6	6	6	≤90
	水平 $+Y$	6	6	6	≤90
	垂直 $+Z$	5	6	5	≤110
定子机座振动/μm	水平 $+X$	36	36	36	≤40
	水平 $+Y$	36	36	36	≤40
	垂直 $+Z$	10	10	10	≤30

由表3可以看出，机组在满负荷运行时各部位振动、摆度数据均在正常范围值之内。由此可见，该因素并未对推力轴承瓦温造成影响。

3.3 冷却器供水水压不足

推力轴承采用强迫油循环水外冷方式冷却，冷却水进入冷却器将热油中的热量带走后从排水阀排出，而水压的大小直接决定冷却器的冷却效果[3]。乌江渡发电厂推力轴承冷却水设计压力为0.25～0.60 MPa，压力过低时冷却效果下降，导致瓦温上升；冷却水压力过高时对供水管道要求较高，材质不符合要求时容易引起冷却水管破裂。经过查看设备现场巡视记录发现，机组满负荷连续运行期间，冷却水供水压力为0.40 MPa，满足设计要求。因此，可以确定冷却器供水水压不足不是造成机组推力轴承瓦温升高的原因。

3.4 推力油劣化变质

乌江渡发电厂机组推力轴承采用透平油作为润滑介质，因透平油具有较好的润滑和冷却性能，可以保证轴承长时间运行而不损伤轴瓦及镜板。但当透平油发生油混水或劣化变质时，其黏度将发生变化，直接影响轴承润滑和冷却效果，同时也会造成轴承损伤[4]。空气、水分、氧气、光照、电解等因素均会引起透平油劣化变质。为防止此种现象发生，水电厂运维人员会定期通过轴承取油阀采集油样进行化验，以便及时发现透平油劣化变质现象并进行更换，保证轴承健康运行。为验证是否因推力油劣化变质导致推力轴承瓦温上升，专业人员通过观察油色、采集油样化验后发现，机组推力油油色正常，为浅黄色且无油混水现象，同时化验结果显示透平油无劣化变质。因此，可以确定推力油劣化变质不是造成机组推力轴承瓦温升高的原因。

3.5 推力油中断

乌江渡发电厂机组推力轴承中的润滑油通过采用外加油泵方式实现油循环流动，热油经油泵抽出至冷却器冷却后再流至推力轴承油槽之中。因其采取的是外部冷却方式，当油流循环中断时，冷却效果将无法实现，此种情况发生后推力轴承内部热量不断累积，轴瓦温度迅速升高，危及轴承及轴瓦安全运行。该厂水机保护中设有推力油中断事故停机功能，保护动作判据为推力油中断 8 min（通过油流示流器判断）同时推力轴承瓦温达到事故停机定值即 65 ℃，当二者同时满足时保护开出，机组事故停机，以减少推力轴承损伤，防止烧瓦现象发生[5]。

为验证推力油是否存在中断或油流较小现象，运维人员现场检查冷却器油流示流器，显示正常，压力表显示压力在正常范围值之内；同时，通过调取监控系统时间记录及 ONCALL 信息均未发现有油流中断信号发出。因此，可以确定推力油中断或油流不足不是造成机组推力轴承瓦温升高的原因。

3.6 推力油槽油位降低

机组推力轴承中的润滑油油量较少时，将会影响轴瓦与镜板间的进油量，难以维持油膜正常形成。而在正常情况下，推力油槽中的润滑油油量是以其设计要求进行确定的，可通过油槽本体所设磁翻板油位计或油位变送器观察实际油位。因机组运行时润滑油可通过推力头和内挡油环之间的间隙甩向发电机内部以及从转子中心体与推力头连接螺栓处甩向发电机内部，称之为内甩油；除此之外，机组在运行时润滑油因轴承转动而形成油雾，油雾可以通过推力油槽呼吸器和油槽盖板缝隙处逸出，称之为外甩油。以上两种甩油方式在甩油情况严重时，均会导致推力油槽油位明显降低而影响轴瓦温度[6]。为验证机组运行时推力油槽是否存在甩油现象，通过对油槽油位模拟量变化情况进行统计，得到的数据见表 4。

表 4 推力油槽油位变化情况统计表

项目	日期									
	2021—07—01	2021—07—02	2021—07—03	2021—07—04	2021—07—05	2021—07—06	2021—07—07	2021—07—08	2021—07—09	2021—07—10
油位/mm	725	723	724	725	724	724	726	730	729	724
油位正常范围/mm	620～750									

从表 4 可以看出，机组长时间运行时，推力油槽油位并无明显变化，且模拟量数值均在正常范围值（620～750mm）之内；同时，经过现场检查，发现风洞内并无油污汇积情况。因此，可以确定推力油槽油位降低不是造成机组推力轴承瓦温升高的原因。

3.7 推力轴承油滤网堵塞

推力轴承中热油经外循环冷却器冷却后经过滤网重新回到轴承油槽内，当滤网出现堵塞现象时，将影响油循环流动的速率，进而影响冷却效果。因机组运行时无法拆开滤网油箱对其内部进行检查，故只能在机组检修期间进行检查处理，以确定是否系滤网堵塞导致推力轴承瓦温升高。

4 处理措施

综合上述分析，可以确定机组推力轴承瓦温升高的直接原因是 4 号冷却器运行工况较差，导致冷却效率低。因此，需结合机组检修对冷却器进行检修，清理冷却管路，以提高冷却效率；同时，考虑可能系电机本身输出功率不足导致冷却效果较差的情况，可利用机组检修机会对电机进行检查处理。

4.1 推力外循环冷却器水管路清洗

机组检修时，全关冷却器本体进水阀、排水阀、进油阀和出油阀，做好冷却器隔离措施，并将内部残留冷却水排空。检查确认具备检修工作条件后，松开冷却器下水室进水管侧面检查门顶丝，打开检查门进行清渣清扫。经检查发现，进水管路确有堵塞现象，经处理已恢复正常。当需对上、下水室进行解体清洗时，应严防损坏冷却铜管，并确保水室安装正确；同时，在清洗冷却铜管和水室时，只能用棕丝刷或纤维类刷子，切勿用钢丝刷，以免损坏铜管箱体。在清理刷洗时应小心，不能划伤密封垫圈。

冷却器解体检修后，分别对油腔和水腔做密封耐压试验，试验前排净设备中的空气，试验压力为工作压力的 1.25 倍，保持压力 30 min 后检查无渗漏。

4.2 推力外循环冷却器油泵电机检修

冷却器油泵主要由转子部件、定子部件、心轴、壳体及接线盒等部分组成。检修时，拆下电机油泵堵丝，排净泵内余油；拆下泵壳与进、出油管法兰连接螺栓，取下电机油泵。电机油泵内部结构如图 1 所示。

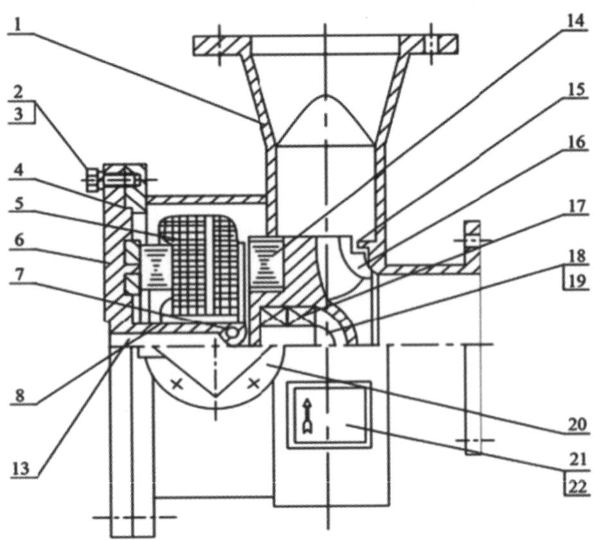

1—泵壳；2—六角螺栓；3—弹簧垫圈；4—O型密封圈；5—定子；6—底盘；7—气隙调整片；8—销；14—叶轮转子；15—挡圈；16—挡油盘；17—轴承；18—圆螺母；19—止动垫圈；20—接线盒；21—铭牌；22—螺钉。

图1　电机油泵内部结构图

去除定子、转子表面高点、毛刺，检查定子线圈，清扫表面灰尘、杂质及导电物质；检查叶轮无高点、毛刺，无摩擦痕迹，无严重汽蚀；轴承内表面无毛刺、高点，轴承间隙为0.07～0.12 mm，粗糙度在3.2以下，符合设计要求；轴承的径向间隙低于0.1 mm，轴承的内、外圈及保持架无断裂、变形，滚珠无锈斑、起色皮等现象。检修完成后将电机装复。

4.3　推力外循环油滤网清洗

检查推力外循环总进油、排油阀，全关后打开油滤网油箱盖板，将油箱内部积油清出。油箱内部滤网如图2所示，可以看到，滤网整个圆柱表面上已被污渍覆盖，影响油循环速率，因此，需对该滤网进行清洗。推力外循环油滤网油箱清扫必须用汽油；铜丝网及油箱内的杂质必须用面粉团粘干净；铜丝网如有破损，应用焊锡进行修补，破坏严重时，应重新更换铜丝网。经过清洗之后，滤网表面杂质已不存在，从而提高油循环速率，提高冷却效果。

图2　推力外循环冷却器油箱滤网

5　措施实施之后的效果

经过实施以上处理措施之后，统计出该机组再次满负荷连续运行时的推力轴承瓦温数据见表5。

表5　推力瓦温数据表

日期	瓦号													
	1	2	3	4	5	6	7	8	9	10	11	12	13	14
2021—07—15	48.3	48.5	48.5	48.7	48.2	48.1	48.5	48.6	48.7	48.5	48.9	49.1	48.5	48.8
2021—07—16	48.3	48.5	48.5	48.7	48.2	48.1	48.5	48.6	48.7	48.6	48.9	49.1	48.6	48.8
2021—07—17	48.4	48.4	48.6	48.7	48.3	48.1	48.5	48.6	48.7	48.6	48.9	49.1	48.6	48.8
2021—07—18	48.3	48.4	48.6	48.7	48.3	48.2	48.6	48.5	48.7	48.5	48.9	49.2	48.6	48.7
2021—07—19	48.3	48.5	48.5	48.8	48.3	48.2	48.6	48.5	48.7	48.5	48.8	49.2	48.6	48.7

从表5可以看出，措施实施之后机组推力轴承瓦温最高值为49.2 ℃，较之前最高瓦温52.5 ℃降低约3 ℃，成效显著。机组推力轴承瓦温降低，证实所采取措施效果明显，为机组高负荷长时间连续安全运行提供强有力的保障。

6　结论

机组推力轴承瓦温数据变化监视分析是运行基础工作之一，其对于提前发现轴承运行异常、保障机组稳定运行具有重要意义。本文主要针对乌江渡发电厂某机组在满负荷连续运行后出现的推力轴承瓦温偏高的问题进行研究分析，对可能引起推力瓦温偏高的因素进行一一剖析，文中用到的分析思路可以为同类型机组的故障分析提供参考。

参考文献

[1] 杨敬飚，赵晓嘉，乔进国，等.水轮发电机推力轴瓦降温措施研讨[J].大电机技术，2020(5)：38-42.
[2] 卜良峰，徐宏光，任光辉.某电站水轮机导轴承温度偏高的分析处理[J].大电机技术，2014(2)：49-52.
[3] 杨秀江，宋汝会，卢涛.立式水轮发电机组推力瓦温偏高故障的分析处理[J].水电与新能源，2016(9)：44-47.
[4] 王贤发，瞿自伟，覃远梁.水轮发电机轴承温度异常升高原因分析及防范措施[J].电力大数据，2018，21(2)：89-92.
[5] 张磊.桐柏公司发电机推力瓦温过高原因分析及处理[J].水电站机电技术，2019，42(11)：38-41.
[6] 张富春，杨举，艾斐，等.某电站机组推力轴承瓦温偏高分析[J].水电站机电技术，2020，43(6)：10-42.

猫街水文站洪水预报模型研究

柳志强

（天生桥一级水电开发有限责任公司水力发电厂，贵州兴义，562400）

摘要：针对猫街水文站采用物理模型进行洪水预报时过程复杂、适用性和快捷性较差等问题，文章选取 BP 神经网络模型作为预报模型进行洪水预报研究，选取 2013—2018 年猫街水文站共计 6 年主汛期逐日水文观测资料作为训练样本，2019—2021 年共 3 年主汛期资料作为测试样本。研究结果表明，在现有数据条件下，除部分特殊年份外，采用 BP 神经网络模型进行洪水预报的精度较高，整体预报精度较好，对实际预报作业有一定的指导意义。同时，BP 神经网络预报模型具有误差修正功能，随着模型学习训练期的延长、预报次数增加，预报精度还会相应提高，未来可运用到实际预报作业当中。

关键词：洪水预报；BP 神经网络模型；猫街水文站

1 概述

猫街水文站（以下简称“猫街站”）位于广西百色清水江江段右岸，地理位置为东经 104°33′，北纬 24°29′，是珠江流域上的一座重要控制站，属国家基本水文测站。猫街站由天生桥一级水电开发有限责任公司出资兴建，是天生桥一级水电站的专用水文站。猫街站设立于 1998 年，承担对清水江水文信息的采集、传输以及向天生桥一级水电站提供雨情、水情等信息的任务。2000 年 12 月 25 日，经广西壮族自治区水利厅同意将猫街站纳入国家基本水文站网。

猫街站集水面积 5 110 km^2，主要监测水位、流量、降雨、水质等项目。自建站以来，实测最高水位 786.42 m（1985 国家高程基准），实测最大流量为 974 m^3/s。猫街站在历年的抗洪减灾工作中，都发挥了巨大的作用，为当地政府做好防灾减灾指挥的决策以及水电站安全调度运行提供了大量的重要水文信息。

天生桥一级水电站位于南盘江干流上，是红水河流域梯级电站的第一级。电站装机容量 1 200 MW（4×300 MW），保证出力 405.2 MW。电站以发电为单一开发目标。水库总库容 1.02×10^{10} m^3，调节库容 5.79×10^{10} m^3，为不完全多年调节水库。作为天生桥流域洪水预报的重要组成部分，猫街站洪水预报对天生桥一级水电站的洪水调度、发电调度等具有重大意义及影响。

2 预报模型简介

流域水文模型按照模型结构有集总式、半分布式和分布式之分[1]；从反映水文循环规律的过程和复杂度来看，可以分为黑箱模型、概念性模型和物理模型[2]。黑箱模型是一种没有物理意义的水文模型，但由于水文物理过程极其复杂，人类暂时无法进行完整还原。相比之下，没有意义的黑箱模型仅仅是通过已有资料进行数据处理和函数建立，通过其自身复杂的结构建立起输入与输出的复杂联系，因此，只要已有数据的可信度足够好，那么黑箱模型就可以在不需要物理意义的情况下快速有效地进行水文预报。也正是基于黑箱模型的这种特性，大大地增强了其本身的适用性和快捷性。

人工神经网络是人工智能的主要实现技术，它是在现代神经生物学研究基础上提出的模拟生物过程，反映人脑某些特性的一种计算结构[3]。神经网络模型属于黑箱模型的一种，神经网络原理是利用网络的学习和记忆功能，让神经网络学习各个类别中的样本特征，在遇到待识别样本时神经网络利用记住的特征信息对比输入向量，从而确定待测样本所属类别[4]。BP 神经网络是目前最流行的一种神经网络模型，发展较为成熟。BP 神经网络的分类，具有非线性映射能力强、并行分布处理、自学习和自适应能力强和数据融合能力强等优点 [5]。使用 BP 神经网络分类的方法来进行洪水预报作业，既可以规避传统物理水文模型中难以量化、难以实际探明的因素（如下垫面、降雨分布等），又可以利用 BP 神经网络的自学习、自适应和泛化能力来寻求更具通用性的洪水预报方法。

收稿日期：2022-09-20

作者简介：柳志强，黑龙江伊春人，助理工程师，主要从事水库调度管理工作．

3 基于BP神经网络模型的洪水预报模型方案

根据BP神经网络模型的性质和特点，选取2013—2018年共计6年主汛期(6月1日—9月30日)逐日水文观测资料作为训练样本，2019—2021年共3年主汛期(6月1日—9月30日)水文观测资料作为测试样本。按所选参数进行训练和学习。模型有效预见期为1 d。

3.1 模型结构的确定

BP神经网络模型结构可以分为三个层级，分别为输入层、隐含层和输出层。三层结构间的关系如图1所示。根据所研究的猫街站的洪水特性，本次研究选用只有一个隐含层的单点输出的BP神经网络模型来模拟降雨径流过程。

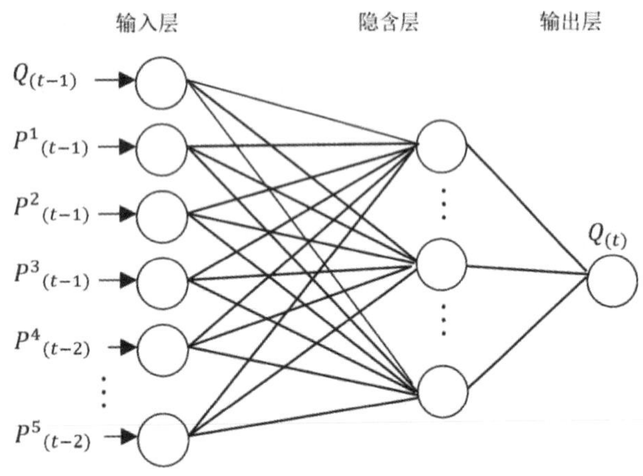

图1 降雨径流模拟的BP网络模型结构图

3.1.1 输入层

输入层由两个部分组成。其中，$Q(t-1)$，$Q(t-2)$，…，$Q(t-n)$表示研究流域出口断面的不同时段的流量过程，主要反映了出口断面流量过程的时间滞后影响；$P(t)$，$P(t-1)$，$P(t-2)$表示研究流域降雨过程及时间滞后的影响。P^1，P^2，P^3，P^4，P^5表示流域不同分区的降雨过程。实际分析计算中，经过大量的数值试验，为了使网络不至于太庞大、太复杂，并且精度又比较高，最终选择输入单元个数为6的输入模式，即

$$Q(t)=f\{Q(t-1),P^1(t-1),P^2(t-1),P^3(t-1),P^4(t-2),P^5(t-2)\}$$

3.1.2 隐含层

由于本次研究的流域面积相对较小，根据实际情况，本次计算选择隐含层数量为1。隐含层节点是具体实现系统非线性功能的系统元素，具体是根据研究的对象和内容选择节点数目，一般控制在6～10个节点内，本次计算隐含层节点数目定为10个。

3.1.3 输出层

BP神经网络输出$Q(t)$表示出口断面的流量过程，以1 d作为时间步长。隐藏层与输出层的神经元激活函数为

$$f(x)=\frac{1}{1+e^{-x}}$$

计算期望误差采用0.006，最大循环次数采用20 000，学习效率系数采用0.05，动量因子采用0.90。

3.2 模型计算成果

通过模型计算，最终得到的隐含层与输出层的连接权重向量为

w=(0.060 0，0.580 2，0.208 6，0.096 2，0.069 4，−1.330 1，0.853 5，0.134 0，−0.186 7，0.147 7)

输入层与隐含层的连接权重矩阵见表1，表中最左列“1～10”表示10个隐含层节点，第二行“1～7”表示7个输入层节点，即7个因子。检验期实测流量与模型模拟逐日流量过程线对比如图2所示，图2(a)、(b)、(c)分别为2019年、2020年、2021年猫街站汛期实测流量与模型模拟逐日流量过程线对比。

表1 BP神经网络模型输入层与隐含层的连接权重矩阵

隐含层节点	输入层节点						
	1	2	3	4	5	6	7
1	2.315 6	5.714 1	−1.325 9	11.909 3	−1.341 1	−1.895 8	−1.152 7
2	−0.902 6	0.839 3	−2.960 4	−0.242 1	0.187 3	0.882 3	0.834 2
3	0.787 1	2.781 4	−1.997 5	1.079 5	2.035 9	2.668 9	0.110 1
4	−2.069 1	−5.430 7	0.619 7	−1.929 0	1.759 5	−2.359 1	−9.473 7
5	3.586 2	4.307 7	−6.961 7	1.433 2	−2.208 4	−0.527 4	2.204 6
6	−0.311 3	0.463 5	−1.590 2	−0.246 5	0.408 9	0.013 4	−0.220 3
7	−0.188 7	−0.008 1	0.384 0	0.291 4	1.395 7	2.088 1	1.999 9
8	−2.388 2	1.999 4	−0.646 0	2.151 1	4.549 3	−2.056 5	−3.012 2
9	3.775 0	−7.129 2	0.295 2	1.246 1	1.786 0	−0.499 3	−1.123 2
10	0.049 5	−7.597 3	−3.056 0	1.918 9	−1.473 2	−6.394 5	0.869 6

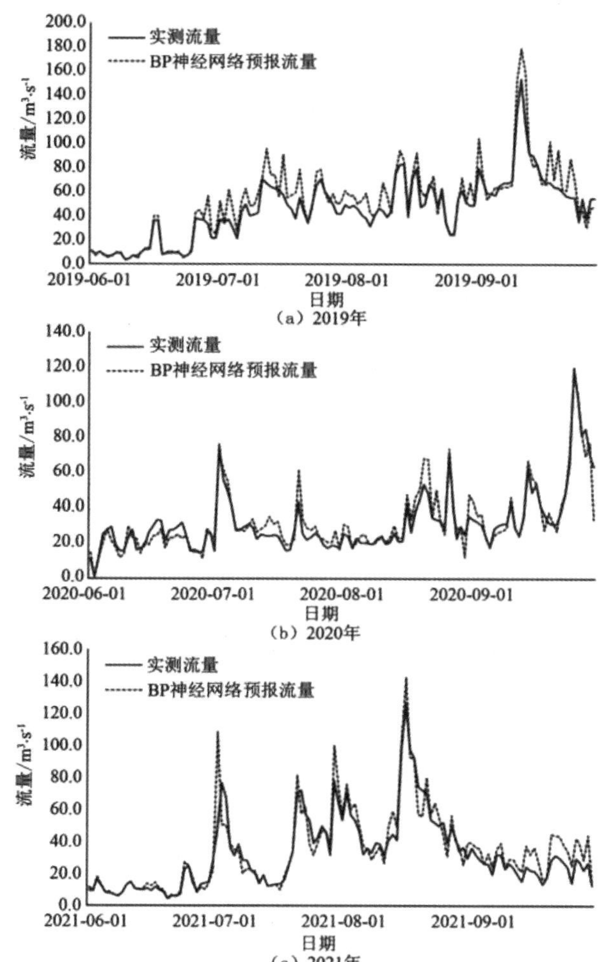

图 2　检验期(2019—2021 年)实测与模型模拟逐日流量过程线对比图

4　精度评定

4.1　精度评定参数选取

根据 GB/T22482－2008《水文情报预报规范》[6]，洪水预报误差可采用以下 3 种指标：

(1) 绝对误差。水文要素的预报值减去实测值为预报的绝对误差。多个绝对误差绝对值的平均 2 值表示多次预报的平均误差水平。

(2) 相对误差。绝对误差除以实测值为相对误差，以百分数表示。

(3) 确定性系数。洪水预报过程与实测过程之间的吻合程度可用确定性系数作为指标，按式(1)计算：

$$C=1-\frac{\sum_{i=1}^{n}[y_c(i)-y_0(i)]^2}{\sum_{i=1}^{n}[y_c(i)-\overline{y_0}]^2} \tag{1}$$

式中：C 为确定性系数；$y_0(i)$ 为实测值；$y_c(i)$ 为预报值；$\overline{y_0}$ 为实测值的均值；n 为资料序列长度。

4.2　合格判断依据

采用洪峰预报相对误差小于 20%，洪峰出现时间预报绝对误差小于 1 d 作为合格判断条件。两个条件同时满足时，该次洪水预报作业判定为合格。确定性系数作为模型预报评价的辅助依据。

4.3　合格判断结果

检验期检验场次洪水预报合格统计见表 2。从模拟结果特征值可以看出：2019—2021 年 3 年检验期中 9 场次洪峰流量预报合格率为 66.7%；3 年过程模拟的确定性系数中，2019 年确定性系数较好，为 0.90，2020 年确定性系数为 0.88，2021 年的确定性系数较差，为 0.86，检验期 3 年的确定性系数平均值为 0.88。从总体上来看，BP 神经网络模型模拟结果不是特别理想，尤其是 2021 年的误差较大。在实际工作中，可作为人工预报的参考信息。

表 2　猫街站检验场次洪水预报统计表

洪号	时间	名称	预报值	实测值	绝对误差	相对误差/%	合格判断
201901	2019－07－06 至 2019－07－20	洪峰流量	96.2	70.6	25.6	36.26	不合格
		洪峰出现时间	2019－07－13	2019－07－12	1		
201902	2019－08－11 至 2019－08－25	洪峰流量	94.8	83.0	11.8	14.22	合格
		洪峰出现时间	2019－08－14	2019－08－14	0		
201903	2019－09－06 至 2019－09－22	洪峰流量	179.0	154.0	25.0	16.23	合格
		洪峰出现时间	2019－09－12	2019－09－12	0		
202001	2020－06－28 至 2020－07－06	洪峰流量	76.5	72.1	4.4	6.10	合格
		洪峰出现时间	2020－07－02	2020－07－02	0		
202002	2020－08－25 至 2020－08－28	洪峰流量	70.6	74.2	－3.6	－4.85	合格
		洪峰出现时间	2020－08－26	2020－08－26	0		
202003	2020－09－23 至 2020－09－30	洪峰流量	120.0	118.0	2.0	1.69	合格
		洪峰出现时间	2020－09－25	2020－09－25	0		
202101	2021－07－01 至 2021－07－05	洪峰流量	109.0	76.8	32.2	41.93	不合格
		洪峰出现时间	2021－07－02	2021－07－03	1		
202102	2021－07－19 至 2021－08－05	洪峰流量	100.0	77.9	22.1	28.37	不合格
		洪峰出现时间	2021－07－30	2021－07－30	0		
202103	2021－08－11 至 2021－08－31	洪峰流量	143.0	127.0	16.0	12.60	合格
		洪峰出现时间	2021－08－16	2021－08－16	0		

注：洪峰流量单位为 $m^3 \cdot s^{-1}$

5　误差分析

在检验期内，BP 神经网络模型模拟流量误差较大，径流过程模拟存在一定误差，分析其原因，主要有以下几个方面。

5.1　原始资料误差

猫街站逐日实测流量是通过每日观测水位，再根据水位查询水位一流量关系曲线得来的。虽然每年定期对断面重新测流，定期更新水位一流量关系曲线，但因断面变化及测流设备更新等问题，存在一定的误差。

2021 年，猫街站下游 50 m 处新建跨河大桥。大桥建造过程中，施工方对大桥桥墩进行围堰施工，同时在河道内堆积了一些建筑垃圾，导致猫街站水位壅高。在施工过程中，河道特性不断变化，水位一流量关系确定性降低。这可能是 2021 年模拟流量误差与 2019 年、2020 年的相比较大的主要原因。

5.2　水利工程造成的影响

猫街站上游 200 m 处建有猫街电站。虽然猫街电站的投运时间早于本次在 BP 神经网络模型选取的学习训练期和检验期，且在学习训练期、检验期内猫街电站无增容扩容等对电站特性造成巨大影响的改造，但考虑到猫街电站的调度方式及调度策略对猫街站的实际流量的影响是直接且巨大的。地方用电需求随着当地经济、工业等方面的发展存在着一定程度的变化，可能导致了在不同年份中猫街电站的调度策略存在差异，这也会导致在洪水预报过程中产生一定的误差。

5.3　模型结构和选取资料受限

BP 神经网络模型对数据的数量和质量的依赖程度过大，但实际操作中，水文数据很难满足 BP 神经网络模型对数据高质量的要求，因为即使有长系列的水文资料，也很难保证资料的一致性和可靠性。同时BP神经网络模型易受到误差点的干扰。输入模式、隐含层及隐节点的个数、学习系数均是采用试错法来最终确定的，而试错法得到理论最优值的概率非常小，这就直接造成了 BP 神经网络模型模拟误差增大。

6　模型试运行

虽然检验期内 BP 神经网络模型的 9 场次洪峰流量预报合格率不是特别理想，但通过误差分析，可知检验期内预报误差存在一定的客观原因，本 BP 神经网络模型洪水预报结果对实际洪水预报工作可以提供一定的参考意义。

2021 年底，猫街大桥修建完成。为进一步探究 BP 神经网络模型对猫街站洪水预报的可信程度，决定在 2022 年将该预报模型投入试运行。2022 年汛期，受全国气候变化影响，猫街流域雨季提前，年首场洪水时间与往年的相比偏早。2022 年 5 月 1 日起，本 BP 神经网络洪水预报模型正式投入试运行。至 2022 年 9 月 30 日，模型试运行结束。试运行期内实测与模型模拟逐日流量过程线对比如图 3 所示。

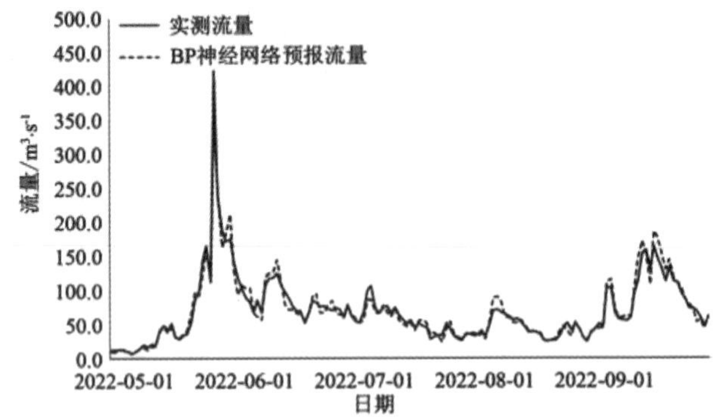

图 3　试运行期实测与模型模拟逐日流量过程线对比图

在试运行期间，猫街站共发生 3 场洪水，对这 3 场洪水的模型洪水预报结果进行精度评定，精度评定参数选取及合格判断依据与检验期精度评定相同。猫街站试运行场次洪水预报统计见表 3。

表 3　猫街站试运行场次洪水预报统计表

洪号	时间	名称	预报值	实测值	绝对误差	相对误差/%	合格判断
202201	2022—05—20 至 2022—06—19	洪峰流量	351.0	424.0	—73.0	—17.22	合格
		洪峰出现时间	2022—05—27	2022—05—27	0		
202202	2022—06—29 至 2022—07—14	洪峰流量	86.5	107.0	—20.5	—19.16	合格
		洪峰出现时间	2022—07—06	2019—07—06	0		
202203	2022—09—02 至 2022—09—30	洪峰流量	186.0	164.0	22.0	13.41	合格
		洪峰出现时间	2022—09—16	2022—09—16	0		

注：洪峰流量单位为 $m^3 \cdot s^{-1}$。

从表 3 中可以看出，BP 神经网络模型在试运行期内的 3 场洪水预报中洪峰流量预报全部合格，洪峰流量预报合格率达 100%，达到了 GB/T22482—2008《水文情报预报规范》中规定的甲等预报精度等级(预报合格率 QR≥85%)。经统计，模型试运行期的确定性系数为 0.94，洪水过程拟合程度较好。

7 结论

BP神经网络模型是一种没有物理意义的水文模型，但由于水文物理过程极其复杂，人类暂时无法进行完整还原，即便是存在物理意义的模型依然有其缺陷。相比之下，BP神经网络模型仅仅是通过已有资料进行数据处理和函数建立，通过其自身复杂的结构建立起输入与输出的复杂联系，因此，只要已有数据的可信度足够好，那么BP神经网络模型就可以在不需要物理意义的情况下快速有效地进行水文预报。同时，相比其他洪水预报模型，BP神经网络模型只需要输入数据和输出数据，并不需要大量的地形和工程数据。也正是基于BP神经网络模型的这种特性，大大增强了其本身的适用性和快捷性，使得BP神经网络模型在许多动态性强、随机性高的水文系统中表现出其特有的优势。

在本次猫街站洪水预报模型研究中，虽然检验期内部分年份BP神经网络模型预报精度不够理想，但考虑到原始资料误差的客观原因，且检验期剩余年份和模型试运行期内模型预报合格率均达标，满足实际工作需求。后续工作中，可根据当年猫街站实际情况及数据采集情况合理使用该模型。同时，随着原始数据采集工作越来越完善、BP神经网络模型学习训练期的延长、预报洪水场次的增加，BP神经网络预报模型将发挥其具有误差修正功能的优势，预报精度还会进一步提高。

参考文献

[1] 芮孝芳.论流域水文模型[J].水利水电科技进展，2017，37(4)：1-7.

[2] 周琦，朱跃龙，陆佳民，等.组合式水文模型建模方法综述[J].国外电子测量技术，2020，39(2)：11-18.

[3] 周莺，王亮.人工神经网络在水文领域中的应用[J].河南水利与南水北调，2018，47(4)：18-19.

[4] 王宏涛，孙剑伟.基于BP神经网络和SVM的分类方法研究[J].软件，2015，36(11)：96-99.

[5] 李文婷.基于BP神经网络和SVM的信号分类方法的研究[D].南京：南京师范大学，2015.

[6] GB/T 22482—2008，水文情报预报规范[S].

“进阶循环”式调度意图制定实施在乌江集控的研究与应用

李远军，徐伟

（贵州乌江水电开发有限责任公司集控中心，贵州贵阳，550002）

摘要：乌江公司水电站远程集控中心（以下简称“集控中心”）是乌江梯级水电站的调度控制中心，负责乌江梯级水电站群优化调度、生态调度、洪水调度、电力调度。集控中心结合流域降雨情况、水库水位、设备检修、重大工程、船闸通航等制定乌江梯级发电调度意图目标，最大限度得到电网采纳实施，经过多年的探索研究，在优化调度上积累了丰富的经验，形成了“进阶循环”式调度意图制定实施工作法，确保乌江梯级多重调度目标得以实现。

关键词：水电站群优化调度；调度意图目标；水力资源；多重调度目标

乌江流域水力资源丰富，是我国十三大水电基地之一。集控中心负责乌江干流贵州境内 7 座电站和清水河支流两座电站的调度运行管理，如图 1 所示。实行“远程集控，少人维护”模式，梯级各厂机组控制权移交至集控中心，实现远程控制、集中监视、实时优化、统一调度，最大化利用水力资源。以推动智能远控建设为重点，结合大数据、云平台等先进技术建设智能算法，对梯级 9 座电站 32 台机组进行远程开停机、AGC/AVC 功能投退、负荷调整、风险管控。通过声光报警、趋势预警监视梯级各厂主辅设备运行情况，实时监视流域各厂的生产情况，掌握现场设备健康状态，并负责电厂全厂失压、水淹厂房、火灾、机组甩负荷过速等情况下的远程应急处置。

党的十八大以来，乌江公司坚持实践“绿水青山就是金山银山的”发展理念，将生态调度作为刚性约束条件，为乌江干流生态流量保障做出了系列保障措施，为长江流域生态保护提供屏障[1]。乌江公司坚持以优化调度为核心，兼顾生态、防洪、航运等综合需求，利用梯级电站联合调度优势，发挥站间互补作用，开展乌江梯级水电站联合发电优化和站内机组负荷优化分配，兼顾电力调度、洪水调度、生态调度统一协调发展，实现经济效益、生态效益、社会效益共赢的新局面。促进公司调度意图与电网需求一致，发挥水电机组启停便捷、负荷调整快速、运行范围灵活的特点，应对新能源大规模发展带来的波动性、随机性，确保电网安全稳定运行。

1 源网两端调度目标需求分析

1.1 公司调度意图以梯级发电效益最大化为目标

乌江梯级水库调节性能多样，洪家渡、构皮滩具有多年调节性能，东风、大花水具有季调节性能，索风营、思林、沙沱、格里桥具有日调节性能。乌江梯级水库联合调度以来，各水库的调节性能得到进一步的释放，集控中心采取“时间＋空间＋局部”的调度思路，对梯级水库进行分段管理，面对不同季节、不同来水、不同方式，制定不同的调度意图目标，最大程度降低梯级综合耗水率。根据站间水量、电量平衡研究梯级梯级负荷最优分配方式[2]，结合生态调度、电力调度、优化调度、通航调度等安排发电方式，实现一水多用，提升梯级综合发电效益。

1.2 电网调度机构以电力平衡需求为目标

电网调度机构结合电网构架、电源点分布、负荷需求等制定发电方式，实现电源侧和电网侧之间的供需平衡，确保电力供应有序可靠，以保障电网安全运行为首要目标。贵州电网电源点主要分布在中部，负荷点在北部；因电网联络线负荷限制，结合乌江梯级电厂处在不同地理位置，导致公司调度意图存在不能完全匹配电网需求的情况。

1.3 新能源发电波动性影响水电实时运行方式

随着碳中和、碳达峰目标的提出，构建以新能源为主体的新型电力系统已成为未来能源电力的发展趋势，给电力系统调峰调频带来巨大挑战。乌江公司结合各个大型水电梯级周边的风电、光伏资源

收稿日期：2023-06-02

作者简介：李远军，贵州遵义人，工程师，从事水电站远程控制工作，现任贵州乌江水电开发有限责任公司集控中心运行部副主任.

情况，实施“水＋风＋光＋储”互补形式，创新能源基地建设模式，打造乌江流域水风光储可再生能源一体化基地[3]。同时，其他发电企业也在大力开发新能源产业，电网新能源装机呈规模性增长，新能源发电具有波动性、间歇性、反调峰等特征，导致水电不能按计划发电，引起水电在传统电力系统中的定位发生改变。特别是在来水丰沛时段影响尤为突出，汛期新能源发电挤占水电发电空间，甚至可能导致水电发生弃水。

2 “循环进阶”式调度意图制定实施工作法介绍

集控中心下设调度部和运行部两个机构进行生产管理，定期协调报送梯级发电调度计划到电网相关部门，通过建立固化的沟通协调机制，确保公司调度意图在电网总体计划安排的过程中，得以最大限度地采纳和实施。调度部负责乌江流域气象预报、发布气象信息、制定短期、中长期运行方式。运行部负责执行各种运行方式、电力风险评估、远程操作。其中短期生态调度以日为调度期，结合气象预测、水位目标、日发电量需求、生态流量控制、防洪要求、计划检修等多方面综合分析判断，需要调度运行人员共同参与编制，形成日前表格式调度意图控制单[4]，见表1。“循环进阶式”工作法就是对短期运行方式制定实施全过程的闭环跟踪管理，见图2。调度运行日前联合制定公司调度意图目标→调度部日前协调电网调度机构下发计划接近公司调度意图目标→运行人员日内实时协调运行方式跟踪公司调度意图目标。

表1 乌江梯级调度意图控制单

电厂	机组	机组运行情况					日电量	日末水位	目标水位	生态需求	其他要求
		AGC	AVC	无功范围	有功范围	振动区					
洪家渡	#1	正常	正常	−30—70	0—174	0—30	850	1 098.64	1 010	按实时流量保生态,全天控制单机负荷60 MW。	无
	#2	正常	正常	−30—70	0—174	0—30					
	#3	正常	正常	−30—70	0—174	0—30					
……	…	…	…	…	…	…	…	…	…	…	…
流域天气预报	乌江流域流域阴天到多云,洪家渡以上多云有分散阵雨或雷雨,洪家渡以下多云。										
发电调度意图	1、洪家渡按报生态流量最小方式发电。 2、日调节水库保持高水位运行。										
负荷调整顺序	加负荷顺序:洪家渡→思林→沙沱→东风→索风营→乌江渡;减负荷顺序:大花水→格里桥→沙沱。										
单位	无功—MVar 有功—MW 振动区—MW 电量—万kW·h 水位—m										
编制:调度部×××、运行部××× 审核:调度部×××、运行部××× 批准:集控中心×××											

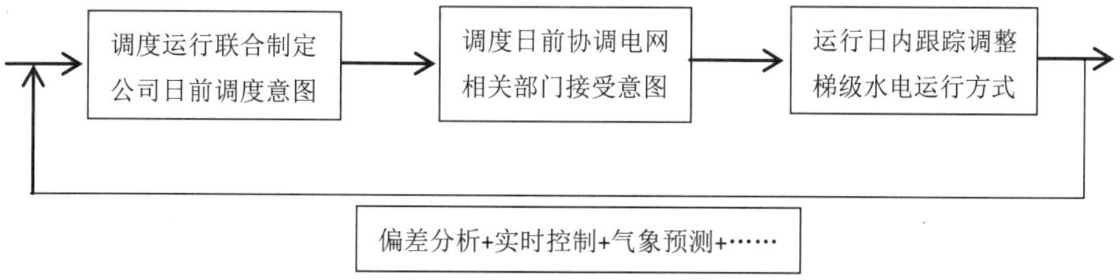

调度运行联合制定公司日前调度意图 → 调度日前协调电网相关部门接受意图 → 运行日内跟踪调整梯级水电运行方式

偏差分析+实时控制+气象预测+……

图2 “循环进阶式”闭环工作法示意图

2.1 坚持流域水电站群优化调度为核心

集控中心成立以来，在水库调度、电力调度、远程集中控制等方面不断探索，将梯级电站群联合应用，始终坚持降低水耗为目标，坚持水库精益化调度[5]，在时间、空间多个维度开展优化调度工作，汛前有序消落梯级水库蓄能，腾库迎汛，保持日调节水库高水位运行。空间上分段协调，发挥洪家渡、构皮滩多年调节的作用，根据日调节水库的目标水位倒排季调节、年调节水库发电量，在水电调度上提质挖潜，强化多方多层协调，统筹防洪、发电、生态、航运等综合用水需求，充分发挥梯级水库群综合利用效益。

2.2 调度运行联合制定公司日前调度意图

调度人员负责收集气象预测、来水分析、生态流量保障、计划检修工作等影响运行方式的因素，运行人员负责收集机组受限情况、电网断面控制、主辅设备运行情况等影响发电的因素，调度、运行汇总后将生态调度、通航调度、重大工程限制条件写入调度意图控制单，明确相关工作需要的水位、流量要求。根据各水库水工建筑物的结构，将有水位变幅限制的情况在调度意图单中备注说明。结合梯级各水库目标水位制定加、减负荷顺序，逐级审核会签发布调度意图控制单。

2.3 调度人员日前协调电网调度机构下发梯级水电厂 96 点计划尽量接近公司调度意图目标

2.3.1 与电网调度进行技术交流研讨

作为发电企业，对于发电方式只有建议权，没有决定权。为确保公司优化调度意图能够精准实施，集控中心与上级调度机构开展技术研讨，传递公司优化调度理念，上报相关论证材料，确保优化调度方案最终得到调度机构认可，将乌江梯级各厂运行效率、机组高效运行区、振动区等经济运行数据报电网调度机构备案。

2.3.2 与调度机构协调合理的发电方式

密切监视流域范围内降雨情况，在分厂流域面雨达到水情会商条件时，及时启动会商流程，形成水情快报，并及时将乌江流域雨水情信息汇报至调度机构；上级调度机构适当安排火电出力、新能源出力、外送负荷情况。汛期丰水时段，协调调度机构减小火电开机容量，尽量为水电发电提供空间；枯水时段，协调调度机构加大火电开机容量，加强火电调峰深度，确保水电按保生态小方式运行。协调电网调度机构尽量结合公司发电意图编排 96 点计划，从根本上确保调度意图目标得以实现。

2.3.3 积极与调度机构协调合理的检修方式

根据电网检修方式安排，梯级电厂利用电网输电设备检修时间段开展厂内检修工作，避免出现多次重复停电，减小对电网安全运行的影响。同时提前根据设备方式变化进行电力风险评估，对各电厂下发运行防线预警通知书，联合电厂完成风险防控措施。严格按检修计划开展工作，把控检修进度，提高检修质量，确保水轮发电机组开得出、顶得起、带得满。

2.4 运行人员日内实时协调运行方式跟踪公司调度意图

2.4.1 实时协调运行方式

根据调度计划执行情况，结合电网潮流变化和流域水情变化等因素，及时分析计算并提出优化调整建议，协调电网调度值班员进行调整，确保整体优化调度意图落地。集控运行值班员根据调度意图控制单要求，按调度意图控制单给定目标进行实时协调，按给定负荷加减顺序进行实时调整，当乌江梯级发电方式偏离调度意图目标时，及时向调度机构提出发电建议。实时负荷变化超过航运、重大工程的要求时，提前通知电厂值班人员，确保人身、设备安全撤离。

2.4.2 值班人员自主开发梯级电厂发电计划自动跟踪程序。

将水库自动化系统内分散的各电站实时出力、计划负荷、积分电量等关键数据引入监视页面进行集中可视化监视。实时监测各电站积分电量、负荷变化趋势，全过程跟踪日发电执行情况，自动计算实时积分电量和计划电量的偏差值，实时指导运行值班人员开展梯级电站运行方式调整。

2.4.3 形成日偏差分析机制。

集控中心值班人员对前一日发电方式执行情况进行统计分析，对电网发电量、省内负荷、外送电量等重要指标进行动态分析，结合天气预报、乌江梯级天然来水情况、调度意图目标查找偏差原因，针对性制定改进措施，为实时协调提供指导方向，及时校正梯级运行方式，为次日调度意图编制提供参考建议，确保调度意图目标管理动态闭环管控，确保乌江梯级短期调度意图得以实现。

3 应用效果

乌江梯级“循环进阶”式工作法实施以来，优化调度成效明显，确保公司调度意图目标落实落地，发挥主力水库拦蓄调洪作用，保持日调节水库高水位运行，寻找优化调度与生态调度的最优解，严格执行乌江梯级生态流量要求，切实守好发展和生态两条底线，推进流域生态保护，配合船闸通航，确保黔中货物顺利运往长江，履行乌江公司作为央企应尽的社会责任，本方法既经济又安全，对水电优化调度具有重要的示范作用。2022 年，集控中心坚持优化调度思路，面对来水偏枯超过三成的不利局面，梯级综合耗水率同比仅仅提高 1%，全年实现节水增发电 13. 76 亿千瓦时。2022 年，全年未发生因调度失误造成的生态环保事件、电力运行不安全事件、通航调度不安全事件。

4 结语

本工作方法对公司调度意图编制、审核、执行、反馈等进行全过程闭环管理，实时纠偏运行方式，全力配合电力调峰调频，满足电力供应的前提下实现公司调度意图目标，发挥梯级电站联合调度优势，利用站间互补功能用好每一方水，减小梯级发电综合耗水率。通过自主开发梯级各厂发电计划自动跟踪程序，取缔人工手动计算电量偏差的方式，让调度运行人员从简单、重复的工作中解放出来，投入到更具价值、更具创造力的工作中。本工作方法为流域电站优化调度提供了工作思路和做法，具有较强的推广价值。

参考文献

[1] 周金江,高英.乌江干流保障生态流量方式研究及应用[J].红水河,2021,40(01):26-28.

[2] 周金江,鞠宏明,吕俞锡,等.乌江流域径流式电站负荷匹配研究[J].红水河,2022,41(06):7-11+32.

[3] 周清平,赵乔,张艳青,等.乌江流域水风光一体化互补特性及运行研究[J].红水河,2021,40(06):1-6.

[4] 龙潭.表格日报式调度意图控制单在乌江梯级调度中的应用[J].红水河,2021,40(05):103-108.

[5] 徐伟,高英.精益化管理在乌江梯级水库群日调节水库中的实施与成效[J].红水河,2019,38(02):30-33.

新形势下流域集控中心运行工作的发展变化及对策

吉学伟，徐伟

（贵州乌江水电开发有限责任公司水电站远程集控中心，贵州贵阳，550002）

摘要：随着电力改革进一步深化、电网结构的不断发展。集控运行人员除具备传统的运行工作能力之外，还应掌握电网结构、电力市场、流域特点等知识。文章结合新形势下乌江流域9座水电站在远程控制模式下电力调度、水库调度、生态调度、远程操作、电力市场、水光互补等实际情况，阐述了多种因素对乌江流域集控运行工作带来的影响，并提出了相应的对策，为其他流域远程集控管理提供经验借鉴。

关键词：运行；电力市场；流域集控

引言

近年来，随着能源结构不断优化以及电网结构的不断扩展、电力改革的进一步深化等因素，给流域集控中心运行工作带来了更大的挑战，同时也给电站运营提出了更高要求。为适应新形势的发展需求，流域集控中心运行工作必须要结合区域特色、电力改革、岗位要求、内部管理模式进行科学有效的改进。

乌江水电开发有限责任公司水电站远程集控中心（以下简称“集控中心”）成立于2005年5月，主要承担水电站远程集控、梯级水电优化调度和营销、梯级洪水联合调度等工作，是乌江公司负责与各级电网调度机构、防汛机构集中联系协调的对口单位，也是乌江公司水电板块实现“远程集控、少人维护”模式的重要环节。经过六年多的时间的探索与实践，乌江公司“远程集控、少人维护”工作已基本到达预期目标，新形势下集控中心总结运行工作的实际情况，结合电力深化改革、电网结构发展、流域特点等情况，探索构建了运行专业管理一体化、“源·网”风险管控一体化、梯级电站优化调度创新发展等管控模式，逐步由“精运行”向“熟电网、懂市场、会营销”多方面全面发展，进而满足企业安全运行的需求。

1　乌江流域集控中心运行发展变化

集控中心2004年开始筹建，2005年系统基本建成，2006年实现梯级水库集中调度，2007年成为贵州中调调度对象，2009年成为南网总调调度对象。2015年4月，公司梯级9座电站、32台机组的实行了远程控制，实现了“远程控制、少人维护”工作目标。自目标实现以来，主要经历了单纯远程控制、深化运行管理两个阶段：第一阶段，单纯远程控制。一是正常状态下机组远程操作；二是电站远程监视；三是电站远程事故处理。第二阶段，深化运行管理。在原单纯远程控制的基础上增加了负责与电站和电网调度的电力调度联系，包括倒闸操作、检修操作、电站风险管控、事故处理以及优化调度等[1]。

1.1　电力深化改革引起的变化

2015年3月，国务院下发《关于进一步深化电力体制改革的若干意见》（国发〔2015〕9号），标志着新一轮电力体制改革正式开始。2020年9月，贵州电力交易中心接入南方区域统一电力交易平台，新电改对发电企业来说，将由单一能源企业向综合能源供应企业转变，即由单纯的发电向发售电、提供综合能源解决方案、为用户提供合同能源管理等综合业务转变。

在贵州省，由于清洁能源装机规模较大，从目前技术条件看，周、月等中长期市场尺度的预测精确度不高，难以满足中长期市场交易电量执行的有关要求。从发电侧看，水电企业实行“一厂一价”；光伏企业分竞价上网、平价上网两大类，2021年以后并网的新能源将全部实行平价上网，不再享受补贴。从用电侧看，对电网企业提供保底服务的电力用户，执行价格部门核定的目录电价；对参与电力市场化交易的电力用户，其用电价格由交易电价、输配电价、政府基金等构成。

贵州省电力市场将于2022年4月，具备备用容量辅助服务市场试运行条件；5月，具备调频辅助服务市场结算试运行条件；6月，具备集中式电力现货市场试运行条件，市场采用“中长期电能量市场＋现货电能量市场＋辅助服务市场”的市场架构。市场的投入对集控中心如何做好电力方式、综

收稿日期：2023-06-02

作者简介：吉学伟，贵州贵阳人，工程师，从事梯级水电站水库调度工作.

合停电安排和实时优化协调提出了更高要求，新形势下集控中心运行工作将围绕日前计划安排、负荷预测、综合停电、实时优化等内容持续深化研究，确保公司经营目标及厂内经济运行持续向好。

1.2 新能源快速发展引起的变化

1.2.1 风、光伏清洁能源装机逐年增长引起的变化

近年来，随着国家节能减排政策要求，贵州省大力推动对风电、光伏发电清洁新能源加速发展。截至2021年，贵州省统调装机容量6 044.6万千瓦，贵州电网保持以火电为主、水电为辅、新能源为补充的格局，其中风、光伏、生物质及其他装机约占总装机的四分之一，风电装机容量达543.5万千瓦，光伏装机容量达1 006万千瓦。

现阶段省内新能源发展情况，一是风电等新能源可控不强，逆调峰特性显著，系统调峰压力加大。二是新能源集中接入的西北部、西部、西南部、北部电网均存在阻塞问题，且较为突出。随着新能源装机容量的逐步增大，导致电网运行控制较为复杂且发电方式的安排也带来了极大的挑战。

乌江公司所辖流域梯级水电站总装机容量869.5万千瓦，约占全网总装机的14.3%，面对新能源装机容量的逐步增大，如何做好水光互补、运行专业多向提升、远程控制管辖设备可靠性提出新要求；同时，由于电网运行控制难度逐步增大，同一区域断面控制，可能需要调度多家单位且不同能源类型的机组。对集控侧、电厂侧如何有效防范、化解各类安全风险，保障集控中心与流域水电联合调度运行安全，坚守安全底线提出更高要求。

1.2.2 公司清洁能源建设及发展规划引起的变化

按照公司“十四五”规划“1122”发展目标，远程控制的机组规模将逐步增大；同时，新能源集控的建设是新能源电站运维管理的必然趋势。但是，要在实现远程集控的基础上做到安全、稳定、经济运行，并结合水光互补运行模式下，充分发挥集控运行的优势，就需要集控运行人员参与新能源远程监控系统建设、电力市场分析研判、生产运行数据的汇总分析等工作中。

1.3 流域梯级电站特点引起的变化

1.3.1 流域梯级电站生态流量限制的约束

根据长江委水利委员会和贵州省水利厅的要求，乌江干流及清水河支流水电站均要保障生态流量。在实际运用中，生态流量受电网夜间低谷负荷影响较大。当天气变化时，新能源负荷较高，且电网火电机组已深调最大时，梯级电站机组不能按最低负荷运行，为满足生态流量要求，部分电站机组会短时空转运行，以保障最小流量要求[2]。

1.3.2 流域梯级电站优化调度的约束

为保障流域梯级电站日调节水库高水位运行，往往需要考虑上游电站发电水量流入下游电站的时间过程线。例如：东风发电水量到索风营约1 h，思林发电水量到沙沱约5 h等。上下游电站之间匹配运行所需负荷是多少，同时要考虑电网潮流带来的影响。例如：东风负荷与索风营负荷约为1.6比1、构皮滩负荷与思林负荷约为2.5比1时，可维持索风营、思林出入库平衡。

2 新形势下乌江流域集控运行发展趋势及对策

2.1 实现流域运行专业管理一体化[3]，发挥梯级电站集中控制管理优势

随着远程集控运行专业开展深化管理，通过对远程集控运行专业管理、人员、设备存在问题进行分析和完善。确保“远程集控、少人维护”管理模式更加成熟可靠。一是流域水电运行人员培训一体化，一方面通过建立电厂、集控中心人员交叉轮训机制，把电厂、集控中心运行专业人员作为一个整体统筹考虑，通过交叉轮训，弥补了各自短板，实现全公司水电运行专业整体提升并持续保障。另一方面为提升梯级水电站相关人员的专业水平，建立交流培训平台，集控中心通过邀请上级调度机构相关专家对公司系统各电厂进行专题培训，为精益化远程集控和调度奠定基础。二是远控管辖设备运行管理一体化，结合远程集控自动化系统的组成、集控范围、运行方式等几方面，将流域各电厂的运行特殊要求和限制条件做到集控和电厂计算机监控系统中，达到安全、稳定控制，并梳理“远程集控、少人维护”设备技术要求，制定完善远程集控设备的保护和自动化技术措施，保障远程集控设备的安全和稳定运行。三是流域调度运行业务管理标准化，为确保乌江梯级水电站集中调度和远程集控管理安全、高效，进一步规范乌江梯级水电站系统运行人员调度业务联系，2021年8月，集控中心编制了《乌江梯级水电站运行人员调度业务工作评价管理实施细则（试行）》，涵盖了日常28个调度业务方面，形成按规程进行、靠制度规范的对梯级电站运行业务全过程评价考核动态运行机制。

2.2 实现“源·网”风险管控一体化[4]，提升集控安全运行管控水平

集控中心通过优化整合流域集控侧、乌江流域水电电源侧和电网调度侧对电力运行安全风险管理要求，探索构建出“源·网”一体化运行安全风险模式的管理路径。一是形成流域水电运行“1+3”

风险分级管控机制，针对集控运行风险管控工作涉及多主体和对措施及实施要求不够细化等问题，对风险进行分级分类，建立相应的风险分级管控制度，总结提炼出梯级流域水电运行风险分级管控“1+3”管理模式，即“电网调度总领，公司、集控、电站三级管控”的水电站调度运行风险分级管控的新模式。二是建立流域运行“点对点”调度业务联系，为了进一步突出当班值长的管理职能，由值长全面负责当值安全生产、专业技术和值班管理工作，负责趋势报警处置和事故处置，根据远控值班“一人一席多厂”的工作性质，优化远程集控按照五值四倒的值班模式，各值按“1+3”岗位设置，其中设置1个值长岗位，2个远程控制岗位，和1个检修操作岗位。突出当班值长的组织、协调、指挥和督导的管理职能，明确了各值班岗位之间的相互关系，确保了远程集控运行对生产情况、调度沟通和迅速反馈等方面的安全管控。三是创建流域远程集控报警驱动式巡视监盘模式，集控中心全面完善监控系统，建立趋势报警系统，实行报警式驱动监盘，实现对流域水电站运行状态的动态监测，通过对流域水电运行的动态检测趋势告警，实现了运行设备现状与未来情况的预判分析，有效防止和控制事故的发生，降低了由异常发展为事故和故障的可能性，再根据处理情况做好过程跟踪、信息发布、汇报和分析等方面工作。

2.3 实现梯级电站优化调度创新发展，发挥乌江流域绿色能源优势

一是以科技探索指导经济运行。在乌江公司大数据智慧决策平台的总体规划下，集控中心积极探索厂内机组最优台数组合、负荷分配及启停次序，以梯级各电厂耗水率最小、发电效益最大等为目标，该项目完成后，将为远程集控模式下梯级各电厂的安全、经济调度运行提供决策支撑，以实现公司综合效益最大化。二是以维护流域健康建立生态调度。随着梯级电站的建设开发形成，对梯级优化调度提出新的生态保护要求，建立起“保障生态调度，兼顾优化调度”的调度管理思路，重点从流域发电调度、洪水调度和优化调度的角度进行层层综合调控，形成了乌江干流梯级水库群动态因子生态调度管理模式，实现了绿色生态调度的经济性。三是以策略研究推动水光互补。结合公司新能源快速发展实际，围绕洪家渡和先锋、团箐光伏共用外送通道，开展了乌江梯级首个水光一体化调度研究项目，通过从不同时间尺度分析光伏发电特性、波动性和预报不确定性，充分发挥洪家渡水电调节性能，形成了中长期、短期（日前、日内）不同时间尺度的水光互补调度规则，为公司打造乌江流域水风光一体化可再生能源基地贡献集控力量。

2.4 坚持改革驱动，激发活力，提升创新发展能力

一是持续做好电力市场改革配套。南方区域“两个细则”考评、辅助服务市场、现货交易市场启动等外部制约因素逐渐凸显，随着，电力现货市场的建设发展，原来的电能量与辅助服务一体的综合定价机制会逐步相应解绑，对应的辅助服务补偿机制也过渡为辅助服务市场机制。今后一个时期，新能源发电装机容量和比重依然会快速增长，电力灵活性资源稀缺日趋严重。集控中心将不断加强对电力市场改革知识的学习研究，提升集控运行调度人员、梯级水电专业人员市场分析研判能力，抓好“数字流域规划”建设，积极开展乌江流域电力市场竞报价策略研究，探索建立更加科学合理的运行方式。二是持续做好工作联系机制。进一步加强与上级调度机构业务与技术交流，利用水电智慧调度业务应用研发、基于辅助服务市场条件下流域集控管理模式下优化调度管理规则、计算机监控系统国产化改造等契机，建立和完善互利共赢的工作机制。三是不断拓展集控中心新业务。以新能源集控为转型升级的契机，按照“十四五”末公司实现新能源800万千瓦、抽水蓄能60万千瓦、乌江流域（干流）规划调整研究等重要节点。目前，已完成8个光伏电站接入集控中心工作，下一步将围绕新能源集控接入后在人员保障、制度保障、管理保障等方面做好安排计划，全面梳理各专业注意事项，完善现场设备管理、网络安全与稳定。

3 结语

本文分析了新形势下电力深化改革、电网结构发展、流域梯级电站特点等因素下，对集控中心运行工作所引起的发展变化，并结合6年多“远程集控、少人维护”工作经验，从运行专业管理一体化、“源·网”风险管控一体化、梯级电站优化调度创新发展方面应对新形势下流域集控中心运行工作变化及对策，进而满足行业发展、企业安全运行需求。

参考文献

[1] 周金江.乌江梯级远程集控深化运行管理实践[J]. 红水河，2020，39(02)：100-102.

[2] 周金江，高英.乌江干流保障生态流量方式研究及应用[J]. 红水河，2021，40(01)：26-28.

[3] 徐伟.乌江流域水电运行专业管理一体化[J]. 红水河，2021，39(05)：97-100.

[4] 徐伟.流域水电运行风险源网一体化管理[J]. 红水河，2021，40(05)：109.

以“四轮”为驱动，全方位打造高素质班组

龙潭

（贵州乌江水电开发有限责任公司构皮滩发电厂，贵州余庆，564400）

摘要：班组作为企业的基本单元，其建设水平对企业的发展至关作用。为了打造高素质班组，笔者所在部门在管理实践中不断探索，创建并应用“四轮”驱动法，促使值内人员素质得到全方位提升，班组各项工作得到有效开展。本文就具体做法及实施保障进行介绍。

关键词：四轮；素质；班组

1 概述

构皮滩水电站是国家“十五”计划重点工程、是贵州省实施“西电东送”战略的标志性工程。该项目位于贵州省余庆县构皮滩镇，是乌江流域上开发的第七个梯级水电站，以发电为主，兼顾航运、防洪等综合利用，于2009年机组全部投产；站内装设5台单机容量为600 MW的水轮发电机组，以两回500 kV线路接入500 kV电网主系统，在系统中担任调峰、调频和事故备用。

构皮滩电站生产部门机构主要包括生产技术部、维护部、运行部、水工部。“运行一大值”是运行部的一个班组，成立于2009年，主要负责全厂机电设备运行规程制定、巡视操作、事故处理、运行方式调整、调度工作联系及班组建设等工作；现有班员10名，其中值长3名，主值班员两名，值班员1名，副值班员两名，实习生两名，平均年龄29岁，是一支勤于学习、实干拼搏、积极进取、勇于创新的团队。“一大值”以安全生产为基础，以经济运行为中心，在班组管理不断实践中，探索出了“四轮”驱动管理方法，全方位推动高素质型班组建设，持续提升自身各种技能，勇于自我超越，多年来未发生一起未遂和异常，高效完成各项工作，为构皮滩发电厂的安全、生产工作作出了卓越贡献，荣获贵州省“质量信得过班组”、乌江公司“优秀班组”等荣誉称号。

2 实施背景

班组作为企业最基层组织，是企业一切工作的落脚点，如何探索应用先进管理方法，打造全方位高素质的员工和一流的班组，对于工作高效开展具有重要意义[1]。近年来，厂部为了提升年轻员工对生产系统的整体认识，大部分年轻人员先安排在运行班组工作一两年后再调出到其他部门，留下的岗位空缺用刚转正实习生来补充，造成副值班员岗位人员频繁变化，值长也因为年龄增大、晋升或其他原因离开运行岗位，人员流动性大，岗位更新快。由于运行班组实习生、刚转正的副值班员基础薄弱，技能需要快速提升，值班员、主值班员虽然有一点基础，但在调度联系、事故处理、运行方式调整、运行系统全局把控等方面还需要提高，同时值长需要提升自身综合素质，特别是管理、协调能力需要进一步加强，才能拓宽自身的发展空间。为了快速提升班组人员整体素质，使之在本岗位“坐之能胜”和在更高运行岗位空缺后“缺之能上、上之能胜”，研究并应用以“四轮”驱动法，成为现阶段下打造全方位高素质运行班组的最佳选择。

3 主要做法

3.1 第一轮：轮流当培训讲师

运行一大值利用学习班机会，持续开展专业培训，按照培训内容，将培训任务分解，确定讲课人，即讲师，每个培训任务对应一个讲师，班组全部人员不论岗位、不论年龄都有自己的讲课任务，都是讲师，大家轮流作为讲师开展班组集中培训，每人每年负责3－4次培训讲课，培训完成后讲师出技术问答题目供大家作答，最后大家根据培训内容轮流开展现场考问。由于存在讲课压力，从而督促讲师在培训他人之前必须首先自己先学习所讲内容，因此轮流当讲师可以改变了班组一些成员由被动学习上升至主动学习的质变，使班组整体人员知识技能都得到快速提升。

3.2 第二轮：轮流上操作班

为了保证工作高效开展，合理利用人力资源，现

收稿日期：2023-05-29

作者简介：龙潭，贵州黄平人，工程师，主要从事水电站运行、远程集控方面工作.

运行班组分为4个小值，三个值上值守班，一个值上操作班，各司其职。值守班主要在中控室负责调度联系、上位机监盘、方式安排、两票办理等工作，操作班负责现场巡检、操作配合等工作。为使班组人员能够周期性参与运行每一项工作，避免长时间与某些职责脱节，保证每个人员能在中控台与现场工作之间轻松切换，大值内部采用各个小值轮流上操作班的模式，每个大倒班轮换一次。此法能使各个运行人员熟练中控台上工作的同时也不疏远现场，年轻员工也能在各个运行工作领域能得到同步提升。

3.3 第三轮：轮流开展设备月度运行分析—“圆桌吃菜”原理

开展设备运行分析，不仅能够掌控了设备运行情况，及时发现设备存在的隐患，同时可以促使人员在设备分析中主动思考、主动学习。为了提高工作效率，同时在分析过程中大家对每一个系统的知识都得到学习，要求班组每人每月都有分析任务，每人每月轮流分工对不同系统开展运行分析。具体方法为将设备系统分为水轮发电机、主变压器、电气主配电设备、保护、调速及油压装置、监控、直流、厂用电、油气水等12个系统，结合班组人数只有10人，将12个系统划分成10份分析任务，即其中两项任务包括有两个系统，班组人员按照“圆桌吃菜”原理，每人轮流根据各个系统运行方式、运行参数、巡检检查情况和缺陷等定期开展设备月度运行分析。所谓“圆桌吃菜”原理，就是大家一起围圆桌吃饭的时候，通过转动圆桌，可以将不同的菜轮流转至每人面前，比喻到设备运行分析分工也是一样，比如A员工01月份负责分析水轮发电机，则02月份就轮流至主变压器，03月再轮流至电气主系统……；B员工01月份负责分析其他系统设备，02月就轮流至水轮发电机，03月再轮流至主变压器……，以此类推，即做到每月“事事有人做，人人有事做，人轮换事做”，就像大家围圆桌吃饭，定时旋转圆桌，每转一次，每个人前面的菜轮换一次，这样大家人人都能品尝到圆桌上所有的菜品。此法能保证设备安全运行的同时，也让班组人员实现对全厂设备学习分析的全覆盖。

3.4 第四轮：轮流当大值长

大值长作为运行班组的领导者，是部门和班组的连接点，不仅负责自己值班期间的生产工作职责，还全面负责班组的管理，职责多，责任重，是一个可以提升自身综合能力、实现更多人生价值的平台[2]。受华为轮值董事长制的启发，目前班组实行大值长轮流制，每年更换一次大值长，每轮值完毕后班组开展一次大值长担职讨论会，总结前任大值长的管理成效和方法优势，提取管理经验。此法具有诸多优势，一是每个值长都有机会在平台上提升个人管理技能，增加自身的管理经验，拓宽自身发展空间，二是每个值长在轮值之后，对大值长岗位理解更加深刻，从而更深层次地理解现任大值长对班组管理的所作所为，降低对大值长安排工作的抵触情绪，增加对班组管理的认同感，提升班组的凝聚力，三是运用每年担职讨论会提取的管理经验和先进方法，完善班组管理制度，为下一步更好开展班组管理打下基础，四是为班组备有一批具备大值长能力的人员，在大值长因晋升等原因离开时，随时有人顶上该职位，实现班组管理无缝连接。

4 保障措施

4.1 循环监督机制

在“四轮”管理实施中，为了保证人员在角色和任务切换后工作高效开展，班组实行相互循环监督机制[3]，即值内每人都是考评员，都负责对其他任何一人实施监督，对其他人在工作中存在的不足和问题提出建议、指导和考评，并将具体情况统计至《班组人员工作评价表》内，大值每月根据评价表开展相关绩效考核工作。

4.2 集中总结管理

根据工作任务分配情况，值内利用学习班时间开展工作总结，其中“轮流当培训讲师”即在培训结束后开展总结，“轮流上操作班”以每一轮大倒班作为一个周期总结，“轮流开展设备月分析”以月度作为一个周期总结，“轮流当大值长”以每一年任期结束后开展任期总结。总结采用集中讨论方式，要求每一人对自己和他人的工作开展情况发表自己的看法、建议。

5 实施效果

近年来，构皮滩发电厂运行“一大值”始终以“四轮”为驱动，加速推进高素质型班组建设，在生产安全、人员综合能力提升和班组管理方面都取得了丰硕的成果。主要如下：一是平均每年办理工作票800余份、操作票600余份，两票合格率100%，顺利完成配合每年各台机组的检修、设备技改及消缺工作，创下数十万次的无差错操作记录；二是利用设备分析，及时发现重大设备隐患8项，其中根据#1机下导油槽和油温轻微变化，提前分析出#1机下导存在油混水，在设备未受到影响前对其处理，不仅得到厂内安全生产特殊贡献奖，同时获得乌江公司2022年“安全隐患排查”劳动竞赛二等奖；三是提升员工创新能力，班组提出 20 余项合理化建议被厂部采用，3 项 QC 项目荣获分别省二、三级奖项，班组人员参与的《水轮发电机组经济运行综合关键技术研究及工程应用》创新项目获评集团公司职工创新创效二等奖、《基于“互联网＋”的外委工程安全双线管控方法的设计与实践》的创新项目获贵州省电力行业企业管理现代化创新成果优秀奖、《复杂背景下无人机安防系统关键技术在巨型水电站的研究与应用》获全国电力行业设备管理创新成果项目二等奖等，班组近年申报专利 16 项，已受理 12 项；四是员工技能得到快速提升，面对近年多个小值由一名值长带动一名新员工的严峻挑战，顺利完成各项运行工作，近三年来班组培养出中级职称 8 人，高级工 3 人，晋升值长 3 人，晋升专职 2 人，晋升副主任 1 人，平均每年为其他部门输送人才 3 人次。因成绩显著，荣获 2022 年度乌江公司优秀班组。

6 结语

运行一大值应用“四轮”驱动法以来，值内人员素质得到明显提升，班组工作得到高效开展。下一步大值将不断完善和提高管理方法，目前轮流当大值长只是针对值长岗位人员，随着班组管理的稳步开展，将考虑把主值班员和值班员也纳入大值长轮流制中来，让值长后面的年轻人在管理技能方面也得到提高。

参考文献

[1] 白甲家.浅析企业“五型”班组建设[J].商场现代化，2014,760(21):100.

[2] 海丽霞，姜华.“五型”班组建设中班组长的关键作用研究[J].化工管理，2015,369(10):76.

[3] 蒋万全，文平. 班组建设关键在实效[N]. 中国石油报，2009-06-18(006).

乌江渡水电站自然边坡稳定性评价及处理

安凯旋

（贵州乌江水电开发有限责任公司乌江渡发电厂，贵州遵义，563100）

摘要：边坡失稳是一个漫长且复杂的地质演变的结果，其变形破坏一方面与工程环境有关，另一方面与地质结构、人类活动紧密相连。研究通过地面调查、工程地质测绘和工程勘查等，已查明区内地质灾害及其隐患、不良地质现象的发育特征、分布规律以及形成的环境地质条件，分析研究暴雨工况下区内的稳定性，最终确认研究区地质环境复杂程度等级为中等复杂。边坡在20年一遇洪水位饱和状态下，Ⅰ－Ⅰ′处于不稳定状态，Ⅱ－Ⅱ′处于欠稳定，Ⅲ－Ⅲ′－Ⅳ－Ⅳ′处于基本稳定状态。整体稳定性不能满足一级边坡稳定安全系数要求，需进行加固处理，提高边坡安全系数，满足建筑场地要求。建议采用“框架格构梁＋桩板墙支挡”相结合的综合治理工程方案，对边坡进行治理，并在坡体前、后缘及滑体内部建立完善的排水系统。并加强地表变形的监测。

关键词：边坡失稳；稳定性评价；治理

我国国土资源辽阔，森林资源丰富，地质环境复杂，潜在的地质灾害风险分布较为广泛。中国地质调查局环境监测院，对2015—2021年地质灾害情况进行了统计分析如图1所示。由图可知，我国的地质灾害以滑坡为主。

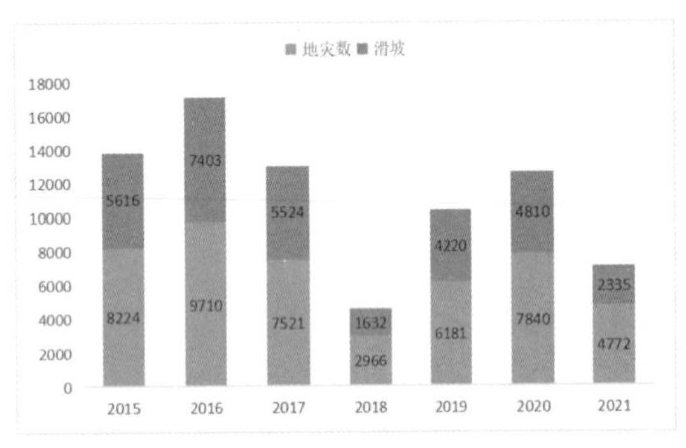

图1　2015—2021年我国地质灾害灾情表

边坡失稳是一个漫长且复杂的地质演变的结果，其变形破坏一方面与工程环境有关，另一方面与地质结构、人类活动紧密相连。国内外开展了大量的边坡稳定性研究，并取得了一定的成果。目前，边坡稳定性分析的研究方法种类较多，但在实际工程中主要运用定性、定量和非确定性这三大类方法对边坡的稳定性进行分析[1]。本文以某古滑坡库岸边坡为研究对象，综合确定岩土体物理力学指标，系统地分析评价其稳定性，并提出相关的防治措施与建议。

1　边坡稳定性评价方法

边坡失稳是一个漫长且复杂的地质演变的结果，其变形破坏一方面与工程环境有关，另一方面与地质结构、人类活动紧密相连[2]。工程地质条件的复杂性，导致边坡稳定性分析的研究方法种类较多，但在实际工程中主要运用定性、定量和非确定性这三大类方法对边坡的稳定性进行分析。

1.1　定性分析方法

定性分析方法主要对工程地质进行调查，探究影响边坡稳定的决定性因素、失稳破坏形式及力学机理，通过研究坡体变形破坏原因和发育过程，判定边坡的稳定性，并对其可能的发育走向作出定性阐释。它主要包括自然(历史)分析法、工程地质类比法和图解法等[3]。此方法的优点在于能较全面考虑边坡稳定性的影响因素，较快地对边坡稳定性做出评估和预测。缺点是它仅可用于定性判断边坡是否处于稳定状态，无法得知边坡的稳定程度[4]。

1.2　定量分析方法

绝大多数定量分析都基于定性分析，依据现场工程地质条件和滑坡破坏形式，搭建相应的数值模型，从而进行稳定性分析和评估。定量分析中经常用到的方法是极限平衡法和数值分析法。

1.3　非确定性分析方法

非确定性分析方法随着许多新兴理论的引入，逐渐被应用于边坡稳定性研究。最具代表性的方法包括可靠性评价、模糊理论、灰色系统理论、神经网络评价等。其中应用最广泛的是可靠性评价方法，它采用概率分析和可靠性指标，在现有的不确定因素如岩体性质、地质条件和计算模型的前提下，评估工程质量。然而研石山边坡的稳定性分析本身较复杂，如果再考虑降雨、地震等因素的影

收稿日期：2023-08-24
作者简介：安凯旋，女，贵州铜仁，工学硕士.

响，进行可靠性评价将变得更为困难。

2 边坡工程地质分析

边坡坡体位于青岗岭倒转背斜东翼与后坝向斜尾部过渡带，地层岩性为第四系素填土、残坡积土及崩塌堆积体(古滑坡体)，下伏基岩为三迭系中统松子坎组(T2s)中厚层泥质白云岩夹钙质页岩、灰岩、泥质灰岩，泥化破碎夹层较为发育，厚度大于100 m。

研究区域属于亚热带季风气候，多年平均降水量为1 333 mm。地表水较为发育，地下水类型主要以岩溶水为主，表层分布少量孔隙水，受大气降水补给。

3 定性分析

3.1 地层岩性

边坡坡体为第四系素填土、残坡积土及崩塌堆积体(古滑坡体)，下伏基岩为三迭系中统松子坎组(T2s)中厚层泥质白云岩夹钙质页岩、灰岩、泥质灰岩，泥化破碎夹层较为发育，厚度大于100 m。

3.2 地质构造及节理裂隙

根据区域地质资料，本区主要以石炭、泥盆系为界，呈一东西向的隆起带。由于本区受历次构造运动的影响，特别是燕山运动，使全部盖层产生强烈的褶皱和断裂，加之后来喜马拉雅运动的影响，使区内的构造更趋复杂。

本区位于倒转背斜东翼与后坝向斜尾部过渡带。区范围内岩层在褶曲、倒转、扭动和断裂过程中产状多变，产生了多组小断裂构造，岩石受构造破坏严重，岩层产状：倾向30°～46°，倾角15°～24°。

3.3 水文地质条件

(1) 地下水类型及含水岩组

根据地下水赋存形式，可划分为第四系松散岩类孔隙水、岩溶水两大类型。区内碳酸岩广布，地下水类型主要以岩溶水为主，表层分布少量孔隙水。

① 第四系松散层孔隙水：零星分布在山间谷地、河流两岸坡地。

② 岩溶水：主要含水岩组有狮子山灰岩组、茅草铺灰岩组、玉龙山灰岩组、长兴灰岩组合栖霞茅口组等。

(2) 地下水的补给、径流、排泄特征

潜水地下水主要依靠大气降水补给，动态亦受气候因素控制，洪、枯期水位和流量变化幅度较大，地下水的运移和赋存条件受地质结构控制，在断裂带和向斜轴部常形成富含水带。岩溶地下水赋水状态主要为管道流。

区内地形陡，冲沟发育，地表径流条件良好，有利于地下(地表)水的径流和排泄。雨季或暴雨降水渗入第四系松散层，沿基岩与第四系松散层界面向河谷径流排泄，易诱发第四系松散层滑坡。

3.4 不良地质体

根据勘察报告，古滑坡堆积体平面分布范围，规模等级为中型。古滑坡堆积体分布区地貌上呈圈椅状，受其影响，顺河无基岩裸露(其他河段均有基岩裸露)，古滑坡堆积体为土与岩石碎块相间分布的碎石土，滑床底界面附近均有一层褐黑色、灰褐色、灰绿色黏泥的分布。分析认为，古滑坡堆积体来源于由泥质、钙质页岩夹泥灰岩、泥质灰岩及少量的薄层白云质灰岩的三迭系中统松子坎组地层，该地层强风化带中泥化破碎夹层相当发育，众多泥化破碎夹层分布的顺向边坡为滑坡提供了好的滑动基础条件，在地下水等综合因素作用下，全、强风化岩体顺层(微切层)产生了滑动，形成了该古滑坡堆积体。初步判断该古滑坡堆积体的形成时期至少为全新世早期或更早。

综上分析，评估区工程建设项目多，且较集中，人类工程活动强烈，对地质环境的改造大。

4 定量计算

4.1 计算模型与工况

(1) 计算模型

从勘查剖面可看出，滑坡滑动面总体呈折线型。

(2) 计算工况

① 外部荷载。主要是建筑荷载(10～60 kPa)和大雨或特大暴雨的作用。由于研究区内滑体物质属强透水层，降雨增加滑体的重度。

② 计算工况。工况一：自重＋建筑荷载，模拟天然状态（现状)；

工况二：自重＋建筑荷载＋暴雨。该场区，暴雨的入渗，主要是增加滑体重量，滑带土体力学参数略有降低。

工况三：自重＋建筑荷载＋20年一遇洪水。该场区，洪水及暴雨入渗，增加滑体重量，滑带土长时间饱和浸泡使滑动带力学参数降低。

③ 设计标准。边坡稳定安全系数Fst应按《建筑边坡工程技术规范》表5.3.2，一级永久建筑边坡稳定安全系数取Fst＝1.35。

注：该边坡稳定性计算分析不涉及地震工况。

边坡稳定状态按《建筑边坡工程技术规范》中表5.3.1(见表1)划分如下。

表 1　稳定状态分级表

稳定系数 Fs	Fs<1.00	1.00≤Fs<1.05	1.05≤Fs<Fst	Fs≥Fst
稳定性状态	不稳定	欠稳定	基本稳定	稳定

4.2　计算方法与参数选取

(1) 计算方法

据勘查结果，滑面形态呈折线型，为此采用不平衡推力传递系数法计算滑坡稳定性系数，计算数学式如下。

$$K_f=\frac{\sum_{i=1}^{n-1}(((W_i((1-r_u)\cos\alpha_{ii})-R_{Di})tg\phi_i+C_iL_i)\prod_{j=i}^{n-1}\psi_j)+R_n}{\sum_{i=1}^{n-1}[(W_i(\sin\alpha_{ii})+T_{Di})\prod_{j=i}^{n-1}\psi_j]+T_n}$$

$$R_n=(W_n((1-ru)\cos\alpha_n)-R_{Di})tg\phi_{\backslash n}C_nL_n$$

$$T_n=W_n\sin\alpha_n+T_{Di}$$

$$T_{Di}=\gamma_w h_{iw}L_i\cos\alpha_i\sin\beta_i\cos(\alpha_i-\beta_i)$$

$$R_{Di}=\gamma_w h_{iw}L_i\cos\alpha_i\sin\beta_i\cos(\alpha_i-\beta_i)$$

$$\prod_{j-i}^{n-1}\psi_j=\psi_i\psi_{i+1}\cdots\cdots\psi_{n-1}$$

4.3　计算结果

研究区边坡存在沿土岩界面及覆盖层内部界线(填土与崩塌堆积体界面)折线型整体滑动的可能，滑面呈折线型。稳定性计算选取代表性的Ⅰ－Ⅰ′～Ⅳ－Ⅳ′4 条剖面作为计算模型。计算成果见表 2。

表 2　滑坡稳定性计算成果汇总表

剖面号	滑动面	工况一(自然工况)				工况二(暴雨工况)				工况三(20 年一遇洪水位饱和状态)			
		计算稳定系数 Kf	稳定状态	规范要求安全	剩余下滑力(kN/m)	计算稳定系数 Kf	稳定状态	规范要求安全	剩余下滑力(kN/m)	计算稳定系数 Kf	稳定状态	规范要求安全	剩余下滑力(kN/m)
Ⅰ－Ⅰ′	滑面 1	1.32	基本稳定	1.35	636	1.1	基本稳定	1.35	5647.3	0.91	不稳定	1.35	10303
	滑面 2	1.69	稳定	1.35	0	1.52	稳定	1.35	0	—	—	—	—
Ⅱ－Ⅱ′	滑面 1	1.47	稳定	1.35	0	1.23	基本稳定	1.35	2350	1.04	欠稳定	1.35	6272
	滑面 2	1.45	稳定	1.35	0	1.3	基本稳定	1.35	339.9	—	—	—	—
Ⅲ－Ⅲ′	滑面 1	1.51	稳定	1.35	0	1.25	基本稳定	1.35	2173.2	1.09	基本稳定	1.35	5821
	滑面 2	1.84	稳定	1.35	0	1.66	稳定	1.35	0	—	—	—	—
Ⅳ－Ⅳ′	滑面 1	1.88	稳定	1.35	0	1.58	稳定	1.35	0	1.29	基本稳定	1.35	1396
	滑面 2(残积土界面)	1.73	稳定	1.35	0	1.62	稳定	1.35	0	—	—	—	—

4.4　稳定性(易发性)分析及发展趋势预测

根据计算结果结合边坡体实际情况，上部填土在自然工况及暴雨工况下整体处于稳定状态，局部(Ⅱ－Ⅱ′)在暴雨工况下处于基本稳定状态；下部崩塌堆积体在自然工况下处于稳定状态，在暴雨工况下多处于基本稳定状态，不能满足建筑场地边坡稳定安全要求，局部(Ⅳ－Ⅳ′)处于稳定状态。此外，边坡在 20 年一遇洪水位饱和状态下，Ⅰ－Ⅰ′处于不稳定状态，Ⅱ－Ⅱ′处于欠稳定，Ⅲ－Ⅲ′－Ⅳ－Ⅳ′处于基本稳定状态。

由于坡脚前缘支挡形式为桩托挡墙支护形式，刚度较小，支护安全系数没有达到建筑边坡稳定安全要求，且上部建筑均为老旧砖混结构建筑，部分楼栋无构造柱及圈梁，抗变形能力小。在连续暴雨工况下，边坡可能发生蠕动变形，致使上部建筑物开裂变形，对建筑物产生破坏。

根据《建筑边坡工程鉴定与加固技术规范》(GB50843—2013)，本边坡工程整体稳定性不能满足一级边坡稳定安全系数要求，需进行加固处理，提高边坡安全系数，满足建筑场地要求。

5　防治方案建议

5.1　防治目标原则

边坡防治目标：根据边坡的工程地质条件、成因、推力大小、发展趋势，对边坡区进行综合防治，使治理后的边坡保持稳定，在设计使用年限内边坡区不发生整体或较大规模滑坡，不发生危及人民群众生命财产安全的地质灾害，因此必须采取积极的综合防治工程措施，标本兼治，彻底根治灾害隐患。

防治原则：

① 预防为主，防治结合。

② 边坡的防治工程需具有明确的针对性，主要为针对重点地点和部位的治理。

③ 针对边坡的各项防治措施，应尽量因地制宜，就地取材，采用技术可行、经济合理且施工方便、可操作性强又不破坏环境的工程结构。

5.2 防治工程方案建议

应结合研究区实际。建议采用格宾笼或框架格构梁对斜坡前缘裸露斜坡进行冲刷防护，防止斜坡前缘被冲刷、掏蚀。

边坡整体基本稳定，但不能满足一级建筑边坡稳定安全系数要求，建议在建筑物前缘适当位置采用桩板墙支挡提高其安全系数。区内局部开挖时，应做好临时支挡，以免坡体局部失稳产生开裂变形。

排水工程。经过统一规划，建立健全边坡范围的排水系统。对边坡上的冲沟、下水道做好防渗处理，对坡面汇水，引导降雨的汇集与排泄，防止雨季时地表水横溢漫流，影响滑坡的稳定性。

6 结论与建议

（1）结论

① 研究区水文地质条件简单。总体来讲，区域地质环境复杂程度等级为中等复杂。

② 滑坡前缘坡脚治理后，除了新增裂缝外，其余裂缝均为浅表层的岸坡拉裂蠕滑引发的老裂缝，古滑坡体中部和前缘未见新增裂缝，滑坡体整体处于基本稳定状态。

③ 斜坡平面形态呈圈椅状，后缘标高 711 m，前缘位于 632 m 平台位置，剖面形态呈阶梯状。根据《建筑边坡工程技术规范》[5]，破坏后果很严重的工程滑坡地段的边坡工程，安全等级为一级。

④ 根据计算结果结合边坡体实际情况，边坡的Ⅰ－Ⅰ′处于不稳定状态，Ⅱ－Ⅱ′处于欠稳定，Ⅲ－Ⅲ′－Ⅳ－Ⅳ′处于基本稳定状态。

⑤ 根据《建筑边坡工程鉴定与加固技术规范》（GB50843－2013）4.3.8 条，本边坡工程整体稳定性不能满足一级边坡稳定安全系数要求，需进行加固处理，提高边坡安全系数，满足建筑场地要求。

（2）建议

① 建议在建筑物前缘适当位置采用桩板墙支挡提高其安全系数。区内局部开挖时，应做好临时支挡，以免坡体局部失稳产生开裂变形。

② 统一规划区内排水工程，建立健全边坡范围的排水系统。

③ 为时刻了解边坡变形发展动态，在边坡治理前，特别是雨季，应加强地表变形的监测。

参考文献

[1] 刘永红. 探讨岩土工程中高填方边坡的稳定性分析与治理措施[J]. 工业 A，2022(8)：4.

[2] 江荣昊，罗璟，裴向军，等. 倾倒－滑移复合型倾倒变形体发育特征及渗流稳定性分析[J]. 地质灾害与环境保护，2022，33(4)：8.

[3] 王磊. 边坡稳定性分析与治理发展现状[J]. 黑龙江工业学院学报：综合版，2021，21(3)：5.

[4] 王玉平，曾志强，潘树林. 边坡稳定性分析方法综述[J]. 西华大学学报：自然科学版，2012，31(2)：5.

[5] 中华人民共和国建设部. 建筑边坡工程技术规范[M]. 北京：中国建筑工业出版社，2002.

自主可控高性能励磁系统在大型水电厂的应用

刘万，梅千宇

（贵州乌江水电开发有限责任公司构皮滩发电厂，贵州余庆，564400）

摘要：EXC9200型励磁系统是中国电器科学研究院有限公司和广州擎天实业有限公司开发的第六代微机励磁系统。其主要设计特点，依托高性能、高可靠的嵌入式计算机和实时操作系统平台，采用分布式控制架构，实现励磁系统的操作、显示、状态和故障监测等智能一体化。通过对发电机励磁系统调节器及控制部分进行技术改造，使得励磁调节操作更智能、操作更全面、维修更方便。

关键词：EXC9200型励磁系统；自主可控；智能一体化；对时；自动切换

引言

构皮滩电厂共有5台600 MW水轮发电机组，每台机组配有一台国内组装的瑞士ABB公司的上一代励磁系统UNTROL5000。由于UNTROL5000投产至今已有超过10年的时间，目前装置已停产，备品备件已无法提供，价格昂贵，无法在原有基础设备上进行修改改造。在功能方面，其人机交互页面复杂，软件运行缓慢，操作不够智能，导致试验难操作。且装置会出现人机交互页面卡死、冷却风机滤网堵塞、交流侧过压吸收阻容保护电阻元件绕组开裂、风机电源继电器触电烧损和风机起动电容故障等问题。借此次利用1号机组“A”修对1号机励磁系统换型改造为EXC9200型励磁系统。

EXC9200型励磁系统是中国电器科学研究院有限公司/广州擎天实业有限公司开发的第六代微机励磁系统。其主要设计特点，依托高性能、高可靠的嵌入式计算机和实时操作系统平台，采用分布式控制架构，实现励磁系统的操作、显示、状态和故障监测等智能一体化。更换后的励磁系统能更快更明了地实现各项操作与试验。

1 现状

构皮滩电厂共有5台600 MW水轮发电机组，每台机组配有一台国内组装的瑞士ABB公司的上一代励磁系统UNTROL5000。投产至今已有超过10年的时间。目前改型号的励磁系统已经停产，备品备件已无法正常提供，并价格昂贵。而且由于配件原因依赖于国外厂商，备品备件经常出现供应不及时情况。按照励磁系统的服役年限，器件老化，故障率上升，5台励磁系统已进入退役期。若不进行升级改造，大概率会影响机组的正常安全运行。

中国电器科学研究院始建于1958年，隶属于中国机械工业集团公司。经过半个世纪发展，中国电器院现已发展成为拥有三大基地、占地600多亩、建筑面积28万平方米的集科研开发、国家检测和科技产业为一体的创新型企业。中国电器院又于1996年注册成立广州擎天实业有限公司。EXC9200型励磁系统是其开发的第六代微机励磁系统。使用国内励磁系统解决了备品备用的问题，提高了我厂人员对励磁系统关键技术的掌握，攻克了以前励磁系统面临的难题。

2 现状分析

ABB UNITROL－5000型励磁系统为瑞士进口产品，我厂人员无法掌握励磁系统关键技术，每次故障或异常均要依赖于国外厂家人员或代理商，经常出现“卡脖子”现象。

ABB UNITROL－5000型励磁系统不具备对时功能，励磁系统故障或者出现异常时，经常出现上位机与现场时间差很大，给正确判断运行情况带来极大困难，同时解决故障，恢复运行时间会延长很多，给我厂安全运行带来极大隐患。

ABB UNITROL－5000型励磁系统功率柜风机正常运行时不能自动切换，检修切换后保持在一组运行时间很长，两组风机运行时长极度不平衡，给风机稳定运行带来一定隐患。

ABB UNITROL－5000型励磁系统的控制板采用COB，在COB中继承了自动电压调节、各种限制、保护和控制功能，使用的CPU时增强型微处理器AN80186AM，其容量很小，快速闭环运算

收稿日期：2023-12-02

作者简介：刘万，贵州遵义人，工程师，主要从事水电厂保护专业工作.

周期时间较长，软件程序没有更新过，相较于新仪器在功能及容量上都有所欠缺。

ABB UNITROL－5000 型励磁系统调节柜采用了 Windows 界面的应用程序编程软件包与 CMT 调试、维护工具包。使得人机交互页面复杂、行动缓慢、操作复杂，有时会出现人机页面卡死情况。检修期间，对励磁系统进行调试操作步骤复杂，操作不明了。给日常巡检与定时检修带来一些不必要的麻烦。

ABB UNITROL－5000 型励磁系统在设计时并完全没有解决多个并联的可控硅整流桥件的电流分配问题与智能化均流对机械设计的影响，其采用的为标准化母线连接，使得均流功能相对较慢，精度维持达到 95%。

ABB UNITROL－5000 型励磁系统设计年代较久，励磁调节控制功能还停留在原有基础上，没有进行优化改造，且我厂人员无法完全掌握其原有装置关键技术，对装置的使用较为欠缺。

3 解决方法

通过♯1 机励磁系统调节控制系统改造，对现有励磁系统进行国产化，保留功率、灭磁部分的主回路，对励磁系统的控制、测量等二次回路进行改造，实现励磁系统关键技术的自主可控，解决对国外厂商的依赖。从本质上提升设备运行可靠性。

EXC9200 型励磁系统依托高性能、高可靠的嵌入式计算机和实时操作系统平台，实现 B 码对时功能，实现励磁系统自动对时，当发生异常时能及时了解当时运行情况，对故障分析提供极大帮助。

EXC9200 型励磁系统功率柜风机在运行时会根据开停机自动轮换，开停机一次轮换一次，使得风机运行时基本保持平衡，不会出现长期在一组风机运行情况，同时不会因为人为原因导致风机长期在同一组风机运行而出现风机故障。同时检修过程中风机试验时只需在功率柜面板上操作即可，不需要在调节柜上进行参数修改，避免因参数修改错误导致励磁系统出现异常或机组非停，很大程度上避免了因人为原因导致事故发生。

EXC9200 型励磁系统基于高性能计算机平台，其核心控制单元采用高性能 CPU 为主处理器，大容量 FPGA 芯片为协处理器，组成多 CPU 的高速实时采样和处理系统。主处理器采用 RISC 架构，主频 800 MHz 的 32 位高性能处理器，带双精度(64 位)浮点运算器，用于完成复杂逻辑控制、复杂运算和通信。大容量 FPGA 内部集成 RAM 和多路 DSP，用于多单元并行浮点运算，进行数字信号处理。高性能、高精度，能满足复杂励磁控制算法和逻辑控制需要。大大提高了系统的计算能力，使系统更加完善，不易出现卡死情况。

EXC9200 型励磁系统基于网络通信接口的调试技术，调试助手 Debug 采用了可视化图形交互界面，通过菜单命令方式可以完成励磁系统的状态观测、调试、维护等工作，简单易操作，简化励磁调试和维护。

EXC9200 型励磁系统采用可控硅高频脉冲列触发技术，使得可控硅的导通快速、可靠。采用低残压 快速启励技术，在自并励静止励磁系统，借助于发电机的残压即可实现发电机起励、建压，大大减小了励磁系统辅助起励电源的容量。其公司的智能化功率柜智能均流技术是一项发明专利。采用这项技术可以确保并联运行功率柜间均流系数大于 95%。在此技术基础上，EXC9200 励磁系统在智能化功率柜中更实现了智能化功率柜间的桥臂均流。系统电磁兼容设计技术，系统的电路板件的电磁兼容能力均优于标准要求的 3 级水平。解决了 ABB UNITROL－5000 型励磁系统还未完善的问题，且使得均流系数能大于 95%。

EXC9200 型励磁系统丰富了励磁控制功能：(1)非线性鲁棒 NR－PSS 功能，大大提高了电力系统的大干扰稳定性。(2)电力系统电压调节器 PSVR，不仅可提高发电机输出的无功功率极限，而且提高了系统电压的稳定性，暂态电压恢复更快。这些励磁功能的添加，提高了电网安全稳定运行，让我厂人员学习到新的技术，提高自我水平。

4 结语

EXC9200 型励磁系统依托高性能、高可靠的嵌入式计算机和实时操作系统平台，对现有励磁系统进行国产化，保留功率、灭磁部分的主回路，对励磁系统的控制、测量等二次回路进行改造，提高了励磁系统的性能，人机交互界面更智能，实现励磁系统关键技术的自主可控，解决对国外厂商的依赖。从本质上提升设备运行可靠性。同时实现 B 码对时功能和功率柜风机开停机一次自动轮换一次，实现励磁系统自动对时，当发生异常时能及时了解当时运行情况，对故障分析提供极大帮助。更是避免因参数修改错误导致励磁系统出现异常或机组非停，很大程度上避免了因人为原因导致事故发生。

微机自动准同期装置在水电站的应用实践

何宇平

（中国华电集团乌江公司构皮滩发电厂，贵州余庆，564400）

摘要：发电机并网是发电厂的一项事关重大的操作，它直接关系系统运行的稳定及发电机的安全。对这一操作的要求归纳起来是四个字——快速准确。电力系统发展对更先进、方便、安全的同期装置提出了更高要求，微机自动准同期装置对于电力系统的安全和发展具有重要意义。文中所选用的 SDQ801 微机自动准同期装置从回路、元件、芯片都是国产的整体重新设计，新装置无应用运行经验，存在使用设置不便、外围回路复杂等问题，通过一系列硬件改进和功能优化，逐一解决了各类问题。

关键词：同期合闸；软件优化；微机自动准同期装置；回路优化

引言

微机自动准同期装置是一种专用的自动装置，应用于电力系统二次回路中，用来完成两个相互独立的电力系统与发电机间按准同步要求进行并列运行。装置检测发电机和系统频差和压差，当压差和频差都满足用户要求时，装置就控制断路器主触头在相角差为 0°的时刻合闸，使发电机与系统并列运行 。微机型自动准同期装置功能日趋完善，技术指标先进，运行操作简单，维护调试方便，应用越来越多。本文主要阐述了为实现水电安全自主可控针对微机自动准同期装置开展一系列研究与改进。

1 同期装置在水电站的应用实践

1.1 SDQ801 微机自动准同期装置软件优化

原同期装置在带电运行过程中，当切至其他画面后，再切回运行界面时，会导致同期合闸失败。经过多次试验论证与故障复现，发现当切至同期装置其他画面再切回运行界面时，同期装置会出现人机界面显示已退出，但实际内部程序因系统适配原因，存在同期装置实际并未退出的情况，导致同期装置不能正常接收启动同期指令，从而造成同期合闸失败。通过对同期装置软件进行升级，提高适配性，修复系统错误，同期装置运行正常。

1.2 增加同期装置常带电工作模式

国产同期装置原设计使用的工作模式是收到监控系统开出同期装置上电令，装置上电运行，同期工作结束后，同期装置掉电。这样的方式只能在同期合闸时进行监视，由于装置非工作时不带电运行，当装置电源故障或板件故障等无法及时发现。不能实现实时监视同期装置运行状态，因此对同期装置硬件进行优化，增加了同期装置常带电工作模式。通过对同期装置软件升级，同时对同期回路进行重新设计，最终实现同期装置常带电运行功能。

1.3 增加同期装置自动转角功能

机组同期在选用主变高压侧作为同期点时，因主变为△/Y 接线方式，存在 30°角差，在 PT 回路若用 A、B 相电压作为同期电压对比，以往的解决方法需经过转角变转角 30°后再用作同期电压对比，转角变长期运行后存在损坏的风险，增加同期失败的可能性。通过优化同期回路，采用系统侧选用线电压，机组侧选用相电压，实现回路转角，同时还增加了同期装置内部转角功能，可实用多种应用场景，取消转角变，提升同期装置运行的可靠性。

1.4 简化 LCU 同期回路

监控系统自主可控改造前，开关站每一串设置一个同期装置(共有 4 个)，同期回路单独使用一套 PLC 控制，整个同期回路异常复杂。为减小复杂回路带来的不稳定因素，对开关站整个同期回路进行重新设计。重新设计的回路取消原专用同期 PLC，同期控制程序由开关站 PLC 控制，同期装置由原来的 4 个优化为 1 个，同期二次回路大大简化。

1.5 同期允许压差设定方式

原同期装置设计同期合闸允许电压差和频率差设置定正、负值只能为相同值，不能根据实际需要设定正、负不相同的值(比如改进前电压差只能设置为－3 V～3 V,而不能设置－1.5 V～3 V)，为满

收稿日期：2023-12-02

作者简介：何宇平，贵州遵义人，工程师，主要从事水电厂自动化专业工作.

足实际使用需要，对同期装置软件进行开发升级，升级后可根据实际需要对正、负允许压差进行任意设定，满足同期定值的差异化设置。

1.6 增加同期点捕捉失败二次启动功能

原同期流程设计为下达一次同期令，同期超时后则流程退出，该逻辑对同期装置规定时间内寻找同期点的要求较高，存在开机失败的风险，为防止因寻同期点超时等原因导致的开机失败，将流程优化为下达一次同期令，若出现同期超时告警，在调速器、励磁、机组等无异常时再下一次同期令，启动二次同期点捕捉，以提升并网成功率，如图1所示。

```
158:  IF (DI[251]=0 AND DI[250]=0) THEN(*同期装置无装置报警及失电信号*)
          OUT[85]:=-1;   (* 选GCB断路器同期 *)
          SEQ_INFO[1].CSTEP:=159;
      ELSE
          ALARM_CODE:=144;(* 同期装置故障,流程退出 *)
          FAIL:=1;
      END_IF;
159: KON_1 (IN1:=(SOE[112]=1 AND SOE[111]=0),T1:=180, Q_1=>KON_[1].Q1, Q_2=>KON_[1].Q2, T2=>KON_[1].T2,WORKING=>KON_[1].WORKING);
     IF KON_[1].Q1 THEN
        OUT[85]:=0;
        OUT[93]:=1000;
        SEQ_INFO[object].CSTEP:=160;
     END_IF;
     IF KON_[1].Q2 THEN
          SEQ_INFO[object].CSTEP:=163; (* 判断后看看是不是由于同期装置报失败, 退出的 *)
          OUT[85]:=0;
          OUT[93]:=1000;
     END_IF;
160:  KON_1(IN1:=0,T1:=5, Q_1=>KON_[1].Q1, Q_2=>KON_[1].Q2, T2=>KON_[1].T2,WORKING=>KON_[1].WORKING); (* 同期装置上电后, 延时5秒, 防止同期失败 *)
      IF KON_[1].Q1 THEN
        SEQ_INFO[1].CSTEP:=161;
      END_IF;
161: IF (DI[251]=0 AND DI[250]=0) THEN(*同期装置无装置报警及失电信号*)
         OUT[85]:=-1;   (* 选GCB断路器同期 *)
         SEQ_INFO[1].CSTEP:=162;
      ELSE
         ALARM_CODE:=144;(* 同期装置故障,流程退出 *)
         FAIL:=1;
      END_IF;
162: KON_1 (IN1:=(DI[252]=1(* 同期失败 2020 11 1*) OR (SOE[112]=1 AND SOE[111]=0)),T1:=180,
     Q_1=>KON_[1].Q1, Q_2=>KON_[1].Q2, T2=>KON_[1].T2,WORKING=>KON_[1].WORKING);
     IF KON_[1].Q1 THEN
        OUT[85]:=0;
        OUT[93]:=1000;
        ALARM_CODE:=143;(* GCB同期合闸失败,流程退出 *)
        FAIL:=1;
     END_IF;
     IF KON_[1].Q2 THEN
       SEQ_INFO[object].CSTEP:=163; (* 判断后看看是不是由于同期装置报失败, 退出的 *)
       OUT[85]:=0;
       OUT[93]:=1000;
     END_IF;
163:IF SOE[112]=1 AND SOE[111]=0 THEN
       SEQ_INFO[1].CSTEP:=180;
       OUT[13]:=-1;(*投一次调频*)
    ELSE
      ALARM_CODE:=144;(*gcb同期装置报失败,流程退出*)
      FAIL:=1;
    END_IF;
```

图1 同期失败后再次启动同期程序段

2 结语

同期装置是将发电机的输出电压与频率同步，在运行状态下实现并联运行的一种电力设备。实现发电机快速、准确的同期合闸并网，能够有效地提高了电网的可靠性和稳定性。同期合闸可以改善电力系统的负荷分配和负载平衡，避免发电机过载和电网电压不稳定等问题。同时，还可以提高电网的响应速度和容错能力，使电力系统更加健壮和可靠。因此，同期合闸被视为提高发电机组效率和电网可靠性的有效手段。同期合闸技术的应用也在不断延伸，为未来更高效、更可靠的电力系统提供了有力支持。

自主可控监控系统硬件适配应用

刘欣，胡学锋，陈志

（贵州乌江水电开发有限责任公司构皮滩发电厂，贵州余庆，564400）

摘要： 自主可控计算机监控系统在满足可靠性和实用性的前提下体现先进性，具有逐步向数字化阶段过渡的良好基础；系统配置和设备选型符合计算机发展迅速的特点，依托于国内计算机、可编程序控制器、网络设备等厂家，选取性能可靠、技术先进的自主可控产品，系统采用自主可控的操作系统和关系数据库，对应用系统进行软、硬件兼容性测试，保证不同产品集成在一起能可靠地协调工作；核心产品自主可控率应达90%以上。

关键词： 系统配置；可编程序控制器；自主可控

引言

随着计算机和网络技术的发展，特别是信息化与工业化深度融合以及物联网的快速发展，工业控制系统产品越来越多地采用通用协议、通用硬件和通用软件，以各种方式与互联网等公共网络连接，病毒、木马等威胁正在向工业控制系统扩散，工业控制系统计算机监控系统本质安全问题日益突出。为保证计算机监控系统本质安全可控，电网公司及能源局多次出台指导文件，在核心关键的自动化产品及网络产品尽量使用本质安全的国产化设备。

水电站监控系统软件方面，目前国内水电站计算机监控系统的三层结构中，操作系统和核心软件以及计算机、PLC、通信服务器、同期等关键硬件产品90%以上依赖进口，部分国产化设备的芯片、开发平台、底层操作系统等也严重依赖外国。关键基础设施核心技术受制于人，国家安全面临严峻挑战，从国家利益的角度出发，急需加大投资支持国产核心技术的发展，从行业的发展方面着眼，也急需有完整的自主可控解决计算机监控系统本质安全方案，以防止类似的制裁发生在能源领域。

1　构建技术目标

自主可控计算机监控系统在满足可靠性和实用性的前提下体现先进性，具有逐步向数字化阶段过渡的良好基础；系统配置和设备选型符合计算机发展迅速的特点，依托于国内计算机、可编程序控制器、网络设备等厂家，选取性能可靠、技术先进的自主可控产品，系统采用自主可控的操作系统和关系数据库，对应用系统进行软、硬件兼容性测试，保证不同产品集成在一起能可靠地协调工作；核心产品自主可控率应达90%以上(按主要元器件数量统计)。

通过对自主可控软、硬件产品的研究，为我国自主可控计算机监控系统提供自主可控的完整解决方案，整体规划、分步实施，完成一批自主可控的产品成果，达成以下目标：

（1）自主可控：实现核心软、硬件产品自主可控。

（2）安全：保证操作安全、通信安全以及硬、软件和固件设计安全，并满足电网对监控系统安全防护的有关要求。

（3）可靠：在设备选型、网络设计、软件设计等各个方面充分考虑软件、硬件的可靠性和稳定性，并可在非理想环境下有效工作。

（4）先进：控制网络响应速度快，系统整体性能优良，部分技术指标达到国际先进水平。

（5）智能：为实现智能告警等智能应用提供良好基础，能够符合集团公司数字电厂建设应用的需求。

2　主要研究成果

2.1　自主可控国产化设备选型

通过本项目的实施，将积极调研国内主要的计算机、网络设备、PLC、通信服务器、同期，形成完整的完全自主可控产品选型库，并针对这些设备进行完整的测试，以确保所选用的设备能够满足本项目的技术要求，并形成最终的测试报告及设备兼容性研究报告。

2.2　国产计算机监控系统开发

通过本项目的实施，将开发一套能够完全应用

收稿日期： 2023-12-02

作者简介： 刘欣，重庆合川人，高级工程师，主要从事水电厂安全生产管理工作.

于国产的硬件、软件平台上的计算机监控系统，该系统软件拟兼容国内主流的操作系统如中标麒麟、银河麒麟等，同时关系数据库接口支持国内主要的关系数据库软件，如武汉达梦、南大通用、浪潮K－DB等关系数据以及开源的 Ti－DB 数据库软件。

2.3 网络安全防护体系研究

目前电力系统的安全防护体系建设已经比较完善，但均基于非自主可控设备进行的安全防护。安全防护领域如果不能做到自主可控，真正的安全防护就要打折扣，因此本项目将根据国家相关规定，结合自主可控产品的特点，在研制阶段就充分考虑到网络安全的深度建设，进行整体的网络安全防护体系研究及相关产品的研发，主要包括以下内容：

(1) 基于国产软、硬件平台的节点状态检测。

(2) 基于国产操作系统的安全加固、防病毒。

(3) 采用加密、传输认证、访问控制、数字签名等方式的安全通信设计。

(4) 入侵检测、态势感知部署。

(5) 关键程序加密防拷贝。

2.4 自主可控的 PLC、通信服务器以及同期选型

本项目以技术合作的模式开发出一款自主可控的完整的 PLC、通信服务器，并根据现场的控制流程完成了 PLC、通信服务器以及同期控制程序的相关移植工作。主要的研究内容包括：基于龙芯的 PLC、通讯服务器以及同期装置，PLC 系统现场总线信息安全研究，信息安全型远程 IO 网络系统研究，基于自主可控平台的 PLC 编程软件研制等。

本项目围绕国内首例自主可控计算机监控系统展开，旨在提高水电站控制系统的综合运行效率和本质安全能力。自主可控水电站计算机监控系统软件本质安全技术架构首次创建及应用，对我国水电站计算机监控系统安全建设起到了重要作用。国产自主可控是水电站计算机监控系统发展的必然趋势，但未经过市场的长期考验和锤炼，在自主可控生态不健全的情况下存在诸多不可预见的安全隐患，提升水电站计算机监控系统本质安全尤为重要。

通常 PLC 按系统复杂程度和被控对象多少被分为大、中、小三种类型。一般各品牌的 PLC 选用适合自己的现场总线来实现控制层的信息传输，如 ProfiBus、MODBUS、CONTROLNET、Controller－link 和工业以太网等通讯模块。

PLC：通常中大型 PLC 都采用机架式模块化的设计结构。PLC 机架分为主机架、本地扩展机架和远程扩展机架三种形式。PLC 主机架，指的是安装有 CPU 模块的本地机架，主机架上还安装有客户选配的各种功能模块，如电源、数字量 I/O、模拟量 I/O 和通讯模块等。本地主机架的槽位数有限，当需要更多 I/O 模块时，可以选配本地扩展机架。当被控对象的 I/O 地理位置距离较远、分布较为分散时，可以采用远程 I/O 站机架的方式实现 PLC 的远程 I/O 系统。

一般各控制单元都有接收由现场设备如传感器、变送器来的信号(Input 信号)，根据预先设定的用户编程实现的控制策略进行逻辑运算，并将结果(Output)送回到现场的执行器中去。同时，各控制单元还需要把必要的全局变量与中间变量传送到信息层的各类服务器上。

为了保障系统运行通畅、提高自动化系统的整体可靠性，处于系统关键环节和薄弱环节的 PLC 都可以进行功能模块冗余配置，如电源模块冗余、CPU 模块冗余、I/O 模块冗余或者通讯模块冗余等。冗余的重要作用是在极端情况下，主控制站出现故障时可以不通过人工干预方式直接由备用控制站接管，从而保证控制过程的连续性。在实时冗余方式中又根据控制系统应用对象要求等级的不同采用不同的模式。最简单的模式为主从控制器之间采用“心跳脉冲”或硬件握手信号进行相互工作状态正常与否的探测，这种模式一般适用于对过程控制变化要求不高的场合。高级的实时冗余方式包括主备控制站之间建立适用于现场控制需求的数据同步刷新机制，乃至于顶级的冗余控制站内部逻辑运算任务完全同步。因此，冗余模式决定了现场控制站的安全级别水平的程度。图 1 介绍了一种主备 CPU 模块间的同步方法。

I/O 模块采集现场设备送来的信号，并对其进行一些必要的转换和处理之后通过 I/O 通信网络与 CPU 模块间进行数据交换，目前 PLC 控制系统的 I/O 数据采集包含多种类型的数字量、模拟量，有的 I/O 模块还具有某些特定的功能，甚至具备某些复杂的闭环控制功能。

通讯模块负责与现场设备间的通信，有各种协议的串口通信模块以及各种不同类型现场总线(如 ProfiBus、CANOpen、DeviceNet 等)通讯接口模块。

CPU 模块是 PLC 的核心模块，整个生产过程控制系统主要的控制功能由 CPU 模块来完成。整个 PLC 系统的性能、可靠性等重要指标和 PLC 的

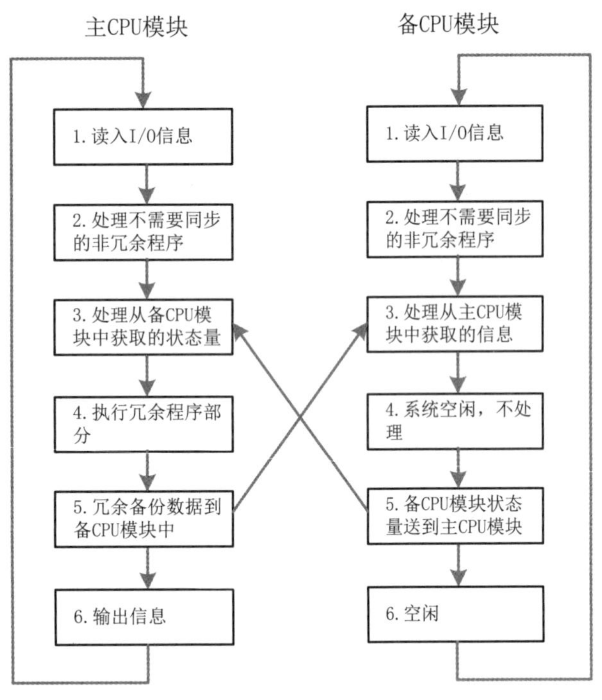

图 1　主备 CPU 模块间的同步方法

CPU 模块性能指标关联比较密切，其硬件一般都采用专门的工业级计算机系统，一般需要考虑运算器的(即主 CPU)的主频、功耗、外设种类等指标，同时还需要考虑静态或动态存储器的容量与可靠性，同时现场 I/O 数据站与 CPU 模块之间数据交互方式与速率，CPU 模块与中央监控层的数据交换方式与速率、与其他 CPU 模块的数据交互方式均是选型的重要指标。

为了防止现场的各种信号，包括干扰信号对计算机的处理产生不利的影响，现场 I/O 数据一般需要经过隔离处理才可以引入 CPU 模块内部。过去因为控制系统控制的对象接点相对较少，因此 PLC 内逻辑部分和现场部分的连接曾经采用过内部并行总线，常用的并行总线有 Multibus、VME、STD、ISA、PC104、PCI 和 Compact PCI 等。并行总线的优点是 CPU 寻址方便，CPU 和外部数据交换的速率非常高，完全取决于 CPU 主控芯片的主频速度，基本均可以达到 ns 级别。缺点是并行总线很难方便地实现扩展及热插拔功能。

现在很多国际厂家在 PLC 逻辑部分和现场 I/O 之间的连接方式上转向了串行总线。串行总线的优点是结构简单，成本低，很容易实现隔离，而且容易扩充，可以实现远距离的 I/O 模件连接及热插拔功能。近年来，现场总线技术的快速发展更推进了这个趋势，目前直接使用现场总线产品作为现场 I/O 模块和现场控制站进行数据交换已很普遍，用得较多的现场总线产品有 CAN、Profibus、DeviceNet 等。由于 PLC 有比较严格的实时性要求，需要在确定的时间期限内完成测量值的输入、运算和控制量的输出，因此现场控制站的运算速度和现场 I/O 速度都应该满足很高的设计指标。一般在快速控制系统，控制周期最快可达到 20 ms 以内，应该采用较高速的现场总线，如以太网、Profibus、ControlNET 等，而在控制速度要求不是很高的系统中，可采用较低速的现场总线，这样可以适当降低系统的造价。

通信服务器：通信服务器主要用于水电站自动化系统中的规约转换和站内通信交换，实现现地控制设备(LCU)与多个现地智能子设备之间的通信，并能灵活应用于计算机监控系统中的其他数据通信环节，实现 RS422/RS485/RS232/Ethernet 异网间通信连接。

微机自动准同期装置：微机自动准同期装置采用基于龙芯处理器为核心，内部 SPI 总线的嵌入式平台操作；按照模块化、组态灵活的方式设计，可以配置为单控制器方式，也可配置为双控制器工作方式，具有硬件同期同步检查、高速以太网数据通讯等特点；内置 Web 服务器，可远程监视并网操作过程和配置功能参数，使得同期装置的操作更加灵活合理。其中并网电压和频率的采集、测量、检测部分设计参考自业已成熟的同期装置模件，并在此基础上进一步提高检测的准确性和稳定性，如图 2 所示。

基于国产化嵌入式软、硬件平台上开发出具有快速精确、稳定可靠、操作简洁、技术指标先进的符合发电厂、变电站综合自动化需要的新颖微机自动准同期装置。

CPU 模件的微处理器采用龙芯芯片；信号处理模件采用龙芯芯片，主要处理跟 CPU 的 SPI 通讯，电压、频率、相位的采集，以及同期并网过程的处理等。

本项目采用的国产龙芯 CPU 内核架构，其中龙芯 LS1B，主要用于 PLC 的外围设备，龙芯 2k1000 主要用于通信服务器、同期及 PLC 的主 CPU。其中，龙芯 LS1B 使用 0.13 um 工艺，是一款轻量级的 32 位 SoC 芯片。片内集成了 GS232 处理器核主频可达 266 MHz，配有 16/32 位 DDR2、高清显示、NAND、SPI、62 路 GPIO、USB、CAN、UART 等接口，能够工业控制、嵌入式系统和武器装备等领域需求，龙芯 2K1000 处理器是龙芯 2H 的升级芯片，其计算性能和 IO 带宽比龙芯 2H 都大幅提高。龙芯 2K1000 主要面向网络通信应用，兼顾终端及控制领域应用。其芯片内集成

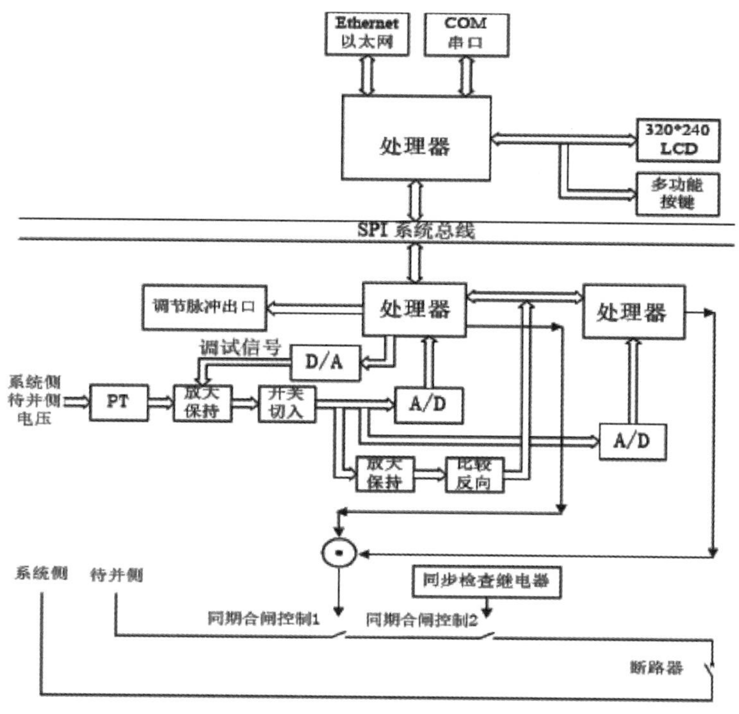

图 2　同期的逻辑框图

两个 GS264e 处理器核，主频 1 GHz 800～900 MHz)，64 位 DDR3 控制器，两个 GMAC 控制器，两个 x4 PCIE 控制器(可配置成为 6 个 x1 模式)，以及众多 IO 接口。

2.5　自主可控的 PLC、通信服务器以及同期参数

PLC 的 CPU 模块通过数据总线收发电路与机架背板上的 I/O 模块或通讯模块进行双向数据交互，并由 CPU 模块自带的串口或以太网接口与现地 HMI 连接，由 PLC 系统的对外通讯接口与上位机进行 I/O 数据或监控中间数据的交互，对生产过程进行监视、控制、参数调节及运行调度的工作流包含输入、处理、输出和通讯反馈阶段。

(1) 输入：即时获取控制器上送的实时数据信息；HMI 实时地响应到的各种用户操作也是系统输入信息的另一个重要来源；从合作进程的角度来看，有关实时逻辑、计算及其他数据处理进程产生的各种中间及最终结果也将被当作其输入。

(2) 处理：用户逻辑运算、数据处理、事件报警、在线分析及其他业务相关的逻辑及高级应用模块由现场实时数据驱动，并对获取的数据进行加工处理，随后通过将运算的中间或最终结果进行存储。

(3) 输出：输出包含两个层面：① HMI 通过实时可视化信息、声光报警、屏幕硬拷贝、统计报表、事件连续打印等方式即时地呈现各种后台服务进程处理的结果，给用户提供直观的现场工况，并为进一步的控制、调节及决策提供参考。② 通讯服务程序将 HMI 用户命令，通过通讯链路发至受控自动化子系统及智能设备，落实控制及调节动作。

(4) 通讯反馈。PLC 系统中各自动及人工处理的命令、操作、计算、逻辑功能执行产生的结果可以通过对外通讯备上位机或现地 HMI 系统获取，将其中有关现场实时参数、状态的信息呈现给系统的操作者或由于工业信息安全要求的不断提高，PLC 系统的信息安全特性必须要考虑。典型 PLC 控制系统信息安全是一个系统工程，需要从应用层、控制层和设备层三层系统的纵向和横向同时考虑信息安全设计和部署，基于完全自主可控的 PLC 硬件和软件技术从设备基因的角度为实现 PLC 控制系统的本质信息安全防御性能提供可能性，在 PLC 设计阶段就将系统的信息安全性考虑进来，深入到控制层和设备层模块级的深度探测和防护是研究的一项重要内容和研究方法。

CPU 模块采用龙芯核心板配合控制底板的设计模式，主控芯片用于 CPU 模块与各类 I/O 和通讯模块。软件操作系统方面，自主裁剪开源的 linux 配合实施补丁的方式适配两种主控芯片。电源模块、I/O 模块和通讯模块同样可以配置在底板的任意槽位，CPU 模块通过背板与其他模块进行内部总线互联。

通信服务器：通信服务器主要用于水电站自动化系统中的规约转换和站内通信交换，实现现地控制设备(LCU)与多个现地智能子设备之间的通信，并能灵活应用于计算机监控系统中的其他数据通信环节，实现 RS422/RS485/RS232/Ethernet 异网间通信连接。支持的通信规约见表 1。

表 1

序号	规约类型	子类型	备注
1	MODBUS	MODBUS RTU Master MODBUS RTU Slave MODBUS TCP Server MODBUS TCP Client	通用
2	IEC－60870－5－103	各厂家的 103 规约	PSL621U/PSM641U(国电南自) IMP3000 系列保护装置(武汉华工) NSR201(国电南瑞) RCS－943 系列保护装置(南瑞继保) DMP300 系列保护测控(长沙华能) 继电保护设备(国标 103) DGT801 装置(国电南自)
3	DL/T 645		支持 DL/T 645 规约大的电能表
4	大金空调通讯规约		大金空调
5	Command Line 协议		红相 MK3/MK6 系列电能表
6	非标 MODBUS RTU	TR2000－C－D－E 规约	开关柜智能测显单元
7	非标 MODBUS RTU	TDS4500 规约	TDS4500 系列仪表
8	自定义规约	威胜电能表通讯规约	威胜电子式多功能三相交流电能表(不支持 DL/T 645 规约)
9	自定义规约	LH－WLT01/02 规约	LH－WLT01 (02) 双微机励磁装置 (武汉联华电气)
10	自定义规约	调速器规约	发电机励磁调节器 (福州开发区南电控制设备厂)
11	自定义规约	CVT/CVZT/YCVT 调速规约	CVT/CVZT－XX、YCVT－XX (中水科)
12	自定义规约	西门子调速器规约	s7－700
13	自定义规约	压力液位测控仪	
14	自定义规约	科明公司 PLC 规约	科明公司 PLC 科明公司电池巡检仪
15	自定义规约	WP 系列规约	上润的 wp－80 双路智能显示仪

自动准同期：同期合闸计算模型的建立：机组同期时，必须考虑三个要素：电压差、频率差、相位差。其中电压差、频率差闭锁合闸出口很容易实现。问题的关键是如何实现相位差准确闭锁合闸出口。要实现相位差准确可靠闭锁合闸出口，首先就必须了解相位差的变化规律。传统的同期装置，总是假定相位呈线性变化，即相位的变化满足如下规律：

$$\theta_P = \theta_0 + \frac{d\theta}{dt} * T_{dq} \cdots\cdots\cdots(1)$$

式中，θ_p ——预期相差；

θ_0 ——当前时刻相差；

$\frac{d\theta}{dt}$ ——当前时刻相位变化速率；

T_{tq} ——断路器合闸时间。

上述情况假定了系统频率和机组频率是一成不变的，而实际情况是，系统频率和机组频率总在不停地变化，相位的变化也不是线性的，有一定的加速度，这一点，可从现场的同步表指针的变化就可以看出。在现场，有时同步表指针逆时针慢慢地转动，直到停下，甚至顺时针反转，这就足以证明相位的变化是非线性的，至少具有加速度。

本装置进行同期时不仅考虑相位的线性变化，还考虑了由于运行系统频率和待并系统频率的突变从而引起的相位变化的加速度，其公式计算如下：

$$\theta_P = \theta_{t_0} + \left.\frac{d\theta}{dt}\right|_{t=t_0} * T_{dq} + \frac{1}{2} * \left.\frac{d^2\theta}{d^2 t}\right|_{t=t_0} * T_{dq}^2 \cdots\cdots\cdots(2)$$

式中，θ_p ———预期相差；

θ_0 ——当前时刻相差；

$\frac{d\theta}{dt}$ ——当前时刻相位变化速率；

$\frac{d^2\theta}{d^2 t}$ ——当前时刻相位变化加速度

(1) 双 CPU 冗余闭锁控制功能：采用国产化处理器，需要解决 DIO 模件的双路数据的采集处理和两者之间的对比校验，同时同期装置的开入信号需要进行逻辑判断整合而开出信号必须能够实现冗余闭锁。

(2) 机组电压、频率的调节方法：发电机长时间空载对发电机有不良的影响且带来成本的提高，所以需要快速地将发电机的电压，频率调整到合适的水平。本任务将采用多种电压，频率的调节方法，包括比例调节模式和 PID 调节模式。

(3) 解决自动识别并网性质的功能：当前同期装置主要用于发电机组的差频并网，线路的差频或同频并网；能够判断当前信号是差频信号或是同频信号是关键，解决这一问题，进一步即可实现同期装置的自动识别并网性质的功能。

（4）实现 SDQ801 微机自动准同期装置的网络远程访问功能：即目前为在 Windows 系统下的 WEB 访问操作，包括远程监视并网操作过程和配置功能参数等，需要设计中针对 http 协议的相关内容进行处理。

（5）CPU 和信号控制器之间的 SPI 总线通讯：CPU 模件与信号处理模件之间通过 SPI 总线进行通信。通信帧格式和应用层报文格式是独立的。CPU 模件与信号处理模件之间传输报文的长度因报文类型的不同而变化，当传输的报文长度大于单帧允许最大数据长度，则需要通过多次帧传输。

（6）同期装置的操作记录：考虑事故记录功能，需要对信号处理器接口具有授时信号线。母板上由 CPU 接收 GPS 对时，然后再由 CPU 通过内部秒脉冲硬对时(采用秒脉冲,宽度为 100 ms)和通信软对时，实现信号处理器的精确对时。当没有外部 GPS 时可通过内部的计时电路进行对时。

（7）同期装置的同期过程波形录波：在同期过程中，分析故障原因时或查看同期的合闸质量时，同期录波是一个重要的分析工具，因此同期装置应该具有同期录波功能，录波波形将在 Web 服务器上进行显示。

3 结语

自主可控水电站计算机监控系统开发的目的主要是针对各类主流硬件平台、主流操作系统选取满足生产条件各个国产化产品，通过各项技术手段将这些产品有机地连接在一起，满足电站计算机监控系统的改造升级的需求，运用自主可控监控系统适配技术，进行综合考虑、统一设计，开发出适应于各类主流软硬件平台的适配层接口，解决适配问题，真正做到国产化，可复制化，可持续发展化的自主可控系统。

智能化水电厂计算机监控系统的发展分析

葛耀

（贵州乌江水电开发有限责任公司构皮滩发电厂，贵州余庆，564400）

摘要： 为更好实现电力资源的供应，国家十分重视对水电项目的建设。随着信息化技术和网络技术的发展，水电项目的智能化逐渐得到了实现。在智能化水电厂的建设与运行中，想要实现智能化的效果，计算机监控系统发挥着重要的作用，它为智能化水电厂功能发挥提供了技术支持。文章就主要针对智能化水电厂计算机监控系统的发展进行分析，希望对智能化水电厂建设提供参考。

关键词： 智能化；水电厂；计算机监控系统；技术发展

引言

计算机监控系统是基于计算机技术和网络技术而建立的管理系统，它是实现水电厂智能化的重要手段。计算机监控系统在水电厂中的有效运用，为水电站的运行和维护发挥重要的作用，而随着时代发展和水电厂功能的需求，对计算机监控系统也提出了更高的要求，为了更好实现计算机监控系统功能的发挥，就需要准确掌握智能化水电厂计算机监控系统的发展趋势，并做好对此系统的深入研究和开发，从而来实现其功能和性能的不断提升与完善。

1 智能化水电厂计算机监控系统概述

对于计算机监控系统来说，它主要是借助网络线路的功能，把本地的计算机和计算机实现连接；并借助网络终端来对某一个区域实施监控和管理。在计算机的监控系统中，主要包括了服务端、客户端和控制的信息端三个模块。在服务端中，主要有信息管理和命令发送的模块；在客户端中，主要有软件资源的提供模块；在控制的信息端中，主要包括信息传送和接收的模块。在目前常用计算机的监控系统中，主要是服务器加客户机形式，使用服务器进行命令的传送，而客户机进行命令的接收，通过监控系统的终端对常规信息实现监控。监控系统的运行模式逐渐从传统分层分布的模式进行开放分布的新型模式转变，这也有效促进水电厂的智能化实现和发展。在新时期环境下，由于分布式的模式和运行系统不断发展，在水电厂的智能化实现中逐渐采用全开放式和全分布式系统。此监控系统主要按照 IEEE、ISO 和 IEC 的国际规范要求，对总线的网络接入达到监控目的，具有很高的独立性以及可靠性。

2 智能化水电厂计算机监控系统的发展要点

2.1 监控范围的扩大化

对此系统的监控范围实现扩大，能够更好发挥此系统的功能作用，促进其能够实现对水电厂全面监控的效果。想要实现对系统的监控范围有效扩大，首先，要对此系统自身已具备开放性实施综合分析，注重 PIE 系统和其监控系统的互相促进与渗透，相关人员要对两者有效互联实施研究，通过两者之互联沟通实现对辅助系统的控制点合理缩减的效果，从而对监控指令的传输速度有效提升。其次，在对此监控系统的监控范围实施扩大研究中，虽然 AGC 和 AVR 等一些功能都是能够借助此监控系统来实现，而对水电厂以及其机组安全运行因素的考虑，目前此监控系统还要当前的专用装置沿用，但要注重对其专用装置以及监控系统的衔接位置接口障碍的问题实施处理[3]。再次，在对水电厂的运行管理中，此监控系统的监控对象要扩大到涵盖发电机和相关辅助性系统的范围，保证此监控系统能够获取机组在实时运行中的数据完整性和全面性。

2.2 系统的智能化

在此监控系统中，对计算机的数据库技术和信息推理的技术等实现了运用，借助知识库和专家系统，有效促进监控系统人工智能功能的赋予。正是因为人工智能相关技术的运用，有效促进系统的智能化发展，其也是此技术发展中需要重点研究的内容。系统的智能化主要体现在管理计算和事故处理

收稿日期： 2023-12-02

作者简介： 葛耀，贵州遵义人，工程师，主要从事水电厂安全生产管理工作．

方面，其中在管理计算中，借助人工智能的功能，通过数学模型建立与计算，能够对水电厂最优的运行工况和控制方案等实施合理选取；后在对运行的各类指标掌握基础上对它们实施计算，这样就能够智能实现对水电厂的运行管理有效优化的目的。在事故的处理中，借助人工智能的功能，此监控系统能够全面对生产的过程实时监视，不仅能够对电厂机组的实时运行情况掌握和运行状态的预估，而且还能够对电厂机组的运行事故情况实施系统和准确分析、记录；另外，此监控系统对电厂机组的运行事故发展的状态还能够准确评估，对事故发生的原因进行查找与分析，并给出相应的记录与报告，这样就能对后续电厂运维工作的开展以及运行事故的处理提供良好的依据。

2.3 功能的综合化

在智能化的水电厂发展中，对此监控系统要求功能具有综合化的特点，切实实现对水电厂的运行生产全面监管的效果，对水电厂的运行智能化管理水平实现提升。在系统功能的综合化发展中，要求此系统能够对水电厂实现运行过程的自动化监管，在监管中主要将水电厂的工艺过程当作对象来对其全面监视和控制。同时，智能化的水电厂还要求此系统能够通过对数据实现在线监测和处理，并借助MIS(管理信息系统)、SCADA(数据采集和控制监视系统)和监控系统的功能，来为水电厂相关管理人员的管理工作提供良好手段，促进他们能够对机组运行的状态实现实时地掌握，基于此能够对后续的检修工作提供有效支持，实现对水电厂机组的运行故障远程诊断效果。

2.4 系统的先进化

由于现阶段各类技术更新十分迅速，为了确保计算机的监控系统能够满足发展需求，促进其监控管理水平的有效提升，就需要其做好系统的先进性改造和升级。此监控系统需要在保证具有先进控制策略的基础上，引入一些物理分散的形态，通过引入和使用现场总线的技术使水电厂的运行系统内仪表设备以及控制器的装置间呈现出全开放式和双向式的通讯联通效果。通过对其系统的改造，就能够促进其工作品质和控制精度的有效提高，同时还对传统系统中通过电缆电线来对控制的仪器实施调试与维修的情况实现了改善，优化了控制系统的机柜，从而保障系统的先进化。

3 结语

综上所述，智能化是水电厂现代化发展中的目标，而计算机的监控系统对智能化的水电厂实现发挥重要作用，为了促进水电厂具有良好的智能化效果，就需要对计算机的监控系统不断研究，实现对此系统功能和技术的改进，从而更好促进水电厂智能化的实现。

参考文献

[1] 谢子超. 浅谈水电厂计算机监控系统的发展[J]. 赢未来，2017，000(013)：P. 317-317.

[2] 胡昆. 智能化水电厂计算机监控系统的发展建设研究[J]. 中国科技投资，2019，000(014)：247-247.

[3] 孟飞锋. 水电厂计算机监控系统可靠性分析[J]. 电子乐园，2019(5)：0134-0134.

[4] 田德伟. 水电厂计算机监控技术的发展动态浅析[J]. 中国设备工程，2017，000(006)：115-116.

智能技术在水电厂电气自动化中的运用

葛耀

(乌江水电开发有限责任公司构皮滩发电厂，贵州遵义，564400)

摘要： 社会对于电力需求持续提升。水电厂不断进行自动化建设，其中涉及大量现代化技术，其中智能技术属于管理内容。本文介绍了智能技术基本概述、电气自动化中智能技术应用优势，分析了电气自动化中智能技术的一般应用以及具体应用情况，希望能够为相关单位与人员提供参考。

关键词： 智能技术；水电厂；电气自动化

前言

水利发电和火力发电存在较大差异，属于清洁型发电形式，基于可持续、绿色发展背景，我国以及社会对于水力发电普遍关注，推动着水电厂电气自动化发展。然而当前随着用电产品增多，我国用电量不断增加，煤炭发电资源日益紧张，导致未来可能无法保证民众用电需求得到充分满足，所以，需要积极发展水力发电，不断提升自动化水平，通过应用智能技术，可以充分实现这一目标。

1 智能技术概述

1.1 智能技术基本概述

对于计算机技术来讲，智能技术属于关键构成内容，计算机分析是其应用原理，另外充分融合其他新型技术。借助研究分析以及效仿人类智能特性，可以研发一些智能设备，在工作中应用智能技术，可以对操作步骤进行有效简化。在电气自动中应用智能技术，可以有效控制电气自动化。当前，智能技术还在快速发展，一些不足之处亟需优化。在水电厂电气自动化中智能技术应用体现于优化电气自动化以及电气控制等方面。

1.2 电气自动化中智能技术的应用优势

(1) 保证工作效率。对于传统电气项目，在应用实践过程中，需要一些设备进行辅助，比如变压器、复杂线路等，需要投入大量物力与人力，同时运行效率低。在自动化中应用智能技术，可以充分降低变压器、线路等设施使用量，并且借助计算机能够开展复杂计算工作，基于外界因素影响下也可以保证运行效率与准确性。

(2) 防止外界因素影响。建立模型过程中，若是选择传动自动化设备与系统，就会导致数值类型、设置参数等方面出现变化，进而影响设计结果，在控制器中应用智能技术，可以建立精准模型，同时无需特殊设置数值类型与参数，能够充分防止外界因素造成影响[2]。

(3) 促进数据处理简化程度。计算机技术属于智能技术基础，在自动化系统应用智能技术，能够有效、及时分析数据与参数，进而充分对智能函数水平进行优化。同时，借助智能技术，能够结合科学的数据进行信息、语言设定，开展信息交换工作，能够选择语言、图形以及其他形式，对自动化系统运行形式进行简化。

2 电器气自动化中智能技术一般应用情况分析

2.1 优化自动化装置

在自动化系统中应用智能技术，能够优化设计电气装置，借助CAD技术，可以充分提高产品设计效率与质量，对电气产品性能进行优化。若是电气设备出现故障，那么可以选择遗传算法，优化设计电气设备，强化优化设计合理性与科学性，充分提高设备运行性能。同时，借助对专家控制体系、模糊控制与升级网络等进行综合控制，同时能够充分提高计算效率，有效增加电气设备技术含量[3]。

2.2 电气控制中智能技术应用

(1) 神经网络技术应用。基于动态系统理论，线性系统获得良好发展，同时基于应用与理论作用非线性系统发展较慢，基于此种背景，神经网络获得良好发展。神经网络技术具有较强适应能力，介于推理与数值计算之间，能够用于数学工具，然而控制时无需基于模型，将相应数值输入即可获得输出结果，因此神经网络技术的非线性映射功能较为

收稿日期： 2023-12-02
作者简介： 葛耀，贵州遵义，工程师，从事水电厂电力生产技术工作.

突出。在应用实践过程中，若是输入数据出现异常现象，那么其能够获得相应输出值，所以其适应能力较为突出。相比于专家系统，即便神经网络知识储存单元出现异常现象，也不会严重影响整体系统，并不会对系统核心内容产生影响，所以在水电厂电气自动化控制系统中具有良好适用性。神经网络技术应用体现在以下方面：第一，神经网络既具有较强适应能力，同时具有差值性能与非线性，所以可以有效处理非线性问题。第二，部分对象难以选择规则或是模型开展准确描述，可以选择升级网络开展信息处理。第三，神经网络技术具有较高复杂程度，处理与控制数据信息时，具有显著优势。

(2) 专家控制技术。虽然专家控制技术属于传统控制手段，然而基于预计数值计算与数学分析支撑，专家控制技术获得快速发展，以往专家控制技术主要结合实践操作方式开展控制，当前，专家控制技术主要选择数字形式进行控制。专家控制技术控制方式虽然出现变化，然而该技术基本结构并未出现较大变化，还是借助机械设备展开独立控制，反馈整个系统运行情况。另外，专家控制技术同样未出现较大变化，精准实施控制制度是其重点内容，专家控制技术属于自动化技术和专家系统之间有效结合。典型系统就是水电厂的故障智能诊断系统，OIFDS。借助控制对层次性划分，逐层开展诊断分析，进而充分提高故障诊断准确性以及效率。但是，专家控制技术具有机器学习和实时性限制不足。

(3) 模糊控制技术。模糊集合是模糊控制技术主要基础理论，其属于宏观系统控制技术，当前，在成熟控制规则是具有广泛应用。应用模糊控制技术时，其可以结合人工操作体系运行经验，表达、传递模糊形式，之后借助模糊推理手段，基于一定范围有效控制复杂的对象。模糊控制技术非常依赖被控模型，所以其可以为不确定性与随机系统营造健康控制环境。当前，模糊控制技术实现快速发展，并研发出模糊微处理芯片，同时应用日益广泛，充分促进该技术发展与应用。对于水电厂电气自动化，可以在水电机组中应用模糊控制技术，充分强化自动化性能。然而，需要注意，当前模糊控制技术存在不足之处，所以应该不断优化，进而才可以充分提升该技术应用性能[4]。

3　电气自动化中智能技术的具体应用情况分析

3.1　电气自动化驱动智能处理

与传统自动化装置，智能技术的电气稳定性更加突出，在应用实践中，可以对传统自动化装置的缺陷进行有效弥补。若是水电站智能化系统具有较多控制对象，则现有自动化装置无法有效开展控制工作，在水电站电气生产系统中造成一定影响。所以，在水电站自动化系统中应用智能技术，可以充分提高自动化项目控制稳定性，应用流程如图 1 所示。

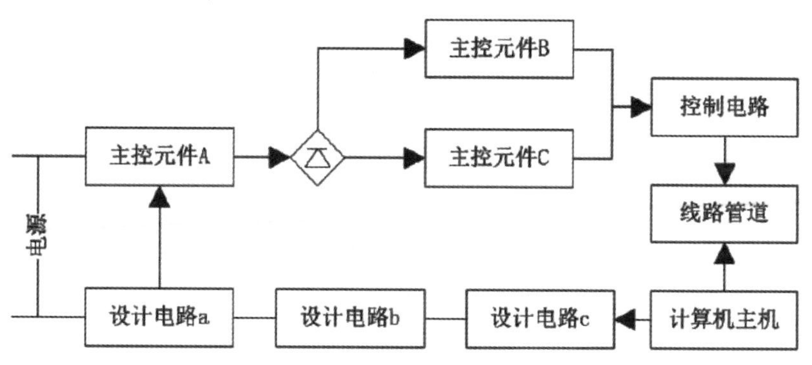

图 1　电气自动化中智能技术应用流程

在对电路管道和主控元件进行设计时，可以建立准确跟随主控体系，进而保证预期目标得以实现的控制体系，用于电气自动化稳定控制反馈体系，就是伺服系统。驱动伺服器，借助智能技术和主机之间实现交流，其关键特点是可以快速、精准和驱动器伺服变频装置交流，建立交流励磁伺服电机体系。此种应用属于延伸变频技术，对交流电进行变频模拟直流电转变，之后借助变频系统进行晶体管PWM(载波逆变)转变，调节频率。通过伺服系统实现变频技术承载，对比驱动器位置环和电流环，进而科学设计控制算法，有效提高电气自动化精准度。在电气自动化中应用智能技术时，借助仪表工作速度降低幅度以及电气自动化工作稳定性具体响应时间，能够对鲁棒性变化波动角度进行计算，进而借助智能技术对水电厂电气项目工作频率进行调整，充分提高自动化系统工作效率与整体稳定性[5]。

另外，借助智能技术进行自我调节，可以根据自动化系统工作状态与具体需求进行，同时减少反应时间，便于自动化装置可以充分作出精准反应。

若是有效控制工作效率、反应时间，则能够直接实现自动化装置的智能操控。

3.2 智能数字处理在自动化控制中的应用

以智能处理自动化驱动为基础，对智能数字技术和自动化控制进行有机结合，全面管控自动化装置。此种方法可以获得理想、直接的管控效果，然而要想充分优化稳定性，应该全面优化、提升控制能力。智能数字系统借助曲线开展处理与维护工作，用于智能数字技术动力源，进而在自动化装置稳定处理中可以充分应用，同时建立相应比例示意图，如图 2 所示。

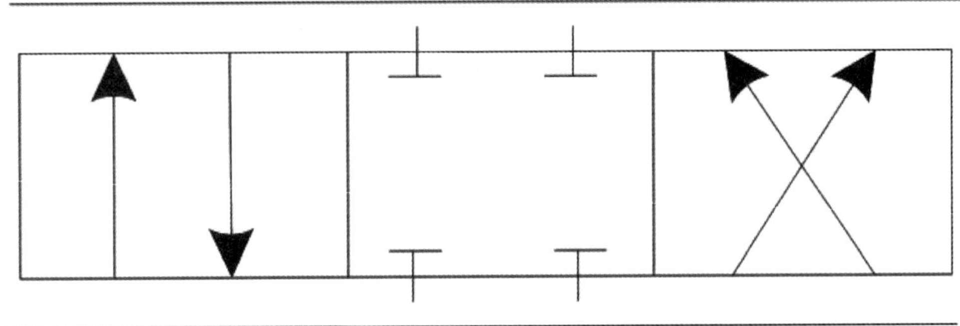

图 2 自动化系统的比例示意图

在数字处理体系中将该比例示意图用于变速体系与动力体系，可以对自动化装置工作状态进行精准确定。同时实时提供智能系统后续速度位置以及工作步骤等信息，可以对电压信号源进行变速矩阵转变。信号输入装置会对数字系统转速产生影响，执行依据选择响应时间，在数字系统具有初始电压低、稳定性高以及时间短等特性情况下，可以对采集的信号充分进行电极输出角速度转换，进而充分提升自动化系统稳定性。所以，数字系统的驱动特性非常突出，在无法对速度、位置稳定性进行调节过程中，才可以将高速闭环用于转换处理体系。所以，数字系统中机械反馈、电气反馈均可以将其平衡、稳定水平充分体现出来，相关人员可以基于此证明自动化系统是否可以充分实现优化[6]。

3.3 应用效果

(1) 准备工作。模拟仿真自动化控制系统，同时借助和传统控制系统进行对比，对智能技术在自动化系统中的应用是否可以实现预期效果。控制界面选择触屏端口，后台软件选择 siemens TP170A 中 Protool，借助其中相应功能模拟、选定水电站电气相关参数。登录主机后，对水电站电气计量符号以及参数模拟进行设定，对 PLC 通讯频道串口和触屏端口进行连接处理。向 PLC 储存器传输相应显示参数，同时在 PLC 管道难以对电气自动化进行有效控制是用于备用通道，进行数据读取。之后按照触屏端口默认密码对模式代码重新编写，向电脑驱动器选择性发送智能型突出的几项。对触屏端口协议端和 PLC 端构建通讯，建立 15 模型展开分析，并通过反复测定对其平均值进行计算，充分减少分析数据偶然性[7]。

(2) 效果分析。对相关分析数据进行详细记录，同时借助 Matlab 软件展开数据整理以及分析，获得相应数据，见表 1。

表 1 数据分析

项目	应用智能技术的自动化系统			常规自动化系统		
	波谷	波峰		波谷	波峰	
波形	−5.28 mm	+6.78 mm		−5.37 mm	+6.43 mm	
误差			4.02 ms			1.25 ms
波形	−7.41 mm	+8.56 mm		−10.76 mm	+16.43 mm	
误差			3.66 ms			1.25 ms
波形	−8.52 mm	+9.36 mm		−8.63 mm	+10.39 mm	
误差			2.67 ms			1.69 ms
波形	−9.63 mm	+7.88 mm		−11.74 mm	+14.64 mm	
误差			2.58 ms			1.75 ms
波形	−7.36 mm	+6.37 mm		−10.63 mm	+8.79 mm	
误差			3.18 ms			2.97 ms
波形	−8.55 mm	+8.47 mm		−9.34 mm	+16.43 mm	

续表

项目	应用智能技术的自动化系统			常规自动化系统		
	波谷	波峰		波谷	波峰	
误差			3.58 ms			3.86 ms
波形	−7.28 mm	+9.18 mm		−13.76 mm	+14.58 mm	
误差			4.12 ms			3.34 ms
波形	−8.39 mm	+9.63 mm		−13.14 mm	+14.64 mm	
误差			3.54 ms			4.07 ms
波形	−7.69 mm	+8.64 mm		−10.36 mm	+9.37 mm	
误差			3.37 ms			3.08 ms
波形	−4.96 mm	+9.14 mm		−10.27 mm	+18.29 mm	
误差			1.89 ms			2.96 ms
波形	−8.64 mm	+6.19 mm		−7.36 mm	+11.28 mm	
误差			1.69 ms			2.36 ms
波形	−6.89 mm	+5.68 mm		−9.27 mm	+10.34 mm	
误差			4.65 ms			1.44 ms
波形	−6.47 mm	+6.37 mm		−10.13 mm	+16.37 mm	
误差			3.64 ms			0.26 ms
波形	−4.37 mm	+6.35 mm		−9.34 mm	+14.13 mm	
误差			2.96 ms			2.33 ms
波形	−6.54 mm	+7.36 mm		−14.33 mm	+23.76 mm	
误差			2.37 ms			4.38 ms

通过上表能够发现，常规自动化系统开展电气控制室，峰谷波幅与峰值波幅比较大，与应用智能技术的自动化系统相比更大。同时零点误差在2.96 ms左右，相比于应用智能技术的自动化系统高出0.31 ms。所以，将智能技术应用于水电厂电气自动化体系中具有良好可行性。

4 结语

现代社会主流发展趋势是节能环保，人们普遍重视水电开发以及其他清洁能源应用。电力行业中关键工作就是强化水电厂自动化水平。自动化设备稳定性对于水电厂供电具有重要影响。

参考文献

[1] 蔡杰琛.浅谈电气自动化技术在水电站发电中的应用与创新[J].电工文摘，2021，(01):36-38.

[2] 蒋金花,楚东明,荆旭东.浅谈电气工程及其自动化技术在水电站中的应用分析[J].水电水利，2019，3(12):2-2.

[3] 郭象赟,宋厚清.智能自动化在峡山水库水电站改造中的应用研究[J].电工技术，2022(11):4-4.

[4] 刘巧英.水轮发电机组的电气制动在水电站自动化上的应用分析[J].湖南农机，2020，47(05):43-44+46.

[5] 梁东.关于水利水电工程中电气及其自动化系统的智能化应用探讨[J].消费导刊，2019，(17):51-51.

[6] 朱剑.如何利用电气自动化技术促进水利水电工程发展对策研究[J].信息周刊，2019(52):1-1.

[7] 于兰芝，刘芬.卡片式游戏与课堂教学结合模式研究——以电气一次部分安装检修与设计课程为例[J].中国管理信息化，2021，24(11).239-241.

·工程与勘测·

自密实混凝土在岩溶地区水库渗漏处理中的应用

黄子文，贺宏涛

（遵义市水利水电勘测设计研究院有限责任公司，贵州遵义，563002）

摘要：在喀斯特地貌地区，水库岩溶渗漏严重影响着水库安全。笔者结合工程实例，通过工程地质勘察查明库区渗漏的形式和分布范围，经论证后提出了切实可行的防渗处理方案。针对防渗处理过程中出现的岩溶发育情况，文章采用高密度电法、孔内摄像等物探手段查明岩溶通道发育规模及性质，并提出采用自密实混凝土对岩溶通道进行封堵。现场观测结果表明，防渗处理达到了预期效果。自密实混凝土可在岩溶渗漏处理中推广应用。

关键词：岩溶渗漏；自密实混凝土；防渗帷幕灌浆

1 工程概况

1.1 地形地貌

在生基湾洼地内建坝成库，正常蓄水位1 050 m，库区位于三盆期的峰丛洼地内。洼地呈长条状展布，总体顺岩层走向 N15°～20°W 发育，底部高程在1 037～1 042 m 之间，四周支沟密布，多以浅切宽缓冲沟为主，冲沟多较短。洼地内落水洞发育，多顺层呈串珠状分布。其中规模较大的竖直型落水洞 KLD_1 发育高程 1 037 m，可见深度大于10 m，距坝址约 0.27 km。水库周边总体地势东部高，向北、南及西面逐渐降低。水库北部山体宽厚，分水岭高程均在1 350 m 以上，外侧为溶蚀台地，高程在1 200 m 以上；北部及南部受地形及构造切割，分水岭以外地形陡降，为深切山间沟谷地形，其中库盆北部(右岸)距坝址约 0.9 km 处为一垭口地形，其鞍部高程为1 100 m，外侧河谷深切，河流比降大，发育有介溪沟，沟底高程在629～1 000 m，介溪沟由南东向北西发育，汇入三江支流庙坝河，为水库右岸低邻谷。

1.2 地层岩性

根据现场地质测绘，水库库盆主要出露地层岩性有：

(1) 奥陶系下统湄潭组(O_1m)：上部为页岩、粉砂质页岩夹粉砂岩；中部为中厚层生物岩屑灰岩夹页岩；下部为页岩夹薄层状灰岩、粉砂岩，厚221.0～310.0 m。

(2) 奥陶系中统十字铺＋宝塔组(O_2sh+b)：为灰色中至厚层生物岩屑灰岩及龟裂纹灰岩，厚40.0～45.0 m。

(3) 奥陶系上统临湘组(O_3l)：为中厚层状含泥质灰岩，具瘤状构造，厚1.8～3.0 m。

(4) 奥陶系上统五峰组(O_3w)：下部为黑色炭质页岩、粉砂质页岩，厚3.0～7.0 m；上部为泥质灰岩，厚约0.5 m。

(5) 志留系下统龙马溪组(S_1l)：下部为页岩、粉砂质页岩，中至上部为钙质粉砂岩、粉砂质页岩等，厚240.0～400.0 m。

岩层沿走向延伸至库区两岸邻谷。

1.3 地质构造

水库区位于区域性构造隆兴冲断层(F_1)及分水岭背斜东侧，浣溪向斜西翼，南部发育有香树林断层(F_3)。据调查得知，整个库盆及邻谷内未见大的断层切割，地层延续性较好，产状总体稳定，产状为 N10°～20°W/NE∠55°～65°，构造主要以裂隙为主。

1.4 岩溶水文地质

水库区及周边一定区域属三盆期可溶岩与碎屑岩相间分布的溶蚀、侵蚀低中山－中低山垄岗溶谷地貌，可溶岩分布较广，地表岩溶较发育，主要形态有溶洞、洼地套落水洞、岩溶泉等。库区总体地势东、西部一带较高，南、北部低，沟谷深切。东部及西部一带，地表洼地及落水洞较发育，地下水靠大气降水补给，沿地表、裂隙面及层面向南、北两侧邻谷排泄；中部生基湾洼地及龙洞湾洼地一带发育有落水洞，水沿顺层发育的岩溶管道排泄至北部介溪沟及庙坝河邻谷，在洼地内投荧光素做连通试验，约10 d 后从介溪沟邻谷泉点流出。库区南部垭口一带存在近东西向发育的地下微分水岭，地下微分水岭靠近库盆侧，地表水靠大气降水补给，

收稿日期：2022-11-21

作者简介：黄子文，江西南昌人，工程师，主要从事水利水电勘察设计工作.

沿地表、裂隙面及层面等向库区槽谷及外侧冲沟排泄。库区两岸邻谷为库盆最低排泄基准点。

1.5 渗漏分析

水库库盆为生基湾洼地，库区外侧介溪沟地形陡降，沟谷深切，综合坡度为 35°～50°；库盆内 O_{2+3}层发育的落水洞 KLD_1、KLD_2、KLD_3 等经岩溶管道顺层与右岸介溪沟邻谷泉点 S_7 连通，进、出水点高差达 205.4 m，该区岩溶发育呈现高落差、强地下水活动的特点。为查明该岩溶管道发育的规模及深度，在右岸垭口地表分水岭附近布设水文孔进行勘查，钻孔在 O_{2+3}层内开孔，孔深 90 m，在孔内出现不同程度的掉钻现象，溶蚀发育，局部见粗砂，砂粒磨圆度较好，推测为早期的岩溶通道；压水试验反映该钻孔在 O_{2+3}层内岩体透水率为 31.8～116.4 Lu 不等，其中在 2.9～44.8 m 段（高程 1 032.25～1 038.15 m）最大泵量达 81 L/min[1]。经分析，库区内库盆可溶岩 O_{2+3}层内岩溶以竖直型落水洞为主，受地形及构造控制；为适应地下水最低排泄基准面，区内岩溶不断下潜，形成较深的竖直型落水洞及岩溶管道，岩溶管道深度大于 161 m，为水库主要渗漏通道。推测的岩溶通道如图 1 所示。

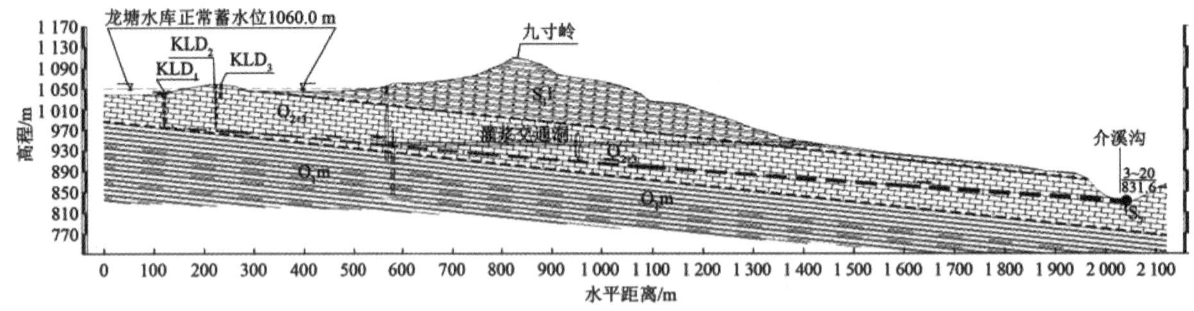

图 1　推测的岩溶通道

2　防渗方案选择

右岸垭口渗漏主要为岩溶管道型渗漏及裂隙型渗漏，需进行防渗处理。结合库区两岸渗漏情况，本阶段采取了库区土工膜防渗和两岸垭口帷幕灌浆防渗方案进行比较。

2.1 土工膜防渗方案

防渗处理范围主要为库盆范围内 O_{2+3} 强岩溶层。根据钻孔资料可知，整个库盆覆盖层较厚，一般 4～8 m，在落水洞 KLD_1 一带深达 15.3 m。覆盖层多为浅灰至深黑色淤泥层，局部为灰褐色粉质土及黏土层。由于库盆覆盖层土质结构承载力较差，应力应变不满足要求，因此建议清除。结合库盆覆盖层情况，土工膜防渗方案具体措施如下：对表层淤泥及覆盖层进行清挖至基岩，局部采用 C15 垫层混凝土回填，再依次铺设 150 mm 厚的碎石层、150 mm 厚的细砂垫层、单层聚乙烯（PE）膜（1 000 g/m^2）、150 mm 厚的细砂保护层，顶上再回填 2 m 厚的土石渣作抗冲保护；土工膜边界与基岩搭接处设 C20 混凝土齿墙，厚 1.0 m。该方案需对库盆内 O_{2+3}层内覆盖层进行清挖，将产生约 50 万 m^3 弃渣，而且多为淤泥，需重新选一个较大规模的弃渣场。

2.2 帷幕灌浆防渗方案

右岸防渗处理范围主要为封闭 O_{2+3}层岩溶管道及溶蚀裂隙带，防渗标准按 $q \leqslant 5$ Lu 控制[2]。为减少帷幕长度及灌浆进尺，帷幕线垂直于岩层走向布置，并尽量靠近正常蓄水位；帷幕底界以深入邻谷出逸点 S_7 以下一段控制，两侧边界接 O_1m 及 S_1l 弱风化相对隔水岩体，帷幕为悬挂式帷幕。考虑该区为陡倾岩层，溶蚀型管道发育，为增加帷幕厚度，提高灌浆效果，帷幕按两排设计，排距 1.5 m，孔距 3 m。因防渗帷幕灌浆钻孔进尺较深，若在地表施灌，单孔最深达 230 m。为确保灌浆质量，减少无效进尺，经综合比较，本阶段拟采用在地表及平硐内灌浆相结合的方式进行灌注，拟选灌浆平硐高程 940.00 m，长 110 m，断面尺寸 4.0 m×5.0 m（宽×高）。灌浆平硐与地表间由在右岸邻谷介溪沟 935.00 m 高程开挖的施工支洞连接，支洞断面为 3.0 m × 3.5 m，长约 920 m。该岸主帷幕长 180 m，防渗面积约 1.11 × 10^4 m^2，钻孔总进尺 15 004 m，平硐内搭接灌浆进尺 611 m。当灌浆遇岩溶通道时，根据通道大小及地下水活动程度，可泵入自密实混凝土或水泥砂浆对溶洞进行封堵，对一般的溶隙、裂隙采用常规灌浆处理。

2.3 方案比选

经比较，土工膜防渗方案：防渗较可靠，由于库区 O_{2+3}层内覆盖层较厚且多为淤泥，若对整个库盆内 O_{2+3} 进行铺盖防渗，开挖边坡问题突出，施工工艺要求较高、难度较大，且库盆内落水洞发育较深，水压力较大，后期检查维修难度较大。帷幕灌浆防渗方案：防渗可靠，后期检查及处理较单一，但对施工工艺要求较高，施工难度较大。结合经济比较，采取库区土工膜防渗方案比采取帷幕防渗方案投资多 1 900 万元，故推荐采用帷幕灌浆防渗方案。

3 自密实混凝土灌注及帷幕灌浆防渗处理

3.1 帷幕灌浆防渗处理

防渗帷幕按两排设计，排距 1.5 m，孔距 3 m，帷幕线长 180 m，钻孔共计 148 个，分地表及平硐内两层进行搭接灌浆。经先导孔揭露，地表以下岩溶较为发育，在 15 号、19 号、23 号、27 号先导孔内有不同规模的溶洞，且地下水位很低。为探明地表以下岩溶发育情况，沿帷幕线布置了一条高密度电法物探线，经查明的低阻异常区解译分析显示，在 13 号～29 号孔之间 992.00～1 027.00 m 高程段分布有规模较大的岩溶管道，1 027.00 m 高程以下至设计帷幕底界之间主要以小型溶腔、分散型的溶蚀破碎带及溶蚀裂隙为主。采用高密度电法勘探查明的异常区如图 2 所示。针对 13 号～29 号孔之间 992.00～1 027.00 m 高程段溶腔，为查明其规模及性质，经地表帷幕灌浆钻孔进行孔内摄像探测发现其规模较大，且溶洞内分布有泥沙、砂卵砾石等洞穴堆积物，分析其为主要渗水通道。库区右岸垭口防渗帷幕灌浆设计及已查明的 13 号～29 号孔之间 992.00～1 027.00 m 高程段溶腔如图 3 所示。

3.2 自密实混凝土灌注

对上述空腔采用常规灌浆封堵，若质量得不到保障，且耗浆量巨大，为保证防渗质量，同时节约工程投资，决定不按常规分序实施灌浆，而是采取先钻孔封堵后再进行扫孔复灌。封堵若采用传统的混凝土灌注方法，因其流动性不好掌控，且无法振捣，充填质量难以保障，工艺耗时长、耗材大，且在地下水动力条件下封堵质量无保障。而堆石混凝土技术是指将大粒径的块石直接堆放入仓，然后从堆石体的表面浇筑无须任何振捣的专用自密实混凝土，并利用专用自密实混凝土高流动性、高穿透性的特点，依靠自重完全充填堆石的空隙。该技术已开始推广应用于大坝填筑类水利工程建设[3]。而自密实混凝土具有高流动性、高穿透性的特点，依靠自重完全充填岩溶空隙，且具有良好的泌水性，正好可作为本项目的防渗材料，因此本次决定采用自密实混凝土对溶洞进行封堵。自密实混凝土原材料、配合比及试验参数分别见表 1、表 2、表 3。

经采用以上自密实混凝土对地表 13 号～29 号孔之间 992.00～1 027.00 m 高程段溶腔进行封堵，经取芯及压水试验检测可知，封堵效果较好，能满足设计要求。溶洞封堵完成后，即对 1027.00m 高程以下至设计帷幕底界之间进行钻孔灌浆处理，由于该段以小型溶腔、分散型的溶蚀破碎带及溶蚀裂隙为主，在钻进过程中孔内岩块掉块、卡钻、塌孔严重，需经过多次护壁、待凝后重新扫孔。经孔内电视探测得知，区域内孔段发育有不同程度的溶槽、溶蚀破碎带及溶蚀裂隙，以及“蚁窝”状空腔，空腔内充填有黄泥夹杂砂卵石。溶蚀段先采用 1∶2 水泥砂浆灌注，若出现耗灰量较大时，则掺加 30％的细砂或石粉灌注，必要时掺加 3‰的水玻璃；考虑水头较高、地下径流较大时的灌浆施工，掺加 30％粉煤灰及自密实添加剂进行灌注，并在灌前掺加适量的水下保护剂。

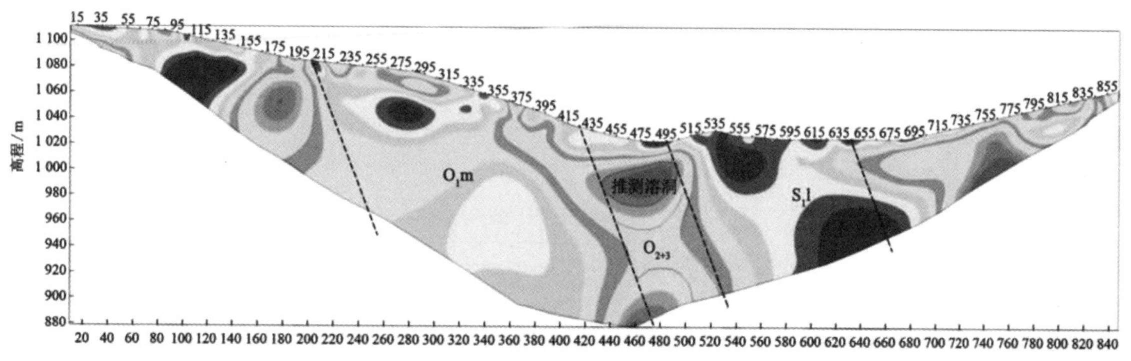

图 2 采用高密度电法勘探查明的异常区

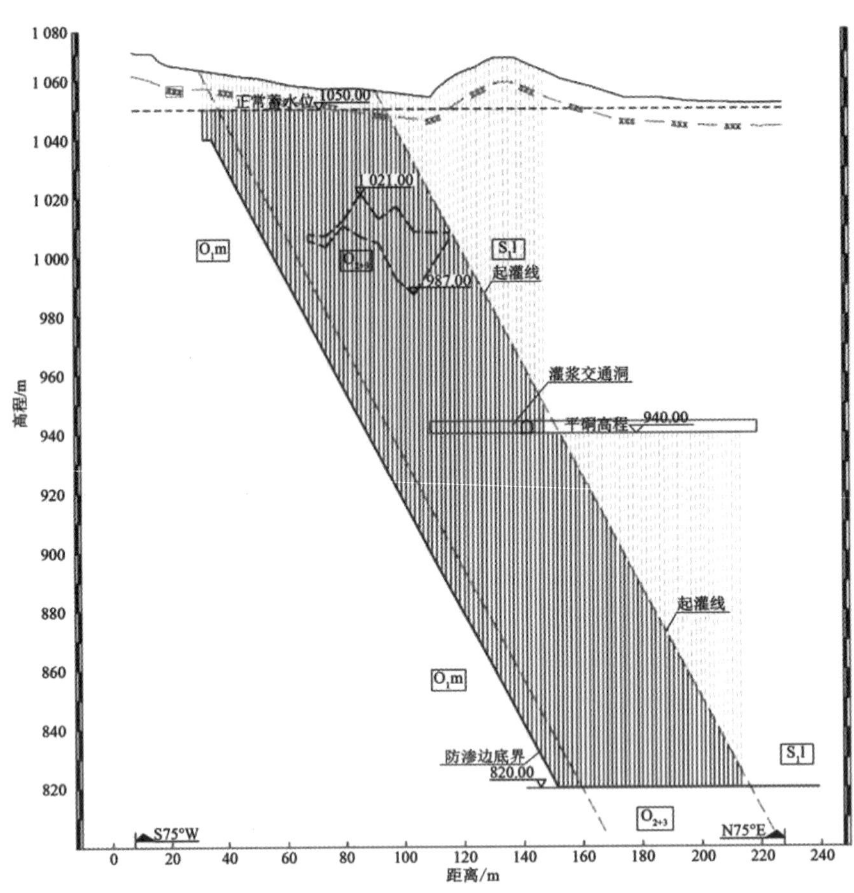

图 3　库区右岸垭口防渗帷幕灌浆设计剖面图

表 1　自密实混凝土原材料

水泥	普通硅酸盐水泥 P·C32.5 或更高等级(42.5)
掺合料	Ⅱ级以上的 F 类粉煤灰
细砂	细度模数范围 1.6～2.4,最大颗粒粒径不超过 2.5 mm
粗砂	细度模数范围 2.4～3.2,最大颗粒粒径不超过 5.0 mm
石	最大颗粒粒径不超过 30.0 mm
外加剂	型号 HSNG-T,由北京华石纳固科技有限公司生产
水下保护剂	北京华石纳固科技有限公司生产

在施工过程中地下水位得以稳步抬高，由于帷幕灌浆施工为由两侧向中部逐渐实施，最后在施工 12 号Ⅲ序孔，钻进施工 30～44 m 段时，通过注浆试验及孔内摄像反映，该段孔内的溶隙、溶缝有较湍急的清澈水流通过。经分析是由于两侧帷幕形成后，该处成为最后比较狭窄的过水通道，渗水通道过水断面逐步减小，导致在相同的水头下流速变快。在处理该孔段时，多次采取了水泥砂浆及石粉灌注，反复扫孔复灌，效果均不理想；最后，采取同步掺加 30％的粉煤灰和掺加 3‰的水玻璃进行灌注，并在灌注前掺加适量的水下保护剂，经过数次处理后，才得以解决。

表 2　自密实混凝土配合比[4]

浆材类型	水泥/(kg/m³)	粉煤灰/(kg/m³)	细砂/(kg/m³)	粗砂/(kg/m³)	石/(kg/m³)	水/(kg/m³)	外加剂/(kg/m³)	28 d 抗压强度/MPa	
								陆地	水下
自密实混凝土	270		530	980	350	200	6.5	16.3	10.6
自密实砂浆	300		600	1 140		220	7.0	17.8	11.2

表 3　自密实混凝土试验参数[4]

浆材类型	配合比推荐参数	扩展度试验/mm		V 漏斗试验/s		抗压强度/MPa	
		混凝土	砂浆	混凝土	砂浆	陆地	水下
自密实混凝土	W/P=0.80～0.90	650～750		7～25		≥15	≥10
自密实砂浆	W/P=0.80～0.90 V_S:V_M=0.45～0.50		280～320		10～15	≥15	≥10

在对12号Ⅲ序孔处理完成后，库区内水位开始渐渐抬高，目前已蓄水至1 046.00 m高程，说明防渗帷幕已形成；同时，在施工过程中下游介溪沟出水点渗水量逐渐减少，并有水泥浆液渗出，流量由施工前的15 L/s减少到8 L/s(由于帷幕与出水点之间还存在0.5 km^2 的集雨面积)，平硐内洞壁渗水也减少，达到了预计的防渗目的。在施工过程中共使用3 443 m^3 自密实混凝土，综合单价为523元，费用共计1 800 689元；水泥砂浆若按同等消耗量计算(若使用水泥砂浆，消耗量应远大于3 443 m^3)，其综合单价为1 236元，费用共计4 255 548元。由此可见，采用自密实混凝土节约工程投资2 454 859元以上。

4 结语

原水库区地表水沿岩层走向发育的岩溶管道向北部介溪沟渗漏，经比较，决定采用更可靠、更经济的帷幕灌浆防渗方案。在施工处理过程中，先对13号～29号孔之间992.00～1 027.00 m高程段的岩溶管道进行封堵，封堵采用具有高流动性、高穿透性的自密实混凝土，后对1 027.00 m高程以下至设计帷幕底界之间的小型溶腔、分散型的溶蚀破碎带及溶蚀裂隙采用灌注水泥砂浆、细砂或石粉等处理。处理完成后，现水库蓄水良好，达到了防渗目的。在本次防渗处理过程中，自密实混凝土对溶洞封堵起到了较好的效果，可在喀斯特地区处理岩溶渗漏中推广应用。

参考文献

[1] SL373－2007，水利水电工程水文地质勘察规范[S].

[2] GB50487－2008，水利水电工程地质勘察规范[S].

[3] DL/T5720－2015，水工自密实混凝土技术规程[S].

[4] 郑健，郑建和. 自密实混凝土技术的应用及质量控制[J]. 城市地理，2017(12)：161.

[5] 王振兴，王修文，刘振亚. 自密实混凝土配合比应用[J]. 中国住宅设施，2021(9)：106-107.

高密度电法在水库堤坝隐患检测中的应用

易贤龙，王永刚

（中国电建集团贵州电力设计研究院有限公司，贵州贵阳，550008）

摘要： 渗漏是水库堤坝常见的病害之一，对其进行排查检测是除险加固的重要依据。本文以滥塘坡水库堤坝为研究对象，根据堤坝的地球物理特征，选取高密度电法作为无损检测方法，将其应用于堤坝隐患检测，通过分析电阻率的变化找到隐患部位，并结合现场地质调查及正演模拟结果进行对比分析。结果表明，采用高密度电法视电阻率反演断面推断的堤坝渗漏隐患位置及规模与现场渗漏部位高度吻合，验证了高密度电法在水库堤坝隐患检测中的有效性，为堤坝除险加固提供靶区。

关键词： 水库堤坝；高密度电法；隐患检测；渗漏通道；电阻率

引言

水库堤坝是水库安全稳定运行的重要保障。近年来，各种极端气候的频繁出现，严重威胁着各地水库安全运行，因此，水库堤坝隐患检测是水利工程安全运行及除险加固工作的重要环节，对保障大坝安全运行及下游人民生命财产安全具有重要意义[1]。冷元宝等[2]、徐竹青等[3]对水库堤坝隐患（如洞穴、松软层、裂缝、渗漏等）进行总结分类，并针对各类隐患快速检测方法的优缺点进行分析，为实际工作中探测技术的选择提供了指导。其中渗漏是水库堤坝常见的病害之一，对其进行排查检测是除险加固的重要依据。张建清等[4]、姚纪华等[5]和赵汉金等[6]采用多种物探技术对大坝渗漏隐患进行综合探测，指出多种物探方法相互结合可提高隐患定性解释精度。当水库大坝存在隐患或发生渗漏时，由于长期浸水，导致水库大坝渗漏通道位置含水量较高，其电阻率与周围坝体的电阻率差异较大，电阻率响应最为敏感且易于无损探测，因此，基于电阻率差异这一特征发展起来的电阻率方法是目前土坝渗漏通道追踪探测应用较为广泛的无损检测方法[7-8]。

滥塘坡水库始建于1977年10月，自竣工投入使用后，以死水位运行多年，因未配备运行观测管理人员，无法了解水库正常运行情况；后经水利管理单位巡查，发现堤坝存在渗漏，并于2003年进行除险加固，但运行至今仍存在局部渗漏。为了排查堤坝隐患分布情况，在前人研究基础上，根据堤坝隐患位置含水率较高而导致其电阻率与周围岩土体的电阻率存在明显差异这一特征，选择对电阻率响应极为敏感的无损检测方法——高密度电法进行探测[7-8]。高密度电法具有分辨率高、快速精准、异常特征响应明显的优势。通过高密度电法测量的二维地电断面并结合现场地质调查及正演模拟来判定堤坝隐患位置及规模，从而为坝体除险加固提供靶区。

1 堤坝概况

1.1 坝体简介

滥塘坡水库大坝为均质土坝，以黏性土填筑，为政府组织当地群众修建，无设计、施工、指导人员，无质量检测措施。水库大坝在修建时，其基础部分仅清除河道内淤泥、开挖至老土，清基深度约为1 m，未采取其他基础处理措施；大坝坝体填筑土料中夹杂有碎石颗粒和植物根系，坝体土体不均匀。大坝施工时采用的是人工分层夯实，无土料物理力学检测手段、坝体质量检测措施。水库建成后，经蓄水观察，主坝坝体、坝基、涵洞进口段侧墙均存在渗漏现象。后经除险加固设计，对主坝迎水面坝坡进行了整修、加高副坝、改造溢洪道、新建下游泄洪河道以及改造原简易交通桥。自除险加固完成后运行多年来，目前大坝未出现明显变形，坝坡坡面保存完整，原渗漏问题基本得到解决，但放水涵洞左侧边墙存在明显裂缝，渗水严重（图1）。因没有专项资金用于放水涵洞渗漏处理，而只是一直对其进行观测，观测中发现渗漏水量与库水位存在一定的相关性，若不及时进行加固处理，随着时间的推移及极端天气的出现，可能会对堤坝及其下游居民造成灾难性影响。

收稿日期： 2023-03-10

作者简介： 易贤龙，湖北仙桃人，工程师，主要从事岩土工程勘察设计工作.

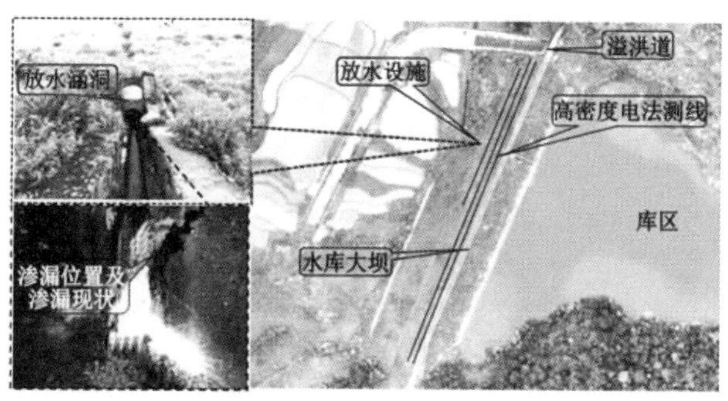

图 1　水库坝体渗漏现状及测线布置图

1.2　地球物理特征

根据地质调查及地质资料分析结果，该坝体由黏土组成，大坝填筑土料取材于右岸，其中夹杂有碎石颗粒和植物根系。筑坝时因填筑材料不一，土层均一性差，人工分层夯实，造成坝体的施工质量较差。而第四系残坡积土(Q_4^{el+dl})一般表现为相对中低阻特征，当夹有碎石或块石时电阻率局部稍高，整体表现为低阻区域存在局部高阻。下伏基岩为二叠系上统吴家坪组、长兴组(P_3^{w+c})粉砂质泥岩,一般表现为高阻特征，导电性较差(视电阻率一般为 $n\times10^2\sim n\times10^3$ Ω·m，n 为 1～9 的任一数)；而坝体存在渗漏通道或裂隙浸润时，渗漏通道及浸润区通常表现为低阻特征，其导电性较好(视电阻率一般为 $1\sim n\times10$ Ω·m，n 为 1～9 的任一数)。明显的电阻率差异特征为利用电法进行堤坝渗漏检测提供了良好的电性基础。

2　检测方法原理

高密度电法的原理与常规电阻率法的基本一致，仍然是以地下岩土的导电性差异为基础，它通过供电电极 A、B 向地下输入供电电流 I，然后再测量电极 M、N 间测量电位差 ΔU(图 2)，从而可求得 M. 中点的视电阻率值。根据实测的视电阻率剖面，进行分析与反演，便可获得地下地层中的电阻率分布情况，从而可以用于划分地层，判定异常等[9]。

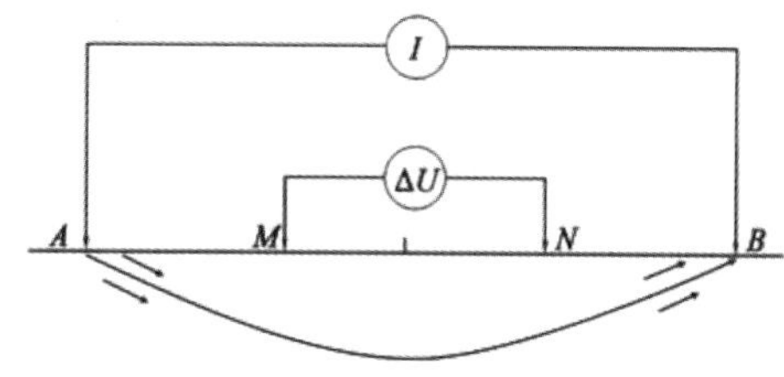

图 2　高密度电法勘探原理示意图

高密度电法的理论源于普通电法的相关理论。假设地表为水平，地下介质为均匀、无限各向同性的岩石，则其视电阻率表达式为[9]

$$\rho_s=\frac{K\cdot\Delta U_{MN}}{I}\tag{1}$$

为了揭示视电阻率变化与地下电场分布之间的关系，引入视电阻率的微分形式[9]，由物理学可知：

$$\Delta U_{MN}=\int_N^M j_{MN}\cdot\rho_{MN}\,\mathrm{d}l\tag{2}$$

将式(2)代入式(1)，可得

$$\rho_s=\frac{K}{I}\cdot\int_N^M j_{MN}\cdot\rho_{MN}\,\mathrm{d}l\tag{3}$$

当 MN 很小时，可以设 MN 范围内 j_{MN} 和 ρ_{MN} 均为常量，即

$$\rho_s=\frac{K\cdot MN}{I}j_{MN}\cdot\rho_{MN}\tag{4}$$

当地表为水平，地下介质为半均匀岩石时，具有 $j_{MN}=j_0$ 和 $\rho_{MN}=\rho_0$，可得

$$\frac{K\cdot MN}{I}=\frac{1}{j_0}\tag{5}$$

将式(5)代入式(4)，可得

$$\rho_s=\frac{j_{MN}}{j_0}\cdot\rho_{MN}\tag{6}$$

式中：K 为装置系数，其计算公式因装置而异；ρ_s 为地下介质的视电阻率（Ω·m)；ΔU_{MN} 为人工电场在测量电极 M、N 之间产生的电位差（V)；I 为 AB 回路的电流强度（A)；j_{MN} 为人工电场在测量电极 M、N 之间的电流密度（A/m^2)；ρ_{MN} 为测量电极之间的真实电阻率（Ω·m)；j_0 为地下介质均匀时的电流密度，A/m^2；ρ_0 为地下介质均匀时的电阻率（Ω·m)。

通常情况下，均质土坝电阻率分布较均匀，但是含水隐患点与围岩的电性差异较大，其视电阻率较小。而高密度电法是有效提供隐患空间分布信息的方法之一，其对低阻异常体的勘探效果较好、分辨率及勘探效率较高，且受地形影响相对较小[9]，是隐患探测的有效方法。利用有限元方法模拟的渗漏模型及其反演电阻率剖面图[10]如图 3 所示，高密度电法反演断面能清晰地展示渗漏隐患发育位置及其规模，其电性特征较明显，故而为堤坝隐患检测提供理论解译依据。

3　数据分析及解译

3.1　野外数据采集

本次探测采用奔腾数控技术研究所生产的 WDA－1 型超级多功能数字直流激电仪及 WDZJ－4 型多路电极转换器，以及配套的电缆、电极和供电电源等，各仪器及设备性能优良。高密度电法测线布置如图 1 所示，主要平行坝体进行布置，采取横向分辨率较好的施伦贝谢装置进行测量[11]。

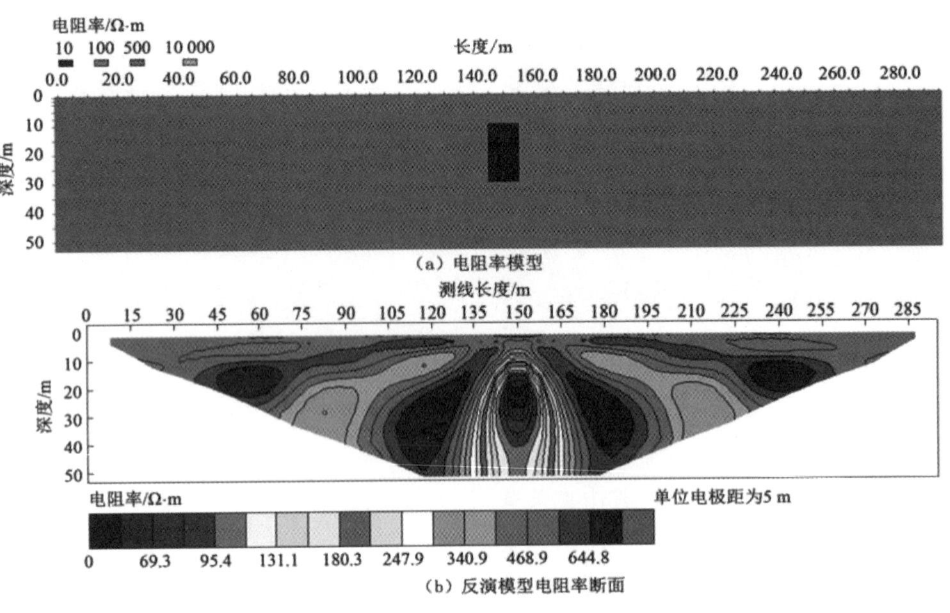

图 3　渗漏隐患电阻率模型及其反演成像断面图

电极数为 60 根，其中 GMD01、GMD02 号测线电极距为 3 m，GMD03 号测线电极距为 1 m，采集层数为 29 层。

3.2　数据分析

在野外采集到高密度电法数据后，通过通信程序将原始数据传入计算机进行数据转换，根据需要运用相应软件进行处理；然后利用 RES2DINV 高密度电阻率数据二维反演程序，对电阻率数据进行反演解译。处理工作分预处理(数据格式转换、数据导入、坏点剔除、数据滤波)，处理(正演模拟、最小二乘反演)和成果图件绘制三大步，最终处理结果以二维地电断面图形式表示，这些图件形象、直观地反映地电断面的电性分布和构造特征[9]。

3.3　断面解译

高密度电法数据分析与解译主要通过反演视电阻率断面进行评价，结合数值模型，通过查找视电阻率断面的低阻异常点，一般可推断低阻异常位置对应发育裂隙、渗水等情况，还可通过低电阻率变化部分推断浸润线的大概位置。

滥塘坡水库大坝 GMD01 号测线高密度电法施伦贝谢装置的视电阻率实测及其反演断面图如图 4 所示，在深度 11 m 以下均存在相对低阻(电阻率值小于 60 Ω·m)、均匀变化，浅部为相对高阻(电阻率值大于 150 Ω·m)，且电阻率等值线平整，电阻率从 60 Ω·m 向浅部迅速增大至 150 Ω·m 以上。推测电阻率小于 60 Ω·m 的相对低阻区域为水库渗水浸润引起的，其中相对闭合的低阻异常带(电阻率为 10～30 Ω·m)如图 4(c)中虚线框圈定所示，两低阻异常带分别位于涵洞两侧，结合放水涵洞内侧壁渗漏推测，该两处低阻异常带已形成通道渗漏至放水涵洞侧壁溢出，分别推断为渗漏通道 1 与渗漏通道 2。而测线里程 114～123 闭合低阻异常，由于水库大坝相应位置未见明显渗漏，因此推断该处异常为疑似渗漏通道 3，主要为渗流浸润区，暂未形成通道。而浅部电阻率大于150 Ω·m 的相对高阻区域，由于土的含水量较低使得电阻率较高。另外，推测 GMD01 号测线位置的浸润线高程约为 1 272.8 m，比目前蓄水位1 275.0 m 低 2.2 m。

滥塘坡水库大坝 GMD02 号测线高密度电法视电阻率实测及其反演断面图如图 5 所示，在深度 8.0 m 以下均存在相对低阻(电阻率值小于 60 Ω·m)、均匀变化，浅部为相对高阻(电阻率值大于 150 Ω·m)，且电阻率等值线平整，电阻率从 60 Ω·m 向浅部迅速增大至 150 Ω·m 以上。推测电阻率小于 60 Ω·m 的相对低阻区域为水库渗水浸润引起的，其中相对闭合的低阻异常带(电阻率为 10～30 Ω·m)如图 5(c)中虚线框圈定所示，两处低阻异常带分别位于涵洞两侧，结合放水涵洞内侧壁渗漏推测，该两处低阻异常带已形成通道渗漏至放水涵洞侧壁溢出，分别推断为渗漏通道 1 与渗漏通道 2。而测线里程 114～123 m 闭合低阻异常由于水库大坝相应位置未见明显渗漏，因此推断该处异常为疑似渗漏通道 3，主要为渗流浸润区，暂未形成通道。这三处异常部位在 GMD01 号测线与 GMD02 号测线上均有体现，综合推测是具有连通的通道。而浅部电阻率大于 150 Ω·m 的相对高阻区域，由于土的含水量较低使得电阻率较高。另外，推测 GMD02 号测线位置的浸润线高程约为 1 272.5 m，比蓄水位1 275.0 m 低 2.5 m。

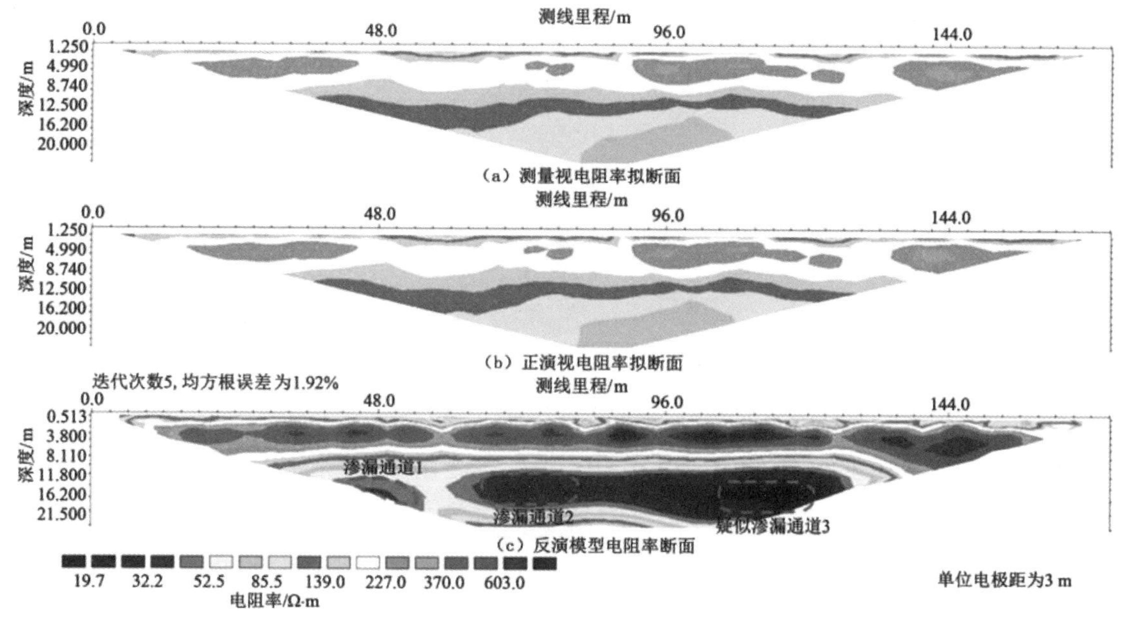

图 4　GMD01 测线高密度电法视电阻率及反演断面图

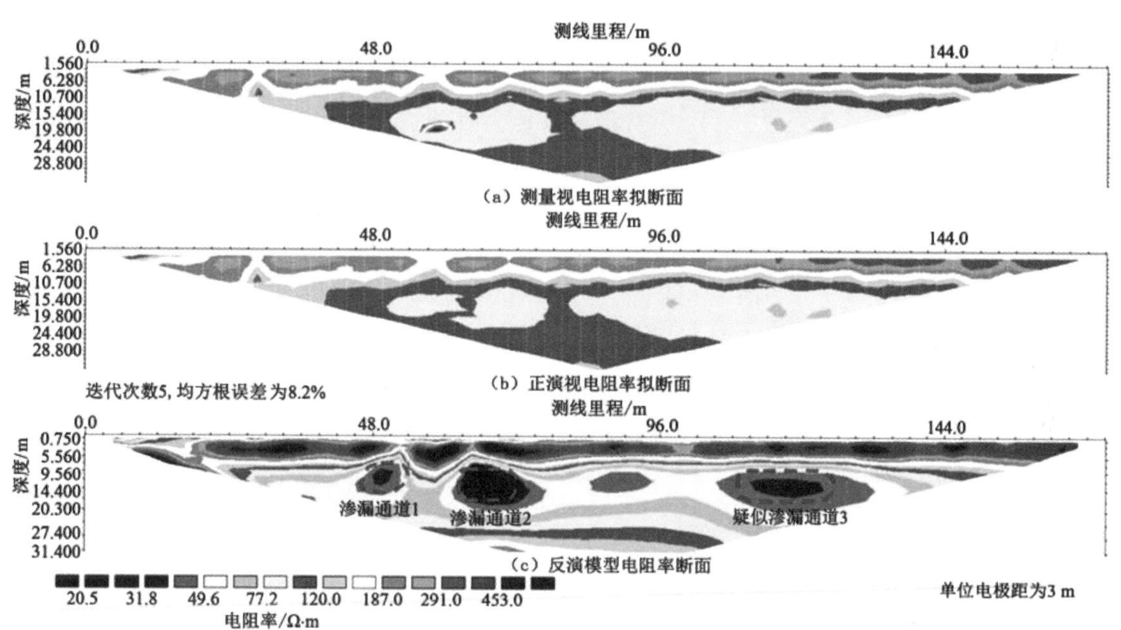

图 5　GMD02 测线视高密度电法视电阻率及反演断面图

在图 5 中，高密度电法施伦贝谢装置测量的反演结果在里程 63～69 m 附近有相对闭合的低阻异常，在里程 60 m 处为水库的排水涵洞，且涵洞中部洞壁存在较多渗水，推测可能为涵洞左侧积水严重引起相对低阻异常，并且积水在涵洞洞壁左侧渗出。

滥塘坡水库大坝 GMD03 号测线高密度电法视电阻率实测及其反演断面图如图 6 所示，根据高密度电法反演结果可明显看出，在测线里程 30 m 附近、顶部深度约 5 m 位置存在明显的低阻异常圈，结合放水涵洞渗漏出水点位置及埋深，与 GMD03 号测线低阻异常相对应，故而综合推断该处低阻异常即为放水涵洞侧壁渗漏通道出水点。

结合现场地质调查、渗漏电阻率数值模型及三条物探剖面分析可知，坝体放水涵洞两侧发现两条明显渗流通道如图 7 虚线所示(渗漏通道 1 与渗漏通道 2)，测线里程 114～123 m 位置发现可疑渗流部位如图 7 虚线所示(疑似渗漏通道 3)。从水库巡查人员的记录得知，这两处渗漏点长年渗水；根据现场地质调查，坝体、坝基(肩)均未发现明显渗漏现象，仅放水涵洞两侧壁存在明显渗漏通道。由此可见，坝体物探检测结果与现场渗漏点高度吻合，且通过物探检测，精细刻画了堤坝渗漏隐患空间展布，为下一步堤坝除险加固提供了有利的靶区。

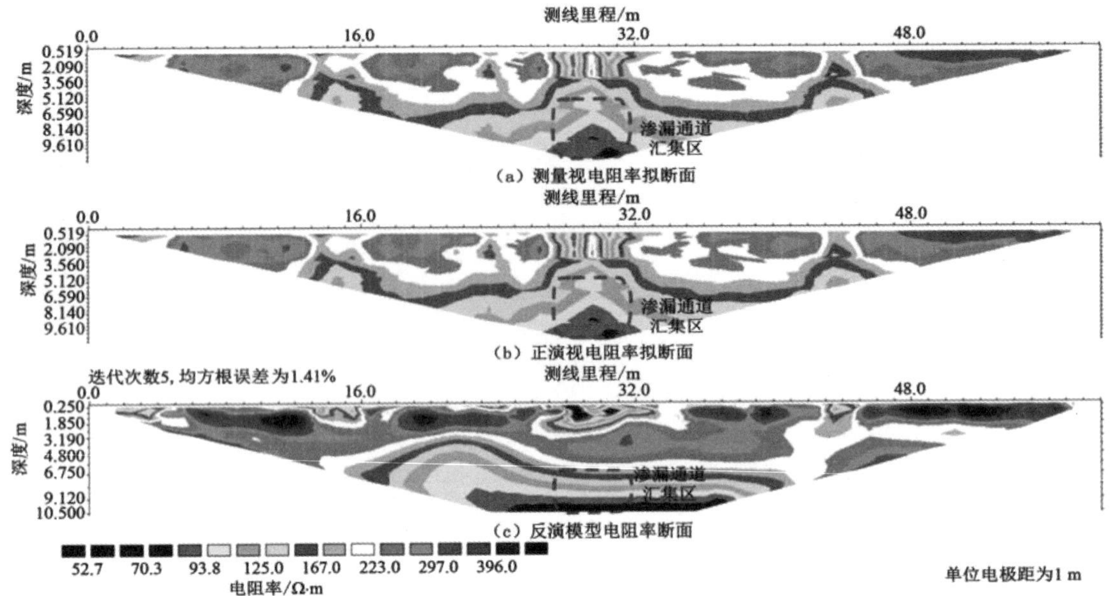

图 6　GMD03 测线视高密度电法视电阻率及反演断面图

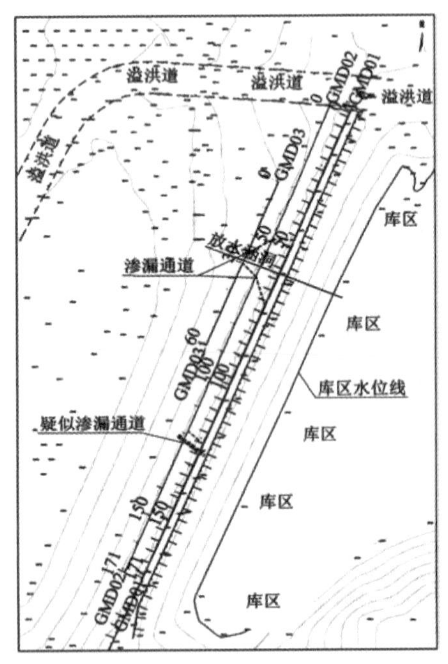

图 7　滥塘坡水库大坝物探异常解释图

4　结语

本文利用高密度电法对滥塘坡水库堤坝进行无损检测，取得了较好的应用效果：

1）从理论上分析，均质土坝在正常情况下视电阻率分布相对较均匀；但当存在渗漏隐患时，其视电阻率会存在突变，且相对于周围岩土体，其视电阻率表现为低阻特征，从而可据此推断堤坝的整体防渗效果。

2）结合现场地质调查及理论模型分析，利用高密度电法视电阻率反演断面图清晰地解译了滥塘坡水库堤坝渗漏隐患的位置及规模，为堤坝除险加固提供精确可靠的防渗依据。

3）高密度电法地电断面能直观反映出堤坝隐患的电阻率异常特征，对渗漏隐患检测具有明显优势，但由于电阻率的体积效应，其异常反应解译与真实地质情况仍存在一定偏差，因此在实际应用中应结合其他方法相互补充、相互印证。

参考文献

[1] SL258－2017，水库大坝安全评价导则[S].

[2] 冷元宝，黄建通，张震夏，等.堤坝隐患探测技术研究进展[J].地球物理学进展，2003，18(3)：370-379.

[3] 徐竹青，张桂荣，郑军.我国病险土石坝隐患分类及快速检测方法概述[J].水利与建筑工程学报，2010，8(3)：50-52.

[4] 张建清，徐磊，李鹏，等.综合物探技术在大坝渗漏探测中的试验研究[J].地球物理学进展，2018，33(1)：432-440.

[5] 姚纪华，罗仕军，宋文杰，等.综合物探在水库渗漏探测中的应用[J].物探与化探，2020，44(2)：456-462.

[6] 赵汉金，江晓益，韩君良，等.综合物探方法在土石坝渗漏联合诊断中的试验研究[J].地球物理学进展，2021，36(3)：1341-1348.

[7] 樊炳森，郭成超.高密度电法在水库渗漏检测中的应用[J].长江科学院院报，2019，36(10)：165-168.

[8] 孙钦同，徐淑贞，李才明.应用高密度电阻率法实现坝体渗漏快速探测[J].地质与勘探，2019，55(6)：1436-1441.

[9] 刘国兴.电法勘探原理与方法[M].北京：地质出版社，2005.

[10] Loke M. H，Barker R. D. Least－squares deconvolution of apparent resistivity pseudosections[J]. Geophysics，2012，60(6)：1682-1690.

[11] DAHLINT，ZHOUB. A numerical comparison of 2d resistivity imaging with10 electrode arrays[J]. Geophysical Prospecting ，2004，52(5)：379-398.

探地雷达辅以超声横波三维成像在工程质量缺陷检测中的应用研究

徐洋

（中国电建集团贵阳勘测设计研究院有限公司，贵州贵阳，550081）

摘要：针对隧洞施工质量及回填灌浆后存在的缺陷，笔者以某隧洞衬砌质量检测为例，选取探地雷达探测存在异常形态的剖面，辅以超声横波三维成像进行复核测试研究。测试结果表明，在理想条件下，探地雷达能够有效探测施工质量异常，如衬砌厚度不足、钢筋缺失、空腔、回填不密实等；但在外部条件干扰和检测部位内部条件干扰下，探测成果精确程度大大降低，给解译带来较大的差异性，同时可能存在错误解译现象。将探地雷达测试结果异常剖面辅以超声横波三维成像进行验证对比，结果表明，两种技术联合应用能有效对异常缺陷解译提供正确判别，能更好地进行定量判断。

关键词：引水隧洞；探地雷达；超声横波三维成像；质量检测；衬砌；缺陷

引言

探地雷达广泛应用于公路、铁路、水利等隧洞衬砌质量缺陷检测中，已取得了良好的检测效果，但其对缺陷体的具体形状却无法进行有效定量的判断。检测结果难免会受到外部条件和检测部位内部条件的干扰。引水隧洞常处于地下水位以下，且具有埋深大，地应力高，受高速水流冲刷、承压、长年处于运行状态等特性，因此，对衬砌结构的受力要求较高，施工质量过程控制尤为重要；二衬后，常常通过回填灌浆、固结灌浆、接缝灌浆确保其衬砌质量。如何评价灌浆质量效果，为施工质量控制把好最后一道关，一般均通过物探手段检测其施工质量，为工程质量评定验收提供依据，确保工程运行安全。施工质量检测方法通常有钻孔取芯、探地雷达、超声横波三维成像等。受结构钢筋、止水等影响，衬砌混凝土结构通常较为复杂，雷达测试结果多变，分析复杂，解译困难。在实际数据处理时，解译往往是基于经验判断，难以通过揭露大量施工质量问题和质量缺陷来佐证其解译结果的正确性。此时，单一的物探手段很难评价灌浆质量，需采用综合检测方法进行评价。

本文以某引水隧洞回填灌浆、固结灌浆后的衬砌洞段为研究对象，采用探地雷达检测其施工质量，对探地雷达解译困难的测试剖面或存在争议的剖面辅以超声横波三维成像、钻孔验证等方式全面了解质量缺陷。本文通过选取 6 组探地雷达测试异常、解译存在不确定性的剖面辅以超声横波三维成像进行解译，有效地提高解译的直观性和准确性，准确判断缺陷体的埋深和规模，以及施工过程中“缺斤少两”等质量问题，为工程质量评定验收、结算等提供有力支撑依据。

1　探地雷达与超声横波三维成像简介

1.1　探地雷达

探地雷达是利用高频电磁波以宽频带短脉冲形式对检测结构进行扫描，以确定其内部结构形态或位置的电磁技术。电磁波在介质中传播当遇到存在电性差异的目标体时，电磁波便发生反射，反射信息将被接收天线接收；对采集数据进行分析处理，根据波形、强度、双程走时等参数便可推断探测结构内各介质的空间位置、结构、电性及几何形态，从而达到对隐蔽体的探测[1]。

应用探地雷达检测首先需要解决探测深度和分辨率的问题。探地雷达应用领域扩展，已远远超出了“探地”范畴，如人工建筑探测、穿墙探测、医学成像探测等，也属于这一技术应用范畴。探地雷达的广泛应用是推动探地雷达快速发展的主要原因。探地雷达应用可以解决各种各样的问题，其主要应用领域包括：工程领域工程质量检测与评价；环境领域应用于污染物分布调查，如垃圾场渗漏、油库渗漏、工业污水排放引起的污染等；水文地质调查应用于评价地下水和确定介质的含水量，而且逐渐发展到确定流体的传导率和介质空隙等参数的

收稿日期：2023-02-16

作者简介：徐洋，贵州贵阳人，工程师，主要从事水利水电工程物探检测．

探测；考古研究主要应用其无损、高分辨率的特点；基础调查主要应用于基础地质调查；矿产调查应用于岩盐矿调查、煤矿和其他矿产调查；军事、侦探和反恐探测主要应用穿墙探测、金属探测和非金属探测；极地探测主要应用于冰川的厚度和沉积过程探测与分析；星球探测主要应用于远距离遥测；生物、医学探测主要应用于疾病诊断[2]。

探地雷达具有以下特点：

(1) 探地雷达采用高频发射器，采样和接收时间很短，因而可以高效率地进行探测，探地雷达天线不需要与测试结构完全接触，测试速度快，极大地节省了人力物力。

(2) 探地雷达采用高频脉冲电磁波进行探测，在高导介质中传播具有较大的衰减，高频衰减较快，分辨率高；低频衰减较慢，但探测的分辨率较低；探地雷达测量的是介质的阻抗差异，表现为介电常数、导电率和磁导率的综合贡献，其中介电常数的贡献最大，因而不可避免地存在多解性和探测结果的复杂性[3]，其主要表现在探测异常多，探测异常复杂，很难进行目标的认定和识别。

1.2 超声横波三维成像

超声横波三维成像，它是在混凝土结构边界的不同位置发射和接受超声波，并采集每条超声波的声学参数，依照一定的物理和数学关系，利用计算机反演结构内部某种物理量的分布，最终用图像重现混凝土内部缺陷或病害的特征[4]。应用超声横波三维成像要解决探测体波速标定和探测频率选取的问题。

超声横波三维成像具有以下特点：

(1) 超声横波三维成像为工程解译提供更高分辨率的二维、三维图像，检测结果更加直观、易解译。工程洞室中钢筋混凝土衬砌厚度多为 60 cm 左右，设备均可满足检测要求，且可检测初衬与二衬分层、脱空和不密实；对混凝土中孔洞、空隙、钢筋缺失等的检测效果尤为明显。

(2) 成像是根据剪切横波速度进行波速计算，现场一般不需要对波速标定，大大简化了检测流程。但因超声波衰减快速，对波速造成影响较大，若需要准确识别衬砌层厚、保护层厚度、钢筋数量、缺陷或底界面等，则需通过现场实际条件、施工图纸或者其他明显的参考物标定波速，设置符合现场测试剖面的横波波速。

(3) 增益设置非常重要，色彩增益值过高或者过低，都会导致不同介质之间的超声波振幅无法区分，需要对不同材质、强度的混凝土波速进行调整[5]。

(4) 超声波成像仪的技术特点是阵列式系统、合成孔径聚焦超声成像、干耦合换能器、信噪比提高。

2 探测影响因素

2.1 探地雷达探测影响因素

2.1.1 探测深度

影响探测深度主要有增益指数和探测目标体的电磁特性。

用信号能量表示的雷达探测深度方程[6]为

$$\frac{P_{\mathrm{rmin}}}{P_{\mathrm{tmax}}}=\frac{G_{\mathrm{t}}\eta_{\mathrm{t}}G_{\mathrm{r}}\eta_{\mathrm{r}}\xi\sigma_{\mathrm{s}}\lambda^{2}e^{-4\beta d_{\max}}}{64\pi^{3}d_{\max}^{4}} \tag{1}$$

式中：P_{tmax}为雷达最大发射功率；P_{rmin}为最小可检测信号功率；G_{t}、G_{r} 为雷达发射天线和接收天线的增益，通常有 $G_{\mathrm{t}}=G_{\mathrm{r}}$，且 $G=4\pi a^{2}f_{\mathrm{c}}^{2}\varepsilon_{\mathrm{r}}/c^{2}$，其中 a 为天线的开口尺寸，ε_{r} 为介质的相对介电常数，f_{c}、c 为雷达子波的频率和速度；η_{r}、η_{t} 为接收及发射天线的增益系数；ξ 为目标体向接收天线方向的向后散射增益；σ_{s} 为目标体的散射截面积，目标体的有效散射截面积可以根据第一菲涅尔带来进行计算，$\sigma_{\mathrm{s}}=\pi(\frac{\lambda d_{\max}}{2}+\frac{\lambda^{2}}{16}\approx\frac{\pi\lambda d_{\max}}{2}$；$\lambda$ 为雷达子波中心频率的波长，$\lambda=\frac{c}{f_{\mathrm{c}}\sqrt{\varepsilon_{\mathrm{r}}\mu_{\mathrm{r}}}}$，其中 μ_{r} 为磁导率；β 为介质的吸收系数；$d_{\max}$ 为探地雷达的最大探测深度。

由此，式(1)可改写为

$$\frac{P_{\mathrm{rmin}}}{P_{\mathrm{tmax}}G_{\mathrm{t}}\eta_{\mathrm{t}}G_{\mathrm{r}}\eta_{\mathrm{r}}}=\frac{\xi\sigma_{\mathrm{s}}\lambda^{2}e^{-4\beta d_{\max}}}{64\pi^{3}d_{\max}^{4}} \tag{2}$$

式(2)中，等号左边的参数主要与探地雷达系统性能有关，而等号右边的参数主要与环境和探测目标有关。式(2)表明雷达天线的中心频率越低，介质相对介电常数和磁导率越小，最大探测深度越深。

2.1.2 分辨率

分辨率(垂向和横向)是指区分在空间上两个相距很近的目标体的能力。根据电磁波系统理论，雷达的距离分辨率[6]为

$$\Delta R=\frac{v}{2\Delta f} \tag{3}$$

式中：Δf 为雷达发射的脉冲信号的频带宽度；v 为电磁波在介质中的速度。

(1) 垂向分辨率。

垂向分辨率指探地雷达剖面信号中能够区分一个以上反射界面的能力[7]，即雷达分辨最小异常介质体的能力。用时间间隔表示为

$$\Delta t=\frac{1}{B_{\mathrm{eff}}} \tag{4}$$

式中 B_{eff}为接收信号频谱的有效带宽。

通常选取天线频带宽度 $f_{\mathrm{c}}=B_{\mathrm{eff}}$，转换为深度

可表示为

$$\Delta d=\frac{v\Delta t}{2}=\frac{v}{2B_{\mathrm{eff}}}=\frac{c}{2f_{\mathrm{c}}\sqrt{\varepsilon_{\mathrm{r}}\mu_{\mathrm{r}}}} \tag{5}$$

由(5)式可以得到以下结论[8]：

① 中心频率越高，垂向分辨率越高；

② 当介质的介电常数较大时，垂向分辨率高；

③ 接收信号频谱的有效宽带越大，垂向分辨率越高。

(2) 横向分辨率。

探地雷达剖面信号中在水平方向上能够分辨的最小距离称为横向分辨率。假设地下有两个平行的异常体，埋深为 h，相距为 l，要在探地雷达剖面信号中区分两个异常体，则

$$2\sqrt{h^2+l^2}-2h\geqslant\frac{v}{B_{\mathrm{eff}}} \tag{6}$$

式中 $\frac{v}{B_{\mathrm{eff}}}=\frac{v}{f_{\mathrm{c}}}=\lambda$。

通常$\frac{\lambda}{4h}\leqslant 1$，可得

$$H_{\min}=\sqrt{\lambda h}=\sqrt{\frac{vh}{f_{\mathrm{c}}\sqrt{\varepsilon_{\mathrm{r}}\mu_{\mathrm{r}}}}} \tag{7}$$

式中 $H_{\min}$为探地雷达的所能达到的最小横向分辨率。用菲涅尔带可假设为

$$r_{\mathrm{f}}=\sqrt{\frac{\lambda h}{2}} \tag{8}$$

即对于探地雷达剖面信号来说，两个水平相邻异常体要区分开来的最小横向距离要大于第一菲涅尔带半径[9]。

2.1.3 现场检测条件影响

检测条件干扰主要有以下 3 点：

(1) 杂波干扰。检测结构周围能产生反射信号的物体，使得记录的剖面图具有多变性且不容易同有效信号区分。

(2) 检测面的平整度。当检测结构凹凸不平时，天线与结构面空隙、结构体内异常反射信号将会被无规律记录，从而给解译带来难度甚至错判。

(3) 移动干扰。测试过程中一般由测试人员托举天线沿结构上仰面或沿测试结构面水平拖动天线进行连续移动测试，托举过程或拖动过程的稳定性将直接影响到测试数据的质量，其原因是探地雷达发射电磁波能量经过空气传播后把移动干扰信号记录在测试剖面，给后续分析解译带来一定的难度。

2.2 超声横波三维成像探测影响因素

根据超声横波的反射理论，三维层析成像技术和合成孔径聚焦技术，首先，检测结构体波速将直接影响信号合成“聚焦”位置和缺陷重建时的深度；其次，测试频率高低的选取也将影响超声横波在混凝土内部的传播速度，在传播过程中因散射和黏滞作用影响，其强度会存在不同程度的衰减，如衰减过快、过大，入射波就难以到达缺陷位置且难通过反射带回有效信息。

2.2.1 超声横波衰减影响

超声横波在混凝土内衰减情况可简单表示为[10]

$$N=N_0e^{-QL} \tag{9}$$

式中：Q 为混凝土衰减系数，dB/mm；L 为超声横波传播路径长度，mm；N 为超声横波在混凝土内经传播路径 L 后的强度，dB；N_0 为超声横波发射初始强度，dB。

而衰减系数 Q 与入射超声横波频率直接相关，其关系式为

$$Q=b\times f \tag{10}$$

式中：b 为相关系数，dB/(Hz・mm)；f 为入射超声波频率，Hz。

由式(10)表明：当检测同种混凝土时，入射超声横波频率越高，其在混凝土传播衰减越明显，穿透能力越低；而超声横波频率越低时，超声横波传播衰减越小，穿透能力越强[11]。

2.2.2 波速影响

设缺陷与“阵列天线”中心的垂直距离为 h mm，第 1 个传感器与“阵列天线”中心的水平距离为 L_{n} mm，超声横波在被测结构内的传播速度为 v m/s，则每个检波器收到信号的传播时间 $t_{\mathrm{n}}\mu$s 与水平距离 L_{n} 和垂直距离的关系式为[10]

$$t_{\mathrm{n}}=\frac{2\sqrt{L_{\mathrm{n}}^2+h^2}}{v} \tag{11}$$

从式(11)可看出，波速 v 将直接影响信号合成“聚焦”位置和缺陷重建时的深度。

2.2.3 频率影响

根据不同频率穿透检测构件的能力，不同频率的超声波对不同尺寸的缺陷探测精度存在较大差异。当采用的超声波频率与缺陷尺寸满足式(12)时探测反应越明显[10]：

$$S=\frac{v}{2f} \tag{12}$$

式中：S 为钢筋或缺陷尺寸，m；f 为入射超声波频率，Hz；v 为超声波波速，m/s。

从式(12)可看出：采用的超声波频率越高，能探测缺陷的尺寸越小；而超声波频率越低时，探测缺陷的尺寸越大。

2.2.4 现场检测条件影响

压电式传感器较小，对测试结构面要求较严格，要求结构面平整、无浮浆、无污染物、仰拱面无水滴等；但不受外部通电电缆、金属物等影响。

检测时，测试剖面附近机械振动较大的干扰如锚杆、锚索钻孔等施工应停止。

3 工程应用研究

某排水隧洞全程约 1 450 m，采用喷锚支护和衬砌混凝土支护两种形式，其中，边墙和顶拱衬砌钢筋混凝土厚度为 0.5 m，底板钢筋混凝土厚度为 0.8 m。采用探地雷达对衬砌混凝土部位进行施工质量检测，异常部位采用超声横波三维成像进行复核，对土建施工方对检测成果有异议的部位进行钻孔验证。

3.1 探地雷达参数设置

测试使用的探地雷达型号为 SIR－4000 型，天线为 400 MHz。采集时，扫描率为 30～60 扫描/s，长度为 512 采样/扫描，测程为 30～60 ns，主机脉冲重复频率为 100 kHz，沿测试结构面连续扫描。

3.2 超声横波三维成像参数设置

测试使用 MIRAA1040 型超声成像仪。检测时，将阵列天线紧贴测试剖面按 10 cm 点距进行探测，采集参数频率为 20～40 kHz，现场率定波速取多次测试平均值，横波波速范围为 2 500～2 800 m/s，采集数据深度为 1.5 m，彩色增益为 25～30 dB，模拟增益为 40～50 dB。

3.3 测试成果对比分析

根据探地雷达测试成果，对测区内存在异常的剖面辅以超声横波三维成像复核，复核取得了良好的效果。选取 6 组典型剖面对比分析，剖面分别存在钢筋缺失、顶部脱空、衬砌体与围岩结构面含水、钢筋间排距及双层钢筋识别等问题。

(1) 分析异常一区雷达测试成果。因介质介电常数的差异与电磁波的反射能量成正比关系，且保护层后未设置钢筋，二次衬砌背后存在连续脱空，引起强烈的多次反射，同向轴连续，三振相明显，呈带状长条形分布，探地雷达能准确识别异常体形态，解译为顶拱连续脱空、钢筋缺失。施工方对此持反对意见，后采用超声横波三维成像复核，经复核，两种测试方法结果形态一致，超声横波三维成像复核结果与探地雷达解译结果一致。经施工方进行钻孔验证，检测结果无误。异常一区测试成果对比如图 1 所示。

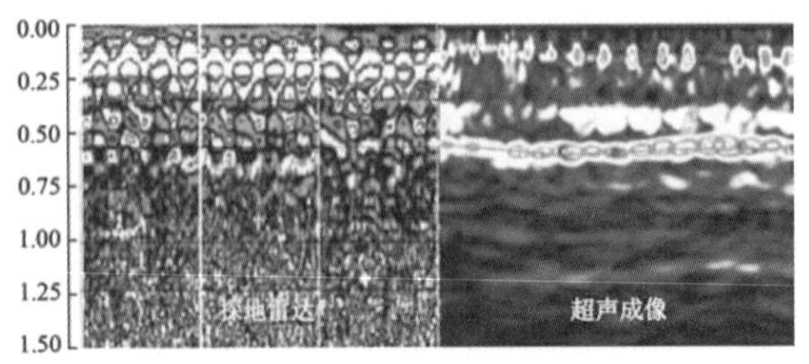

图 1 异常一区测试成果对比

(2) 分析异常二区雷达测试成果。受钢筋屏蔽作用的影响，电磁波穿透能力有限，底部信号反射较弱，测试剖面单层钢筋，根数可识别，初步解译为固结灌浆密实，但该测区仓段连接部位有渗水。补充超声横波三维成像复核，结果显示，钢筋间、排距不满足设计要求，且浇筑面存在渗漏通道。初步判定为浇筑面清基不到位，固结灌浆欠密实或未进行固结灌浆造成。该测试剖面结果说明，界面形态小于探地雷达横向分辨率且受钢筋屏蔽层作用影响时，探地雷达未能有效识别出缺陷形态，且钢筋间、排距识别较超声三维横波成像稍逊。异常二区测试结果对比如图 2 所示。

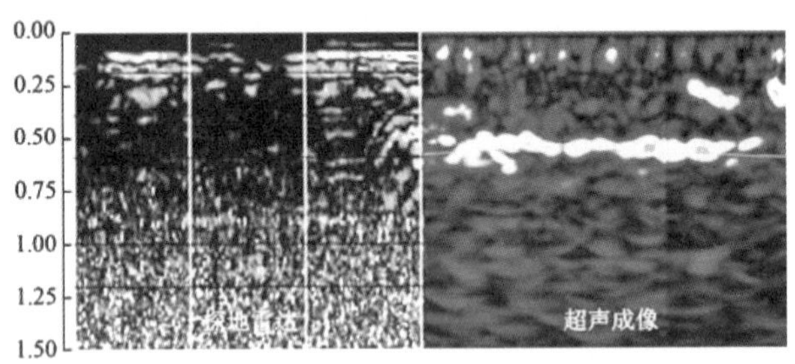

图 2 异常二区测试成果对比

(3) 分析异常三区雷达测试成果。检测剖面表面呈流水状，相对介电常数取值困难，400 kHz 天线未能准确识别出底部结构形态，电磁波遇水后信号大幅衰减，反射信号微弱，探地雷达测试效果不理想，未见明显钢筋和底界面反射信号。辅助超声横波三维成像复核，结果显示，该测试剖面钢筋缺失，表层局部见小尺寸异常，底界面见微弱反射信号，说明该部位灌浆效果整体较好。对于垂直向下的测试剖面，超声横波三维成像测试方法受表面少量含水层和内部结构与基岩面含水层影响较小。测试前，对压电式传感器采取一定防渗水保护措施，能有效解决探地雷达测试结构含水状态效果不佳等问题。异常三区测试成果对比如图 3 所示。

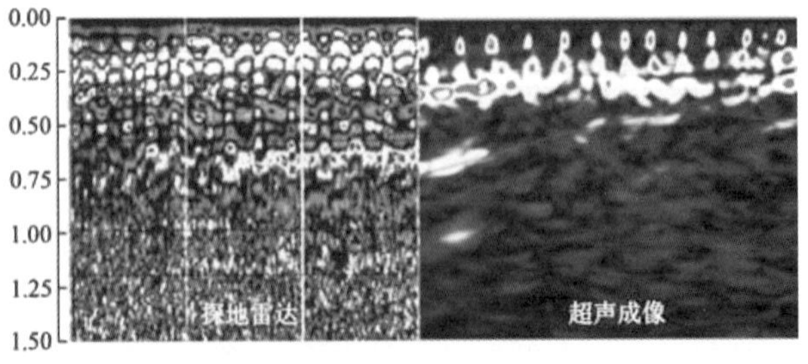

图 3 异常三区测试成果对比

(4) 分析异常四区雷达测试成果。底板混凝土配筋为双层钢筋，雷达测试成果存在干扰信号和强反射，受双层钢筋屏蔽作用的影响，双层钢筋根数及衬砌厚度识别困难，需采用高频率天线和其他辅助方法测试。通过超声横波三维成像复核，结果显示，双层钢筋能够清晰识别，钢筋间、排距基本合理，固结灌浆密实，未见明显质量异常。异常四区测试成果对比如图4所示。

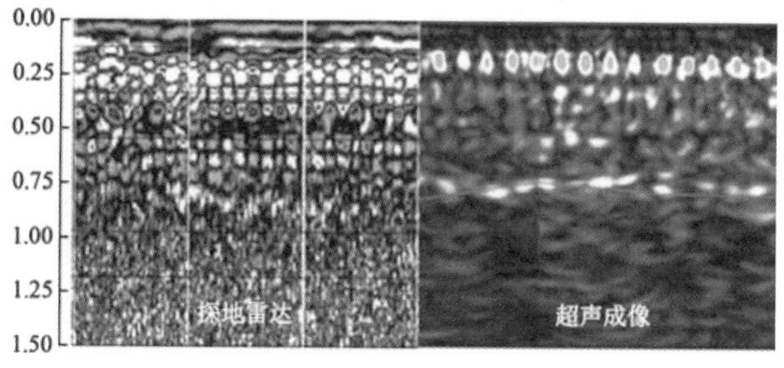

图4　异常四区测试成果对比

(5) 分析异常五区雷达测试成果。钢筋保护层、间排距满足设计要求，但底界面反射信号较难识别，未能有效识别出衬砌厚度。辅助超声横波三维成像复核，测试频率为28 kHz，复核结果显示，保护层满足设计要求，钢筋间、排距布置合理，钢筋测试形态多为“圆形”，能更好识别出钢筋根数和底界面。异常五区测试成果对比如图5所示。

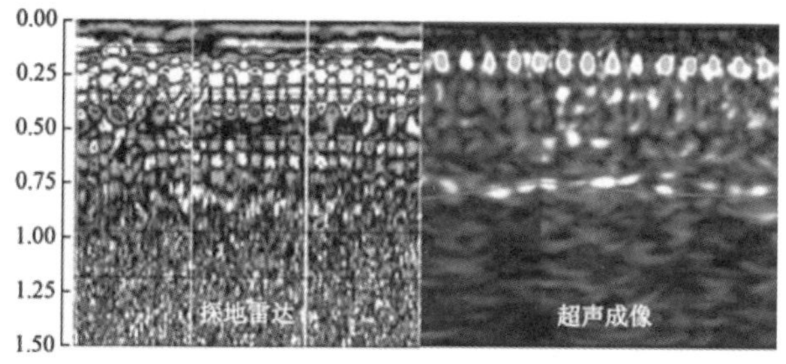

图5　异常五区测试成果对比

(6) 分析异常六区雷达测试成果。当衬砌结构后存在富水带时，因结构体与富水带的电性差异，富水层表面的雷达波发生强振幅反射，同时穿过含水层雷达波会产生有规律的多次强反射，且产生散射、绕射等现象，电磁波能量快速衰减、频率由高向低剧烈变化的过程，脉冲周期增大，衬砌结构与基岩难以区分，未能有效识别出底部反射信号。通过超声横波三维成像复核，测试频率为20 kHz，复核结果显示，双层钢筋能有效识别，但频率设置过低，浅层钢筋反应不明显，底部反射信号明显、易辨别，且浇筑面双层钢筋也能有效识别。异常六区测试成果对比如图6所示。

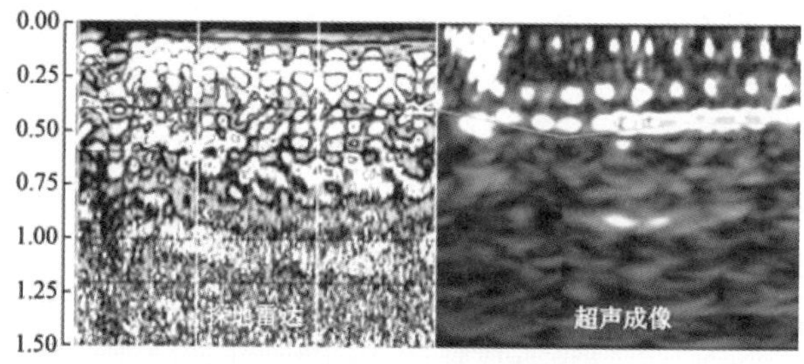

图6　异常六区测试成果对比

4　结语

通过对探地雷达测试成果异常剖面辅以超声横波三维成像检测复核，成功对某工程引水隧洞衬砌质量进行了检测，得出以下结论：

(1) 检测范围内检测出脱空或不密实缺陷共12处；衬砌段顶拱混凝土厚度范围在30～140 cm之间，平均厚度为64 cm；底板缺失钢筋段累计长82 m；顶拱缺失钢筋段累计长267 m。有效地发现工程施工中存在的安全隐患。

(2) 通过探地雷达对引水隧洞衬砌的检测实践，辅以超声横波三维成像这一技术手段，完全可以应用于工程隧洞衬砌质量检测，能更好地进行定量判断。

(3) 经施工方对存在异议部位钻孔验证，表明探地雷达检测工程隧洞二衬后的评价结果基本是可靠、准确的，而且达到连续检测、快速准确的目的。但对于探地雷达准确识别回填灌浆、固结灌浆后密实结构体衬砌厚度、双层、多层钢筋根数等难题，需辅助超声横波三维成像技术才能更好地解决。

(4) 超声横波三维成像技术，对周围环境影响小，且不受电磁屏蔽影响，抗干扰性强，探测结果直观、形象，可及时对施工质量进行检测，以排除隐患，提供准确信息，应用前景可观。但由于测试效益较低，无法开展大面积测试，作为探地雷达的辅助探测能取得较好的探测结果。

(5) 探地雷达主要是利用介质电性差异对目标体进行识别，但受富水带、双层、多层钢筋等屏蔽作用影响以及基岩与混凝土电性差异相近，在衬砌结构密实情况下对混凝土与基岩区分较难。

参考文献

[1] 张金铸,马军,刘胜.地质雷达探测技术在水库放水洞病害治理中的应用[J].长江技术经济,2021,5(6):71-75.
[2] 曾昭发,刘四新,冯晅,等.探地雷达原理与应用[M].北京:电子工业出版社,2010.
[3] 郭昌祚.探地雷达在隧道衬砌质量检测中的应用[J].公路交通科技(应用技术版),2013,9(4):148-152.
[4] 丁志超,陆俊.三维超声层析成像法在高速公路典型病害成因挖掘中的关键技术[J].混凝土,2015(5):137-139.
[5] 邵文.MIRAA1040三维超声断层扫描技术在工程检测当中的应用[J].中国设备工程,2018(19):120-122.
[6] 杨峰,彭苏萍.地质雷达探测原理与方法研究[M].北京:科学出版社,2010.
[7] 秦承彬.探地雷达在隧道超前地质预报与衬砌检测中的应用研究[D].成都:西南交通大学,2011.
[8] 王凡,杜松,肖建平,等.地质雷达在引水隧洞回填灌浆探测效果的研究[J].公路交通科技,2016,33(2):82-87.
[9] 王继果,董祥,周峰.地质雷达探测技术优化分析[J].四川建筑科学研究,2011,37(1):116-118.
[10] 朱燕梅,范泯进,沙椿.混凝土缺陷超声横波三维成像法探测精度影响因素的研究[J].工程地球物理学报,2016,13(6):739-745.
[11] 涂小兵.超声相控阵在模型试验中裂隙识别的应用研究[D].徐州:中国矿业大学,2018.

打鼓台水库右岸复杂岩溶成库条件的分析论证

彭峰，贺宏涛，简红波

（遵义市水利水电勘测设计研究院有限责任公司，贵州遵义，563002）

摘要： 近年来随着水利工程建设的高速发展，各种工程地质问题也屡见不鲜，岩溶渗漏就是主要的问题之一。笔者以打鼓台水库库区复杂岩溶水文地质成库条件论证为例，在查明地形地质条件的基础上，结合钻探、物探等综合勘查手段，对河间地块内岩溶发育特征、地下水系统分布特征以及库水向岭谷渗漏的可能性进行分析。结果表明：水库右岸河间地块可溶岩层内地下水位低缓但在分水岭一带存在弱岩溶层；不存在管道型渗漏条件，仅局部有裂隙型渗漏的可能；运用可溶岩裂隙性介质和层流为渗漏条件进行渗漏量计算，得出渗漏对工程效益、安全影响小，无须进行工程处理。该研究在同类工程中有一定的借鉴作用。

关键词： 岩溶地区；岩溶发育规律；地下水系统；渗漏；打鼓台水库

前言

打鼓台水库位于贵州省余庆县敖溪镇胜利社区境内，坝址处于乌江支流敖溪河左岸一级支流后溪沟上，后溪沟发源于余庆县敖溪镇什字村卜耳岩，河源高程 1 201.00 m，全流域面积 21.2 km^2，河长 10.7 km，河流总体流向由东南向西北，于双龙村汇入敖溪河[1]。水库与邻谷间河间地块分布基岩主要为三叠系下统夜郎组玉龙山段(T_1y^2)灰岩、泥质灰岩等可溶岩层，区内断裂构造发育。库区岩溶水文地质问题是该工程的主要工程地质问题之一，特别是库区右岸与上坝沟、敖溪河间河间地块强岩溶化岩层中的岩溶发育情况、地下水补排关系，是否存在地下分水岭或相对弱岩溶，水库蓄水后是否存在岩溶管道型渗漏等，是该工程水库能否成库的控制因素。

1 基本地形地质条件

水库坐落于敖溪河支流后溪沟上，河道弯曲，坝址至响水岩处河床高程为 761.00～803.00 m，在库尾响水岩处分布有跌坎，高约 22.0 m。跌坎以上河床高程在 825.00 m 以上，整个河段河床多为干谷。库区河谷浅切宽缓，为不太对称的宽口“V”形河谷。库盆左右两岸地形总体封闭，无低矮的地形缺口。库尾及左岸山体宽厚，近岸无低邻河谷分布；右岸在库尾段有与库区近平行分布的下坝沟及 K_{12} 地下暗河系统、库区中前段分布有蛇曲状展布的敖溪河低邻谷，下坝沟与库区平行段河床高程为 768.00～775.00 m，低于库区河床高程(783.00～796.00 m)约 20.0 m，敖溪河邻谷与库区平行段河床高程为 760.00～768.00 m，与库首段河床高程基本一致。当蓄水位为 796.00 m 时，右岸分布的敖溪河及其支流下坝沟河床高程（包括 K_{12} 暗河系统）低于库区上游补给区地面高程及蓄水位高程 21.00～100.00 m，为库区右岸低邻谷。库区及邻谷主要出露地层岩性以三叠系下统夜郎组玉龙山段(T_1y^2)灰岩为主，根据岩性和分布高程的不同可分为三层：1) 第一层(T_1y^{2-1})，以浅灰色中厚层灰岩为主，分布于库盆及右岸邻谷 774.00～800.00 m 高程以下；2) 第二层(T_1y^{2-2})，为泥岩、页岩夹薄层泥灰岩及少量灰岩，分布于库区及邻谷 774.00～848.00 m 高程，覆盖于 T_1y^{2-1} 层之上；3) 第三层(T_1y^{2-3})，以浅灰色中厚层夹薄层灰岩为主，分布于库区及邻谷 810.00～890.00 m 高程。受区域构造影响，在库区与右岸邻谷下坝沟之间平行发育有敖溪断层 F_2，沿断层面及影响带岩溶发育，且顺断层带在下坝沟下游左岸有多个稳定的泉点出露。受 F_2 断层的影响，在库区上游标水岩发育有横切库区河谷的小断层 f_1，断层走向 N41°W、倾向 SW、倾角 60°，断距 20.0～50.0 m，破碎带宽 0.5 m，影响带宽 10.0～30.0 m，断层切割后溪沟以上河流多为干谷。该断层与敖溪断层相交附近出水泉点稳定分布，为导水断层。

2 河间地块内岩溶水文地质特征

2.1 地表岩溶发育的特征

根据地表地质勘查，库区从河床至岸坡依次出露 T_1y^{2-1}、T_1y^{2-2}、T_1y^{2-3}、T_1y^3 地层，分水岭

收稿日期： 2022-12-21

作者简介： 彭峰，贵州湄潭人，高级工程师，从事水文地质及工程地质勘察、论证工作.

一带 T_1y^{2-1} 层在库首至 f_1 断层之间受上覆 T_1y^{2-2}、T_1y^3 相对隔水层阻隔，未见明显的岩溶发育特征；但在靠近河床一带的平缓耕植区受裂隙切割以及右岸邻谷下坝沟受 F_2 断层切割的影响，岩溶相对较发育。岩溶以窄、浅溶隙、溶槽为主，局部见干溶洞、季节性出水溶洞及小流量的泉点，代表性的岩溶形态如：库区右岸的岩溶潭 K_8（洞内水位高程约782.00 m）、干溶洞 K_7，邻谷下坝沟左岸的季节性出水溶洞 K_9、K_{10}，未见大型岩溶洼地、落水洞及岩溶管道等分布；T_1y^{2-3} 层以溶沟、溶槽为主，局部伴有溶穴分布，里面少量黏土充填，局部见季节性泉点分布；f_1 断层带附近溶沟溶槽发育，切割至库区一带河床，河谷多为干谷。

2.2 地下岩溶发育的特征

根据库首勘探钻孔（ZK3、ZK4）、库中钻孔（ZK5）、f_1 断层附近钻孔（ZK7、ZK8、ZK9）以及工程物探（EH4）揭露：T_1y^{2-1}、T_1y^{2-3} 层内在分水岭一带未见岩溶管道发育，岩溶弱发育，仅库首（如 ZK3、ZK4 钻孔）揭露在 786.00～790.00 m 高程段岩芯多见溶蚀现象，局部见溶隙或小型溶孔，其发育位置多在 T_1y^{2-1} 与 T_1y^{2-2}、T_1y^{2-2} 与 T_1y^{2-3} 层接触带；库区及邻谷靠近河床段岸坡主要以短小的岩溶管道、出水溶洞、干溶洞和泉点为主，出水点以季节性泉点为主，未见通向库外的深大落水洞和岩溶管道分布；f_1 断层带岩体较破碎，可溶岩溶蚀严重。

长大的岩溶管道主要沿断层切割的碳酸盐岩（T_1m）地层发育，受敖溪断层 F_2 切割的影响，碳酸盐岩分布区沿断层带纵张裂隙发育，断层、裂隙通过白云岩、灰岩区形成了较宽的破碎带，沿裂隙带发育有大量的岩溶洼地套竖直、斜向的落水洞与地下岩溶管道连通，如 K_{12} 岩溶管道系统。

2.3 岩溶发育的规律

结合工程区岩溶水文地质调查综合分析，库区岩溶发育有如下特点及规律：① 岩溶发育和岩溶化程度受岩性及岩层分布影响密切，如地表出露较多的 T_1m、T_1y^{2-3} 层，岩溶发育程度较高；而 T_1y^{2-1} 层靠近河床地表出露区受裂隙切割影响，岩溶较发育。② 岩溶发育程度及发育部位受地质构造控制明显，库区范围内未见大型断层构造切割发育，构造以裂隙为主，岩溶以溶隙为主；而响水岩 f_1 断层切割带岩体破碎，可溶岩溶蚀严重，且切割库区一带河谷多为干谷，至邻谷则地下水出露丰富，说明在断层切割可溶岩溶蚀带形成导水通道；沿 F_1、F_2 断层带切割可溶岩区发育有 K_{14}—K_{12} 地下岩溶管道，管道经过区地表洼地、落水洞发育；沿断层构造为岩溶较集中的发育区。③ 岩溶发育受地下水排泄基准面控制，岩溶发育受不同时期的夷平面高程控制，地下水总体上以区内最低河床为排泄基准面；库区后溪沟标水岩 f_1 断层切割带河床排泄基准面则顺断层适应了邻谷下坝沟，存在河流袭夺现象。

由于受地形、地层岩性、构造切割影响的不同，总体上岩溶发育表现出极不均一性。

2.4 地下水类型及透水岩组的划分

（1）地下水类型。地下水主要有碳酸岩盐类岩溶水和基岩裂隙水两大类，松散堆积层孔隙水仅在河谷及缓坡零星分布。

（2）透水岩组划分。根据本区岩性、构造、地貌等特征以及地下水的赋存形式将透水岩组划分为：① 强岩溶透水岩组，为 T_1y^{2-3}、T_1m、T_2sh 的白云岩、灰岩、白云质灰岩，地下水类型以碳酸盐岩类裂隙溶洞水为主，如 K_{12} 岩溶管道等；② 中等含水岩组，以 T_1y^{2-1} 中厚层灰岩和 T_1s^1 泥页岩夹白云岩、少量灰岩层为主，地下水类型为溶洞裂隙水；分水岭一带岩溶发育较弱，但受断层切割区以及库区一侧临河床裸露段岩溶相对较发育，如短道的岩溶管道 K_7、K_8；③ 弱含水相对隔水层，主要为 T_1y^{2-2}、T_1y^3、T_2s^2 层，岩性为泥页岩为主，含水性较弱，为相对隔水层；地下水类型为基岩裂隙水，第四系（Q）零星分布的多为孔隙水[2]。

3 地下水系统的分布特征

3.1 地下水流动系统

区内存在三个以上地下水流动系统：① S4 岩溶管泉流动系统。该系统在后溪沟坝址至标水岩河段，其东、西边界为后溪沟左右两侧地表分水岭，北边为标水岩 f_1 断层切割带以南；分布面积约 9 km^2；出口高程为 763.10 m，流量为 3～5 L/s。② S27 上升泉与 f_1 导水断层流动系统。该系统位于下坝沟与后溪沟河间地块之间，边界 f_1 断层切割及影响带以及后溪沟响水岩以上汇水区，补给面积约 15 km^2；泉点出口高程为 770.00 m，流量为 5～10 L/s，主要由导水断层 f_1 袭夺后溪沟响水岩以上地下径流。③ K_{12} 大洞暗河流动系统。主要补给区为 T_1m 层及北部什字闭流区，补给面积约 30 km^2，其上游有 K_{30} 与 LD5 岩溶管道水补给，出口高程为 791.00 m，流量为 30～50 L/s。

3.2 地下水补排关系

（1）本区的暗河、岩溶管道水或上升泉地下水流动系统均为地表水流在地壳急剧上升时期，为尽快适应下游排泄基准面，潜入地下后形成的。有的为早期地下水流动系统的遗留物，具有不同时期的适应性，如本区内稳定的出水点均适应相应补给排泄。

(2) 导水性断层在区内起主导作用，后溪沟地下水势汇区正常情况应该适应后溪沟河床及下游，但受 f_1 断层切割的影响，使得响水岩以上地下水多被邻谷 S27 泉点袭夺，后溪沟响水岩下游侧 ZK8 孔(孔口高程 800.00 m,孔内稳定水位高程 799.50 m)地下水位高程高于响水岩上部 ZK9 孔(孔口高程 830.00 m,孔内稳定水位高程 798.50 m)和右岸地表分水岭处 ZK7 孔(孔口高程 847.3 m,孔内稳定水位高程 797.0 m)的地下水位高程。从水力比降看，S27 泉点在 f_1 导水带地下水流动系统的水力比降为 2.8%，就比 S4 上升泉流动系统的 1.4%高了 1.4%。

(3) 各地下水流动系统在排泄区多表现为上升泉，表明该区为势汇区，各汇水区之间存在明显的分水岭或弱岩溶层[3]。

4 库水向邻谷渗漏的可能性分析

4.1 库水沿 f_1 导水断层带向下坝沟邻谷渗漏可能性分析

受 f_1 断层切割的影响，库区标水岩以上河段地下水多被袭夺至下坝沟邻谷，根据勘探孔 ZK7、ZK8、ZK9 揭露，在响水岩 ZK8 钻孔一带存在地下分水岭，推测其地下分水岭在高程 799.50 m 左右，高于正常蓄水位 796.00 m，故水库蓄水后库水沿 f_1 断层向邻谷渗漏的可能性小。但由于本区受 f_1 断层造成地下水袭夺的影响，使得库区地下水的径流条件被一定程度地改变，造成区内来水量减少，对基流补给的影响巨大，仅在暴雨季节地表径流可向本区补给。为了解决来水量不足的问题，故考虑在库区一侧 796.50 m 高程处布置引水隧洞，主要向 K_{12} 岩溶管道取水；同时，引水隧洞穿过 f_1 断层切割带，底板高程低于 f_1 断层地下水位高程，把库区一侧被袭夺的地下水引排回库内。

4.2 库水向敖溪河邻谷渗漏可能性分析

敖溪河与库区河段近平行展布，邻谷河床高程 760.00～765.00 m，正常蓄水位河间地块之间宽 500～750 m，该段地形封闭且高于库区正常蓄水位 796.00 m，不存在向邻谷渗漏的地形缺口；地块内从河床至岸坡出露地层以 T_1y^{2-1} 中厚层灰岩为主(库区一侧在高程 774.00～790.00 m 出露、邻谷一侧在高程 760.00～800.00 m 出露)，T_1y^{2-2}、T_1y^{2-3} 多分布在岸坡中上部，蓄水位以下多为可溶岩分布。根据地块之间 ZK4 孔的钻探结果(T_1y^{2-3} 与 T_1y^{2-2} 接触带水位为 795.60 m,进入 T_1y^{2-1} 层孔内稳定水位 786.30 m,连续观测 72 h 所得)，说明河间地块间在 T_1y^{2-1} 层存在分水岭，现状条件下邻谷与库区 T_1y^{2-1} 层产生水力联系的可能性小；但地下水明显低于正常蓄水位。另据孔内取芯和压水试验结果可知：钻孔岩芯总体完整性较好，仅在 T_1y^{2-2} 与 T_1y^{2-1} 接触带高程 781.00～787.00 m 见少量溶蚀现象，透水率为 12 Lu；高程 781.00 m 以下岩体透水率多在 1～3 Lu。这说明 T_1y^{2-2} 与 T_1y^{2-1} 接触带之间存在溶蚀薄弱带，水库蓄水后库水主要蓄至 T_1y^{2-1}、T_1y^{2-2} 两层。据现场勘查和物探、钻探揭露，河间地块间未见大型的断层构造和岩溶管道横向切割连通库内外。水库蓄水后，库水沿 T_1y^{2-1} 向敖溪河邻谷产生管道型集中渗漏的可能性小(见图 2)，但不排除出现裂隙型渗漏的可能，因此，工程建成蓄水后，考虑按裂隙性介质和层流为渗漏条件，根据《中国水力发电工程：工程地质卷》[4]及相关文献中水库渗漏量计算公式来计算其渗漏量：

$$Q = B \times \frac{K(h_1 + h_2)}{2} \times \frac{(H_1 - H_2)}{L} \tag{1}$$

式中：Q 为水库渗漏量，m^3/s；B 为渗漏段宽度，m；K 为渗透系数，m/s；h_1、h_2 为含水层上、下游厚度，m；H_1、H_2 为库水位、低邻谷(敖溪河)水位高程，m；L 为岸坡至低邻谷(敖溪河)距离，m。

本次计算中 $B=100$ m，$K=1.2\times10^{-6}$ m/s(根据河间地块 T_1y^{2-1} 层钻孔压水资料和岩溶等发育情况综合确定为中等透水岩体)，$h_1=5$ m，$h_2=25$ m，$H_1=796.00$ m(正常蓄水位)，$H_2=781.00$ m(溶蚀底部高程)，$L=600$ m。将上述各参数代入式(1)算得渗漏量 $Q=4.5\times10^{-5}$ m^3/s，即 3.8 m^3/d。可见，即使存在局部裂隙型渗漏，对水库的整体效益也不会造成实质性影响。因此，可不必对其进行专门的工程处理，从而节约了大量的工程投资。库区与右岸敖溪河邻谷水文地质条件如图 1 所示。

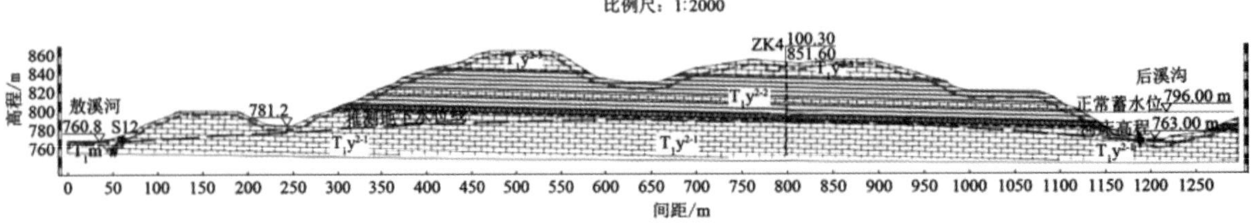

图 1 库区与右岸敖溪河邻谷水文地质剖面示意图

4.3 库水向下坝沟邻谷渗漏可能性分析

下坝沟邻谷同样与库区河段近平行分布，邻谷河床高程 765.00～770.00 m，正常蓄水位河间地块之间宽 300～700 m，河间地块之间地形最低高程 817.90 m，高于库区正常蓄水位 796.00 m，不存在向邻谷渗漏的地形缺口；地块内从河床至岸坡出露地层以 T_1y^{2-1} 中厚层灰岩为主(库区一侧在高程 774.00～790.00 m 出露、邻谷一侧在高程 760.00～800.00 m 出露)，T_1y^{2-2}、T_1y^{2-3} 多分布在岸坡中上部。根据库区中段低矮垭口水文孔 ZK5(孔内稳定水位 776.80 m，钻孔完成抽干孔内积水后注水，并连续观测 7 d 所得)揭露，在库区与下坝沟之间河间地块未见稳定井、泉分布，现有的出水点多为季节性的。这说明河间地块间在 T_1y^{2-1} 层内存在地下水微分水岭，现状条件下邻谷与库区河床产生水力联系的可能性小[5]；但地表分水岭处地下水明显低于正常蓄水位[6]，从地下水位高程的角度来判断，水库蓄水后随着库水抬高存在向邻谷渗漏的可能。为此我们进行了 EH4 物探勘查，EH4 物探资料显示，T_1y^{2-1}、T_1y^{2-2} 层内在分水岭附近山体溶蚀异常区，岩体完整；同时，据 ZK5 钻孔揭露，钻孔岩芯总体完整性较好，800.00 m 高程以下岩体透水率多在 1～3 Lu。这说明 T_1y^{2-1} 在分水岭一带未受贯穿性断层、裂隙切割，岩体完整，岩溶发育弱；水库蓄水后库水沿 T_1y^{2-1} 灰岩向下坝沟邻谷产生管道型、集中裂隙型渗漏可能性小。因此，可以后期蓄水观测为主。库区与右岸下坝沟邻谷水文地质条件如图 2 所示。

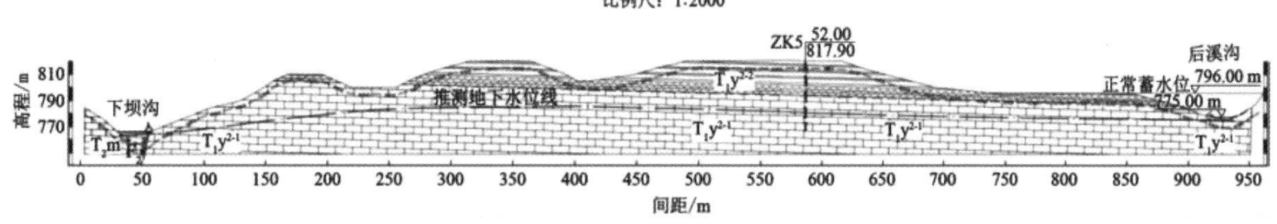

图 2 库区与右岸下坝沟邻谷水文地质剖面示意图

5 结语

(1) 碳酸盐岩地区河间地块上岩溶水文地质条件多较复杂，查明岩溶发育规律及泉域的补径排关系，是该工程地质勘察的重点。该工程水库右岸有敖溪河及其支流下坝沟低邻谷分布，敖溪河为库首一带低邻谷，下坝沟为库区中至尾段低邻谷，库区河床多为干谷，而邻谷河床地表水稳定。库区与邻谷之间山体单薄，且有稳定的灰岩与邻谷相连，存在渗漏的地形地质条件。查明河间地块之间基本地质条件是前提条件，是项目分析论证的基础和关键。

(2) 该工程从可溶岩层岩溶发育程度的角度进行综合分析论证，而不是单纯从地下水位的高低来直接判断可能渗漏情况。通过地表调查，工程物探、钻探等勘探手段进行相互验证，表明区内断裂构造发育，且库尾有断层切割库区与邻谷相连，库尾以上地下水被邻谷袭夺，但在库区蓄水范围内论证为局部构造不发育；库尾至坝址区右岸山体虽单薄，但主要的可疑渗漏岩层分布稳定未被断裂构造切割，其上有稳定的相对隔水层分布，分水岭一带存在稳定联系的弱岩溶带，地下水位低主要是补给条件有限和向两岸存在一定的渗透性，不存在沿构造切割破碎带或岩溶管道产生大的渗漏问题，主要渗漏问题为局部受裂隙切割形成有限的裂隙型渗漏。通过综合分析论证和理论计算，渗漏对水库蓄水、稳定无影响。

(3) 该工程右岸的取水隧洞已于 2019 年实施完成，并成功将被邻谷袭夺的地下水截取和引排至水库内，确保了水库的来水量。2020 年水库正式下闸蓄水。通过近 3 a 的蓄水观测，未发现明显向外集中渗漏的现象，水库蓄水良好，工程运行证明其与前期勘察结论基本一致。这一成功案例将为本地区类似地形地质条件的工程勘察及设计提供很好的借鉴及参考。

参考文献

[1] 遵义市水利水电勘测设计研究院有限责任公司.遵义市余庆县打鼓台水库工程初步设计报告[R].遵义:遵义市水利水电勘测设计研究院有限责任公司,2014.

[2] SL373—2007,水利水电工程水文地质勘察规范[S].

[3] 牛志强,王义军.贵州省西悬水库复杂岩溶成库条件研究[J].珠江水运,2021(23):58-60.

[4] 谢树庸.喀斯特渗漏问题研究[M]//《中国水力发电工程》编审委员会.中国水力发电工程:工程地质卷.北京:中国电力出版社,2000:395-419.

[5] 张乔军.小长冲水库岩溶渗漏分析与处理[J].河南水利与南水北调,2021,50(8):85-87.

[6] 时惠黎,李靖.复杂岩溶条件下水库库区渗漏分析[J].云南水力发电,2022,38(2):52-56.

大藤峡水利枢纽右岸主体工程混凝土快速施工关键技术

周洪云，周德文，胡家骏

（中国水利水电第八工程局有限公司，湖南长沙，410004）

摘要： 大藤峡水利枢纽大坝右岸河床式主厂房最大坝高 81.51 m，合同混凝土浇筑工期 25 个月，进度要求在结构复杂的河床式厂房工程中较为罕见。实施采取了门槽一期直埋、综合入仓方式、混凝土温度控制（使用氟利昂制冷设备生产预冷混凝土＋改造长距离混凝土保温运输车）以及流道全钢衬、分缝优化等关键技术，使得大藤峡右岸主体工程克服了坝体结构复杂、温控标准高、安全管理难度大等困难，取得了优化合同工期 163 天的良好效果。

关键词： 混凝土施工；主体工程；大藤峡水利枢纽；关键技术

引言

大型水利枢纽工程具有防洪、发电、航运、水产养殖、供水、灌溉和旅游等综合利用效益，其工程建设进度与质量直接关系国民经济的发展。快速施工技术是顺应现代市场经济发展需求的施工技术，是一种先进的管理思想，它的核心就是“快速”，其在水利工程的应用对促进我国绿色能源发展有着重要的意义[1]。杨继承[2]等人针对某电站厂房混凝土快速施工，提出了通过科学、合理地安排施工布置和施工顺序，对混凝土级配进行优化以解决混凝土入仓设备对施工备仓的影响，对工程目标的实现提供了有力保障。朱文敏[3]针对某河床式泄洪闸坝通过施工资源分时间分仓位优化配置、混凝土外观质量控制及配合比优化等工艺的研究，增加了混凝土的入仓强度，加快了闸坝施工速度。大藤峡水利枢纽河床式厂房结构复杂，混凝土浇筑合同工期紧，综合难度大，有必要对混凝土快速施工的关键技术进行研究与总结。

1　概述

1.1 工程概况

大藤峡水利枢纽工程是国务院确定的 172 项节水供水重大水利工程的标志性工程，位于广西壮族自治区桂平市，属于珠江流域西江水系的黔江河段末端。水库总库容 34.79×108 m^3，总装机容量 1600 MW，安装 8 台 200 MW 轴流转浆式水轮发电机组，工程规模为Ⅰ等大(1)型工程。

大坝工程施工导流采用分二期导流方式，一期导流先围左岸，江水由束窄后的右岸河床过流、通航。在一期围堰的保护下，施工河床 20 孔泄流低孔、1 孔泄流高孔、左岸厂房、纵向围堰坝段等建筑物。二期导流围右岸，江水由一期建成的 20 孔泄流低孔、1 孔泄流高孔过流。在二期围堰的保护下，施工河床 4 孔泄流低孔、1 孔泄流高孔、右岸厂房、右岸挡水坝等建筑物，利用已形成泄水闸孔过水、船闸通航[4]。

1.2 坝体结构简述

黔江拦河主坝坝顶长 1 243.06 m，坝顶高程 64.00 m，最大坝高 81.51 m。26 孔泄水闸布置在主河床中部，泄水闸共设 2 个高孔和 24 个低孔。河床式厂房分左、右两岸布置在泄水闸两侧，共 8 台机组，右侧布置 5 台机组，左侧布置 3 台机组。其中右岸主体工程含 4 孔泄流低孔、1 孔泄流高孔、5 台机组、11 个重力挡水坝段。

主厂房长 207.06 m，最大宽度 98.85 m，最大高度 81.51 m，顺水流方向依次为发电进水口、主机间、尾水副厂房。进水口作为河床式厂房的挡水部分，进水口宽度 33.2 m。蜗壳型式为钢筋混凝土蜗壳。主厂房宽度 33.9 m，尾水管由直锥段、肘管段和扩散段组成。单机三孔布置，每孔净宽 8.26 m，共布置两个中墩和两个边墩，中墩厚度 8.26 m，边墩厚度 5.11 m。尾水副厂房位于主机间下游侧，宽度为 18.60 m，共 8 层。

泄水闸高孔采用开敞式溢流，堰顶高程 36.00 m，单孔净宽 14.00 m；低孔堰顶高程 22.00 m，孔口尺寸为 9.00 m×18.00 m(宽×高)。均采用底流消能，左区和中区消力池长 175.00 m，右区消力池长 195.00 m。

右岸挡水坝段为混凝土重力坝，坝顶高程为

收稿日期： 2023-08-15
作者简介： 周洪云高级工程师，中国水利水电第八工程局有限公司，主要从事水利水电工程施工技术管理工作.

64.00 m，共 11 个坝段，总长 156.40 m。59.50 m 高程以下为直立面，下游坝面 54 m 高程以上直立、以下坡比为 1∶0.8。

2　工程重难点

2.1 工期紧张

右岸主体混凝土合同浇筑工期 25 个月（2020 年 5 月～2022 年 5 月），开挖阶段受不良地质条件影响混凝土开浇时间滞后 132 天，挡水节点提前 31 天，合同工期压缩 163 天。对比左、右岸厂房进水口 EL19.95～EL64.00 实际、计划施工工期，左岸实际施工工期平均为 407 天、右岸平均计划施工工期为 209 天，右岸仅为左岸工期的一半。

2.2 坝体结构复杂

厂房每台机组进水口分为 3 孔，每孔均有 3 道胸墙、3 个通气孔、3 道门槽，坝体结构异常复杂。进水口 EL19.95 m 高程以上闸墩与胸墙混凝土合并浇筑，单仓面积较大，达 340～729 m^2，单仓混凝土浇筑量超 1 000 m^3。

2.3 温控标准高

坝址属于亚热带季风气候区，常年处于高温多雨状态。多年平均气温 21.5 ℃，夏季平均气温达 30 ℃。原温控混凝土技术要求采用高温季节浇筑温控混凝土，混凝土出机口温度最低为 14 ℃[5]。2017 年 5 月设计单位结合泄水闸底板混凝土浇筑情况复核了温控计算成果并重新下发了温控技术要求，提出全年浇筑温控混凝土，混凝土允许浇筑温度为 15 ℃，混凝土出机口温度最低为 7 ℃。

2.4 安全管理难度大

厂房 5 个机组均处于赶工状态，厂房进水口多工种、多专业、多项危大工程同步施工，安全管理面临重重考验。

厂房进水口型钢支撑体系、门槽云车、高大排架（57.4 米高），均为超过一定规模的危大工程。

3　主要施工关键技术

3.1 门槽一期直埋技术

（1）方案策划

大藤峡右岸厂房 5 台机组，每台机组 3 个进水口，每个进水口从上往下依次有拦污栅、事故门、检修门，总计 45 个门槽。右岸厂房进水口结构示意见图 1。

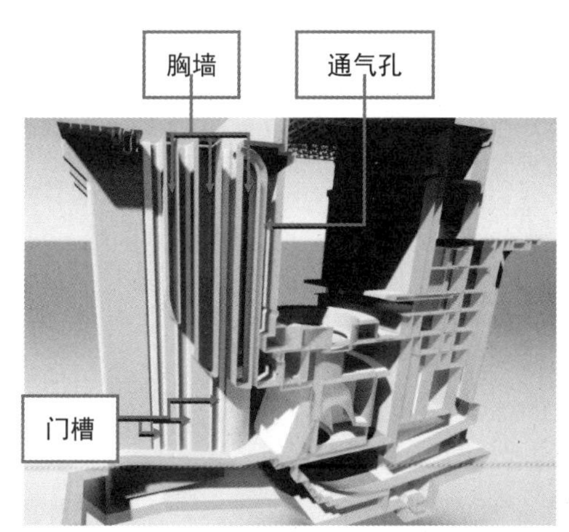

图 1　右岸厂房进水口结构示意图

厂房门槽中插筋多，空间小，混凝土浇筑下料骨料分离严重，易发生质量缺陷，经调研其他类似工程蓄水后门槽存在不同程度的渗水情况；厂房门槽排架搭设高度较高，其中事故门门槽需搭设 57.40 m 作业排架，狭小空间作业，安全风险高。

为克服上述困难，项目创造性提出门槽采用一同步进行设计优化，将门槽二期混凝土标号与一期闸墩调整一致（将 C30 调整为 C25）。

（2）实施要点

浇筑底坎后，开始安装门槽云车。门槽云车高 9 m，单台质量 15 t，采用 4 台 7.5 t 电动葫芦提升，每次提升 6 m，提升速度 50 cm/min。

期浇筑方式，编制专项方案并组织行业专家进行咨询、评审，最后确认实施。

右岸厂房＃1～＃5 机组进水口拦污栅槽、检修闸门门槽、进水口事故闸门门槽总计 15 孔引进 45 台门槽云车作为作业和支撑平台，采用门槽一期直埋工艺进行门槽浇筑。门槽云车结构见图 2。

下游侧的高精度定位面为主轨提供强力支撑，上游面的螺杆调整装置为反轨提供支撑。

门槽固定件（拖架）安装在门槽轨道与主轨和反轨调节装置的前端，根据浇筑高度焊接，安装一次焊接 8 个托架。

云车采用电动葫芦自爬升，钢丝绳经过下端的

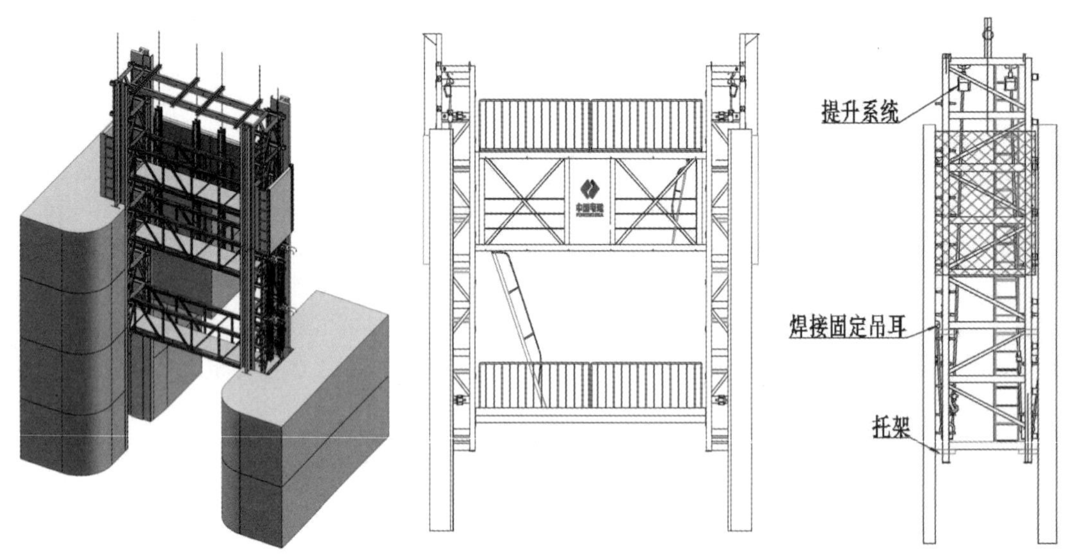

图 2　门槽云车结构示意图

转向轮后固定在门槽轨道的吊点上，每爬升一次更换一个吊点。

进水口门槽宽度 9.46 m，高度 57.4 m，总计爬升 10 次。

(3) 实施效果

进度：右岸门槽云车于 2021 年 4 月 19 日开始投入使用，2021 年 12 月底浇筑完成，总用时 8.5 个月，相比常规的门槽二期浇筑方式，节约工期 3 个月。

质量：浇筑完成后，复测门槽精度，均满足规范要求，进水口闸门顺利下闸，无卡阻现象，蓄水后，无渗漏情况。

安全：门槽与周边结构同步高度施工，避免了高排架施工安全风险，安全隐患较少。

荣获 2021 年全国水利安全生产标准化建设成果一等奖。

3.2 混凝土综合入仓技术

(1) 强度要求

右岸工程混凝土合同总量为 186.39 万立方米，主体混凝土浇筑工期 25 个月(2020 年 5 月～2022 年 5 月)。混凝土高峰月浇筑强度 9.99 万立方米/月，9 万立方米以上强度持续 12 个月，混凝土工程量大，高峰持续时间长，强度高。右岸工程合同混凝土浇筑强度见图 3。

(2) 施工布置

实施阶段布置 11 台门塔机用于混凝土浇筑与材料、设备的垂直运输，其中泄水闸 3 台，厂房 5 台，安装间 2 台，挡水坝段 1 台。另外配置了 4 台布料机、2 条皮带机、2 台天泵用于混凝土浇筑。右岸主体工程混凝土大型施工设备布置见图 4。

厂房高程 5.84 m 以下：主要采布料机浇筑，上游布置 1 台 60 m 布料机和 1 台 40 m 布料机，下游布置 2 台 40 m 布料机，浇筑底部以下大体积混凝土。

厂房高程 5.84 m 至高程 19.95 m：主要采用布料机、皮带机、门塔机浇筑。厂房上游布置 2 台塔机加 2 台布料机浇筑，下游布置 3 台 K80 塔机加 2 条皮带机浇筑。

厂房高程 19.95 m 以上：主要采用门塔机、天泵浇筑，上游增加了 3 台建筑塔机吊运材料。右岸厂房混凝土大型施工设备立面布置见图 5。

(3) 厂房混凝土入仓技术

厂房高程 5.84 m 以下总计混凝土 40.9 万立方米，施工时段 2020 年 7 月至 2021 年 3 月，历时约 263 天，月入仓强度 4.67 万立方米，主要采用 4 台布料机浇筑，上升速度 2.72 米/月。

厂房高程 5.84 m 至高程 19.95 m 总计混凝土 14.87 万立方米，历时约 117 天，月入仓强度 3.81 万，主要采用 5 台塔机、2 条皮带机、2 台布料机浇筑，上升速度 3.61 米/月。

厂房高程 19.95 m 至高程 64 m，总计混凝土 29.22 万立方米，历时约 248 天，月入仓强度 3.53 万，主要采用 5 台塔机、2 台 62 m 臂长天泵浇筑，上升速度 5.35 米/月。

为实现泵送浇筑，委托珠委科学院进行热学性能实验和现场泵送混凝土浇筑实验，委托水科院进行了闸墩结构脱离约束区泵送混凝土温度计算。根据敏感性分析，混凝土最高温度 38 ℃，安全系数 1.88，满足规范要求，为留有富余最终确定泵送混凝土最高温度标准调整至 35 ℃。设计下发了泵送混凝土温控技术要求。

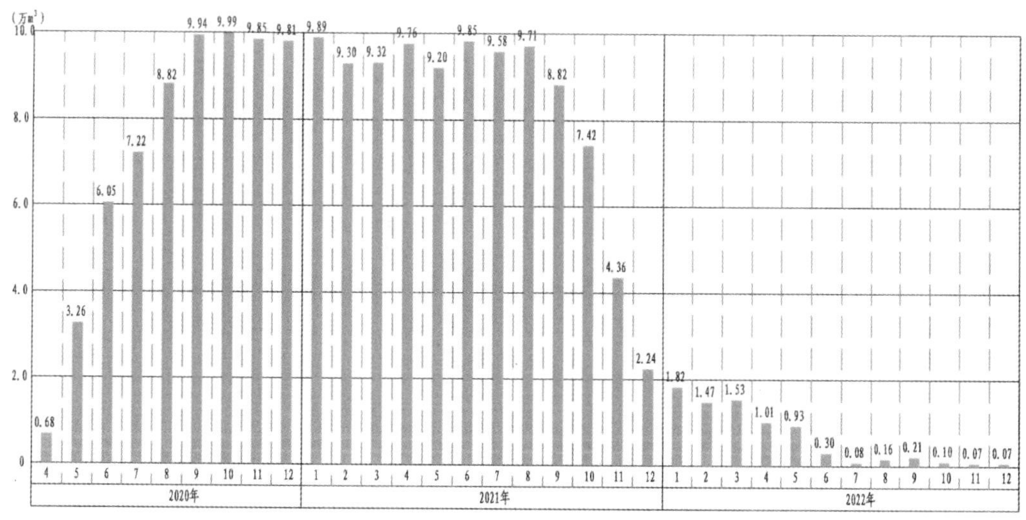

图 3　右岸工程合同混凝土浇筑强度柱状图

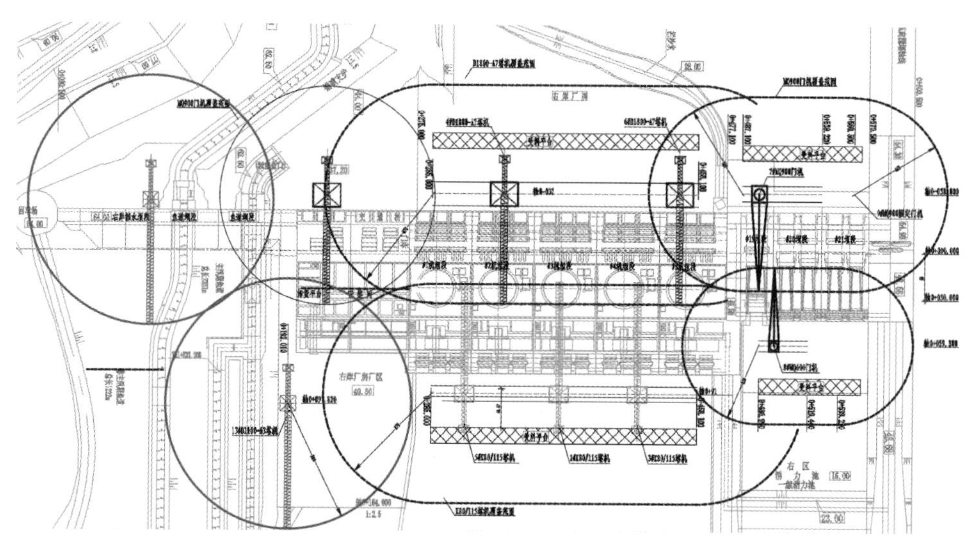

图 4　右岸主体工程混凝土大型施工设备平面布置图

右岸工程浇筑泵送混凝土约 45 万立方米，占混凝土总量的 23%。泵送混凝土的补充，有效解决了中上部混凝土入仓困难的问题，同时采取了一系列的温控措施：泵送混凝土采用二级配浇筑，配合比中胶凝材料的用量按照比同级配常态混凝土不大于 100 kg/m³ 控制；混凝土浇筑温度 15 ℃；泵送混凝土仓面内预埋冷却水管间距调整为 1.0 m×1.0 m；通水水温 8～10 ℃，采用智能温控措施调节通水流量。混凝土最高温度符合率在 90%以上，未出现深层裂缝。

(4) 实施效果

通过上述入仓技术，右岸主体工程混凝土实现月最大浇筑 12.8 万立方米(2020 年 12 月)，2021 年全年浇筑 117 万立方米。右岸工程混凝土实际浇筑强度见图 6。

3.3 混凝土温控技术

(1) 出机口温度控制

拌和系统按照招标要求进行建设，更改温控标准后，混凝土出机口温度需要从 14 ℃ 降为 7 ℃，经分析骨料一次风冷制冷容量不能满足要求，经计算需要增加 200 万 Kcal/h 的制冷容量。已建系统采用液氨作为制冷剂，已通过“安评”和“环评”，再次增容面临较大的安全隐患。经论证，采用氟利昂 R507A 作为制冷剂，增加了 4 台集装箱式氟利昂制冷设备，开创了水利工程拌和系统首次使用氟利昂制冷设备生产预冷混凝土的先河[6]。

拌和系统预冷工艺：地面一次风冷骨料＋拌和楼二次风冷骨料＋冷水＋片冰；一次风冷将骨料从 30 摄氏度冷却至 8 摄氏度左右；二次风冷使骨料温度冷却至－1～3 摄氏度。加入 5～7 摄氏度冷水，加入片冰进行拌和。高温季节拌制时，片冰添加量达到 70 kg/m³，占用水量的 50%。

(2) 运输过程温度控制

右岸工程利用左岸拌和系统生产混凝土，运距 6.5 km。出机口 7 ℃温控混凝土，要求浇筑温度控

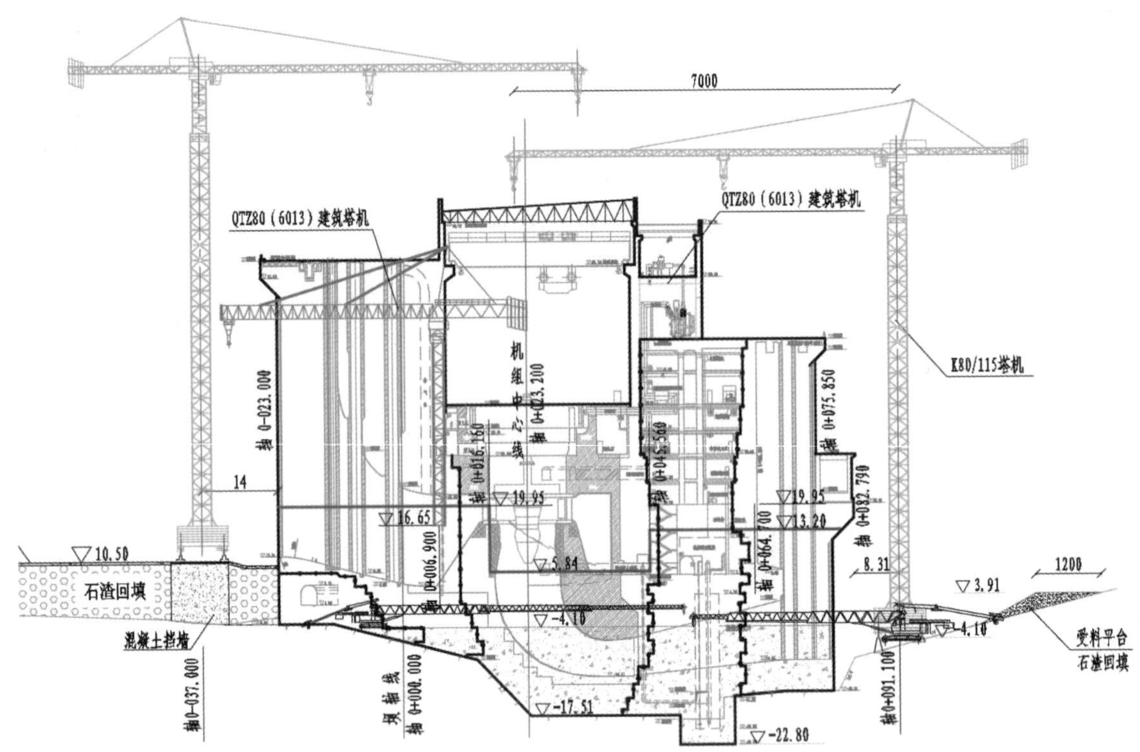

图 5　右岸厂房混凝土大型施工设备立面布置图

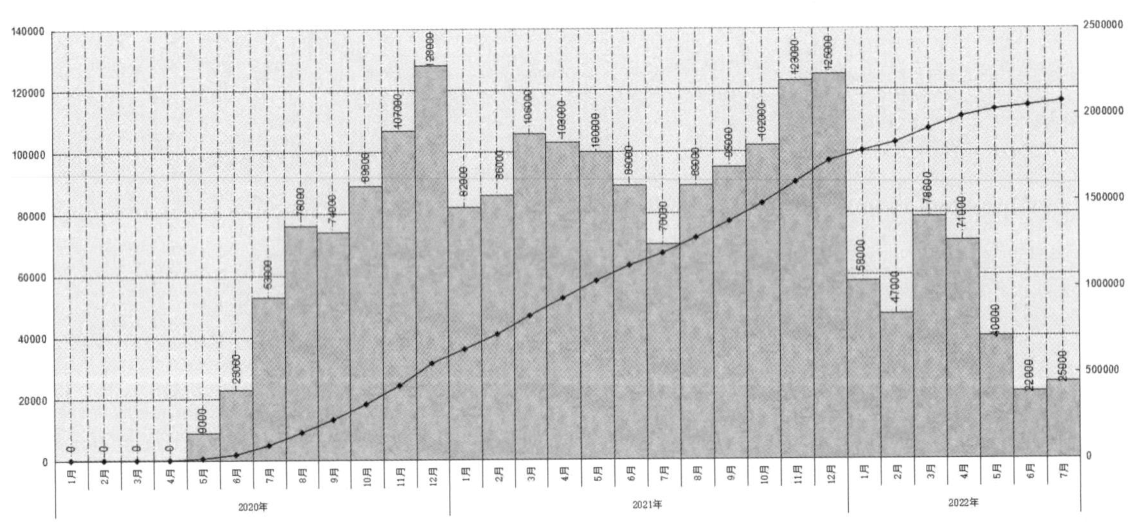

图 6　右岸工程实际混凝土浇筑强度柱状图

制在 15 ℃内，长距离水平运输，尽量减少混凝土温度回升，确保混凝土和易性成为一个难题。

采用常规自卸车运输，在高温季节平均运输混凝土温升率为 1.075 ℃/km，再加上混凝土浇筑平均温升 3.575 ℃，混凝土运输、浇筑过程中的温升幅度达 10.6～11.7 ℃，难以满足 15 ℃浇筑温度要求。

采购了 45 辆保温车进行混凝土运输，满足了浇筑温度要求。

(3) 仓面温度控制

冷却水管按照 1.5 m 间距埋设，单根长度 250 m 以内，通 8～10 ℃的冷却水，通水时间不少于 20 天，目标温度 25～26 ℃。

施工采用了智能通水技术，由水科院实施，智能采集混凝土内部温度，自动控制通水流量。相关数据通过 APP 直接查阅。

混凝土表面喷涂聚氨酯保温材料，厚度 4 cm。与混凝土面贴合紧密，起到了保温效果，后期拆除方便，减少了传统贴保温板混凝土表面的打磨修补。

(4) 实施效果

温控数据：运输温升 1.5 ℃，浇筑温升 3.5 ℃，浇筑温度 15 ℃，最高温度 30～39 ℃，发生在浇筑后 1～3 天内，温升期间，通水闸阀全开，进水水温 10 ℃，出水水温 14.5 ℃，最大通水流量 3 方每小时，平均 0.8 立方米每小时。

混凝土检查未发现危害裂缝，质量满足规范要求。

3.4 流道全钢衬

厂房进水口从上游往下游依次为胸墙、挡水墙、蜗壳流道、锥管、肘管、尾水扩散段。

原设计方案中，流道仅肘管、锥管为钢衬结构，其余为现浇混凝土结构。需要制作定型模板浇筑混凝土。

其他工程厂房肘管、蜗壳流道、胸墙较多采用定型木模板。定型木模板一次性使用，破坏性拆除，浪费木材，造成大量垃圾，不符合绿色施工理念；需要现场加工制作，备仓时间长。

将流道全部调整为钢衬结构后，钢衬在工厂加工成型，现场安装，不占用现场加工场地并节省备仓工期。

将流道全部调整为钢衬结构后，流道体型与外观质量相比混凝土大幅提升，原设计混凝土流道内的防水涂层相应取消；同时工程地处大藤峡峡谷出口位置，河流中悬移质多，可有效减少混凝土磨损，增加使用寿命。

3.5 分缝优化

(1) 厂房进水口增加施工缝

为保证施工进度，加强混凝土浇筑质量，加速坝顶交通的形成，在右岸厂房＃1、＃2、＃3、＃4、＃5机组进水口 EL19.95 m 高程以上边墩、中墩新增加一道施工缝，减小单仓面积，调整分块后新增施工缝采用在先浇块埋设键槽与缝面凿毛的方式处理。厂房进水口新增施工缝示意见图7。

相较于原设计分层，调整施工缝后闸墩可单独浇筑上升，避免了增加钢衬结构造成金结、土建之间施工制约。坝顶预制梁、门机梁可提前架设，不占用直线工期，同时快速形成坝顶交通，为混凝土入仓、金结安装创造有利条件。

(2) 错缝改直缝

厂房高程 26.8 m 以下，设计图纸为左右错峰结构型式，由于机组二区埋件多，施工速度慢，采用错缝型式，二区将制约一区和三区上升，不能实现上下游挡水墙提前到顶，为厂房基坑施工提供通道的目的。经过与设计充分沟通，将错峰改为直缝，直缝内增设键槽和插筋，以满足缝面连接要求。

修改成直缝后，厂房三个区域均可以独立上升，总计修改 10 层，每层按照错缝影响工期 3 天左右，可以减少工期交叉影响 30 天左右。厂房分层分块示意见图8。

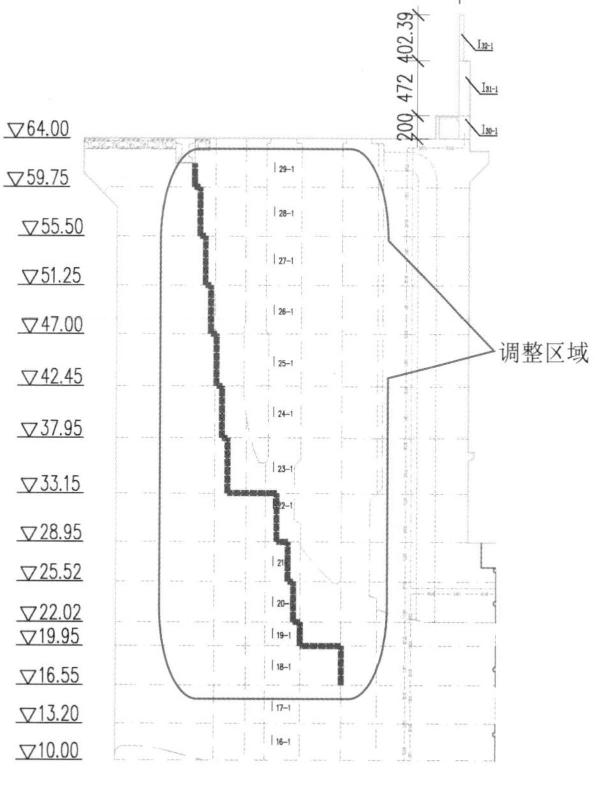

图7　厂房进水口新增施工缝示意图

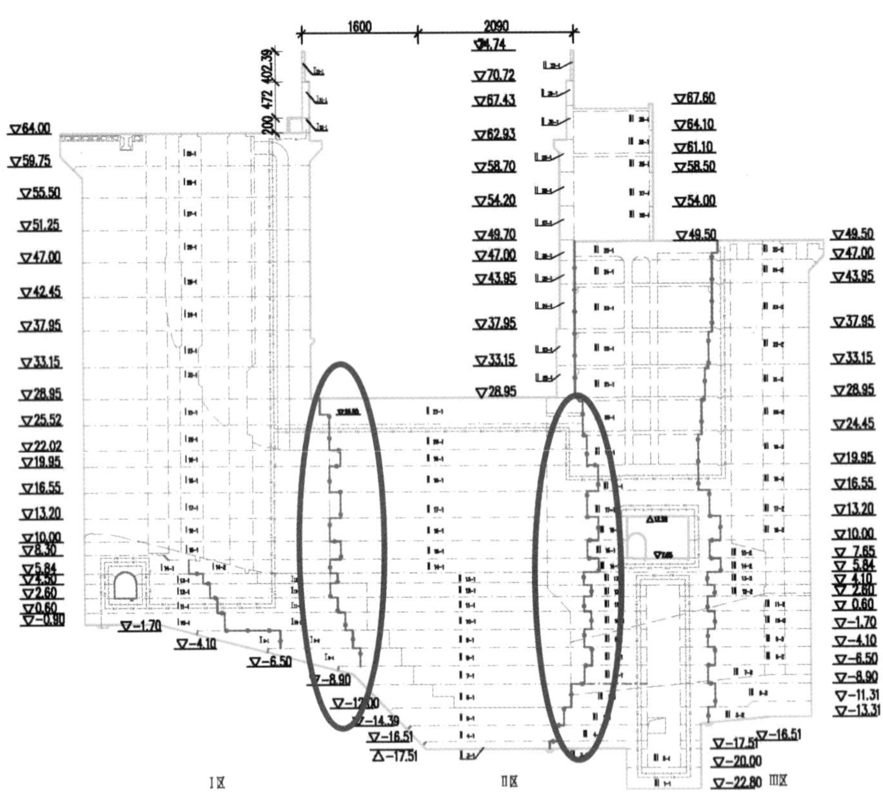

图 8 厂房分层分块图

4 结束语

右岸主体工程 2019 年 5 月开工建设，2020 年 9 月初右岸主体关键部位混凝土正常浇筑，2022 年 4 底右岸主体混凝土浇筑完成具备挡水条件。主体工程混凝土施工历时 20 个月，平均月上升 4.1 m，较合同工期优化 163 天。

通过采取门槽一期直埋、综合入仓方式、混凝土温度控制(使用氟利昂制冷设备生产预冷混凝土＋改造长距离混凝土保温运输车)、流道全钢衬、分缝优化等关键技术，大藤峡右岸主体工程混凝土克服了坝体结构复杂、温控标准高、安全管理难度大等困难，取得了优化合同工期 163 天的良好实施效果，混凝土质量优良率 93.6%，上述关键技术可为后续类似工程提供实践参考。

参考文献

[1] 罗涓. 论水电工程快速施工技术[J]. 民营科技. 2010(11):276.

[2] 杨继承,罗平,蒋远波. 卡洛特水电站厂房混凝土快速施工技术研究[J]. 人民长江. 2020,51(S2):206-208.

[3] 朱文敏. 河床式泄洪闸坝快速施工技术[J]. 云南水力发电. 2018,34(01):109-111.

[4] 周洪云,田福文,胡家骏. 大藤峡水利枢纽二期截流设计与施工[J]. 湖南水利水电. 2022 (06):20-26.

[5] 刘天鹏,赵宇江,刘佳,等. 大藤峡水利枢纽大坝混凝土温控参数敏感性分析[J]. 水利科技与经济. 2023,29(04):130-134.

[6] 陈立宁,王蓉,赵光辉. 大藤峡水利枢纽右岸主体工程拌和楼制冷系统设计与实践[J]. 广西水利水电. 2021(01):40-43.

贵阳抽水蓄能电站工程地质简析

苏仁庚

(广东省能源集团贵阳抽水蓄能发电有限公司，贵州贵阳，550000)

摘要：贵阳抽水蓄能项目地处高山岩溶洼地地区。国内高山岩溶洼地地区建设抽水蓄能项目并不多见。文章阐述了贵阳抽水蓄能电站项目的工程地质、岩溶水文地质条件，再对岩溶渗漏、岩溶塌陷、洞室岩溶涌水、边坡稳定、岩溶地区同类项目进行了工程地质分析评价。

关键词：地质分析；地应力；洞室围岩；岩溶

引言

贵阳抽水蓄能电站位于贵州省贵阳市修文县西部谷堡镇境内，上水库布置在乌江猫跳河六级红岩水电站库区右岸的乌栗村境内，下水库为红岩水电站水库。电站规划设置 4 台单机容量 375 MW 的立轴单级混流可逆式水泵水轮机，总装机容量 1 500 MW、额定水头 492 m。电站建成后承担电网中的调峰、填谷、调相等工作，同时承担事故的备用工作。枢纽建筑物主要由上、下水库、输水系统、地下厂房系统和地面开关站等建筑物组成。确定为按装机容量大小确定为一等大(1)型工程。

1　工程地质

1.1　区域地质与地震

工程区区域上处于我国阶梯地势的第二级台阶云贵高原东部，北侧的大娄山脉(高程 1 200 m～1 500 m)构成乌江与赤水河的分水岭，南侧的苗岭(高程 1 200～1 600 m)蜿蜒曲折，呈近东西向延伸，构成乌江与珠江水系的分水岭。区内为典型的岩溶高原地貌类型，受新构造运动间歇性隆升及河谷发育过程的影响，高原区地形地貌具有明显的层状特点。从地形分水岭到乌江及其一级支流河谷，主要发育有三级台状地形，河谷地带以峡谷地形为主。

区内除缺失奥陶系、志留系、泥盆系、第三系地层外，现已露出前震旦系至第四系地层，并有广泛的展布，如三叠系、二叠系、寒武系地层等。除第四系及白垩系地层与下伏地层为角度不整合接触外，其余各时代地层间均为整合或平行不整合接触。

工程区位于上扬子陆块——黔北隆起区——织金穹盆构造变形区。近场区新构造运动的特点主要表现为继承性、间歇性，新构造运动方式以掀斜、差异性隆升为主，新构造活动强度中等。

工程所在区域内存在北西向、北东向、近东西向及近南北向等多个区域性断裂系统，它们在新构造期都有不同程度的活动性，活动时代大部分为第四系早～中更新世，在这些早、中更新世活动的区域主要断层带的端部、交汇部位、断层阶区具有发生中强地震的构造背景条件。近场区及近邻地带历史和现代地震活动呈中等偏下水平。对工程场地的主要影响来自区域内较大中强震，最大影响烈度为Ⅵ度。

根据《中国地震动参数区划图》(GB18306—2015)及《贵阳抽水蓄能电站工程场地地震安全性评价报告》，工程区 50 年超越概率 10%地震动峰值加速度 50.8 cm/s^2～54.7 cm/s^2，属于 0.05 g 分区，相应的地震基本烈度为Ⅵ度，两者一致。50 年超越概率 5%地震动峰值加速度 70.7 cm/s^2～75.5 cm/s^2，100 年超越概率 2%地震动峰值加速度 134.3 cm/s^2～142.1cm/s^2，100 年超越概率 1%地震动峰值加速度 170.7 cm/s^2～178.2 cm/s^2。

根据《水电工程区域构造稳定性勘察规程》(NB/T 35098—2017)区域构造稳定性分级标准，工程区域构造稳定性好。

1.2　工程区地质条件

1.2.1　基本地质条件

(1) 地形地貌

站址区位于乌江支流猫跳河下游六级红岩电站水库区峡谷与乌栗岩溶槽谷之间的地块上，总体上属岩溶低中山峰丛洼地及峡谷地貌。上水库区位于山盆期第二亚期早期夷平面上，洼地发育，地形较封闭，多为耕地；下水库为峡谷地形，岸坡陡峻，跨山盆、宽谷及峡谷地貌单元。

收稿日期：2023-05-29

作者简介：苏仁庚，云南保山人，工程师，主要从事水利水电工程、水工建筑物维护、建设、观测等.

（2）地层岩性

工程区出露寒武系至第四系地层，分布较广泛的地层为寒武系及二叠系地层，三叠系地层分布于猫跳河六级电站库首地带及乌栗槽谷东侧，第四系则零星分布于河谷阶地、漫滩、溶蚀洼地及槽谷等地带。其间缺失奥陶系、志留系、泥盆系、侏罗系、白垩系及第三系地层；石炭系地层出露不完整，分布不连续。除第四系与下伏地层间呈角度不整合接触外，其他各时代地层间均为整合或假整合接触。

（3）地质构造

工程区处于北东向构造变形区和贵阳复杂构造带的复合部位，展布形迹主要为NE向及NEE向的断裂和褶皱为主，少量为NW向构造。总体构造格局是：以那洒断层(F7)、谷堡断层(F2)为代表的NE向构造带斜穿区内工程区两侧，该构造带除上述两断层外尚于站点北西面分布梨木断层(F11)及三岔河向斜、站点南东面分布乌栗向斜及谷堡扫帚状构造等；站点北东、南西面分布以F16、F8、F5为代表的NW向构造。NE向构造带总体属于新华夏系构造体系。

（4）物理地质现象

工程区下水库为猫跳河下游六级红岩电站峡谷水库，峡谷岸坡陡峻；上水库区位于山盆期第二亚期(Ⅱ2－1)剥夷面台地上的岩溶峰丛槽谷(洼地)内，上、下水库之间地形高差430 m～500 m。主要的物理地质现象有风化、卸荷、崩塌、堆积体及滑坡。风化主要表现在碎屑岩地层内，风化分带明显，一般具全风化、强风化、弱风化特征。

工程区卸荷作用相对较弱，未发育大型卸荷裂隙及危岩体，库岸山体整体稳定。在上水库盆Ⅱ(天马山上水库)西侧靠近陡崖边缘地带，局部强卸荷带深度5 m～10 m，弱卸荷带水平深度20 m～40 m。

下水库区为峡谷地形，河谷深切、岸坡陡峻，在河谷缓坡及冲沟地带，零星分布崩塌块石、碎石等崩塌堆积物，一般规模较小。

工程区有两处规模较大的崩塌堆积体，一处位于上水库盆Ⅰ西南侧(BT1)，分布高程为1 280 m～1 330 m，分布面积约6.2万m^2，最大厚度22 m，体积约90万m^3；崩塌堆积体组成物质主要为岩块夹碎石及少量黏土。崩塌堆积体(BT2)位于下水库右岸，处于下水库进(出)水口下游170 m～830 m的地带，堆积体沿河岸宽度约660 m，分布最高高程1 050 m左右，堆积体体积约220万m^3。

那洒残坡积堆积体在下水库左岸那洒斜坡地带(处于河谷的“凹”岸)，沿坡面分布大量的残坡积覆盖层，由于残坡积层堆积较厚且地形较陡，坡积体后缘曾经在暴雨后出现过开裂变形及局部塌滑，该地村民已作为地质灾害移民搬迁至岸坡顶部的台地上。

下水库库首右岸河湾滑坡体位于红岩水电站拱坝上游2 km范围内水库右岸为一向南突出的河湾，在红岩电站工程勘测阶段和建设过程中，发现该部位主要有5个滑坡体(分别称1＃～5＃滑坡)，离大坝直线距离约260 m～760 m。该滑坡群前沿高程841 m～高程850 m，其后沿出露高程882～高程910 m。经水库近50年运行，已经过库岸再造的过程，已逐渐调整至稳定状态。

（5）岩溶水文地质条件

工程区碳酸盐岩分布广泛，根据出露地层的岩性及岩溶发育强度、透水性程度等，将工程区出露地层划分为强岩溶岩组、中等岩溶岩组、弱岩溶岩组、非可溶岩组四类岩组。强岩溶岩组(P2m、P2q2)主要分布于两个初选上水库(上水库盆Ⅰ、上水库盆Ⅱ)南东侧及以东区域；中等可溶组(∈2－3 ls、∈2 s、∈1q2)主要分布于库盆大部及以西区域；弱岩溶岩组分布于河谷地带；非可溶岩组(C1d、P1l)出露于上水库盆Ⅱ南侧至上水库盆Ⅰ中部一带，呈北东向展布；金顶山组(∈1j)、明心寺组(∈1 m)砂岩、泥岩分布于下水库区域。

在P2m、P2q2强岩溶地层出露的南东侧区域，洼地、落水洞、溶洞、及地下岩溶管道发育，主要的岩溶管道均位于该套地层内。枢纽区猫跳河河谷沿岸及岸坡地带未见大的溶洞分布，未见大的泉水发育，仅发现一些小的季节性的泉水。

工程区地下水以岩溶管道水为主要类型，次为基岩裂隙水，再次为第四系松散堆积层中的孔隙水。猫跳河河谷为工程区地下水最低排泄基准面。上水库区岩溶洼地、落水洞、溶洞、地下岩溶管道等岩溶现象较发育，无常年地表水系分布。上水库区地表降水主要通过岩溶洼地汇集后，通过落水洞排入地下，大部分通过Kw2、Kw4、Kw5岩溶管道系统向乌栗槽谷排泄，再以地表水的形式(乌栗小河)排入猫跳河；上水库区北面和南面的地表水汇集或分散渗入地下后，通过Kw1、Kw3岩溶管道系统直接向猫跳河排泄。

（6）压覆矿

站址区出露石炭系大塘组(C1d)地层，含铁矿及铝土矿，站址区曾经有地表开采开采痕迹，主要集中在上水库盆Ⅱ周边区域，采矿方式主要为地表开采，少量开挖深度一般小于5 m的矿洞，对工程无影响。

根据贵州省地质调查院完成的《贵州贵阳抽水蓄能电站工程建设项目用地压覆矿产资源评估报告》，项目压覆修文县乌栗矿区资源量 235.37 万吨，其中控制资源量 91.50 万吨，推断资源量 143.87 万吨。未列入压覆量的潜在资源量 97.66 万吨；压覆修文县乌栗矿区伴生镓金属量 139.46 吨，其中，控制资源量 44.84 吨，推断资源量 94.62 吨，未列入压覆量的潜在资源量 52.32 吨。

1.2.2　地下洞室放射性和环境 Rn 浓度检测

地下厂房 PD1 平硐及支硐的硐室内进行的放射性、氡气及子体浓度含量检测结果表明，平硐内放射性总辐射量在 0.017μ Sv/hr～0.311μ Sv/hr 之间，平均值为 0.067μ Sv/hr，总辐射量水平较低，职业工作人员照射水平未超过国家标准。

平硐内氡及子体浓度较高，在 1 525.6 Bq/m^3～2 470.2 Bq/m^3，平均值为 1 943.85 Bq/m^3，测试结果显示硐室内氡及子体浓度超过规范要求的 400 Bq/m^3，由于平硐才开挖完成不久，硐室通风不足等原因造成，建议定期对洞内开展环境放射性的复查，以便及时做好放射性的防护措施。

1.2.3　地应力及高压压水

（1）地应力

本阶段在地下厂房勘探平洞内的高压岔管及主厂房位置钻孔 ZKd2、ZKd4、ZKd6 中采用水压致裂法进行地应力测试，终孔深度分别为 130.1 m、135 m、131.0 m。在钻孔测试深度范围(60～115 m)内，最大水平主应力值 13.12 MPa，平均最大水平主应力值 7.10 MPa，最大水平主应力优势方向为 N12°W～N20°W 左右。水平大主应力侧压系数 λ 范围为 0.20～0.91、均值为 0.48，表明：钻孔深部区域存在的水平大主应力均值约为估算自重应力的 0.48 倍；在钻孔测试深度范围内，各测试段结果正常，未见异常偏高的构造应力场。

工程区主压应力方向 N12°～20°W 左右，主要构造线方向 N50°～70°E，枢纽区构造线方向与河谷走向近于平行。地下厂房勘探平洞 PD1 水平深度 634 m，洞内未见明显因高地应力引起的围岩破坏现象。综合分析认为，库址引水发电系统区域因区域构造应力场造成的高地应力特征不明显，引水发电系统区域地应力以岩体自重应力为主。

（2）高压压水试验

本阶段在引水竖井附近钻孔 ZKD1 和岔管位置钻孔 ZDK3 进行了高压压水试验，两钻均为 PD1 平洞内。

高压压水试验结果表明，厂房区上部清虚洞组第二段（∈1q2）白云岩岩体透水率 1.75～20.55 Lu，属弱透水～中等透水岩体，厂房区轴线清虚洞组第一段(∈1q1)泥质条带灰岩、泥灰岩及钙质泥岩地层透水率 0.62～1.99 Lu，属微透水～弱等透水岩体。

2　工程地质条件及评价

2.1　上水库（坝）

（1）上水库

上水库Ⅱ位于猫跳河六级红岩电站水库库尾右岸陡崖顶部台地上，库盆为一浅切的天然岩溶洼地槽谷。出露基岩主要为白云岩、灰岩、泥岩等，上库区发育 3 个小型岩溶漏斗及 4 个岩溶洼地。上水库岩体以弱透水岩体为主，微新岩体一般属弱～微透水岩体，但受岩溶影响整体属于中等～强透水层。上水库存在岩溶管道及岩溶裂隙渗漏问题，不具备垂直防渗的条件，需进行全库盆防渗。库区无规模较大的不良物理地质现象，边坡稳定条件总体较好，上库西侧及北侧陡崖卸荷弱发育，卸荷岩体现状基本稳定。

（2）坝址

坝基主要位于娄山关群(∈2—3 ls)白云岩地层上，满足建坝要求；坝址南侧坝基大塘组(C1d)、栖霞组第一段(P2q1)弱风化岩体为Ⅳ2C，允许承载力为 2.0 MPa，该区域最大坝高约为 45.20 m，满足坝基承载力要求；梁山组(P1l)弱风化岩体为Ⅴ类，允许承载力为 0.8 MPa，该区域最大坝高为 34 m，满足坝基承载力要求。坝基底部 K05 落水洞连接岩溶管道，洞口内空腔及竖井 1 规模较大且埋深较浅，建议进行回填处理。竖井 1 之后的岩溶管道规模小(宽度小于 2 m)且埋深大于 40 m，对坝基稳定影响小。

2.2　下水库

下库红岩水电站大坝坝肩抗滑稳定，坝体及坝基防渗效果较好，拱坝及下游水垫塘两岸边坡整体稳定。抽水蓄能电站建成后，将与红岩电站联合运行，水库正常蓄水位及死水位与原红岩电站一致，对大坝基本无影响。

2.3　输水发电系统

（1）地下厂房

厂房 1＃～4＃机组地基均为清虚洞组第一段第三层(∈1q1—3)薄～中厚层泥灰岩夹钙质泥岩；断层 f pd1—F3 从 4＃机组附穿过，断层 f pd1—18 从 2＃机组附穿过。泥灰岩岩块强度较高，钙质泥岩夹层强度低、层厚薄无强度实验数据，岩体完整性差，建议开挖后及时对地基进行封闭处理，对局部夹杂较软弱的泥岩、断层破碎带采取必要的工程处理措施。估计厂房及其附属洞室群的涌水量约 3 500 m^3/d，厂房涌水量较大，需考虑必要的排水措施。厂房开挖过程中存在沿断层破碎带及溶蚀裂隙带的涌水问题，厂房区需进行全封闭防渗及预排水处理，外水压力建议暂按 0.5 倍水头考虑。

（2）输水系统

引水事故闸门井围岩为娄山关群（∈2－3 ls）浅灰、灰色薄层至中厚层细粒白云岩，为硬质岩，岩体较完整，围岩类别以Ⅲ2 类为主，具备成井地质条件。

压力管道上平段及上弯段围岩娄山关群（∈2－3 ls）白云岩，主要为硬质岩，围岩类别以Ⅲ2 类为主，具备成洞地质条件。

竖井段围岩主要为硬质岩，围岩类别以Ⅲ2 类为主，具备成洞地质条件，高台组（∈2g）地层洞段及断层带为Ⅳ类围岩。

下弯段围岩为∈1q2 白云岩及∈1q1－4 泥质条带灰岩，主要为硬质岩，围岩类别以Ⅲ 2 类为主，具备成洞地质条件。

下平段∈1q1－4 灰岩、泥质条带灰岩段岩体较完整，围岩类别以Ⅲ1 类为主，∈1q1－3 薄～中厚层泥灰岩夹钙质泥岩段岩体完整性差，围岩类别以Ⅲ2 类为主，f pd1－19 断层带及局部裂隙密集带为Ⅳ类围岩。

高压钢岔管及引水支管段围岩∈1q1－4 灰岩、泥质条带灰岩段岩体较完整，围岩类别以Ⅲ1 类为主，∈1q1－3 薄～中厚层泥灰岩夹钙质泥岩段岩体完整性差，围岩类别以Ⅲ2 类为主，fpd1－F3、f pd1－18 断层带及局部裂隙密集带为Ⅳ类围岩。

尾水钢管及尾水隧洞尾水钢管及尾水隧洞穿越地层为寒武系清虚洞组一段∈1q1，围岩类别以Ⅲ2 类为主；其中∈1q1－2 薄层钙质泥岩夹泥岩段岩体完整性差，围岩类别Ⅳ类，f pd1－F3、f pd1－18 断层带及局部裂隙密集带为Ⅳ类围岩。

尾水闸室岩体完整性差，局部较破碎，洞室围岩以Ⅲ类为主，围岩局部稳定性差，局部断层及岩体破碎带为 IV 类，顶拱局部缓倾角裂隙与断层组合形成的不稳定块体，建议施工时及时采取随机支护处理措施。

下库进/出水口部位岩体卸荷作用较弱，下游侧 BT2 崩塌堆积体将进行削坡减载及护岸处理，其余滑坡、泥石流等不良地质现象不发育。进/出水口段建筑物主要位于弱～微风化岩体中，岩体主要为薄～中厚层结构，围岩以Ⅲ类为主。进出口洞口边坡稳定性较好。

（3）开关站

开关站地基为强风化泥质粉砂岩夹粉砂岩、粉砂质泥岩地层，岩体质量差，局部泥岩地基需采取混凝土置换等措施进行地基加强处理。开关站边坡最大开挖高度 40 m，位于断层 F7 下盘影响带内，上部覆盖层厚度 4.5～10 m，为坡积黏土夹碎块石，下部为强风化岩体，岩体完整性差，边坡稳定性较差，建议加强支护。

3 结论

贵阳抽水蓄能工程地处高山岩溶洼地地区，岩溶发育，岩溶水文地质条件复杂，存在岩溶渗漏、岩溶塌陷、洞室岩溶涌水、边坡稳定等工程地质问题，本文通过对各建筑物的工程地质评价，主要结论如下：

（1）工程近场区无活动断裂分布，历史地震活动弱，工程区 50 年超越概率 10％的地震动峰值加速度为 50.8～54.0cm/s^2，相应地震基本烈度为Ⅵ度，区域构造稳定性好。

（2）上水库天马山库址为浅蚀岩溶洼地，库盆基岩为寒武系、二叠系碳酸盐岩，石炭系、二叠系碎屑岩，发育岩溶洼地、落水洞和管道型溶洞，岩溶渗漏问题突出，需进行全库盆防渗处理。库底落水洞可能发生小规模岩溶塌陷，影响库盆稳定，需采取处理措施。

（3）下水库利用已建水库，已稳定运行多年，不存在水库渗漏问题，库岸主要为岩质岸坡，整体稳定性较好。

（4）输水发电系统沿线山体雄厚，洞室穿越寒武系地层，主要为白云岩，石英粉砂岩，砂质、泥质白云岩，灰岩、泥质条带灰岩、泥灰岩，钙质泥岩等，岩体微新为主，小规模断层与陡倾角节理较发育，勘探未发现较大规模岩溶管道。输水隧洞围岩以Ⅲ类为主、部分较软岩洞段与断层带部位为Ⅳ类。下水库进出水口后部自然边坡高陡，局部发育危岩体，应重视危岩体对进出水口运行安全的影响。

参考文献：

[1] 徐向阳.石厂坝抽水蓄能电站可行性研究[D].华北电力大学.2007

[2] 张远海，韩道山，邓亚东.洞穴形态量计解析[J].中国岩溶.2008，（2）：151-156.

[3] 任立奎，邓军，汪新文.南盘江坳陷东缘南丹—都安断裂带分析[J].昆明理工大学学报：理工版.2008，（2）：1-4.

[4] 李利蓉.贵州某水库水文地质条件对水库渗漏的影响分析[J].河南水利与南水北调.2019，（1）：31-32.

[5] 张飞庆.大义山岩体构造展布与成矿关系[J].世界有色金属.2019，（12）：234-235.

基于NASGEWIN对杨家园水电站大坝整体稳定的分析评价

罗键，曾旭

（遵义水利水电勘测设计研究院，贵州遵义，563000）

摘要：杨家园水电站大坝整体稳定分析采用四川大学“NASGEWIN”三维有限元软件进行计算，结合监测成果对大坝施工期、蓄水期、蓄水后的结构稳定计算成果进行对比分析，采用各阶段成果对比，真实客观反映了大坝性态，对水库今后运行调度及大坝安全维护提供了理论依据，对同类工程结构安全评价具有借鉴意义。

关键词：椭圆曲线型双曲拱坝；三维有限元；应力；坝肩稳定；历史计算成果分析

1 工程概况

杨家园水电站位于贵州省习水县二郎乡，地处赤水河一级支流桐梓河下游河段，属桐梓河梯级开发的第七级电站。电站总库容 7.92×10^{7} m^3，总装机 2×20 MW，为 III 等中型工程。大坝为 C15 碾压混凝土椭圆曲线型双曲拱坝，坝顶高程 453.00 m，最大坝高 66 m，厚高比 0.277，最大坝底厚 18.3 m。坝顶表孔位于坝顶河床段部位，共设 5 孔，单孔尺寸 12×10 m(宽×高)，堰顶高程为 440.00 m。

2010 年 3 月南京水利科学研究院专家组对该工程进行了蓄水安全鉴定，并于 2010 年 5 月正式投入运行，2020 年我院对该工程开展了大坝安全评价工作。

区域属中亚热带季风湿润气候，多年平均气温 17.7 ℃，极端最低气温为 −2.7 ℃，极端最高气温 39.9 ℃。多年平均降水量 1 008.5 mm，多年平均风速 1.8 m/s。

坝址河谷呈峡谷地形，岩层产状 N1～12°E/NW∠30～35°，岩层倾下游微偏右岸，为基本对称的“V”形横向河谷结构。坝址出露地层为三迭系下统茅草铺以及第四系(Q)。

2 计算软件及方法

2.1 计算软件

采用四川大学编制的“NASGEWIN 水工岩土工程有限元分析程序”（软件曾用于国内溪洛渡双曲拱坝、小湾双曲拱坝、锦屏一级双曲拱坝等国内重大工程有限元分析）进行计算。

2.2 岩体强度与本构模型

本次坝基稳定性非线性有限元分析所采用的强度与本构模型包括：按低抗拉弹塑性模型分析，坝基岩体材料开裂条件用宏观强度描述：

$$\sigma_{ii} > R_t \ (i=1,\ 2,\ 3)$$

式中，σ_{ii}表征应力张量三个主应力，分析中可能呈单向、双向及三向开裂情况，由程序自行校核并进行刚度修正。

岩体是否进入塑性状态，按 Druker－Prager 准则判别：

$$F = \alpha I_1 + \sqrt{J_2} - k$$

式中，I_1 和 J_2 分别为应力张量的第一不变量和应力偏张量的第二不变量；α，k 是与岩体材料摩擦系数 $\tan\varphi$ 和凝聚力 c 有关的常数，由下式计算：

$$\left.\begin{aligned} \alpha &= tan\varphi/\sqrt{9+12tan^2\varphi} \\ k &= 3c/\sqrt{9+12tan^2\varphi} \end{aligned}\right\}$$

弹塑性矩阵 D_{ep} 为：

$$D_{ep} = D - (1-r)D_p$$

$$D_p = D\left\{\frac{\partial F}{\partial \sigma}\right\}\left\{\frac{\partial F}{\partial \sigma}\right\}^T D\Big/\left(A + \left\{\frac{\partial F}{\partial \sigma}\right\}^T D\left\{\frac{\partial F}{\partial \sigma}\right\}\right)$$

式中：

$$r=\begin{cases} 1 & \text{弹性区单元或卸载单元；} \\ 0 & \text{塑性区单元；} \\ \dfrac{-F}{F'-F} & \text{加载前}F<0\text{，加载后}F'>0\text{，即过渡区单元。} \end{cases}$$

2.3 整体抗滑安全系数

坝基整体抗滑安全系数采用超载法，计算方法是假定岩体强度参数不变，通过逐级超载上游水载，分析坝基变形破坏演变发展过程与超载倍数的关系，寻求坝基整体滑移时相应的超载倍数 K_p。

2.4 计算工况

按不同荷载组合，分析坝体及坝基变位与应力

收稿日期：2023-06-12

作者简介：罗键，四川省射洪人，工程师，从事水工建筑物设计．

分布特性，以及坝基岩体的工作状态，各工况组合情况详见表1。

表 1　计算工况组合表

单位：m

工况	荷载组合	上游水	下游水位	温度荷载
1	正常蓄水＋温降	450.00	400.92	设计温降
2	正常蓄水＋温升	450.00	400.92	设计温升
3	设计洪水＋温升	450.00	410.41	设计温升
4	死水位＋温升	440.00	400.08	设计温升
5	校核洪水＋温升	452.47	415.25	设计温升

3　计算模型

3.1　计算网格模型

杨家园电站计算模型：X 轴方向由右岸指向左岸，拱坝中心线左右各取 198 m；Y 轴由下游指向上游，截取总长 264 m；铅直向底部取至 300.00 m 平切高程，顶部延伸至坝顶以上 500.00 m 高程。

同时对上述计算域铅直向剖分为 16 层，各平切高程依次为 300 m，329 m，358 m，387 m，390 m，400 m，410 m，420 m，430 m，440 m，450 m，453 m，462.4 m，471.8 m，481.2 m，490.6 m，500 m。离散中坝体及坝基岩体采用空间 8 节点等参实体单元。整个计算域共计离散为 11 756 个节点和 9 448 个单元，大坝三维网格模型见图1～图 4。

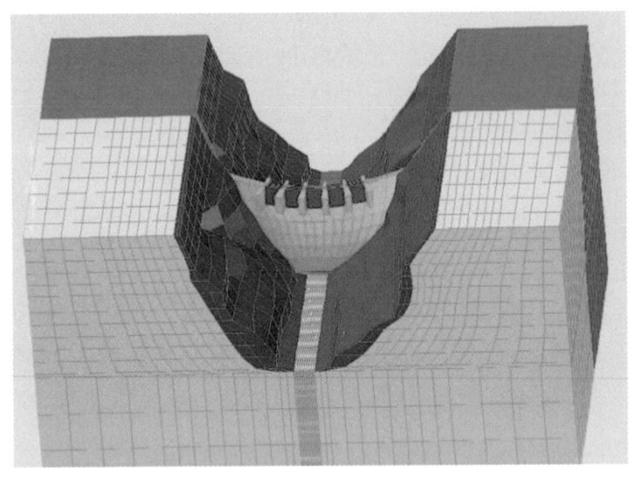

图 1　三维模型上游视图

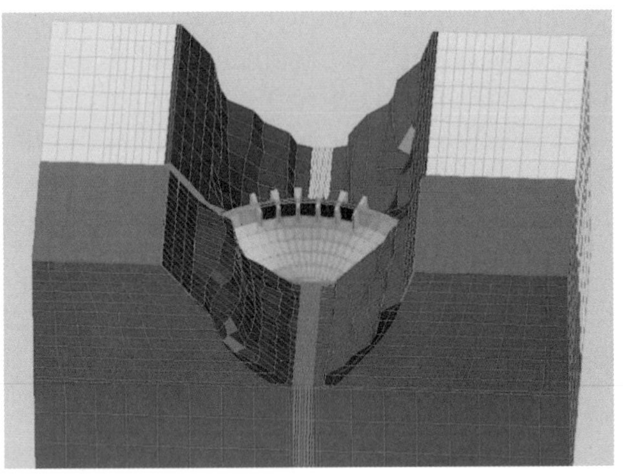

图 2　三维模型下游视图

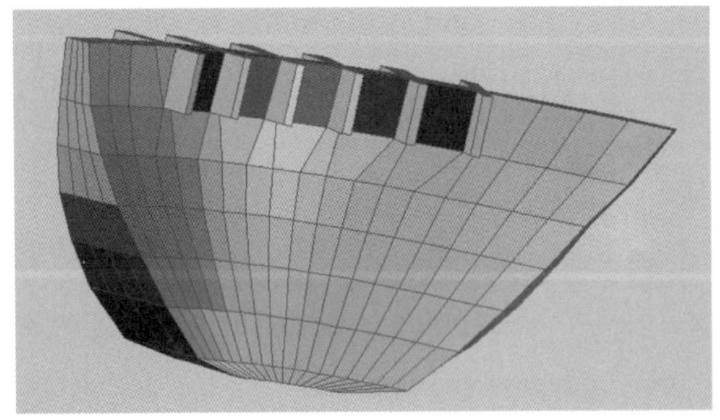

图 3　大坝三维网格模型

图 4　大坝三维建基面模型

3.2　大坝体型参数

杨家园水电站大坝为椭圆曲线型双曲拱坝，拱坝体型参数详见表 2。

3.3　物理力学参数

大坝基础岩体及坝体各物理力学参数取值详见表 3。

表 2　椭圆曲线拱坝体型参数表

Z(m)	ycu	ycd	Ryr	Rxr	φsr(°)	Tsr	Ryl	Rxl	φsl(°)	Tsl
453	0	−5.003	528.15	241.934	34	5.015	531.142	231.828	37	5.017
440	2.648	−3.900	441.38	210.031	34.926	6.862	628.537	232.966	37.924	6.697

续表

Z(m)	ycu	ycd	Ryr	Rxr	φsr(°)	Tsr	Ryl	Rxl	φsl(°)	Tsl
430	4.133	−4.561	413.68	192.485	36.413	9.63	567.602	207.592	38.705	9.457
420	5.049	−6.225	410.00	180.364	37.426	12.868	448.05	171.893	39.86	12.75
410	5.318	−8.608	421.30	173.064	35.737	15.938	323.989	137.224	40.142	15.903
400	4.857	−11.432	438.54	169.984	31.598	18.204	249.523	114.951	38.186	18.243
390	3.587	−14.414	452.69	170.52	22.809	19.028	278.76	116.43	32.412	19.094
387	2.624	−15.676	455.77	171.956	12.047	18.699	349.175	129.63	17.848	18.751

表 3　岩体物理力学参数表

岩体代号	变形模量 E/GPa	泊松比 μ	容重 t/m^3	抗剪断强度 内摩擦系数 f	凝聚力 c/MPa
坝体/闸墩砼	20.0	0.167	2.4	1.23	1.58
弱风化层	10.0	0.25	2.65	0.85	0.65
T_1m^{2-1}弱风化	12	0.22	2.72	0.91	0.73
T_1m^{2-2}弱风化	10.0	0.23	2.65	0.84	0.63
T_1m^{2-3}弱风化	9.0	0.23	2.65	0.84	0.68
T_1m^{1-10}弱风化	11.0	0.24	2.70	0.88	0.70
T_1m^{1-11}弱风化	2.5	0.32	2.64	0.58	0.30
T_1m^{1-12}弱风化	7.0	0.26	2.65	0.75	0.42
下游新鲜	11.0	0.22	2.70	0.88	0.70

3.4　温度荷载

计算温度荷载根据相关规范[1-2]采用“拱坝运行期温度荷载计算”公式，其中 T_{m1} 采用坝体温度计实测上下游平均温度推求。

$$\Delta T_m = T_{m1} + T_{m2} - T_{m0}$$

$$\Delta T_d = T_{d1} + T_{d2} - T_{d0}$$

针对各工况，按照水上、水下分别计算各层的温度荷载(含温降和温升)，其余相关计算公式参照《水工建筑物荷载设计规范》(SL744—2016)进行，本文不再赘述。大坝温度荷载(温降及温升)计算成果详见表 4～表 5。

表 4　温度荷载(温降)

层号	高程	坝厚	运行期年平均温度(°C)		年变化温度(温降)(°C)		多年平均温度(°C)		计算温度荷载(温降)(°C)	
	m	m	T_{m1}	T_{d1}	T_{m2}	T_{d2}	T_{m0}	T_{d0}	T_m	T_d
1	453.00	5.003	19.32	0.18	−9.93	0.00	17.70	0.00	−8.31	0.18
2	440.00	6.548	18.14	0.54	−7.02	−3.74	17.70	0.00	−6.58	−3.20
3	430.00	8.694	18.12	1.55	−5.01	−4.13	17.70	0.00	−4.60	−2.58
4	420.00	11.274	18.12	1.55	−3.32	−4.83	17.70	0.00	−2.90	−3.28
5	410.00	13.926	17.24	3.58	−2.55	−5.47	17.70	0.00	−3.01	−1.89
6	400.00	16.289	15.68	2.56	−2.10	−5.62	17.70	0.00	−4.12	−3.06
7	390.00	18.001	16.16	0.78	−1.86	−5.66	17.70	0.00	−3.40	−4.88
8	387.00	18.3	16.16	0.78	−1.82	−5.68	17.70	0.00	−3.36	−4.90

表 5　温度荷载(温升)

层号	高程	坝厚	运行期年平均温度(°C)		年变化温度(温降)(°C)		多年平均温度(°C)		计算温度荷载(温降)(°C)	
	m	m	T_{m1}	T_{d1}	T_{m2}	T_{d2}	T_{m0}	T_{d0}	T_m	T_d
1	453.00	5.003	19.32	0.18	9.38	0.00	17.70	0.00	11.00	0.18
2	440.00	6.548	18.14	0.54	6.65	3.59	17.70	0.00	7.09	4.13
3	430.00	8.694	18.12	1.55	4.75	3.95	17.70	0.00	5.17	5.50
4	420.00	11.274	18.12	1.55	3.15	4.61	17.70	0.00	3.56	6.16
5	410.00	13.926	17.24	3.58	2.42	5.20	17.70	0.00	1.96	8.78
6	400.00	16.289	15.68	2.56	2.00	5.34	17.70	0.00	−0.02	7.90
7	390.00	18.001	16.16	0.78	1.76	5.38	17.70	0.00	0.22	6.16
8	387.00	18.3	16.16	0.78	1.72	5.40	17.70	0.00	0.18	6.18

4 计算成果

4.1 应力计算成果

大坝应力计算成果详见表6，正常蓄水+温降(工况1)及校核洪水+温升(工况5)下游坝面主应力分布情况见图5～图6。

表6 大坝上下游坝面主应力极值表

工况	上游坝面				下游坝面			
	最大主拉应力(MPa)		最大主压应力(MPa)		最大主拉应力(MPa)		最大主压应力(MPa)	
	数值	部位	数值	部位	数值	部位	数值	部位
工况1 正常蓄水+温降	−1.28	400 m高程右拱端	2.00	430 m高程拱冠梁	−1.30	400 m高程拱冠梁	3.77	400 m高程右拱端坝体内部
工况2 正常蓄水+温升	−1.10	400 m高程右拱端	1.89	430 m高程拱冠梁	−0.15	430 m高程拱冠梁	3.65	400 m高程右拱端坝体内部
工况3 设计洪水+温升	−1.12	400 m高程右拱端	1.92	430 m高程拱冠梁	−0.13	430 m高程拱冠梁	3.71	400 m高程右拱端坝体内部
工况4 死水位沙+温升	−0.85	400 m高程左拱端	1.78	400 m高程右拱端	−0.37	453 m高程右拱端坝体内部	3.25	400 m高程左拱端坝体内部
工况5 校核洪水+温升	−1.16	400 m高程右拱端	1.97	400 m高程右拱端	−0.21	453 m高程左右岸溢洪道开孔处	3.88	400 m高程右拱端坝体内部

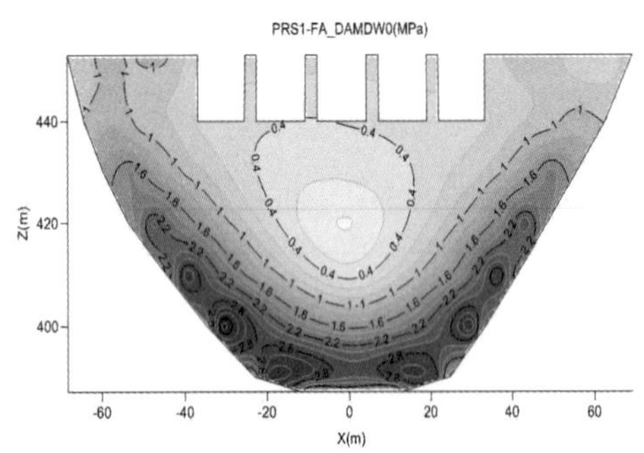

图5 工况1：下游坝面主应力σ1(MPa)分布

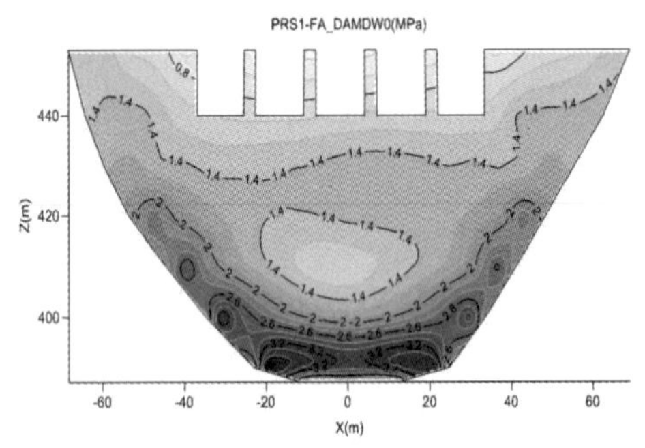

图6 工况5 下游坝面主应力σ1(MPa)分布

4.2 位移计算成果

正常蓄水+温降(工况1)及校核洪水+温升(工况5)大坝位移变化情况见表7，由于两种工况位移分布规律相近，本文仅列出工况1的横河向及顺河向位移分布图，详见图7～图10。

表7 大坝位移计算成果极值表

	位置	极值	Ux(cm)	Uy(cm)
工况1 正常蓄水+温降	上游面	极大值 极小值	0.27 −0.30	−0.03 −1.98
	下游面	极大值 极小值	0.08 −0.13	−0.03 −1.98
工况5 校核洪水+温升	上游面	极大值 极小值	0.15 −0.17	−0.04 −1.08
	下游面	极大值 极小值	0.10 −0.11	−0.07 −1.08

注：表中 u_x 为横河向变位，u_y 为顺河向变位，向下游左岸为“−”反之为在“+”

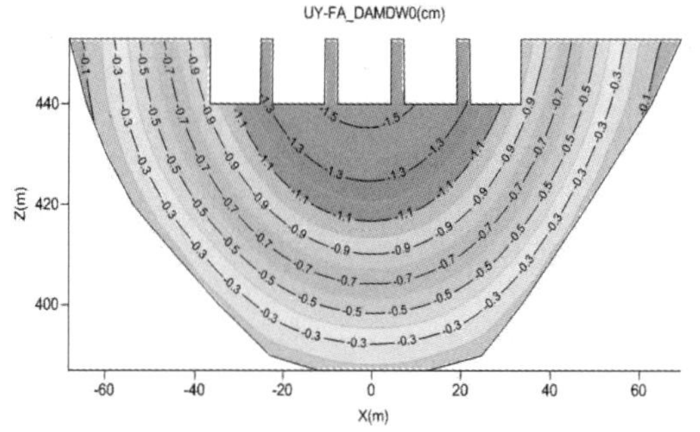

图 7　工况 1：下游坝面顺河向位移分布

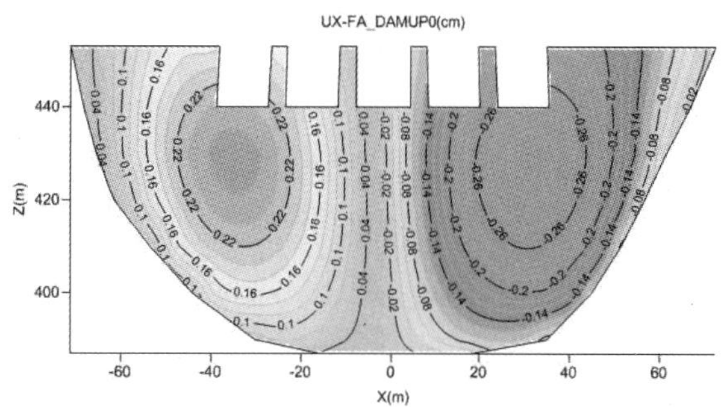

图 8　工况 1：上游坝面顺河向位移分布

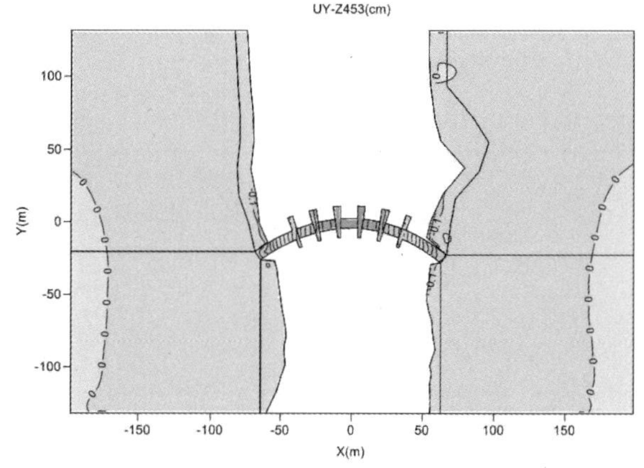

图 9　工况 1：453.00 m 高程顺河向位移分布

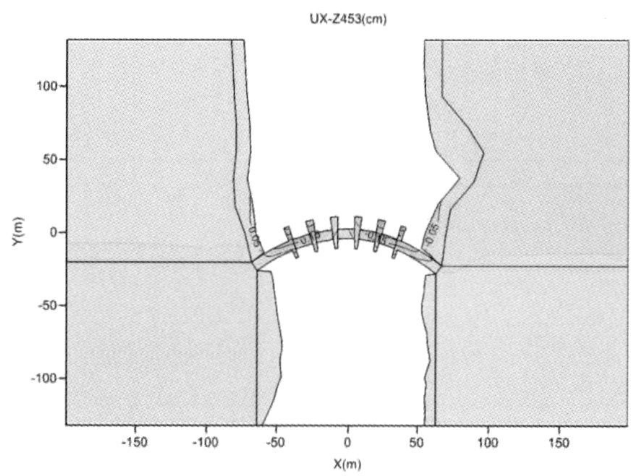

图 10　工况 1 ：453.00m 高程横河向位移分布

4.3　坝肩稳定计算成果

为研究坝肩(基)的超载能力，采用超载法逐级超载上游水压力倍数 K_P＝2.0，3.0，4.0，4.2，4.4，4.6，4.8，5.0 等，并分析超载过程中各级荷载水平下坝肩(基)岩体的开裂与压剪塑性区发展演变过程，本文仅列出正常蓄水位工况下，超载安全系数最小时拱端塑性区贯通出现的高程范围，其余情况不再赘述。经计算，大坝 390.00 m 至 410.00 m 高程两侧拱端塑性区在荷载作用下最先渐进发展，并在超载安全系数达 Kp＝4.6 贯通，同时伴随局部岩体被拉坏产生。正常蓄水＋温降(工况 1)中下部超载破坏形式见图 11～图 12。

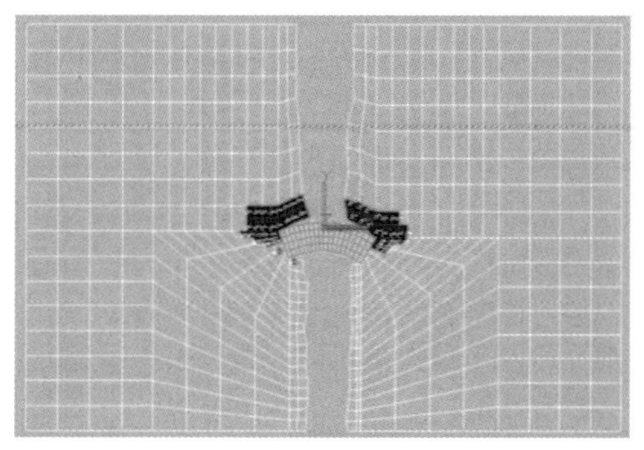

图 11　工况 1：390.00 m 高程，Kp＝4.6

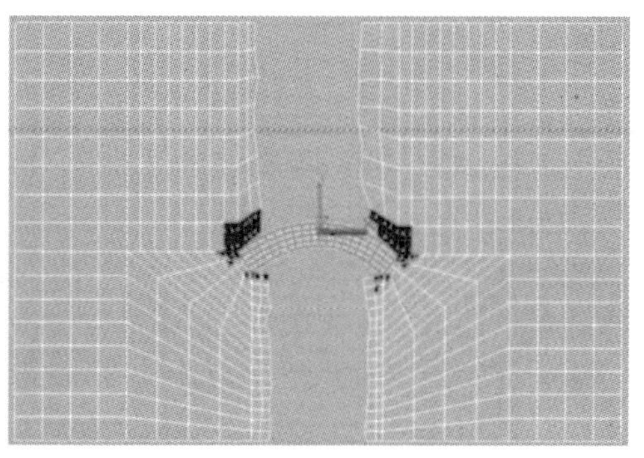

图 12　工况 1：410.00 m，Kp＝4.6

5　历史成果对比

为真实反映大坝结构安全及运行状态，本次三维有限元计算成果通过同 2012 年施工图期间四川大学进行的三维有限元分析成果、2010 年蓄水安全鉴定分析成果和 2010～2020 历年大坝监测资料进行对比分析。

5.1　应力成果对比

各阶段应力计算成果对比见表 8。

5.2　坝体位移及坝肩稳定成果对比

各阶段位移计算成果对比见表 9。

表 8　各时期应力成果对比

阶段	计算软件	最大主拉应力/MPa	最大拉应力出现位置	最大主压应力/MPa	最大压应力出现位置
施工图阶段三维有限元计算	NASGEWIN	−1.24	387 m 右拱端上游面	3.41	400 m 高程右拱端坝体内部
2010 年蓄水安全鉴定	浙江大学 ADAO 拱梁分载计算软件	−1.20	410 m 左拱端上游面	3.37	440 m 右拱端下游面
历史监测成果	—	−1.00	435 m 左拱端上游	3.97	415 m 左拱端坝体内部下游面
本次三维有限元复核	NASGEWIN	−1.30	400 m 拱冠梁上游面	3.88	400m 高程右拱端坝体内部

注：历史监测成果取值[3-4]为根据贵州省大坝中心《杨家园水电站水库大坝安全监测系统综合评价报告（2020）》，去掉不可靠仪器后的最大测值）。

表 9　坝体位移及坝肩稳定成果对比

阶段	计算软件	最大横河向变位（cm）	最大顺河向变位（cm）	最大顺河向变位占坝高的比例(‰)	坝肩整体安全系数	
					拱梁分载法最小安全 K	三维有限元 Kp
施工图阶段三维有限元计算	NASGEWIN	0.24	1.37	0.207	—	左岸 Kp=5.0，右岸 Kp=4.6
2010 年蓄水安全鉴定	浙江大学 ADAO 拱梁分载计算软件	0.22	1.26	0.191	3.65（正常+温降工况）	—
历史监测成果	—	1.22	2.78	0.421	—	—
本次三维有限元复核	NASGEWIN	0.30	1.98	0.300	—	Kp=4.6

注：2010 年蓄水安全鉴定坝肩最小安全系数根据规范并参考国内部分已建项目[5-7]计算方式，采用在各工况组合下，根据坝肩最不利裂隙组合采用平切法求得最小值。

6　结论

(1) 通过历次成果对比可知，杨家园水电站大坝应力和坝肩稳定计算成果及监测值均在规范允许范围内，满足设计要求。同时，采用三维有限元软件建模并模拟大坝边界条件，各项计算成果更接近于实际监测成果。

(2) 应力计算成果：通过对比发现，本次三维有限元复核理论计算结果为历次最大。其中，最大压应力为 3.88 MPa，出现在 400 m 高程右拱端坝体内部；最大拉应力为 1.30 MPa，出现在 400 m 拱冠梁上游面。分析其原因主要是由于：①原理论计算成果采用多年平均气温及外界温度变幅进行温度荷载计算，而本次采用坝体埋设温度计实测值进行坝体计算温度荷载推求；②本次大坝三维模型考虑溢洪道开孔及闸墩建模，更贴近于大坝真实体型。而历史监测资料显示最大压应力为 3.97 MPa，位于 415.00 m 左拱端坝体内部下游面，发生高程及量级与计算成果接近。

(3) 坝肩稳定：坝肩稳定计算采用超载法进行计算，本次复核成果与 2012 年四川大学进行的三维有限元分析成果接近。本工程大坝破坏机理是：随着水推力超载倍数的增加，大坝中下部 390.00 m 至 410.00 m 高程拱端塑性区在荷载作用下渐进发展，拱端塑性区在超载安全系数达 Kp=4.6 最先贯通，并伴随局部岩体被拉坏产生。

根据《贵州省赤水市沙千水库重力拱坝体型优化有限元计算分析》（四川大学）中"国内外其他拱坝部分有限元计算成果及对比分析"章节可知，采用本软件计算的部分其他工程超载系数为：小湾电站(Kp=4.5)、锦屏一级拱坝(Kp=3.6)、沙牌 RCC 单曲拱坝(Kp=3.8)等，经对比可知，杨家园水电站通过大坝体型的合理优化设计，具有较大的超载能力。

(4) 坝体顺河向位移：经计算，总体上，各工况下坝体顺河向均呈现向下游变位，且沿高程降低而减小，在拱冠梁处顺河向变位最大；同一高程变位量值从拱冠梁位置至左右拱端逐渐减小，坝体左右半拱顺河向变位基本对称。其中，上游坝面：正常蓄水坝体最大顺河向变位−1.98 cm，出现在坝顶 453.00 m 高程拱冠；设计洪水坝体最大顺河向变位－0.94 cm，出现在坝顶 453.00 m 高程拱冠左侧；死水位坝体上游面最大顺河向变位－0.44 cm，出现在坝顶 430.00 m 高程拱冠；校核洪水坝体上游面最大顺河向变位－1.08 cm，出现在坝顶 453.00 m 高程拱冠。下游坝面：最大顺河向变位极值及出现位置与上游面基本吻合。由于河谷和大坝对称性良好，左右拱端顺河向变位差异较小，正常工况下左右拱端顺河向位移差在 0.15 cm 以内。

(5) 坝体横河向位移：坝体横河向变位，坝体呈现向拱中心线变形、两坝肩向山体挤压的趋势，符合拱坝变位的一般规律。其中，坝体横河向位移最大值出现在工况 1 右坝段上游面约 430.00 高程，最大位移值 0.3 cm。

(6) 根据上述结论并结合大坝近 11 年的运行情况：大坝外观结构总体完好，正常泄洪。同时坝体未见明显裂缝、变形及渗漏，坝体监测数据正常。可见前期大坝体型选择合理，设计成果可靠。本次研究采用对大坝施工期、蓄水期、蓄水后的结构稳定计算并结合监测成果综合对比分析，更能真实客观反映了大坝性态，对类似工程结构安全评价方式具有借鉴意义。后期大坝运行中，应进一步加强对监测仪器的检测、维护，使得大坝运行安全性态可控。

参考文献

[1] 中华人民共和国水利部.混凝土拱坝设计规范[S].北京:中国水利水电出版社,2018.

[2] 中华人民共和国水利部.水工建筑物荷载设计规范[S].中国水利水电出版社,2017.

[3] 贵州省大坝安全监测中心.杨家园水电站水库大坝安全监测系统综合评价报告[R].2020.05.

[4] 遵义水利水电勘测设计研究院.贵州省桐梓河杨家园水电站大坝安全评价报告[R].2020.06.

[5] 丁浩.北疆供水工程拱坝温度裂缝形成机理分析及控制措施[J].水利技术监督,2016.04:93-95.

[6] 汪伟,张志雄.梅峰拱坝坝肩稳定分析[J].水利规划与设计,2016.08:65-70.

[7] 汪伟,谢立强.巫溪双通双曲拱坝坝肩稳定分析[J].水利规划与设计,2017.06:109-114.

如何做好转型后水利水电工程设计项目经理

陈大松，欧波

（贵州省水利水电勘测设计研究院有限公司，贵州贵阳，550002）

摘要：水利水电勘测设计行业面临宏观经济波动与基础设施投资规模调整的挑战，项目建设条件越来越复杂，勘测设计成本投入将会加大，勘测设计服务质量、服务速度等要求越来越高。水利水电工程设计项目经理是项目的执行责任人，本文从提升项目管理综合能力、严格抓好项目设计过程控制、提高项目设计服务能力等三方面就如何做好转型后水利水电工程设计项目经理进行探讨。

关键词：转企改制；竞争加剧；提升项目管理综合能力；严格过程控制；提高服务能力

1 水利水电勘测设计单位转企改制后竞争将加剧

近年来国家相继出台了《关于深化体制机制改革加快实施创新驱动发展战略的若干意见》，《中共中央、国务院关于深化国有企业改革的指导意见》《关于国有企业发展混合所有制经济的意见》《关于从事生产经营活动事业单位改革的指导意见》（厅字〔2016〕38 号）等一系列政策和文件，按 2016 年出台 38 号文的要求，2020 年底前所有经营类事业单位必须全部完成转企改制，大多数勘测设计院改为公司。改制前勘测设计业务局限于单位所属地方或系统内，具有很强的行业地域性和垄断性，改企后原有行业内的市场竞争加大；同时随着跨行业融合，施工企业也在整合勘测设计资源以总承包模式加入市场竞争；其他工程咨询企业也在不断向水利水电业务拓展。

随着中国经济进入新常态，水利水电勘测设计行业所面临社会固定资产投资增速放缓，市场在资源配置中将发挥决定性作用，带有国家计划属性、地域属性设计市场行为将被打破，外部环境正在发生深刻变化；水利水电勘测设计行业面临宏观经济波动与基础设施投资规模调整的风险，公司迎来更为激烈的市场竞争环境，项目建设条件越来越复杂，勘测设计成本投入将会加大，勘测设计服务质量、服务速度等要求越来越高。存在因市场竞争加剧导致传统营业收入降低、盈利水平下降的风险。

项目是公司生存的基础，项目部是执行项目主体，项目经理是项目的执行责任人。项目经理如何做才能适应企业转型、社会发展的需要呢？

2 水利水电勘测设计项目经理的现状

人类从进入文明社会以来就开始在利用水资源，提高生活水平，经过多年的总结实践，水利水电工程勘测设计是一个工作范围，设计内容，质量、安全、进度、投资目标比较明确的服务性工作；是在一定时间内多学科、多专业共同交叉、协作完成一次性、唯一性的设计活动。因多数水利项目的勘测设计周期较长，勘测设计公司生产经营活动均是多个项目同时展开，往往造成人力资源交叉、时间冲突，资料相互提交、信息传递等变成难点与焦点，存在相互影响和制约问题，关键专业的进度和质量出现偏差，甚至影响整个项目的进度和质量。

我国从 20 世纪 80 年代初期开始应用项目管理的思想、组织、方法、手段来组织实施建设工程项目。1983 年由原国家计划委员会提出推行项目前期项目经理负责制，1995 年建设部颁发了建筑施工企业项目经理资质管理办法，推行项目经理负责制。多数水利水电勘测设计单位借鉴工程建设企业项目管理的运行经验，实行“项目经理制”。根据项目特点组织成立相应的临时性项目经理部，指定相应的项目经理或项目负责人，不同专业组成专业负责人，来解决时间冲突、信息传递困难、项目难决策的矛盾。

多数设计单位项目经理是承担主体设计较多的水工结构专业技术骨干担任，少数专业属性较强项目的项目经理则由对应的专业技术骨干担任，或者少数由直接学习项目管理专业人员担任项目经理。

收稿日期：2023-09-04

作者简介：陈大松，贵州赫章人，工程技术应用研究员，长期从事水利工程设计及技术管理工作.

从项目管理的现状看，当前的项目经理存在对外沟通欠缺，管理知识缺乏等问题，存在未能及时解决项目实施过程中的问题，业主多有抱怨与投诉，还需要专业项目生产沟通人员；方案制定与决策不到位，需要院级职能部门给予比较大的支持；项目组织力度不够设计成果交付经常滞后，需要专业部门协调等问题。

3　提升项目管理的综合能力

项目管理是基于具有主要专业技术技能情况下，执行项目全面管理的行为。新时期项目建设条件复杂、建设进度和质量要求高，项目经理只有不断学习新的管理思路和方法，不断学习新知识、创新管理，提高自己综合能力才能适应新的需要，具体体现以下几个方面：

（1）需要有良好的个人品质素养：包括能吃苦耐劳、爱岗敬业、责任心强、具有带领团队合作的能力。

（2）具有专业基础过硬，有比较强的学习总结能力、良好的语言表达及写作能力，将专业知识变成专业技术技能。

（3）具备自我职业长期发展的素养与能力，在实践中不断学习与总结，深度融合的各相关专业知识能力，并拥有较强的知识运用和解决建设工程中具体实际问题的能力。

（4）需要有良好沟通能力，能利用技术、经济、管理、法律等综合知识，良好的大局观及快速决策能力或执行能力为具体工程服务，为企业长期发展做市场开发。

4　严格抓好项目设计过程控制

项目经理是勘测设计合同履约的主要参与者、项目质量安全第一责任人。项目经理是项目从启动、策划、过程控制、进度协调、产品交付、设计服务，沟通、绩效考核等全过程的总设计师、决策人和责任人，是项目生产要素合理投入和优化组合的组织者，起到项目开展全过程、全方位的桥梁和纽带作用。

过程控制是严控设计产品质量、进度、成本，预防设计产品出现偏差、出现安全事故的手段；抓好过程控制可以把控设计产品质量、降低生产成本、提高设计速度；过程控制是设计单位生命力。过程控制是项目经理抓好产品质量的抓手，项目经理需要严格按公司的QES体系来实现过程控制。

4.1　应注重启动策划工作

项目启动和策划是项目管理过程的初始阶段，从管理的角度而言，这个阶段的工作内容繁多而且相当重要，涉及到合同目标要求、项目工作范围的界定、工程任务及工程规模、工程总布置及深度要求的策划等内容，以就是项目管理上统称的工作结构分解(WBS)。在此基础上进行人力资源组织结构分解(OBS)工作，其分解详细程度依据的是企业内部专业设置和项目本身复杂程度进行，专业组织结构分解依据专业组织职责和专业跨度(院级应该在制度层面,建议个人专业跨度尽量最大化,来减少人力资源管理幅度,减少沟通与协调工作)，通过上述工作构造项目矩阵，明确各专业组织和专业技术人员的具体任务和职责，编制各专业活动计划：包括进度、质量、资源配置及消耗、信息管理、各类风险控制、组织沟通原则等内容。其次在满足项目合同进度要求的前提下，按照专业工序之间的逻辑关系和各工序基本资源需求量，编制勘测设计大纲，确定工作进度。

启动与策划管理。项目部根据项目的总体目标，编写项目勘测设计大纲(策划书、策划表)，下达各生产部门执行。对计划执行情况进行跟踪、监控并随时检查，与计划进度进行比较，发现偏差及时纠偏。同时，项目部根据工程进展情况或各种外界条件的变化，及时调整进度计划，以确保总体目标的实现。

项目经理除了关注这些外还需要根据项目总体时间要求，确定各专业之间时间节点的安排，确定重要技术方案的研究路线，控制里程碑时间节点的控制及交付工作等外。重点进行项目启动的策划工作，只有策划工作做得好，项目人力资源、设备、设施等资源的投入才会最小，里程碑时间节点控制好了，才能满足项目进度要求，勘测设计任务收入才能最大化。

项目组织、职责、权利、资源的落实、明确项目组织内部各级人员的责、权、利关系及工作协调程序，编制详细的项目计划(进度、质量、费用、信息资源管理、专业协作关系、风险预防措施等)、项目工作结构分解与专业组织结构分解、项目管理矩阵构造，只有将这些基础工作做到位，才能严格按照网络理论及赢得值原理对项目的实施过程进行控制，实现项目动态化管理和适时控制的基本要求，达到项目进度、质量、费用之间的统一协调。对勘察设计项目，重要的是依据企业内部的专业结构分解标准工作包和专业组织结构设置，编制详细可操作的勘测、设计、科研工作大纲和网络计划，实现项目的事先控制。

4.2 严格项目管理的过程控制

过程控制是提高设计产品质量、预防设计产品出现安全事故的抓手，抓好过程控制才能控制好生产成本，过程控制是设计单位生命力，它需要通过不断总结、强化、完善 QES 体系的管理来实现。过程控制是策划、实施、检查、处置的 PDCA 循环过程控制，加强事前调查研究论证和指导，注重中间检查、咨询及评审、目标控制。同时技术负责人、项目经理及院分管专业副总、专业处室领导、专业负责人职责划分严格执行三级校审制，做好事后总结分析并将经验教训应用于下一个 PDCA 循环。针对工程重大关键技术问题，以工程带科研、科研促项目的方式积极申请政策和资源开展关键技术研究。

过程控制是目前设计单位最难控制因素，过程多、耗时、人力资源多，需要不断利用标准化、数字信息等手段进行优化，减少环节、提高工作效率。

5 提高设计服务能力

5.1 加强设计服务意识

建设期的设计服务工作是勘察设计工作的延续，项目经理加强设计服务意识，对内主持协调专业技术接口和工作接口，对外参与配合处理与相关部门、建设单位(业主)、监理单位、施工单位及各相关方关系，保证项目建设顺利推进。

水利水电工程多具有建设周期长、影响因素多、涉及范围广等特点，工程实际建设过程中，或多或少因前期设计成果差异、实际地形地貌变化、水文地质条件复杂、建设征地及其他不确定因素影响，需要调整、修改和优化设计，加强设计服务就显得尤为重要了。因此，作好设计服务工作首先需要加强服务意识，提前、主动、积极地考虑如何将设计成果安全、经济、合理地转变成工程实体，发挥工程效益，具备良好的设计服务意识也是每位设计者、设计负责人、项目经理最基本的职业素养和能力。

5.2 提高设计服务质量

水利水电工程建设由于自身的特点决定了全过程是复杂而多变的，设计成果因诸多原因造成变化也是不可避免的，设计服务质量也需要匹配和应对建设期的需求，这就需要设计人、服务者具有良好的服务意识、充足的专业知识和丰富的工程经验作为设计高质量服务的根本保障；作好设计服务工作，提高服务质量主要体现以下几个方面：

(1) 创造良好的沟通渠道和企业形象

设计服务工作是为建设单位服务的重要体现，设计服务人员开展服务工作，一言一行都代表了设计单位的形象，待人接物、言行举止、处理和解决问题的态度和能力、与各方沟通相处效果等综合方面，体现和代表了个人和单位的综合素质与形象面貌。因此，设代工作是对外展现工程建设期设计服务意识和能力的窗口，建立友好的关系，优良的服务质量是提高设计单位良好形象和口碑的基础，也是开拓设计新市场的基础保障。

(2) 内外汇报、对接和沟通工作

设计代表服务现场，对工程建设施工情况应该比较熟悉，任何涉及需要设计处理的问题，设计代表一般都应该及时、全面和准确地了解，并根据问题的轻重缓急情况进行内部和外部的汇报、对接和沟通，以便让后方设计团队及时准确地了解现场实际情况和问题，确保涉及问题得到及时、有效地处理，这也是设代最基础的工作。

(3) 事前熟悉文件与规范，提高自身专业素质

在进行设计现场技术交底、施工图答疑、解决现场施工问题和参加各种会议等工作前，都需要事先对相应部位的设计文件、规程规范进行熟悉和掌握，如初设和招标文件要求、方案布置、建筑物结构、主要特征数据、施工技术和安全要求以及规程规范的规定等内容。提前做好充足的思考和准备，才能更好地完成设计服务工作，处理好设计相关的现场问题。逐步提高自身专业知识储备，加强解决实际问题的能力。

除以上工作外，作好设计服务工作、提高服务质量还包括设计自身的设代工作，如设代完善的组织机构、涉及质量、安全等管理制度与执行体系等等工作。只有这样，才能整体提高自身专业素质和服务质量，高质量地为业主、为工程建设服务。

5.3 注重项目管理的沟通与协调

以客户(项目)为关注焦点，做好事前策划控制与交付评审，改进勘测设计服务过程中协调与沟通方式，提升勘测设计成果质量及服务质量。为确保项目按时、保质、安全完成，利于目标统一、步调一致、各司其职、相互协调。

在项目管理中，交流与沟通更是不可忽视。良好的交流才能获取足够的信息、发现潜在的问题、控制好项目的各个方面。项目中的沟通形式是多种多样的，通常分为书面和口头两种形式，为加强设计进度控制，应进一步探索用数字技术进行设计进度、方案等沟通协调方式。

如果结合项目，那么项目经理在沟通管理计划中应该根据项目的实际明确双方认可的沟通渠道，

比如与业主之间可以通过正式的报告沟通，与项目成员之间通过电子邮件沟通；建立沟通反馈机制，任何沟通都要保证到位，没有偏差，并且定期检查项目沟通情况，不断加以调整。这样顺畅、有效的沟通就不再是一个难题。

6 结语

（1）新的时期项目建设条件复杂、建设进度和质量要求高，项目经理只有不断学习新的管理思路和方法，不断学习新知识、创新管理和方法，提高自己综合能力才能适应新的需要。

（2）项目管理是基于具有主要专业技术技能情况下，执行项目全面管理的行为，新时期需要具有良好个人素养、过硬的专业本领、及时解决工作中的实际问题、良好沟通能力、快速决策等综合能力的人。

（3）过程控制是严控设计产品质量、预防设计产品出现安全事故的手段，抓好过程控制可以降低生产成本、提高设计产品速度，过程控制是项目经理搞好产品质量的抓手，其方法是严格按公司的QES体系来实现过程控制。

（4）建设期的设计服务工作是勘察设计工作的延续，项目经理需要提高设计服务意识，对内主持协调专业技术接口和工作接口，对外参与配合处理与相关部门、建设单位（业主）、监理单位、施工单位及各相关方关系，保证项目建设顺利推进。

参考文献

[1] 安郁群.中国水利水电勘测设计行业发展现状及未来发展展望(2020年)[J].中国勘察设计,2020(04).

[2] 顾湘.面向行业新需求的工程管理专业人才培养探索与实践[J].高等建筑教育,2020,29(3).

[3] 李宏凯.设计企业"项目经理制"模式的组织陷阱和项目管理模式的选择[J].项目管理,2015(03).